Dieter Gerlach

Das Lichtmikroskop

Eine Einführung in Funktion und
Anwendung in Biologie und Medizin

2., überarbeitete Auflage
138 Abbildungen, 6 Tabellen

D1729498

1985
Georg Thieme Verlag Stuttgart · New York

Dr. rer. nat. D. Gerlach
Akademischer Direktor am Institut
für Botanik und Pharmazeutische Biologie der Universität
Staudtstr. 4, 8520 Erlangen

CIP-Kurztitelaufnahme der Deutschen Bibliothek

Gerlach, Dieter:
Das Lichtmikroskop / Dieter Gerlach. – 2., überarb.
Aufl. – Stuttgart ; New York : Thieme 1985.

Wichtiger Hinweis:
Medizin als Wissenschaft ist ständig im Fluß. Forschung und klinische Erfahrung erweitern unsere Kenntnisse, insbesondere was Behandlung und medikamentöse Therapie anbelangt. Soweit in diesem Werk eine Dosierung oder eine Applikation erwähnt wird, darf der Leser zwar darauf vertrauen, daß Autoren, Herausgeber und Verlag größte Mühe darauf verwandt haben, daß diese Angabe genau dem **Wissensstand bei Fertigstellung des Werkes** entspricht. Dennoch ist jeder Benutzer aufgefordert, die Beipackzettel der verwendeten Präparate zu prüfen, um in eigener Verantwortung festzustellen, ob die dort gegebene Empfehlung für Dosierungen oder die Beachtung von Kontraindikationen gegenüber der Angabe in diesem Buch abweicht. Das gilt besonders bei selten verwendeten oder neu auf den Markt gebrachten Präparaten und bei denjenigen, die vom Bundesgesundheitsamt (BGA) in ihrer Anwendbarkeit eingeschränkt worden sind.

1. Auflage 1976

© 1976, 1985 Georg Thieme Verlag, Rüdigerstraße 14, D-7000 Stuttgart 30
Printed in Germany

Satz: Gulde-Druck GmbH, Tübingen (gesetzt auf Linotron 202 System 3)
Druck: Druckhaus Dörr, Inh. Adam Götz, Ludwigsburg

ISBN 3-13-530302-0   1 2 3 4 5 6

Vorwort zur zweiten Auflage

Die vorliegende zweite Auflage dieses Taschenbuches mußte selbstverständlich gegenüber der ersten in verschiedenen Punkten verändert, verbessert und ergänzt werden. So kamen z.B. Ausführungen über Tiefenschärfe und Stereomikroskope neu hinzu, während bereits vorhandene Kapitel mehr oder weniger stark erweitert oder verändert wurden. Das trifft z.B. für die Dunkelfeld-, Phasenkontrast-, Polarisations- und ganz besonders für die Fluoreszenzmikroskopie zu. Die Mikrophotographie wurde u.a. durch einen Abschnitt über die Mikroblitzlichtphotographie ergänzt. Aber auch die anderen Kapitel verlangten die eine oder andere Änderung. So waren Fehler auszumerzen, verschiedene Abbildungen zu ergänzen oder zu erneuern, manche Legenden zu vervollständigen sowie inzwischen neu auf den Markt gekommene Geräte zu besprechen. Trotzdem hielt sich die Vermehrung der Seitenzahl in bescheidenen Grenzen, weil umfangreiche Streichungen möglich waren, die nicht mehr gefertigte Geräte oder inzwischen weniger gebräuchlich gewordene Anwendungsbereiche betreffen.

Auch bei der Vorbereitung dieser Auflage wurde ich von Mitarbeitern der verschiedenen Firmen durch schriftliche und mündliche Auskünfte tatkräftig unterstützt, wofür ich herzlich danke. Eines dieser vielen Ratgeber möchte ich besonders gedenken, nämlich Herrn Dr. Hermann Beyer aus Jena. Er hat mir brieflich zahlreiche wertvolle Verbesserungsvorschläge für die vorliegende Neuauflage übermittelt, und ich bedaure es sehr, daß ihn mein Dank dafür nicht mehr erreichen kann.

Die in diese Auflage neu aufgenommenen Zeichnungen wurden von Herrn W. Grosser hergestellt. Ihm danke ich sehr für die verständnisvolle Zusammenarbeit. Auch diesmal erhielt ich von meiner Frau, Dr. D. Gerlach, wertvolle Unterstützung, für die ich herzlich Dank sage. Schließlich gilt mein Dank allen Mitarbeitern des Georg Thieme Verlages für ihre freundlichen Bemühungen um die Fertigstellung dieser Auflage.

Erlangen, im Juni 1985 D. GERLACH

Vorwort zur ersten Auflage

Wer die Möglichkeiten, die ein modernes Mikroskop bietet, weitgehend ausschöpfen will, muß über Bau, Funktion und Handhabung dieses Gerätes zumindest in den Grundzügen Bescheid wissen. Das vorliegende Taschenbuch will die dazu notwendigen Kenntnisse vermitteln, soweit sie für den Mediziner und Biologen von Bedeutung sind. Die Darstellung ist bewußt einfach gehalten und verzichtet weitgehend auf mathematische Hilfsmittel. Deswegen werden Lesern mit gründlicher physikalischer Vorbildung manche Einzelheiten etwas vergröbert erscheinen. Dabei ist aber zu bedenken, daß sich das Taschenbuch nicht an den Mikroskopkonstrukteur, sondern ausschließlich an den Mikroskopbenutzer richtet, für dessen Arbeit auch ein weniger tiefes Eindringen in optische Gesetzmäßigkeiten vollkommen ausreicht. Das Buch ist als Einführung gedacht. Deswegen sind einige Spezialverfahren der biologisch-medizinischen Lichtmikroskopie, mit denen der Mikroskopiker – wenn überhaupt – erst im fortgeschrittenen Stadium in Berührung kommt, nur übersichtsmäßig abgehandelt.

Das besprochene Mikroskopzubehör sowie die Spezialgeräte werden ganz bewußt nicht an Hand von Photos vorgestellt. Denn einmal ist der Aussagewert solcher Abbildungen nicht immer besonders hoch, und zum anderen unterliegen die Geräte teilweise einem ziemlich schnellen Wandel. Außerdem finden sich gute Abbildungen dieser Instrumente in den Druckschriften der einschlägigen Firmen. Um die Suche danach zu erleichtern, wurden einige Hersteller namentlich aufgeführt. Dieses Verzeichnis ist allerdings nicht vollständig und kann nicht mit einer Wertung gleichgesetzt werden.

Das Buch wendet sich – wie schon gesagt – an den Anfänger. Dabei ist aber nicht daran gedacht, daß der Inhalt sofort von Anfang bis zum Ende durchgelesen werden muß. Vielmehr genügt zunächst das Studium der Einleitung sowie der Kapitel über das Mikroskopstativ und über die Mikroskopoptik. Außerdem werden die übersichtsmäßigen Bedienungsanleitungen am Schluß des Textes die Arbeit am Gerät erleichtern. Erst wenn man einige praktische Erfahrungen gesammelt hat und mit dem Mikroskop vertrauter geworden ist, wird man die anderen Kapitel durcharbeiten. Manche davon setzen die Kenntnis vorausgegangener Abschnitte unbedingt voraus. Das gilt z. B. für die Phasenkontrastmikroskopie, die nur mit Kenntnis der wellenoptischen Vorgänge bei der mikroskopischen Bildentstehung verständlich wird.

Die Fertigstellung dieses Taschenbuches wurde durch viele Ratschläge wesentlich erleichtert, die mir Mitarbeiter wissenschaftlicher Institute und optischer Industriebetriebe gegeben haben und denen mein Dank gilt. Besonders zu danken habe ich Herrn Prof. Dr. J. Grehn (Wetzlar) und Herrn Prof. Dr. W. Nultsch für die kritische Durchsicht des Manuskriptes. Weiterhin leistete wertvolle Hilfe meine Frau, Dr. D. Gerlach, bei der kritischen Durchsicht des Manuskriptes und dem Lesen der Korrekturen. Ihr danke ich ebenso wie Mr. Tucker für die Anfertigung der Zeichnungen und dem Georg Thieme Verlag für die angenehme Zusammenarbeit.

Erlangen, im Oktober 1975   D. GERLACH

Inhaltsverzeichnis

Einleitung

Sehwinkel, Bezugssehweite und Auflösungsvermögen des menschlichen Auges

Wer an einem Gegenstand feine Einzelheiten sehen will, muß bekanntlich nahe an ihn herangehen. Eng nebeneinanderliegende Details sind eben nur aus der Nähe voneinander zu unterscheiden, während sie aus größerer Entfernung scheinbar miteinander verschmelzen und einheitliche Flächen bilden. Diese Erfahrung macht man auch mit dem vorliegenden Taschenbuch, dessen Text aus einem Abstand von 50 bis 70 cm bequem entziffert werden kann. Ein Leser, der aus der Ferne auf die Seiten blickt, gewinnt dagegen den Eindruck, als wären alle Buchstaben zu einer grauen Fläche verschmolzen.

Nebeneinander liegende Einzelheiten, die als getrennte Individuen erscheinen, bezeichnet man als aufgelöst. Wenn man also die Buchstaben auf dieser Seite einzeln erkennen kann, sind sie aufgelöst. Falls sie einem weiter entfernten Betrachter zu einem grauen Rechteck vereinigt erscheinen, werden sie nicht mehr aufgelöst. Demnach wird die Auflösung umso besser, je näher das Objekt vor dem Auge liegt.

Man kann die beiden Enden des beobachteten Gegenstandes mit der Mitte der Augenpupille verbinden und erhält so einen Winkel, nämlich den Sehwinkel. Dieser nimmt zu, wenn sich der Abstand zwischen Gegenstand und Auge verringert (Abb. 1). Folglich führt ein größerer Sehwinkel zu einer besseren Auflösung.

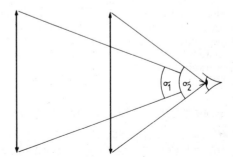

Abb. 1 Abhängigkeit des Sehwinkels, von der Entfernung zwischen Auge und Gegenstand.

Es ist aber nicht möglich, beliebig feine Einzelheiten durch immer stärkere Annäherung aufzulösen. Denn wenn der Gegenstand zu nahe vor dem Auge liegt, kann er wegen der begrenzten Akkomodationsfähigkeit nicht mehr scharf abgebildet werden. Deswegen muß immer eine bestimmte Mindestentfernung zwischen ihm und dem Auge eingehalten werden, damit noch ein scharfes Bild entsteht. Diese Mindestentfernung ist aber nicht bei allen Menschen gleich, sondern hängt von den Eigentümlichkeiten der Augen und vom Lebensalter ab. Sie ist bei Kindern und Kurzsichtigen am kleinsten, nimmt im Laufe des Lebens zu und erreicht beim Weitsichtigen ihr Maximum.

Aus dieser Vielzahl von Mindestentfernungen muß nun für bestimmte Zwecke (S. 8) ein Durchschnittswert ermittelt werden. Dabei stellt man zunächst fest, daß der normalsichtige Erwachsene Gegenstände gerade noch scharf erkennen kann, die ca. 10 cm vom Auge entfernt liegen. Dann kommt es aber schnell zu Ermüdungserscheinungen und Augenschmerzen, weswegen eine solche kurze Entfernung auf die Dauer nicht einzuhalten ist. Erst wenn der Abstand auf 25 cm anwächst, wird die Mehrzahl der Erwachsenen in die Lage versetzt, ein Objekt längere Zeit ohne besondere Anstrengung gerade noch scharf zu sehen. Daher legt man diese Strecke als kürzeste durchschnittliche Betrachtungsentfernung fest und bezeichnet sie als *konventionelle Sehweite* oder auch als *Bezugssehweite*.

Das menschliche Auge erreicht also ohne weitere Hilfsmittel bei längerer Beobachtungsdauer im Durchschnitt dann sein bestes Auflösungsvermögen, wenn die Objekte bis auf 25 cm herangebracht werden. Eine weitere Steigerung des Auflösungsvermögens durch noch stärkere Annäherung ist nicht möglich, weil es dann – wie schon gesagt – schnell zu unscharfen Bildern kommt.

Ein Beobachter mit besonders gutem Gesichtssinn kann aus einem Abstand von 25 cm mehrere Einzelheiten dann eben noch unterscheiden, also auflösen, wenn sie ca. 0,15 mm voneinander entfernt sind, was einem Sehwinkel von ungefähr 2 Winkelminuten entspricht. Liegen sie wesentlich näher beieinander, werden sie nicht mehr aufgelöst.

Viele Menschen erreichen aber selbst mit gesunden Augen nicht einmal diese Auflösung. So müssen in ungünstigen Fällen die Details bei Betrachtung aus konventioneller Sehweite bis zu 0,3 mm auseinanderliegen, um eben noch aufgelöst zu werden. Der Sehwinkel beträgt dann etwa 4 Winkelminuten. Somit schwankt das Auflösungsvermögen des menschlichen Auges je nach Sehschärfe ungefähr zwischen 0,15 und 0,3 mm.

Hilfsmittel zur Vergrößerung des Sehwinkels

Das Auflösungsvermögen läßt sich also durch einfache Annäherung an den betrachteten Gegenstand wegen der begrenzten Akkomodationsfä-

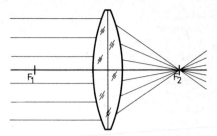

Abb. 2 Sammellinse im Querschnitt. Die durch die dickste Stelle der Sammellinse verlaufende Gerade ist die optische Achse. Senkrecht auf ihr steht die Hauptebene. Sie geht durch die Mitte der Linse. Wenn Lichtstrahlen parallel zur optischen Achse verlaufen und auf die Sammellinse fallen, werden sie im Brennpunkt F_2 vereinigt. Die Entfernung zwischen Hauptebene und Brennpunkt wird als Brennweite ›f‹ bezeichnet. Wenn parallel zur optischen Achse verlaufende Lichtstrahlen von der anderen Seite auf die Linse treffen, werden sie im Brennpunkt F_1 gesammelt. F_1 ist ebensoweit wie F_2 von der Linse entfernt, wenn die beiden Linsenoberflächen an das gleiche Medium grenzen (z. B. an Luft). Man spricht von der Umkehrbarkeit der Strahlengänge. Die durch die beiden Brennpunkte senkrecht zur optischen Achse verlaufenden Ebenen werden als Brennebenen bezeichnet.

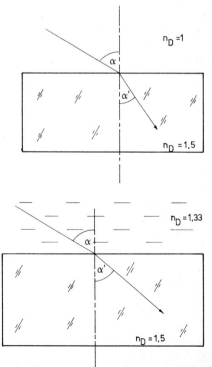

Abb. 3a Ein Lichtstrahl dringt aus der Luft kommend in einen Glasblock ein. Der Winkel zwischen der Senkrechten auf der Glasoberfläche und dem Lichtstrahl ist im Glas kleiner als in der Luft. Der Lichtstrahl wird gebrochen.

Abb. 3b Ein Lichtstrahl dringt aus Wasser kommend in den Glasblock ein. Jetzt ist die Lichtbrechung schwächer als in 3a.

higkeit des Auges nur bis zu einem gewissen Grad verbessern. Soll es darüberhinaus gesteigert werden, muß der Abstand zwischen den Details, die aufzulösen sind, irgendwie vergrößert werden. Das kann durch *Sammellinsen* erfolgen. Diese sammeln Lichtstrahlen, die parallel zur optischen Achse einfallen, in einem Punkt, nämlich dem Brennpunkt (Abb. 2). Dazu kommt es, weil ein Lichtstrahl, der zunächst in Luft verlaufen ist, beim Eindringen in Glas seine Verlaufsrichtung ändert. Man sagt, er wird »gebrochen« (Abb. 3). Das Ausmaß der Lichtbrechung läßt sich berechnen, wenn man senkrecht zur Glasoberfläche durch den Punkt, in dem der Strahl ins Glas eindringt, eine Gerade zeichnet. Strahl und Senkrechte bilden dann einen Winkel, der in Luft (α) größer ist als in Glas (α'). Wenn der Lichtstrahl unter einem anderen Winkel (z. B. β) auf die Glasoberfläche trifft, ändert sich auch der Winkel (β') im Glas. Das Verhältnis von sin β : sin β' ist aber gleich dem Verhältnis von sin α : sin α', also:

$$\frac{\sin \beta}{\sin \beta'} = \frac{\sin \alpha}{\sin \alpha'} = n$$

Bei n handelt es sich um eine »dimensionslose« Zahl, die als Brechungsindex oder Brechzahl bezeichnet wird. Die Größe von n hängt einmal von der Art des Stoffes ab, in dem das Licht aus der Luft (genaugenommen aus dem Vakuum) kommend übertritt. Lichtstrahlen werden unter diesen Bedingungen von Wasser nicht so stark abgelenkt wie z. B. von einem Diamanten. Deswegen hat Wasser einen kleineren Brechungsindex als der Edelstein. Außerdem wird n von der Lichtfarbe beeinflußt, da blaue Strahlen stärker gebrochen werden als rote. Diese Erscheinung wird als Dispersion bezeichnet. Wenn man die Brechungsindizes verschiedener Stoffe miteinander vergleichen will, muß man also jeweils Lichtstrahlen von genau der gleichen Farbe benutzen. Gewöhnlich kommt dafür die gelbe Strahlung von Natriumdampflampen in Frage, deren Farbton mit dem Buchstaben D (Wellenlänge = 589,3 nm) gekennzeichnet ist. Das Symbol für den Brechungsindex n wird dann mit dem Index D versehen, also: n_D.

Wenn der Lichtstrahl nicht aus Luft, sondern z. B. aus Wasser kommend ins Glas eindringt, beobachtet man im Glas einen größeren Winkel zwischen Strahl und Senkrechter, als sich aus obiger Formel ergeben würde. Rechnung und Messung stimmen erst dann miteinander überein, wenn man nicht nur den Brechungsindex des Glases, sondern auch den des Wassers mit in die Formel einbezieht, also:

$$\frac{\sin \alpha}{\sin \alpha'} = \frac{n_D \text{ Glas}}{n_D \text{ Wasser}}$$

oder: $\sin\alpha \cdot n_{D\,\text{Wasser}} = \sin\alpha' \cdot n_{D\,\text{Glas}}$

Allgemein: $n_{D1} \cdot \sin\alpha_1 = n_{D2} \cdot \sin\alpha_2$

Diese Beziehung wird als Snelliussches Brechungsgesetz bezeichnet.
Wenn man dem Glasblock sammellinsenförmige Gestalt gibt, wird die Brechung so gesteuert, daß sich alle parallel zur optischen Achse einfallenden Lichtstrahlen im Brennpunkt treffen. Lichtstrahlen, die untereinander parallel, aber schräg zur optischen Achse verlaufen, werden ebenfalls auf der anderen Seite der Linse in einem Punkt gesammelt, der sich zwar auch auf der Brennebene, jedoch von der optischen Achse mehr oder weniger weit entfernt befindet (Abb. **4**). Schräg einfallende Lichtstrahlen, die durch den vorderen Brennpunkt verlaufen, bevor sie in die Linse eindringen, sind nach dem Austritt aus der Linse parallel zur optischen Achse gerichtet. Lichtstrahlen, die die Mitte der Linse passieren, behalten ihre ursprüngliche Verlaufsrichtung bei.
Von den vielen Lichtstrahlen, die auf eine Sammellinse treffen, gibt es also drei Gruppen, deren Verlaufsrichtungen nach Verlassen der Linse genau bekannt sind. Es sind dies die folgenden:
1. Lichtstrahlen, die parallel zur optischen Achse gerichtet sind, werden von der Linse so gebrochen, daß sie durch den hinteren Brennpunkt verlaufen.

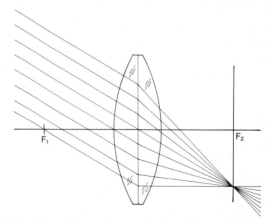

Abb. **4** Untereinander parallele, jedoch schräg zur optischen Achse verlaufende Lichtstrahlen werden von einer Sammellinse in einem Punkt gesammelt, der sich auf der Brennebene, aber nicht auf der optischen Achse befindet. Der Strahl, der durch den Brennpunkt F_1 verläuft, wird durch die Sammellinse so gebrochen, daß er parallel zur optischen Achse ausgerichtet wird.

2. Lichtstrahlen, die durch den vorderen Brennpunkt verlaufen, sind nach dem Verlassen der Linse parallel zur optischen Achse gerichtet.
3. Lichtstrahlen, die durch die Mitte der Linse verlaufen, behalten ihre ursprüngliche Richtung bei.

Sammellinsen können bekanntlich zur Abbildung von Gegenständen benutzt werden. Das dabei entstehende Bild läßt sich konstruieren, wenn man von allen Lichtstrahlen, die von einem Punkt des abzubildenden Gegenstandes ausgehen, nur die drei soeben genannten näher betrachtet. Es wird zunächst deren Verlauf bis zur Linse und anschließend nach der Brechung gezeichnet. Wo sie sich wieder in einem Punkt schneiden, liegt der entsprechende Bildpunkt. Dabei wird vereinfachend angenommen, daß die eigentliche Lichtbrechung in der Sammellinse an der Hauptebene erfolgt. Was dabei im einzelnen herauskommt, hängt von der Entfernung zwischen Gegenstand und Linse ab. Wenn man für diese Strecke die Brennweite der Linse als Maßeinheit wählt, ergeben sich allgemein gültige Aussagen, wobei drei wichtige Fälle zu unterscheiden sind (Abb. 5).
1. Liegt der Gegenstand in einem Abstand von mehr als zwei Brennweiten vor der Linse, wird er verkleinert, seitenverkehrt und reell außerhalb der hinteren Brennebene abgebildet. Dabei rückt sein Bild immer näher an die hintere Brennebene heran, wenn sich der Gegenstand selbst weiter von der Linse entfernt. Diese Eigenschaft der Sammellinsen ist z. B. bei gewöhnlichen Photoobjektiven zu beobachten, welche Gegenstände aus relativ großer Distanz seitenverkehrt und verkleinert auf den Film abbilden.
2. Ist der Gegenstand in einer Entfernung von mehr als einer und weniger als zwei Brennweiten vor der Linse angeordnet, entsteht wiederum ein reelles und seitenverkehrtes, jetzt aber vergrößertes Bild.

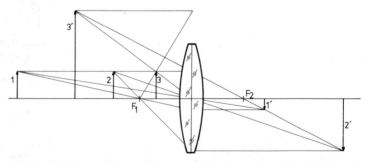

Abb. 5   Abbildung von Gegenständen durch eine Sammellinse. Die mit 1, 2 bzw. 3 gekennzeichneten Pfeile stellen die Gegenstände dar, die mit 1', 2' bzw. 3' bezeichneten Pfeile die zugehörigen Bilder.

Diesen Fall finden wir bei den Objektiven von Projektoren und photographischen Vergrößerungsgeräten.

3. Befindet sich der Gegenstand schließlich innerhalb der vorderen Brennweite der Linse, ist sein Bild vergrößert und seitenrichtig, läßt sich aber nicht auf einer Projektionswand auffangen. Man bezeichnet es als virtuell. Dazu kommt es, wenn die Sammellinse als Lupe benutzt wird. Lupen mit sehr starker Vergrößerung wurden früher als »einfache Mikroskope« bezeichnet.

Vergrößerung durch Sammellinsen

Gegenstände werden also sowohl durch Projektionsobjektive als auch durch Lupen vergrößert. Der Unterschied besteht im wesentlichen darin, daß der Projektor ein reelles, die Lupe dagegen ein virutelles Bild entwirft. Deswegen muß das Maß der Vergrößerung in beiden Fällen auf verschiedenen Wegen bestimmt werden.

Einfach liegen die Verhältnisse beim Projektionsobjektiv. Hier setzt man eine bestimmte Strecke im Bild zu der entsprechenden Strecke im Objekt ins Verhältnis und bezeichnet den Quotienten als *Abbildungsmaßstab* oder auch als *Maßstabzahl*. Wenn z.B. die Strecke im Bild 10 mal länger als im Objekt ist, haben wir es mit einem Abbildungsmaßstab von 10:1 zu tun.

Schwieriger gestaltet sich die Bestimmung der Vergrößerung, wenn die Sammellinse als Lupe wirkt. Denn in dem virtuellen Bild läßt sich der Abstand zwischen zwei Punkten nicht einfach ausmessen. Deswegen werden hier nicht Strecken, sondern Winkel miteinander verglichen. Man nimmt dabei an, Gegenstand und Bild lägen in konventioneller Sehweite, also 25 cm von dem Auge entfernt, und bildet das Verhältnis aus den Tangenswerten der beiden Sehwinkel, unter denen Gegenstand und Bild gesehen werden würden. Der Quotient ergibt die Lupenvergrößerung:

$$V = \frac{\tan \beta}{\tan \gamma}$$

Dieses Verhältnis ist gleich dem Verhältnis von scheinbarer Bildgröße ›B‹ zu Gegenstandsgröße ›G‹ also

$$V = \frac{B}{G},$$

denn aus Abb. **6** ergibt sich:

$$\tan \beta = \frac{B}{250} \qquad \tan \beta = \frac{G}{f} \qquad \tan \gamma = \frac{G}{250}$$

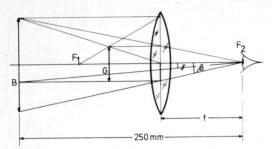

Abb. 6 Sammellinse als Lupe. In der Zeichnung ist in dem Feld über der optischen Achse nochmals dargestellt, wie das Bild bei einer Lupe zustande kommt. Die Darstellung unter der optischen Achse dient der Ableitung der Lupenformel. Mit B bzw. G ist die Strecke zwischen optischer Achse und jeweiliger Pfeilspitze gemeint.

Daraus folgt: $B : G = \tan \beta : \tan \gamma$

Außerdem läßt sich ableiten:

$$\tan \beta : \tan \gamma = \frac{G}{f} : \frac{G}{250}$$

$$\tan \beta : \tan \gamma = 250 : f$$

$$V = \frac{250}{f}$$

Diese Formel ist für die Praxis besonders wichtig und besagt, daß man die Lupenvergrößerung auch dann erhält, wenn man die konventionelle Sehweite (250 mm) durch die Brennweite ›f‹ der Linse dividiert. Eine Sammellinse mit einer Brennweite von 5 cm liefert z. B. eine 5fache Lupenvergrößerung, denn 250 mm : 50 mm = 5.

Jetzt ist auch klar, warum man sich auf eine bestimmte Entfernung als Bezugssehweite einigen mußte. Denn nur so kommt es zu wirklich vergleichbaren Lupenvergrößerungen. Wenn nämlich jeder anstelle der 250 mm seine eigene deutliche Sehweite in die Formel einsetzen würde, ergäben sich bei ein und derselben Brennweite je nach Individuum ganz verschiedene Lupenvergrößerungen.

Obwohl wir beim Ableiten der Formel zur Berechnung der Lupenvergrößerung davon ausgegangen waren, daß Objekt und Bild 250 mm vom Auge entfernt liegen, soll die Lupe doch immer so benutzt werden, daß das Bild nicht in konventioneller Sehweite, sondern im Unendlichen entsteht. Dazu muß der Gegenstand genau in die vordere Brennebene der Lupe gebracht werden. Eine solche Bildlage ist für die Betrachtung günstiger, weil dann der Akkomodationsapparat des Auges entspannt bleibt. Auf das Ausmaß der Lupenvergrößerung übt das

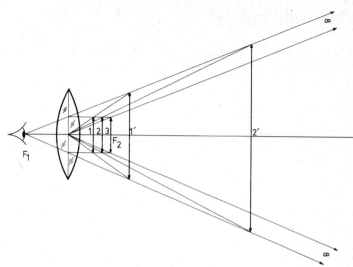

Abb. 7 Wenn die Sammellinse als Lupe wirkt und der Gegenstand immer näher an den Brennpunkt gebracht wird, entfernt sich das Bild immer weiter von der Linse, bis es schließlich ins Unendliche gelangt, wenn der Gegenstand in der Brennebene der Lupe liegt. Der Winkel zwischen den Rändern der Bilder 1', 2' und der Augenpupille, also der Sehwinkel, bleibt bei dieser Bildverlagerung aber stets gleich groß. Somit ändert sich auch nichts an der Vergrößerung der Lupe.

aber keinen Einfluß aus. Denn wie Abb. **7** zeigt, ändert sich bei der Bildverlagerung der Winkel β nicht.

Abbildungsmaßstab und Lupenvergrößerung sind also zwei völlig verschiedene Dinge. Einmal werden sie auf unterschiedlichen Wegen abgeleitet, und zum anderen hängt die Vergrößerung im Gegensatz zur Maßstabzahl von der Sehweite ab. Man darf deswegen nicht sagen, eine Linse ergibt eine soundsovielfache Vergrößerung. Vielmehr soll der Unterschied zwischen Abbildungsmaßstab und Lupenvergrößerung auch stets zum Ausdruck gebracht werden. Man spricht daher von x-facher Vergrößerung, wenn die Linse als Lupe wirkt und von einer Maßstabzahl oder einem Abbildungsmaßstab x : 1, wenn ein reelles Bild entsteht.

Das Mikroskop

Wenn ein Projektionsapparat von einem Diapositiv auf eine transparente Projektionswand ein vergrößertes Bild entwirft, kann dieses seinerseits noch weiter vergrößert werden, wenn man hinter die Projektionswand tritt und das durchscheinende Bild mit einer Lupe betrachtet (Abb. **8**). Wir haben es dann mit einer Vergrößerung zu tun, die in zwei Stufen zustandekommt.

Nach diesem Prinzip arbeiten alle unsere Mikroskope. Sie sind demnach als eine Kombination von Projektionsapparat und Lupe aufzufassen, wobei nur die dazwischenliegende Projektionswand fehlt und das mikroskopische Präparat die Rolle des Diapositivs übernimmt. Folglich finden wir im Mikroskop einmal alle optischen Teile eines Projektors, also ein zwischen der Lichtquelle und dem Dia (= Präparat) befindliches Linsensystem – den Kondensor – sowie das Projektionsobjektiv. Beim Mikroskop liegt der Kondensor unter dem Objekttisch, während das Mikroskopobjektiv mit dem Projektionsobjektiv zu vergleichen ist. Hinzu kommt noch das Okular, welches die Aufgabe der Lupe übernimmt. Damit alle optischen Teile in die richtige Lage zueinander kommen, ist eine mechanische Vorrichtung notwendig, die in ihrer Gesamtheit als *Stativ* oder auch *Gestell* bezeichnet wird.

Mikroskopstativ

Bis vor wenigen Jahrzehnten war ein Stativtyp allgemein gebräuchlich, wie ihn Abb. **9a** zeigt. Derartige Mikroskope werden auch heute noch

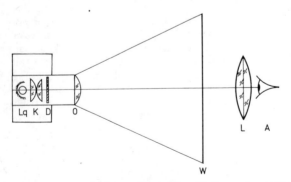

Abb. **8**   In einem Projektor wird ein Diapositiv D von einer Lichtquelle Lq über den Kondensor K beleuchtet und mit dem Objektiv O auf eine transparente Wand W vergrößert abgebildet. Das durchscheinende Bild kann mit Hilfe der Lupe L noch weiter vergrößert werden.

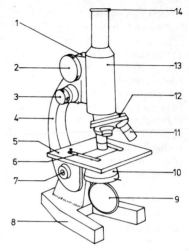

Abb. **9a**   Mikroskopstativ alten Typs.
1 Triebkasten; 2 Einstellrad für die
grobe Scharfeinstellung; 3 Einstellrad
für die feine Scharfeinstellung; 4 Tubusträger; 5 Objekttisch; 6 Präparateklemmen; 7 Scharnier zum Umlegen des
Tubusträgers; 8 Mikroskopfuß; 9 Beleuchtungsspiegel; 10 Kondensor;
11 Objektiv; 12 Objektivrevolver; 13 Tubus; 14 Okular.

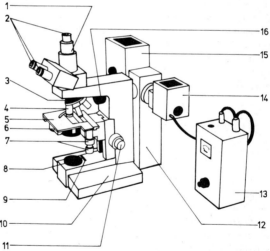

Abb. **9b**   Mikroskopstativ neueren Typs (Forschungsmikroskop). 1 Ansatztubus für
eine mikrophotographische Kamera; 2 trinokularer Tubus mit Okularen; 3 Objektivrevolver (auswechselbar); 4 Objektiv; 5 Objekttisch (Kreuztisch, auswechselbar);
6 Kondensor; 7 Einstellräder für den Kreuztisch; 8 Lichtaustrittsöffnung für Durchlichtbeleuchtung; 9 Einstellrad für die Leuchtfeldblende; 10 Mikroskopfuß; 11 koaxial
angeordnete Einstellräder für grobe und feine Scharfeinstellung; 12 Spiegelhaus;
13 Regeltrafo für die Niedervoltlampe; 14 kleines Lampenhaus für die Niedervoltlampe; 15 größeres Lampenhaus (z. B. für Gasentladungslampen); 16 Lichtaustrittsöffnung für die Auflichtbeleuchtung.

da und dort hergestellt. Ihr Tubusträger kann mit Hilfe eines am Fuß befindlichen Gelenks um 90 Grad umgelegt werden, was z.B. bei der Mikroprojektion (S. 280) von Vorteil ist. Auf den senkrecht gestellten Tubus läßt sich auch eine mikrophotographische Kamera aufsetzen, so daß für die Mikrophotographie kein spezieller Tubus benötigt wird. Solche Mikroskope sind relativ preiswert, weswegen sie u. a. gern von Amateuren und für Unterrichtszwecke verwendet werden, wenn man auf bequemes und schnelles Arbeiten verzichten kann.

Inzwischen ist der alte Mikroskopstativtyp weitgehend durch einen neuen ersetzt worden (Abb. **9b**). Er zeichnet sich u. a. durch verhältnismäßig tief liegende Triebknöpfe für die Scharfeinstellung aus, die auch dann leicht zu erreichen sind, wenn die Hand auf dem Arbeitstisch neben dem Mikroskop ruht. Zum Scharfeinstellen wird nicht mehr wie beim alten Typ der Mikroskoptubus, sondern meistens der Objekttisch gehoben und gesenkt. Nur bei wenigen Modellen bewegt sich zur Grobeinstellung der Tubusträger. Dadurch wird ein größerer Verstellbereich gewonnen, so daß auch dicke Objekte unter das Mikroskop gelegt werden können. Dafür muß man aber bei aufgesetzter mikrophotographischer Kamera mit besonderen Klemmvorrichtungen verhindern, daß der Tubusträger durch das Gewicht der Kamera nach unten gedrückt wird. Für Arbeiten in Verbindung mit einem Mikromanipulator sind allerdings nur Mikroskope brauchbar, bei denen Grob- und Feintrieb auf den Tubus bzw. den Tubusträger wirken, damit der Objekttisch immer in derselben Ebene bleibt (Laborlux 2, Leitz; siehe auch Axiomat, Zeiss).

Forschungs-, Labor- und Kursmikroskope

Mikroskopstative gibt es in verschiedenen Größenordnungen, wobei man grob zwischen Kursmikroskopen, Labor- oder Arbeitsmikroskopen sowie Forschungsmikroskopen unterscheidet. Mit allen drei Typen ist grundsätzlich die gleiche optische Leistung zu erzielen, denn diese hängt nicht von der mechanischen Ausrüstung, sondern von der Optik ab. Trotzdem bieten die verhältnismäßig teueren **Forschungsmikroskope** gegenüber den einfacheren Stativen verschiedene Vorteile. Denn einmal lassen sich viele ihrer Einzelteile, wie z.B. Objektivrevolver, Objekttische oder Kondensorhalterungen bequem auswechseln, was das Anbringen einer großen Anzahl optischer und mechanischer Zusatzteile erleichtert. Forschungsmikroskope können daher schnell und einfach für die verschiedensten lichtmikroskopischen Untersuchungsmethoden, wie z.B. Fluoreszenz-, Polarisations- oder Interferenzmikroskopie umgerüstet werden. Das Präparat kann sowohl im Durchlicht als auch im Auflicht beleuchtet werden. Außerdem ist es möglich, mehrere verschiedene Lichtquellen anzubauen und gleichzeitig zu betreiben. Ein Präparat läßt sich dann simultan mit Gasentladungs- und Glühlampenlicht sowie im Durch- und Auflicht beleuchten. Das wird z. B. für die kombinierte Phasenkontrast-Fluoreszenzmikroskopie verlangt (S. 225).

Forschungsmikroskope haben allerdings auch einige Nachteile. Sie sind einmal wesentlich schwerer und größer als Kurs- und Arbeitsmikroskope und lassen sich nicht so leicht von einem Arbeitsplatz zum anderen tragen oder in eine Versuchseinrichtung einbauen. Sie bleiben daher in der Regel auf einem bestimmten Tisch stehen. Außerdem weisen sie wegen ihrer vielseitigen Verwendbarkeit besonders viele Bedienungselemente auf, weswegen man an ihnen leichter etwas falsch machen kann, als an einfacheren Mikroskopen. Forschungsmikroskope sind also nichts für den Anfänger.

Bei der Entwicklung von Forschungsmikroskopen hat man in der jüngsten Zeit neben neuen Ideen z. T. auch ältere Vorschläge wieder aufgegriffen. Das trifft z. B. für den Axiomat (Zeiss) zu, der sich mit seiner von allen anderen Mikroskoptypen völlig abweichenden Bauweise durch eine ungewöhnliche Stabilität auszeichnet, was für quantitative Untersuchungen sowie für Beobachtungen bei den allerstärksten Vergrößerungen von Vorteil sein kann. Außerdem läßt sich das Gerät leicht in ein umgekehrtes Mikroskop (S. 20) umbauen, das im Gegensatz zu den meisten sonst gebräuchlichen umgekehrten Mikroskopen alle Vorzüge eines Forschungsmikroskops aufweist. In der umgekehrten Version ist der Axiomat z. B. für bestimmte Arbeiten im Zusammenhang mit einem Mikromanipulator interessant.

Der Univar (Reichert) ähnelt zwar – was seinen Aufbau betrifft – mehr den vertrauten Formen, ermöglicht aber den Übergang von dem einen lichtmikroskopischen Untersuchungsverfahren zum anderen ohne Objektivaustausch, Kondensorwechsel oder sonstige Umbauten. Dadurch verliert man selbst bewegliche Objekte nicht mehr so leicht aus dem Gesichtsfeld, wenn z. B. von Phasenkontrast auf Interferenzkontrast geschaltet wird. Ähnliche Vorzüge bietet das Jenaval von Jena, wenn es mit dem sogenannten Kontrasttubus bestückt ist.

Labor- oder Arbeitsmikroskope sind kleiner, weniger aufwendig ausgestattet und einfacher zu bedienen als Forschungsmikroskope. Solche Stative lassen sich aber nicht mehr so universell ausbauen, weil nur ein Teil ihrer Bestandteile für einen Austausch durch den Benutzer vorgesehen ist. Dafür kann man sie leichter transportieren und auch in enge Versuchsanordnungen einbauen. Einige Labormikroskope werden von vornherein in einer Spezialausführung, z. B. als Fluoreszenz- oder Polarisationsmikroskop geliefert. Normalerweise sind sie ebenso wie die Forschungsmikroskope mit einer eingebauten Beleuchtung versehen, die ein schnelles Einstellen der Köhlerschen Beleuchtung gestattet. Insgesamt eignen sich Labormikroskope ausgezeichnet für alle Routineuntersuchungen.

Kursmikroskope stellen die preiswertesten unter den drei Stativklassen dar und kommen vornehmlich für nicht allzu diffizile Untersuchungen, wie z. B. in Kursen oder für einfache Routineaufgaben in Frage. Bei Forschungsarbeiten benutzt man sie gerne zum schnellen Vorausmustern der Präparate. Kursmikroskope sind meistens für Durchlicht-Hellfelduntersuchungen eingerichtet, können aber in der Regel auch mit einem Auflichtilluminator versehen werden. Als Lichtquelle wird gewöhnlich eine mit Netzspannung betriebene Glühlampe benutzt, die man in eine unter dem Kondensor befindliche Ansteckleuchte schraubt. Köhlersche Beleuchtung läßt sich mit Hilfe einer getrennt vom Mikroskop aufgestellten Niedervoltlampe einstellen, deren Licht man einspiegelt. Solche Mikroskopstative können nur im beschränkten Umfange für spezielle Untersuchungsverfahren ausgebaut werden. Dafür sind sie mit wenigen Bedienungselementen versehen, so daß sie sich auch von Anfängern leicht handhaben lassen.

Tuben

Abgesehen von den einfachsten Kursmikroskopen mancher Firmen läßt sich bei allen Mikroskopmodellen des neueren Typs der Tubus auswechseln. Kursmikroskope besitzen oft einen geneigten **monokularen Tubus**. Er ist u. a. beim Zeichnen praktisch, wenn man mit dem einen Auge ins Mikroskop blickt und mit dem anderen auf die Zeichnung schauen muß.

Auszugtuben, welche die kontinuierliche Veränderung der Tubuslänge gestatten, werden heute nur noch von einem Teil der Mikroskophersteller geliefert (z. B. LOMO, Meopta, PZO). An solchen Tuben muß zunächst die von der benutzten Optik verlangte mechanische Tubuslänge (S. 22) eingestellt werden. Verlängert man den Tubus über die erforderliche Länge hinaus, nimmt die Gesamtvergrößerung zu, wobei gleichzeitig die Bildqualität leiden kann. Umgekehrt liefert ein zu kurzer Tubus eine kleinere Vergrößerung. Man variiert manchmal die Bildgröße auf diesem sonst ungewöhnlichen Wege, damit sich bei der Bestimmung des Mikrometerwertes zur Eichung von Meßokularen ganze Zahlen ergeben (S. 229). Ferner werden durch Veränderung der Tubuslänge Bildfehler behoben, die aus einer falschen Deckglasdicke resultieren (S. 37). Schließlich ist das untere Ende vieler Auszugtuben mit einem Objektivgewinde versehen, in das ein schwaches Objektiv zur Beobachtung primärer Beugungsbilder geschraubt werden kann (S. 82).

Erheblich teurer als die Monokulartuben stellen sich die **Binokulartuben.** Sie liefern zwar normalerweise kein plastisches Bild, sind aber trotzdem zu empfehlen, weil länger andauernde Untersuchungen mit ihnen weit weniger anstrengen als mit einem Monokulartubus. Labor- und Forschungsmikroskope werden daher meistens mit einem Binokulartubus ausgestattet. Nur wenn das Bild außerordentlich lichtschwach ist, wie z. B. bei manchen fluoreszenzmikroskopischen Verfahren, ist der Monokulartubus wegen seines helleren Bildes dem Binokulartubus vorzuziehen. Zum bequemen Einblicken sind die beiden Tuben eines Binokulartubus geneigt. Diese Neigung läßt sich bei manchen Modellen (z. B. Leitz, Zeiss) zwischen 0 und 45 Grad stufenlos verstellen. So kann jeder Benutzer die für sich angenehmste Position selbst aussuchen. Andere Firmen bieten Binokulartuben in zwei verschiedenen Ausführungen mit 35 und 45 Grad Neigung an.

Damit sich bei Benutzung eines Binokulartubus auch dann ein scharfes Bild ergibt, wenn die Augen des Benutzers verschiedene Dioptrieen aufweisen, läßt sich der eine der beiden Tuben verstellen. Um ihn richtig einzustellen, schließt man zunächst das über dem verstellbaren Tubus befindliche Auge und verändert die Scharfeinstellung des Mikroskops, bis das Bild mit dem zweiten Auge scharf erscheint. Dann öffnet man das erste Auge und schließt das andere. Ohne die Scharfeinstellung am Mikroskopstativ zu verändern, wird die Tubuseinstellung solange verstellt, bis das Bild auch mit dem ersten Auge scharf zu sehen ist. Dann stimmt die Tubuseinstellung und kann für den gleichen Beobachter bei allen Objektiv-Okularkombinationen unverändert beibehalten werden.

Weil die beiden Augen bei den einzelnen Menschen verschieden weit voneinander entfernt sind, müssen sich die beiden Tuben eines Binokulartubus einander nähern und voneinander entfernen lassen. Diese Einstellung muß ebenfalls sehr sorgfältig erfolgen. Sie ist dann richtig, wenn die Bildbegrenzung kreisförmig und überall scharf ist. Bei falschem Tubusabstand kann nur ein Teil des Gesichtsfeldes auf einmal überblickt werden.

Im Binokulartubus sind die Präparate – wie schon gesagt – normalerweise nicht plastisch zu sehen. Wenn man jedoch die allerschwächsten Objektive benutzt (2,5 : 1 bis 6,3 : 1) und den Abstand der beiden Tuben voneinander etwas vergrößert, resultiert ein plastisches Bild. Jedoch ist dieses Verfahren für die Augen recht anstrengend.

Für die Mikrophotographie wird an binokulare Tuben noch ein senkrechter Tubus für die Aufnahme der Kamera angebracht. Mit solchen **trinokularen Tuben** (Phototuben) geht der Wechsel von visueller Mikroskopie zur Mikrophotographie und umgekehrt besonders schnell. Die mechanische Tubuslänge bin- und trinokulärer Tuben ist oft größer als von der Optik verlangt. Damit trotzdem kein Verlust an Bildqualität auftritt, ist zum Ausgleich ein Linsensystem eingebaut, das allerdings eine zusätzliche Vergrößerung des mikroskopischen Bildes bewirken kann. Das Ausmaß dieser Zusatzvergrößerung ist dem Tubus außen aufgraviert und wird als *Tubusfaktor* bezeichnet. Er muß bei der Berechnung der Gesamtvergrößerung mit berücksichtigt werden. Jedoch stellen heute bereits verschiedene Firmen bin- und trinokuläre Tuben mit dem Tubusfaktor 1 her.

Die Kamera läßt sich auch auf einen einfachen **Senkrechttubus** befestigen, den man gegen den Mon- oder Binokulartubus austauscht. Er ist natürlich wesentlich billiger als ein trinokulärer Tubus, jedoch führt der Tubuswechsel immer zu Zeitverlusten.

Objekttische

Der Objekttisch der Kursmikroskope besteht gewöhnlich aus einer durchbohrten Metallplatte, in der manchmal zwei Präparateklemmen stecken. Letztere werden entfernt, wenn man den Objektträger zum schnellen Ausmustern des Präparats über größere Bereiche verschieben muß. Will man eine bestimmte Stelle im Präparat für einige Zeit festhalten, wird der Objektträger mit den Klemmen in seiner Lage fixiert.

Zum systematischen Durchmustern der Präparate gibt es **Objektführer,** die man auf den Objekttisch schraubt oder anklemmt. Wenn sie mit einer Skala versehen sind, geht das Wiederauffinden interessanter Stellen in Dauerpräparaten leichter. Man muß dann nur die entsprechenden x- und y-Werte notieren.

Forschungs- und Arbeitsmikroskope weisen meistens einen großen **Kreuztisch** auf. Seine gewöhnlich koaxial gelagerten Triebräder lassen sich am bequemsten handhaben, wenn sie möglichst weit nach unten reichen.

Drehtische werden für bestimmte Verfahren benötigt, wie z. B. für die Polarisationsmikroskopie oder den differentiellen Interferenzkontrast. Wenn sie kugelgelagert sind, können sie besonders genau eingestellt werden. Zentrierbare Drehtische müssen zunächst zentriert werden. Hierzu sucht man in einem Präparat ein punktförmiges Objekt und schiebt es in die Mitte des Gesichtsfeldes. Beim Drehen des Tisches macht der Punkt eine Bewegung mit, die auf einer Kreisbahn verläuft. Der Tisch wird nun an den beiden Zentrierschrauben so zentriert, daß der Mittelpunkt der Kreisbahn in die Mitte des Gesichtsfeldes zu liegen kommt. Wenn das der Fall ist, bringt man den Punkt seinerseits durch Verschieben des Präparats in die Gesichtsfeldmitte zurück (Abb. **10**). Er darf nun beim Drehen des Tisches höchstens noch einen Kreis mit sehr kleinem Radius umschreiben. Allerdings sind die für die Polarisationsmikroskopie bestimmten Drehtische nicht zentrierbar. Vielmehr tragen entweder die Objektive (z. B. Zeiss) oder die Revolver bzw. anderen Objektivwechselvorrichtungen (Jena, Leitz) Zentriermöglichkeiten. Man geht genauso wie eben geschildert vor, nur zentriert man jetzt nicht am Tisch, sondern am Objektiv bzw. Revolver.

Die Kreuztische verschiedener Forschungsmikroskope sind auf Drehtischen montiert. Die Präparate können dann sehr einfach so gedreht werden, daß die Strukturen in einer gewünschten Richtung im Gesichtsfeld liegen, was u. a. bei der Mikrophotographie angenehm ist. Das

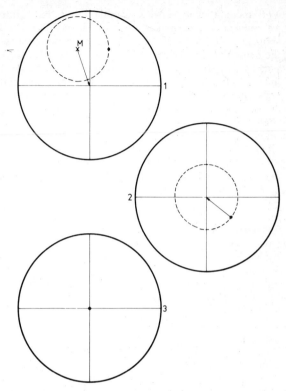

Abb. **10**   Zentrieren eines Drehtisches (s. Text).

Zentrieren eines solchen Tisches wird durch ein Zentrierglas erleichtert. Es besteht aus einem Objektträger, der ein Fadenkreuz enthält. Dessen Schnittpunkt dient beim Zentrieren als Punkt. Auf dem Zentrierglas ist angegeben, in welche x- und y-Position der Kreuztisch beim Zentriervorgang zu bringen ist.

Einrichtungen für die Scharfeinstellung

Der Grobtrieb wirkt in der Regel über Zahnrad und Zahnstange, während es für den Feintrieb verschiedene Mechanismen gibt. Im einfachsten Falle sind die Triebräder für Grob- und Feineinstellung nebeneinander gelagert. Koaxiale Anordnung ermöglicht schnelleres Arbeiten.

Verschiedentlich ist versucht worden, Grob- und Feintriebsbetätigung auf einen einzigen Triebknopf zu vereinigen. So wird bei einigen Mikroskopen von Leitz zunächst der Feintrieb in Betrieb gesetzt, wenn man die beiden großen Triebräder betätigt. Nach einer viertel Umdrehung schaltet der Mechanismus automatisch auf den Grobtrieb um. Ändert man die Drehrichtung, wirkt zunächst wieder der Feintrieb, während der Grobtrieb nach einer viertel Umdrehung erneut einsetzt. Diese Art der Scharfeinstellung erweist sich für die Untersuchung der gewöhnlichen biologischen und medizinischen Präparate als sehr praktisch und findet sich auch an einigen Mikroskopen von Jena (Eduval, Laboval). Ganz selten stört es aber doch, daß der Grobtrieb beim Ändern der Drehrichtung nicht sofort wirksam werden kann. Das kommt vor, wenn man schnell bewegliche Objekte verfolgen muß, die in sehr dicken Präparaten dauernd nach oben und nach unten schwimmen. Für diese Fälle ist ein anderer Kombinationstrieb günstiger (Leitz). Er zeichnet sich durch zwei koaxial gelagerte Triebradpaare aus, von denen das äußere der Betätigung der Grobeinstellung dient und das innere einen Kombinationstrieb in Gang setzt.

Einige Firmen haben für ihre allereinfachsten Kursmikroskope auf eine getrennte Grob- und Feineinstellung verzichtet und liefern die Stative mit einem Trieb, dessen Ganggeschwindigkeit etwa in der Mitte zwischen den sonst üblichen Grob- und Feinbewegungen liegt.

Manche für alltägliche Routineuntersuchungen bestimmte Mikroskope sind allein mit einem Feintrieb ausgerüstet, während ein Grobtrieb fehlt (Jenamed, Jena; KM Zeiss). In diesen Fällen wird durch eine besondere Präparathalterung dafür gesorgt, daß das Präparat unabhängig von der Dicke des Objektträgers stets in die richtige Ebene zu liegen kommt.

Der Feintrieb kann meistens nur um wenige Millimeter nach oben und unten bewegt werden. Ist das jeweilige Ende erreicht, läßt sich das Triebrad nicht weiter drehen und schlägt an. Man muß es dann um einen bestimmten Betrag zurückdrehen und die Schärfe mit dem Grobtrieb nachstellen. Um zu erkennen, wieviel Spiel an der Feinbewegung noch vorhanden ist, tragen viele Mikroskope mit getrenntem Grob- und Feintrieb am Triebkasten eine aus zwei Strichen bestehende Markierung, zwischen denen sich beim Drehen des Triebrades ein Punkt auf- und abbewegt, der den jeweiligen Stand des Triebes anzeigt. Es gibt allerdings auch Mikroskope, deren Feintrieb sich ebensoweit wie der Grobtrieb verstellen läßt (Jena).

Vorrichtungen zur Befestigung der optischen Teile

Die Mikroskopobjektive sind meist am Revolver festgeschraubt. Die meisten der in Biologie und Medizin benutzten Mikroskope sind mit einem Objektivgewinde versehen, wie es bereits im vorigen Jahrhundert von der Royal Microscopical Society in London festgelegt wurde und das man meist mit »Normgewinde« (»society srew«) bezeichnet. Weist der Revolver ein derartiges Gewinde auf, lassen sich die Objektive aller Hersteller von »Normoptik« einschrauben. Jedoch sollte man aus optischen Gründen von dieser Möglichkeit nur in besonderen Fällen Gebrauch machen (S. 23). Neben diesem Normgewinde gibt es seit einigen Jahren andere noch nicht genormte Gewinde für Objektive, die für eine unendlich lange Tubuslänge berechnet sind (S. 23). Am bequemsten arbeitet es sich mit Revolvern, die mit einem griffigen Rand versehen und kugelgelagert sind. Andere Objektivwechselvorrichtungen, wie z.B. Wechselzangen oder Wechselschwalben, verwendet man in der biologischen und medizinischen Mikroskopie nur selten.

Der Innendurchmesser der meisten Mikroskoptuben ist dort, wo die Okulare eingehängt werden, ebenfalls genormt und beträgt 23,2 mm. Daher können in jeden gewöhnlichen Tubus die Okulare der verschiedensten Hersteller gesteckt werden, was jedoch in der Regel ebenfalls nicht zu empfehlen ist (S. 49). Neuerdings gibt es Forschungsmikroskope (z.B. Jena, Leitz, Reichert, Zeiss) mit Tuben, die zur Erzielung besonders ausgedehnter Sehfelder einen wesentlich größeren Durchmesser aufweisen und für dickere Okulare bestimmt sind. Allerdings kann man in solch weite Tuben bei Verwendung entsprechender Reduzierstücke auch normale Okulare stecken. Nur ergibt sich dann kein größeres Sehfeld.

Die Kondensorhalterungen sind sehr uneinheitlich gestaltet. Bei einer Reihe von Mikroskopen ist der Kondensor in einer Metallhülse befestigt, deren Durchmesser je nach Hersteller (und z.T. auch je nach Herstellungsdatum) verschieden ist. Außerdem gibt es Unterschiede in der »Kondensorhöhe«. Man versteht darunter den Abstand zwischen der Oberseite der Frontlinse des Kondensors und dem unteren Rand seiner Hülsenfassung. Andere Firmen benutzen Schlittenfassungen oder Ringschwalben. Alle Kondensorhalterungen sind entweder fest oder zentrierbar. Letztere sind vielseitiger verwendbar und daher vorzuziehen, wenn nicht die Kondensoren selbst mit einer Zentriervorrichtung versehen sind (z.B. Leitz). Zur Einstellung der Köhlerschen Beleuchtung sowie für einige lichtmikroskopische Spezialverfahren, wie z.B. die Dunkelfeld- oder Phasenkontrastmikroskopie muß sich der Kondensor in der Höhe verstellen lassen, was meist mit Hilfe eines Zahntriebes geschieht.

Spezialmikroskope

Für besondere Aufgaben gibt es Mikroskope, die in ihrem Aufbau von den bisher geschilderten Konstruktionen mehr oder weniger stark abweichen.

So sind bei den **umgekehrten Mikroskopen** (z. B. Jena, Leitz, Meopta, Nikon, Olympus, PZO, Will, Zeiss) die Objektive unter dem Präparat angeordnet, damit dessen Unterseite bequem untersucht werden kann. Das ist z. B. für Gewebekulturen wichtig, die in besonderen Kulturflaschen gehalten werden oder auch für Objekte, die am Boden eines Erlenmeyerkolbens liegen. Viele dieser umgekehrten Mikroskope gehören ihrer Ausstattung und Ausbaufähigkeit nach in die Klasse der Labormikroskope. Beim IM bzw. ICM von Zeiss handelt es sich dagegen um hochwertige Forschungsmikroskope. Daß sich das Forschungsmikroskop Axiomat (Zeiss) auch als umgekehrtes Mikroskop benutzen läßt, wurde bereits erwähnt.

Auf Exkursionen verwendet man ein möglichst leichtes Kursmikroskop, das mit Beleuchtungsspiegel versehen ist. Es gibt aber auch spezielle **Exkursionsmikroskope,** die zwar nicht alle die stärksten Vergrößerungen erlauben und auch nicht immer mit Normoptik ausgerüstet sind, sich dafür aber durch kleine Ausmaße auszeichnen. So ist das Schüler- und Exkursionsmikroskop AZ-3 (Meopta) mit den drei Objektiven 3,3:1/0,08; 6,7:1/0,15 und 20:1/0,30 sowie dem Okular 15x im zusammengeschobenen und verpackten Zustande in jeden Rucksack unterzubringen, während das Taschenmikroskop UM 200 (Mercker) mit Vergrößerungen von 20 bis 200 x in die Anoraktasche paßt. Mit dem Exkursionsmikroskop J 51 von Swift (mit den Objektiven 4/0,10, 10/0,25, 40/0,65 sowie 60/0,85) läßt sich auch dann gut arbeiten, wenn man es z. B. im Gelände nur mit der Hand halten und nicht aufstellen kann. Es ist ein umgekehrtes Mikroskop, das mit einer Tragetasche samt Umhängeriemen geliefert wird. Als Zubehör werden u. a. eine Phasenkontrasteinrichtung und eine batteriegespeiste künstliche Beleuchtung angeboten.

Wenn man ein Präparat mit einem anderen im Mikroskop vergleichen will, benötigt man ein **Vergleichsmikroskop,** das beide Präparate aufnimmt. Sein Gesichtsfeld ist geteilt und zeigt in der rechten Hälfte das eine Präparat und in der linken das andere. Wenn kein spezielles Vergleichsmikroskop zur Verfügung steht, benutzt man zwei normale Mikroskope des gleichen Typs und verbindet sie mit einem Vergleichstubus (Leitz, Zeiss). Vergleichsuntersuchungen werden in erster Linie in der Kriminalistik angestellt.

Die Projektions- und Photomikroskope werden an anderer Stelle behandelt (S. 281 und 253).

Wenn man für Versuchszwecke verschiedene optische Teile zwischen Objektiv und Okular anbringen will, baut man am besten ein Mikroskop aus einzelnen Teilen auf einer optischen Bank zusammen (Spindler und Hoyer).

Mikroskopoptik

Strahlengang und Berechnung der Gesamtvergrößerung

Wir haben bereits gesehen, daß sich ein Mikroskop aus zwei verschiedenen optischen Teilen zusammensetzt, nämlich aus einem Projektor und einer Lupe. Deswegen bezeichnet man es als zusammengesetztes Mikroskop, bei dem die Vergrößerung in zwei Etappen zustande kommt. Das Objektiv sorgt für die erste Vergrößerungsstufe, wobei ein vergrößertes, seitenverkehrtes, reelles Zwischenbild entsteht. Dieses wird mit Hilfe des Okulars nochmals vergrößert, was zum virtuellen Endbild führt.

Die Maßstabzahl des Objektivs gibt an, in welchem Größenverhältnis Bildstruktur und Präparatstruktur zueinander stehen. So erscheint z. B. bei einem Objektiv 40:1 eine bestimmte Strecke im Zwischenbild 40 mal länger als im Präparat. Das Zwischenbild seinerseits wird durch das Okular nachvergrößert, wobei das Ausmaß dieser Nachvergrößerung der Okularvergrößerung entspricht. Bei einem Okular mit der Eigenvergrößerung 10 x würde die soeben erwähnte Strecke im Endbild 10 mal länger als im Zwischenbild zu sehen sein. Da sie dort bereits 40 mal länger dargestellt wurde ergibt sich eine Gesamtvergrößerung von $40 \cdot 10 = 400$fach.

Die Vergrößerung im Mikroskop errechnet sich also aus dem Produkt von Maßstabzahl des Objektivs M_{Ob} und der Eigenvergrößerung des Okulars V_{Ok}:

$$V_M = M_{Ob} \cdot V_{Ok}$$

Manchmal enthält der Mikroskoptubus noch ein Linsensystem, das eine zusätzliche Vergrößerung bewirkt (Tubusfaktor, S. 15). Dann muß die Gleichung noch mit diesem Tubusfaktor multipliziert werden, wenn man die wahre Gesamtvergrößerung erhalten will. Beispiel: Objektiv 100:1, Okular 8x, Tubusfaktor 1,25.
$V_M = 100 \cdot 8 \cdot 1,25 = 1000$ x.

Eine vielbenutzte schematische Zeichnung, der sogenannte »Strahlengang« zeigt recht anschaulich, wie die Vergrößerung im einzelnen zustande kommt (Abb. 11). Allerdings entspricht dieses Schema nicht in allen Punkten den Gegebenheiten. Denn erstens ist aus Gründen der Übersichtlichkeit der Abstand zwischen Objektiv und Okular im Vergleich zur Objektivbrennweite viel zu kurz gehalten, zweitens haben die Linsen in Wirklichkeit wesentlich kleinere Durchmesser und drittens entsteht das virtuelle Endbild bei richtiger Mikroskopeinstellung nicht

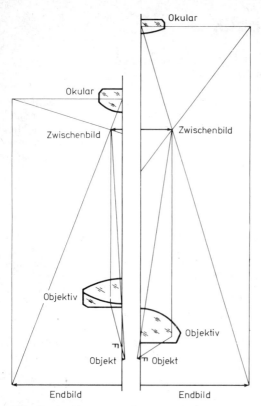

Abb. **11** Strahlengang im Mikroskop für zwei verschiedene Objektiv-Okular-Kombinationen. Optik jeweils nur bis zur optischen Achse gezeichnet. **a:** Schwaches Objektiv, starkes Okular, **b:** Starkes Objektiv, schwaches Okular. In beiden Fällen gleiche Gesamtvergrößerung.

so nahe am Objektiv, sondern zur Schonung der Augen (S. 8) im Unendlichen. Zu dieser Bildlage kommt es, wenn das Zwischenbild genau in die vordere Brennebene des Okulars gebracht wird. Damit dies jedesmal geschieht, hält man die Entfernung zwischen dem oberen Tubusrand und der Anschraubfläche des Objektivs – die *mechanische Tubuslänge* – konstant und baut die Objektive je nach Brennweite in längere oder kürzere Fassungen ein (Abb. **12**). Dadurch wird außerdem erreicht, daß das mikroskopische Bild selbst dann einigermaßen scharf bleibt, wenn man von dem einen Objektiv auf das andere überwechselt. Man sagt, die meisten Objektive sind »abgeglichen«. In der Regel werden die Objektive umso länger je größer ihr Abbildungsmaß-

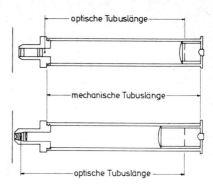

optische Tubuslänge

mechanische Tubuslänge

optische Tubuslänge

Abb. **12** Optische und mechanische Tubuslänge.

stab ist. Eine Ausnahme bilden die Objektive mit der Maßstabszahl
1 : 1, welche sehr lang und meist nicht abgeglichen sind.

Die Maßstabszahl ist allen neueren Objektiven aufgraviert. Jedoch
kann man diese Gravur nicht immer gut erkennen, wenn die Objektive
am Revolver angeschraubt sind. Deswegen versehen einige Hersteller
ihre Objektive zusätzlich mit farbigen Ringen, wobei jede Farbe eine
bestimmte Maßstabszahl symbolisiert.

Bis vor wenigen Jahren war die mechanische Tubuslänge bei den biologischen und medizinischen Mikroskopen der verschiedenen Fabrikate
nicht gleich, sondern betrug entweder 160 mm oder 170 mm. Inzwischen hat man sich auf eine einheitliche Tubuslänge von 160 mm geei-
nigt. Darüber hinaus gibt es auch für Mediziner und Biologen Mikroskope, die für Objektive vorgesehen sind, deren reelles Bild im Unendlichen entworfen wird (z. B. Jenaval, Jena; NS 400, Nachet; Univar,
Reichert; Axiomat, Zeiss). Bei diesen Geräten muß eine bestimmte
mechanische Tubuslänge nicht unbedingt ständig eingehalten werden.

Die Entfernung zwischen der hinteren Brennebene des Objektivs und
der vorderen Brennebene des Okulars wird als *optische Tubuslänge*
bezeichnet. Sie bleibt im Gegensatz zur mechanischen Tubuslänge nicht
konstant, sondern wechselt von Objektiv zu Objektiv.

Damit das Zwischenbild in die richtige Lage kommt, sollten Objektive
und Okulare nur an Mikroskopen mit der passenden mechanischen
Tubuslänge verwendet werden. Ihre Länge in Millimeter ist meistens
auf den Objektiven aufgraviert. Außerdem ändert sich bei einem Wechsel der mechanischen Tubuslänge die Gesamtvergrößerung (S. 14).

Linsenfehler und deren Milderung

Eine Sammellinse bildet Gegenstände in Wirklichkeit nicht so störungs-
frei ab, wie Abb. 5 (S. 6) zeigt. Denn einmal werden die einzelnen

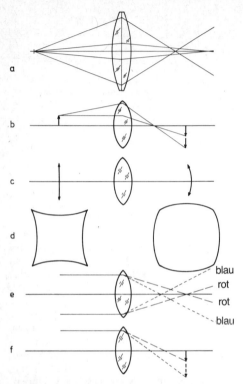

Abb. 13   Linsenfehler. **a:** Sphärische Aberration. Weil Lichtstrahlen von den äußeren Zonen einer Linse stärker als von den inneren gebrochen werden, wird ein auf der
optischen Achse befindlicher Punkt nur als unscharf begrenzter Fleck abgebildet.
Denn die vom Punkt ausgehenden Strahlen schneiden sich wegen der unterschiedlichen Brechung auf der anderen Seite der Linse nicht in einem Punkt. **b:** Sinusfehler.
Lichtstrahlen, die von einem weiter von der optischen Achse entfernt gelegenen
Gegenstand ausgehen, werden stärker gebrochen, wenn sie Randzonen der Linse
durchlaufen. Solche Strahlen bilden den Gegenstand größer ab als Strahlen, welche
die zentraleren Teile der Linse passieren. **c:** Bildfeldwölbung. Das Bild eines ebenen
Gegenstandes liegt nicht auf einer Ebene, sondern auf einer gewölbten Fläche.
d: Verzeichnung. Eine quadratische Fläche wird kissenförmig (links) oder tonnenför-
mig (rechts) verzerrt abgebildet. **e:** Chromatische Aberration. Blaue Strahlen werden
stärker gebrochen und schneiden die optische Achse eher als rote. **f:** Chromatische
Vergrößerungsdifferenz. Weil blaue Strahlen stärker gebrochen werden, bilden sie
einen Gegenstand größer ab als rote.

Spektralfarben verschieden stark abgelenkt (S. 4), zum anderen ist die
Lichtbrechung in den äußeren Zonen einer Sammellinse stärker als in
der Mitte. Deswegen wird ein Gegenstand von einer einzigen Linse
nicht naturgetreu, sondern mehr oder weniger verzerrt abgebildet. Man

spricht von Linsenfehlern, die zu Abbildungsfehlern führen (Abb. **13**). Durch geschickte Kombination mehrerer, verschieden geformter Linsen aus unterschiedlichen Glassorten oder aus Flußspat sowie durch geeignete Anordnung von Blenden gelingt es, die Abbildungsfehler auf ein erträgliches Maß herabzumildern. Deswegen bestehen Mikroskopobjektive nicht aus einer, sondern aus mehreren Linsen. Es ist aber nicht möglich, alle Abbildungsfehler gleichzeitig vollständig zu beheben. Man muß sich deshalb überlegen, welche Fehler so sehr stören, daß sie unbedingt beseitigt werden müssen und welche bei den zu bewältigenden Aufgaben in Kauf genommen werden können. Es versteht sich von selbst, daß ein Objektiv umso teurer wird, je besser es korrigiert ist. So gibt es für die allerfeinsten Untersuchungen Objektive, deren Abbildungsfehler so weit unterdrückt sind, daß sie praktisch nicht mehr auffallen. Bei weniger diffizilen Arbeiten stören manche Fehler nicht so sehr. Es genügen dann Objektive, die weniger aufwendig aufgebaut, dafür aber wesentlich billiger sind. Nach dem Ausmaß, in dem ihre Abbildungsfehler abgeschwächt sind, werden die Mikroskopobjektive in verschiedenen Klassen eingeteilt (S. 45ff.).

Auflösung und Öffnungswinkel

Nach der Formel auf S. 21 kann man eine bestimmte Gesamtvergrößerung mit verschiedenen Objektiv-Okularkombinationen erreichen. So kommt es z. B. zu 1000facher Vergrößerung entweder mit dem Objektiv 100:1 und dem Okular 10 x oder dem Objektiv 40:1 und dem Okular 25 x. Aus den Strahlengängen geht ebenfalls hervor, daß ein und dieselbe Gesamtvergrößerung sowohl mit einem schwachen Objektiv und einem starken Okular als auch umgekehrt mit einem starken Objektiv und einem schwachen Okular zustande kommt (Abb. 11, S. 22). Beide Bilder weisen aber trotz gleicher Größe erhebliche Qualitätsunterschiede auf (Abb. **14**). Abb. 14a zeigt die meisten Eiterkokken als getrennte Individuen, also aufgelöst. Obwohl Abb. 14b genau so groß ist, sind hier fast alle Kokken zu einheitlichen Flächen verschmolzen, d. h. nicht aufgelöst. Trotzdem liefern die Strahlengänge sowie die Gleichung für beide Optikkombinationen identische Ergebnisse. Ein ähnlich merkwürdiges Ergebnis liefert der folgende Versuch, zu dem man allerdings ein Mikroskopobjektiv benötigt, das mit einer Irisblende versehen ist, wie es in der Dunkelfeldmikroskopie gebraucht wird. Am besten eignet sich hierfür ein Irisblendenzwischenstück von Hertel und Reuss (Kassel), das an einen Objektivkopf der Maßstabszahl 40:1 geschraubt wird. Als Präparat dient ein Längsschnitt durch quergestreifte Muskulatur. Man öffnet die Irisblende zunächst vollständig und stellt eine Stelle des Präparats scharf ein, die die Querstreifung besonders deutlich zeigt (Abb. **15a**). Diese verschwindet jedoch, wenn man die Irisblende

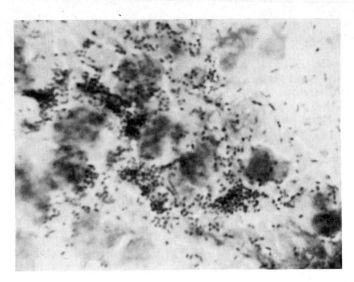

a

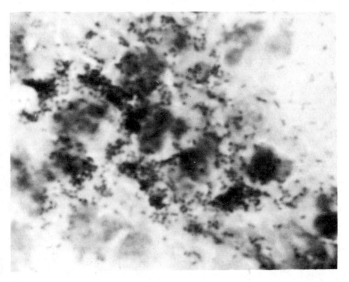

b

Abb. **14**   Eiterausstrich aufgenommen mit **a:** Objektiv 100:1, Okular 10×. **b:** Objektiv 40:1, Okular 25×.

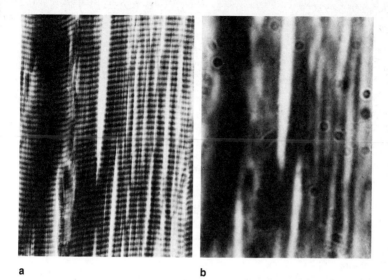

a   b

Abb. **15a** Quergestreifte Muskulatur. Querstreifung aufgelöst. **b:** Querstreifung nicht aufgelöst.

schließt (Abb. **15b**). Dabei bleibt die Vergrößerung unverändert, nur die Auflösung verschlechtert sich.

Aus diesem wie aus dem ersten Versuch folgt also, daß die Formel für die Berechnung der Vergrößerung bzw. der Strahlengang eben nur zur Lösung von Problemen geeignet sind, die im Zusammenhang mit der Gesamtvergrößerung stehen. Dagegen geben sie keine Antwort auf die Frage, warum die Auflösung einmal gut und ein anderes Mal schlecht war.

Gleichzeitig wird klar, daß Auflösung und Gesamtvergrößerung zwei völlig verschiedene Dinge sind. Folglich kann man über die Leistungsfähigkeit einer Mikroskopoptik noch kein Urteil fällen, wenn nur die höchste erreichbare Gesamtvergrößerung bekannt ist. Sie allein besagt ja noch nichts über Qualität und Aussagekraft eines Bildes, wie die Abb. 14 und 15 gezeigt haben. Man sollte das bei der Anschaffung eines Mikroskops bedenken und sich nicht von verhältnismäßig hohen Vergrößerungsangaben auf kleinen Spielzeugmikroskopen täuschen lassen.

Dem Strahlengang liegt die Vorstellung von den Lichtstrahlen zugrunde, die sich geradlinig im Raum ausbreiten und von den Linsen gebrochen werden. Wie es zu der unterschiedlichen Auflösung in Abb. 14a und b sowie 15a und 15b kommt, kann also nicht mit diesem Modell, sondern nur mit einem anderen erklärt werden.

Um das zu finden, betrachten wir einige Punkte, die beim Sehvorgang wichtig sind. Hier wird ja zunächst Licht von einer Lichtquelle abgestrahlt, das u. a. auch auf den Gegenstand trifft, den man gerade betrachtet. Dieser nimmt an dem Licht bestimmte Veränderungen vor, indem er z. B. einige Farben absorbiert. Das so veränderte Licht gelangt ins Auge und bewirkt, daß ein Bild von dem Gegenstand empfunden wird. Man kann auch sagen, daß das Licht beim Sehvorgang als Informationsträger dient, den das Objekt in gewisser Weise verändert, oder – anders ausgedrückt – der am Objekt mit Information beladen wird, die das Auge in Zusammenarbeit mit dem Gehirn auswertet.

Informationsträger zur Übermittlung von Information werden auch anderweitig benutzt. Bekannte Informationsträger sind z. B. die Buchstaben unseres Alphabets, die man mit Information belädt, indem man sie in Form von Worten und Sätzen kombiniert. Es leuchtet ein, daß über einen bestimmten Sachverhalt mit 100000 zu Wörtern und Sätzen zusammengestellten Buchstaben mehr Information vermittelt werden kann, als mit 100. Die Informationsübertragung wird also umso besser, je mehr mit Information beladene Informationsträger zur Auswertung gelangen.

Das gilt auch für den Sehvorgang. Da hier – wie schon gesagt – Licht als Informationsträger dient, wird man über den beobachteten Gegenstand umso besser informiert werden, je mehr Licht, das von dem Gegenstand ausgeht, ins Auge gelangt. Es läßt sich aber nicht vermeiden, daß sehr viel von diesem Licht am Beobachter vorbeigeht, ohne ins Auge zu dringen. Dadurch kommt es immer zu einem mehr oder weniger großen Verlust an Informationsträgern, was dazu führt, daß wir beim Sehvorgang nie vollkommen über ein Objekt informiert werden.

Mit dem gleichen Problem hat man es in der Mikroskopie zu tun. Auch hier geht von dem beobachteten Gegenstand – in diesem Falle dem Präparat – Licht aus, das als ein Verband von vielen Informationsträgern aufzufassen ist, die am Präparat mit Information beladen worden sind. Natürlich wird man auch hier über das Objekt umso besser informiert, je mehr von diesem Licht in das Auge gelangt. Damit es dazu kommt, muß das Licht vorher in das Mikroskopobjektiv eindringen.

Wie Abb. **16** zeigt, nehmen die Objektive aber nie das gesamte vom Präparat kommende Licht auf, sondern stets nur einen Teil davon. So kommt es auch in der Mikroskopie immer zu einem Verlust an Informationsträgern, der allerdings bei den einzelnen Mikroskopobjektiven unterschiedlich groß ausfällt.

Wieviel Licht in das Objektiv einzudringen vermag, wird ersichtlich, wenn man einen Punkt in der Mitte der gerade untersuchten Präparatstelle mit dem Durchmesser der Objektivfrontlinse verbindet. Es entsteht dann der **Öffnungswinkel** 2α. Wenn er größer wird, nimmt auch der Lichtkegel und somit die »Lichtmenge« zu, die ins Objektiv eindringt, so daß mehr Informationsträger ausgewertet werden können.

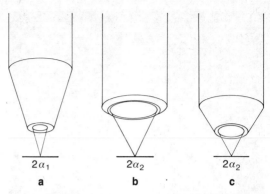

$$2\alpha_1 \qquad 2\alpha_2 \qquad 2\alpha_2$$

a   b   c

Abb. 16a   Objektiv mit kleinem Öffnungswinkel. **b:** Objektiv mit größerem Öffnungswinkel. Ein größerer Öffnungswinkel ergibt sich auch bei einem Objektiv mit kleiner
Frontlinse, wenn es näher an das Präparat heranrückt (**c**).

Das in Abb. 16b gezeigte Objektiv vermag demnach mehr Licht aufzu-
nehmen und vermittelt mehr Information als das in Abb. 16a dargestellte. Somit ist zu erwarten, daß in dem Bild, welches das zweite
Objektiv entwirft, mehr Details aufgelöst sind, als im ersten. Allerdings
begrenzt die Fassung der Objektivfrontlinse selbst nur selten den Öffnungswinkel. Oft wird diese Rolle von Linsen oder Blenden übernom-
men, die sich im Inneren des Systems befinden.
Daß der Öffnungswinkel eines Mikroskopobjektivs einen Einfluß auf
die Auflösung ausübt, läßt sich durch Versuche bestätigen.
Man entfernt dazu das Okular aus dem Tubus und steckt eine kleine
helle Glühlampe hinein. Auf den Objekttisch kommt ein Milchglasklotz
oder eine Küvette mit verdünnter, wäßriger Natriumfluoresceinlösung,
in die man das Licht einfallen läßt, das aus dem Objektiv in Form eines
Kegels austritt. Der Winkel an der Kegelspitze fällt je nach Objektiv
spitzer oder stumpfer aus und steht in direkter Beziehung zum Öffnungswinkel. Für den ersten Versuch benutzen wir noch einmal das mit
dem Irisblendenzwischenstück versehene Objektiv. Bei vollständig geöffneter Blende (wenn also die Auflösung gut ist) ist der Winkel an der
Spitze des austretenden Lichtkegels groß und bei geschlossener Blende
klein. Als nächstes werden die Lichtkegel untersucht, die aus verschiedenen Mikroskopobjektiven hervortreten, die nicht mit einer Irisblende versehen sind. Dabei werden diese Kegel dann besonders groß, wenn
man für den Versuch ein Objektiv benutzt, von dem man aus Erfahrung
weiß, daß es sehr gut aufgelöste Bilder liefert. Umgekehrt entsteht bei
einem Objektiv mit schlechterem Auflösungsvermögen ein kleinerer
Winkel. Aus all den Versuchen geht hervor, daß der Öffnungswinkel
eines Objektivs zumindest einen mitentscheidenden Einfluß auf das
Auflösungsvermögen ausübt. Da die Schenkel der Öffnungswinkel bei

a

b

Abb. **17a** Lichtkegel aus einem Objektiv, das nur mäßig aufgelöste Bilder liefert.
b: Lichtkegel aus einem Objektiv, das wesentlich besser aufgelöste Bilder ergibt.

diesem Versuch meistens zu kurz ausfallen, beobachtet man am besten den (gleich großen) Scheitelwinkel (Abb. **17**).

Der in dem Glasklotz oder der Farbstofflösung zu beobachtende Lichtkegel ist aber nicht mit dem wahren Öffnungswinkel identisch. Vielmehr tritt bei dem Versuch an der Kegelspitze stets ein kleinerer Winkel auf, weil das Licht beim Übergang aus der Luft in den Glaswürfel oder in das Wasser gebrochen wird.

Numerische Apertur

Obwohl der Öffnungswinkel für das Auflösungsvermögen eines Mikroskopobjektivs so wichtig ist, wird er in den Listen der Hersteller meist nicht aufgeführt. Der Grund dafür ergibt sich aus folgender Überlegung: Wenn ein Lichtkegel in ein Medium mit höherem Brechungsindex überwechselt (z. B. aus Luft in Glas) wird der Winkel an der Kegelspitze wegen der Lichtbrechung kleiner (Abb. **18**). Trotzdem bleibt die »Lichtmenge«, also die Anzahl der Informationsträger, die den Grad der Auflösung mitbestimmt, in dem kleineren Kegel die gleiche wie im großen. Denn in der höherbrechenden Umgebung geht ja von dem eingedrungenen Licht nichts verloren, sondern es wird nur auf einen engeren Raum zusammengedrängt. Daraus ergibt sich, daß man nicht nur den Öffnungswinkel, sondern auch den Brechungsindex des zwischen Objektivfrontlinse und Präparatoberfläche befindlichen Mediums berücksichtigen muß, wenn man in allen Fällen die wirkliche

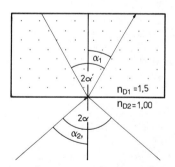

Abb. **18** Verkleinerung des Öffnungswinkels beim Übergang des Lichts in ein höherbrechendes Medium. Von links unten trifft ein Lichtstrahl, der zunächst in Luft verläuft, auf eine Glasplatte, wo er gebrochen wird. Dort ergibt sich der kleinere Winkel α_1 zwischen ihm und der Senkrechten, die auf der Glasoberfläche steht. Von rechts unten trifft ein zweiter ebenfalls aus Luft kommender Strahl auf die Glasoberfläche. Wenn er mit der Senkrechten den gleichen Winkel α_2 wie der erste bildet, entsteht auch im Glas der kleinere Winkel α_1. Sollten beide Lichtstrahlen einen Lichtkegel begrenzen, ergibt sich somit zwangsläufig im höherbrechenden Medium (hier also Glas) ein kleinerer Öffnungswinkel.

»Lichtmenge« bestimmen will, die in das Objektiv eindringt. Dazu ist eine Beziehung zwischen dem Brechungsindex n_D und dem Winkel notwendig. Eine solche liefert bekanntlich das Brechungsgesetz, das folgendermaßen lautet (S. 5):

$$n_1 \cdot \sin \alpha_1 = n_2 \cdot \sin \alpha_2$$

Allerdings befaßt es sich nicht mit Lichtkegeln, sondern mit Lichtstrahlen. Für unseren Zweck ist einer derjenigen Lichtstrahlen geeignet, die den Lichtkegel nach außen begrenzen, die also auf dem Kegelmantel verlaufen. Der im Brechungsgesetz vorkommende Winkel α wird zwischen dem Lichtstrahl und der Senkrechten gebildet, die auf der Grenzfläche der beiden Medien steht. Wie Abb. 18 zeigt, ist dieser Winkel bei einem auf dem Kegelmantel verlaufenden Strahl halb so groß wie der Öffnungswinkel. Außerdem ist im Brechungsgesetz nur vom Sinus und nicht von Winkelgraden die Rede. Somit ist von vornherein zu erwarten, daß für die Berechnung der von den Mikroskopobjektiven verwerteten »Lichtmenge« der Sinus des halben Öffnungswinkels eine wichtige Rolle spielt.

Wenn α_1 im Vakuum liegt, beträgt n_D bekanntlich 1, so daß in diesem speziellen Fall das Brechungsgesetz die folgende Form annimmt:

$$\sin \alpha_1 = n_2 \cdot \sin \alpha_2$$

Die linke Seite gilt also nur, wenn sich zwischen Objektiv und Präparat ein Vakuum oder (mit guter Näherung) Luft ($n_D = 1,000293$) befindet. Die rechte Seite eignet sich dagegen für jedes beliebige Medium. Das bedeutet, daß man den Sinus des halben Öffnungswinkels mit dem Brechungsindex des Stoffes multiplizieren muß, der sich zwischen Präparat und Objektivfrontlinse befindet, wenn man vergleichbare Werte über die »Lichtmenge« haben will, die sich in dem vom Objektiv aufgenommenen Strahlenkegel befindet. Das Produkt wird nach Abbe als **numerische Apertur,** abgekürzt A bezeichnet:

$$A = n \cdot \sin \alpha$$

Die numerische Apertur ist also ein Maß für das erreichbare Auflösungsvermögen und wird allen modernen Objektiven aufgraviert.

Oft befindet sich zwischen Objektivfrontlinse und Präparatoberfläche Luft. Der Zwischenraum kann aber auch von einem Medium mit wesentlich höherem Brechungsindex als 1 ausgefüllt sein. In diesen Fällen wird auf die Präparatoberfläche eine höherbrechende Flüssigkeit aufgetragen, in die das Objektiv mit seiner Frontlinse eintaucht. Man hat es dann mit Immersionsobjektiven zu tun (früher auch »Eintauchsysteme« oder »Stipplinsen« genannt). Im Gegensatz dazu stehen die Objektive, deren Frontlinsen bei Gebrauch nicht in eine Flüssigkeit eintauchen müssen und die daher als »Trockenobjektive« bezeichnet werden.

Trockenobjektive

Aus der numerischen Apertur eines Trockenobjektivs kann man den zugehörigen Öffnungswinkel ausrechnen. Wenn z. B. ein Objektiv vom Abbildungsmaßstab 10 : 1 eine numerische Apertur von 0,26 aufweist, beträgt der Öffnungswinkel ca. 30 Grad. Denn da sich zwischen Objektivfrontlinse und Präparatoberfläche Luft (n_D ca. 1) befindet, ergibt sich für

$$A = n \cdot \sin \alpha$$
$$0,26 = 1 \cdot \sin \alpha$$

Dem Sinus von 0,26 entspricht ungefähr ein Winkel von 15 Grad, und da α den halben Öffnungswinkel darstellt, ergibt sich für den ganzen 30 Grad.

Umgekehrt läßt sich auch abschätzen, wie groß die numerische Apertur bei Trockenobjektiven überhaupt werden kann. Sie läßt sich nämlich nicht beliebig hochtreiben, weil der Öffnungswinkel bestenfalls auf 180 Grad ansteigen kann. In diesem äußersten Fall ergibt sich ein halber Öffnungswinkel von 90 Grad und für den entsprechenden Sinus 1. Die höchste numerische Apertur, die mit Trockenobjektiven theoretisch zu erzielen ist, beträgt demnach 1. In der Praxis bleibt dieser Extremwert aber unerreichbar. Denn wenn man berücksichtigt, daß der Durchmesser der Objektivfrontlinsen nicht beliebig groß werden kann und außerdem immer ein gewisser Abstand zwischen Objektiv und Präparat bestehen bleiben muß, kommt man günstigenfalls zu einem halben Öffnungswinkel von 72 Grad, was einem Sinus von 0,95 entspricht. Demnach erreichen Trockenobjektive in der Praxis bestenfalls numerische Aperturen von ca. 0,95.

Einfluß der Deckglasdicke auf das mikroskopische Bild

Allerdings ist das Arbeiten mit solch hochaperturigen Trockenobjektiven nicht immer angenehm. Denn bei der Bildentstehung im Mikroskop muß noch die sphärische Aberration berücksichtigt werden, welche das Deckglas verursacht. Wie sie zustande kommt zeigt Abb. **19**.

Wenn man nämlich nach dem Brechungsgesetz den Verlauf der Lichtstrahlen zeichnet, die aus dem Deckglas kommen und in die Luft übertreten, schneiden sich deren rückwärtige Verlängerungen nicht alle in einem Punkt. Besonders stark weichen diejenigen Strahlen von einem gemeinsamen Schnittpunkt ab, deren Neigungswinkel bzw. Aper-

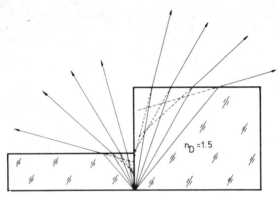

Abb. 19 Sphärische Aberration am Deckglas und ihre Abhängigkeit von der Deckglasdicke sowie der Neigung der Lichtstrahlen.

turen sehr groß sind. Bei wenig geneigten Strahlen ist die Abweichung wesentlich geringer. Außerdem kommt es mit dickeren Deckgläsern zu einer viel stärkeren sphärischen Aberration als mit dünnen.

Da der Abbildungsfehler bei Lichtstrahlen von kleiner Apertur gering ist, muß er bei schwachaperturigen Objektiven nicht besonders berücksichtigt werden. Anders ist das bei Trockenobjektiven von sehr hoher numerischer Apertur. Hier dringen ja auch die Strahlen mit starkem Neigungswinkel in das Linsensystem ein, welche für die sphärische Aberration in erster Linie verantwortlich sind und nun am Bildaufbau teilnehmen. Das Bild wird dann unscharf und kontrastschwach. Um das zu vermeiden, wird die Deckglasaberration durch geeignete Konstruktion des Objektivs gemildert. Da sich das Ausmaß des Fehlers mit der Deckglasdicke ändert, das Objektiv aber normalerweise nur für einen einzigen der dabei möglichen Fehlergrade korrigiert werden kann, muß dafür gesorgt werden, daß es stets zu genau der gleichen sphärischen Aberration kommt. Das ist der Fall, wenn man alle mikroskopischen Präparate, die mit hochaperturigen Trockenobjektiven untersucht werden sollen, nur mit Deckgläsern von einer ganz bestimmten Dicke bedeckt. Diese beträgt in der Regel 0,17 mm (Ausnahme z. B. Meopta: 0,18 mm).

Das bedeutet also, daß die von den Deckgläsern verursachte sphärische Aberration durch starke Trockenobjektive nur dann aufgehoben wird, wenn das Präparat mit einem Deckglas von genau der vorgeschriebenen Dicke bedeckt ist. Wird diese nicht eingehalten, sind Unschärfe und Kontrastverlust die Folge, was umso mehr stört, je weiter die Deckglasdicke vom Sollwert abweicht. Außerdem werden die Toleranzen mit steigender Objektivapertur immer kleiner.

Die vom Deckglas verursachte sphärische Aberration stört bis zu einer

Objektivapertur von etwa 0,3 nicht besonders. Bei diesen Objektiven ist es belanglos, ob das Präparat mit einer relativ dicken Glasplatte oder überhaupt nicht bedeckt ist. Es entsteht jedesmal ein brauchbares Bild. Wenn die numerische Apertur über 0,5 ansteigt, stört der Abbildungsfehler immer mehr und mit Trockenobjektiven von Aperturen über 0,65 erhält man nur noch bei genau eingehaltener Deckglasdicke ein akzeptables Bild. Solche Objektive werden als deckglasdickenempfindlich bezeichnet. Die verlangte Deckglasdicke in mm ist dann meistens neben dem Abbildungsmaßstab, der numerischen Apertur und der mechanischen Tubuslänge außen aufgraviert. Die Zahlen auf dem rechten, in Abb. **20** dargestellten Objektiv bedeuten demnach, daß wir es mit einem Abbildungsmaßstab von 40:1 und einer numerischen Apertur von 0,70 zu tun haben. Das Objektiv eignet sich am besten für ein Mikroskop mit einer mechanischen Tubuslänge von 160 mm, und das Präparat muß mit einem 0,17 mm dicken Deckglas bedeckt sein. Fehlt eine Angabe über die Deckglasdicke, handelt es sich meistens um ein gegenüber der Deckglasdicke unempfindliches Objektiv.

Gewöhnlich befinden sich in der gleichen Schachtel verschieden dicke Deckgläser. So muß man beim Arbeiten mit starken Trockensystemen erst durch Ausmessen mit einer Mikrometerschraube die richtigen Gläser aussuchen. Allerdings kommt man so nicht immer zum Ziel. Denn wenn das Präparat in ein harzartiges Medium eingeschlossen ist, dessen Brechungsindex ungefähr dem des Glases entspricht, muß man zur Deckglasdicke noch die Dicke der Harzschicht hinzurechnen, die sich

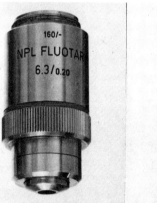

Abb. **20** Linkes Objektiv mit Angaben über die mechanische Tubuslänge (160), die Maßstabszahl (abgekürzt mit 6,3 anstelle 6,3:1) und die numerische Apertur (0,20). Rechtes Objektiv mit der Maßstabszahl 40:1 und der numerischen Apertur 0,70, bei dem neben der mechanischen Tubuslänge auch die Deckglasdicke verzeichnet ist (0,17 mm), die man einhalten sollte (Werkbild Leitz).

zwischen dem eigentlichen Objekt und dem Deckglas befindet. Die Gesamtstärke von Deckglas plus Harzschicht ist am leichtesten zu ermitteln, wenn man einmal die Dicke des Präparats von der Deckglasoberfläche bis zur Objektträgerunterseite bestimmt und davon die Objektträgerdicke subtrahiert. Das Ergebnis stimmt aber nur dann, wenn die eigentlichen mikroskopischen Objekte sehr dünn und eben sind, was z. B. bei Ausstrichen oder gut aufgeklebten, dünnen Paraffinschnitten der Fall ist. Sehr dicke und gewellte Objekte werden aber mit hochaperturigen Objektiven sowieso nicht untersucht.

Trockenobjektive mit Korrektionsfassung

Damit auch dann ein befriedigendes Bild entsteht, wenn die Deckglasdicke stärker als erlaubt vom Sollwert abweicht, sind hochaperturige Trockenobjektive z. T. mit Korrektionsfassungen versehen. Sie lassen sich auf jede in der Praxis vorkommende Deckglasdicke einstellen, wodurch alle möglichen Grade an sphärischer Aberration kompensiert werden. Dazu besitzen solche Objektive einen Rändelring. Wenn man daran dreht, wird ein Linsensystem nach oben oder unten bewegt (Abb. **21**). Dabei ändert sich aber auch die Objektivbrennweite und somit der Abbildungsmaßstab. Das stört zwar meistens nicht, muß jedoch berücksichtigt werden, wenn Längenmessungen anzustellen sind (S. 229 ff.). Außerdem wird beim Verstellen der Korrektionsfassung meistens das Bild unscharf, so daß mit dem Feintrieb nachkorri-

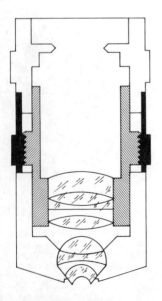

Abb. **21**   Längsschnitt durch ein Objektiv mit Korrektionsfassung. Wenn man an dem schwarz gezeichneten Rändelring dreht, wird die im Inneren des Objektivs befindliche schraffierte Linsenfassung nach oben oder unten bewegt.

giert werden muß. Die jeweils eingestellte Deckglasdicke ist auf einer Skala am Objektiv abzulesen.

Bei unbekannter Deckglasdicke muß man die Hand der Bildqualität beurteilen, wann die Korrektionsfassung optimal eingestellt ist. Das fällt anfänglich schwer, läßt sich aber etwas erleichtern, wenn man im Präparat einen dunklen Punkt einstellt. Nimmt er beim Verstellen der Schärfe nach oben und nach unten jeweils die gleichen Unschärfe-Formen an, ist die Deckglasdicke richtig eingestellt. Die optimale Position der Korrektionsfassung läßt sich auch finden, wenn man die dünnste und kontraststärmste Stelle des Präparats aufsucht und den Rändelring am Objektiv solange verstellt, bis die Strukturen den besten Kontrast zeigen. Beim Verstellen der Korrektionsfassung wird die Bildkontrolle am besten bei weit geöffneter Kondensorblende vorgenommen, weil dann die durch die falsche Deckglasdicke bedingte Unschärfe und Kontrastarmut besonders deutlich auffallen. Umgekehrt werden beide durch stärkeres Schließen der Kondensorblende etwas unterdrückt. Natürlich führt ein solches Vorgehen zu einer Verminderung der Auflösung, so daß die Leistung besonders hochaperturiger Objektive nicht voll ausgenutzt werden kann. Wie sehr sich eine falsch eingestellte Deckglasdicke auf die Bildqualität auswirkt, zeigt Abb. **22.**

Wenn hochaperturigen Trockenobjektiven eine Korrektionsfassung fehlt, ergeben sich immer wieder auffallend flaue Bilder, selbst wenn die Objektivfrontlinse und das Deckglas vollkommen sauber sind. Dann stimmt meistens die Deckglasdicke nicht. Innerhalb gewisser Grenzen läßt sich der Fehler bei einem Objektiv ohne Korrektionsfassung beheben, wenn das Mikroskop einen Auszugtubus besitzt (S. 14), so daß man die mechanische Tubuslänge verändern kann. Dabei verlangt ein zu dünnes Deckglas eine Tubusverlängerung und ein zu dickes eine Verkürzung. Man umgeht die Aberration am Deckglas und die damit verbundenen Störungen in der Abbildung am einfachsten, wenn anstelle hochaperturiger Trockenobjektive Ölimmersionen verwendet werden.

Immersionsobjektive

Ölimmersionen

Die Frontlinsen der Immersionsobjektive und die Präparatoberfläche werden – wie schon gesagt – mit einem Medium verbunden, das einen höheren Brechungsindex als Luft aufweist. Die bekanntesten Objektive dieser Gruppe sind die Ölimmersionen. Als Immersionsmedium verwendet man ein besonderes Öl, nämlich das Immersionsöl, dessen Brechungsindex nach DIN 58 884 $n_e = 1,5130$ betragen sollte (n_e ist der Brechungsindex von Grünlicht, das eine Wellenlänge von 546,1 nm

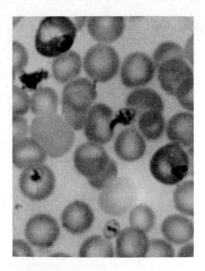

a

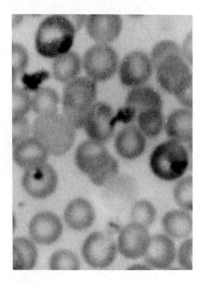

Abb. **22**   Mäuseblut infiziert
mit Plasmodium berghei (Präparat von *E. Fink,* Erlangen).
a: Richtige Deckglasdicke.
b   **b:** Falsche Deckglasdicke.

aufweist; es entspricht der »Grünlinie« einer Quecksilberhöchstdrucklampe, S. 216). Man erzielt damit ein höheres Auflösungsvermögen,
denn aus der Formel auf Seite 32 geht hervor, daß die numerische
Apertur ansteigt, wenn der Brechungsindex in dem Raum zwischen

Objektiv und Präparat größer als 1 wird. Allerdings kann man auf diesem Wege nicht auch das Auflösungsvermögen eines Trockenobjektivs verbessern. Wenn nämlich dessen Frontlinse und das Präparat mit Immersionsöl verbunden sind, ergibt sich ein völlig verwaschenes Bild. Denn die Trockenobjektive sind so berechnet, daß sie Objekte nur dann scharf abbilden, wenn die Frontlinsen an Luft und nicht an ein höherbrechendes Medium grenzen. Die gleiche Erfahrung machen wir ja auch mit unseren Augen. Auch sie liefern ein scharfes Bild nur dann, wenn die Hornhaut an Luft grenzt, während man z. B. beim Tauchen ohne Taucherbrille unter Wasser die Umgebung nur verschwommen wahrnimmt. Die Vorteile des Immersionsprinzips sind also nur mit speziellen Immersionsobjektiven zu erreichen. Diese ergeben ihrerseits unscharfe Bilder, wenn man sie ohne Ölverbindung benutzt.

Um die Wirkungsweise einer Ölimmersion zu verstehen, wenden wir uns noch einmal kurz den Trockenobjektiven zu und verfolgen den Weg der Lichtstrahlen beim Eintritt in ein solches Objektiv (Abb. **23**). Der mit 1 bezeichnete Strahl durchdringt das Deckglas und tritt in Luft über, also in ein Medium mit kleinerem Brechungsindex. Er wird dabei nach dem Brechungsgesetz vom Einfallslot weggebrochen. Folglich ergibt sich zwischen dem Lot und dem Strahl in der Luft ein größerer Winkel als im Glas. Strahl 3 ist im Deckglas so stark geneigt, daß der Winkel in der Luft 90 Grad erreicht. Der Strahl verläuft dann genau auf der Deckglasoberseite. Man bezeichnet diesen Zustand als »Streifenden Austritt«. Aus dem Brechungsgesetz geht hervor, wie groß der Winkel im Deckglas sein muß, damit es zum streifenden Austritt kommt. Da der Winkel in der Luft 90 Grad beträgt, ist sein Sinus gleich 1. Der Brechungsindex des Deckglases beläuft sich auf etwa 1,513. Setzt man diese beiden Werte in das Brechungsgesetz ein, ergibt sich:

$$1 \cdot 1 = \sin \alpha_2 \cdot 1{,}513$$

woraus für den gesuchten Winkel im Deckglas ca. 41°20′ resultiert.

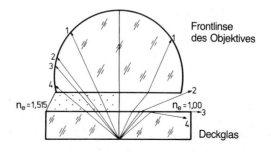

Abb. **23** Eindringen der Lichtstrahlen in ein Ölimmersionsobjektiv (linke Hälfte) im Vergleich zu den Verhältnissen bei einem Trockenobjektiv (rechte Hälfte).

Frontlinse des Objektives

$n_e = 1{,}515$ $n_e = 1{,}00$

Deckglas

Bei einem noch größeren Neigungswinkel im Glas tritt der Lichtstrahl überhaupt nicht mehr in Luft über, sondern wird in das Glas zurückgeworfen. Es kommt zur Totalreflexion, die das Auflösungsvermögen herabsetzt. Denn das Licht, welches an der Glas-Luftgrenze totalreflektiert wird, besteht aus Informationsträgern, die nicht ins Mikroskopobjektiv eindringen und somit für die Auswertung verloren gehen. Das gleiche gilt für diejenigen Lichtstrahlen (2, Abb. 23), die zwar noch aus dem Deckglas hervortreten, an der Luft aber so stark gebrochen werden, daß sie ebenfalls nicht mehr vom Objektiv aufgenommen werden. Auch das wirkt sich natürlich ungünstig auf die Auflösung aus. Alle diese Verluste lassen sich vermeiden, wenn man die Lichtbrechung an der Deckglasoberfläche unterbindet. Dazu muß zwischen Deckglas und Frontlinse ein Medium – das Immersionsöl – gebracht werden, das den gleichen Brechungsindex wie Glas aufweist. Dann können die Lichtstrahlen 3 und 4 (Abb. 23) das Deckglas verlassen und ins Objektiv eindringen. Wenn man die Lichtbrechung am Deckglas mit Hilfe des Immersionsöls verhindert, wird also vom Objektiv eine erheblich größere »Lichtmenge« aufgenommen, was zu einer Steigerung des Auflösungsvermögens führt. Da die Brechungsindizes von Deckglas, Immersionsöl und Objektivfrontlinse fast gleich sind, spricht man auch von einer »homogenen« Ölimmersion.

Man kann den Einfluß des Immersionsöles auf die vom Objektiv aufgenommene Lichtmenge mit Hilfe eines Milchglasklotzes und einer im Mikroskoptubus befindlichen Lichtquelle demonstrieren (S. 29). Dabei ergibt sich, daß der aus der Ölimmersion kommende Lichtkegel größer wird, wenn man die Objektivfrontlinse mit der Oberfläche des Glasklotzes über einen Tropfen Immersionsöl verbindet (Abb. 24).

Anwendung der Ölimmersion

Zunächst sucht man mit einem schwächeren Objektiv eine geeignete Präparatstelle aus. Dann wird der Objekttisch mit dem Grobtrieb etwas gesenkt, am Revolver das Ölimmersionsobjektiv eingeschaltet und auf die Präparatoberfläche ein Tropfen Immersionsöl gegeben. Früher geschah dies mit einem Glasstab, während das Öl heute meist aus Plastik-Tropfflaschen aufgetragen wird. Dann hebt man den Objekttisch soweit, bis die Frontlinse der Ölimmersion in den Tropfen eintaucht und stellt scharf ein.

Immersionsöl. Als Immersionsöl wurde bis vor einiger Zeit natürliches Zedernholzöl benutzt, das man vorher in dünner Schicht solange eindicken ließ, bis sein Brechungsindex 1,515 betrug. Es hatte aber verschiedene Nachteile. Einmal dickte es immer weiter ein, wodurch sich sein Brechungsindex langsam änderte. Deswegen war solches Öl nach einer gewissen Zeit für Immergierungszwecke nicht mehr zu gebrauchen. Außerdem verharzte es an der Luft und wurde fest. Daher muß-

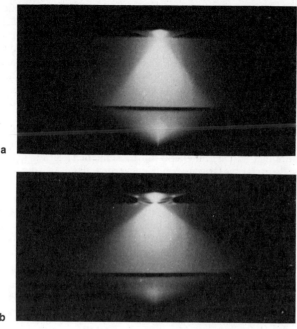

Abb. 24 Lichtkegel aus einem Ölimmersionsobjektiv, das in einen Mattglasblock übertritt. **a:** Kein Öl zwischen Frontlinse und Glasblock. **b:** Mit Ölverbindung.

ten die Frontlinsen der Ölimmersionen sofort nach Gebrauch gründlich gereinigt werden. Man wischte dazu das meiste Öl zunächst mit Linsenpapier oder einem Leinenläppchen ab, putzte mit einem xylolgetränkten Läppchen nach und rieb die Linse schließlich mit Linsenpapier oder einem Leinenlappen trocken.

Heute ist fast ausschließlich synthetisches Immersionsöl im Gebrauch. Dieses ist farblos und unterscheidet sich somit deutlich von dem gelben Zedernholzöl. Der Brechungsindex des synthetischen Immersionsöls bleibt konstant, so daß auch größere Ölmengen auf einmal eingekauft und längere Zeit gelagert werden können. Weil es an der Luft nicht verharzt, wischt man es nach Gebrauch nur mit einem Leinenlappen von der Frontlinse ab. Ein hauchdünner Ölfilm, der dabei u. U. übrigbleibt, stört nicht weiter. Dicke Ölschichten sollten aber nie länger als unbedingt notwendig auf dem Objektiv verweilen. Denn die Frontlinsenränder einiger Ölimmersionen sind nicht genug abgedichtet, so daß mit der Zeit dünnflüssiges Immersionsöl in das Linsensystem eindringen und es unbrauchbar machen könnte. Schon aus diesem Grunde sollte man nach Möglichkeit nur das vom Objektivhersteller vertriebene Immersionsöl verwenden, das in seiner Zähigkeit dem Objektiv angepaßt ist. Im Zweifelsfall sind zähere Öle immer sicherer, obwohl es sich mit ihnen – besonders an Frischpräparaten – nicht so gut arbeiten läßt wie mit dünnflüssigen. Zur Vermeidung gesundheitlicher Schäden sollte nur synthetisches Immersionsöl verwendet werden, das kein PCB (polychloriertes Biphenyl) enthält.

Wichtig ist außerdem, daß die Frontlinsen der Trockenobjektive absolut ölfrei bleiben. Dorthin verschleppte Ölspuren vermindern immer die Bildschärfe und den Kontrast. Ist doch einmal etwas Öl auf solch eine Frontlinse gelangt, wird sie mit einem xylolgetränkten Lappen gereinigt und anschließend mit Linsenpapier trocken gerieben. Dabei soll ein starker Druck vermieden werden, damit sich der auf der Linsenoberfläche befindliche reflexmindernde Belag nicht abschleift. Am Schluß wird die Sauberkeit der Frontlinse mit einer Lupe kontrolliert.

Die besonders hochkorrigierten Ölimmersionen (Planapochromate, S. 48) erreichen ihre volle Leistung nur mit dem vom Objektivhersteller vertriebenen Immersionsöl. Denn abgesehen vom Brechungsindex kommt es dann auch auf die richtige Dispersion an.

Als Ersatz für Immersionsöl ist verschiedentlich Anisol vorgeschlagen worden. Es verdampft ohne Rückstand und muß vom Präparat nicht extra abgewischt werden, soll jedoch den Kitten mancher Objektive schaden. Außerdem liegt seine Dispersion sehr ungünstig. Das gleiche gilt für Methylbenzoat.

Wenn ein Präparat nicht mit einem Deckglas bedeckt, sondern von einem Spray oder einer Paste (beide Merck) überzogen ist, muß man mit einem besonderen Öl immergieren (Merck), welches den Kunststofffilm nicht auflöst.

Bei Ölimmersionen unterbleibt die sphärische Aberration, die sonst auftritt, wenn das Licht vom Deckglas in Luft übergeht. Denn das Immersionsöl beseitigt ja die Ursache für diesen Abbildungsfehler, nämlich die Glas-Luftgrenze. Demnach ist die Deckglasdicke bei gewöhnlichen Ölimmersionen längst nicht so kritisch wie bei Trockenobjektiven von vergleichbarer numerischer Apertur. Man kann gefärbte Präparate überhaupt unbedeckt lassen, wenn sie ausschließlich mit Ölimmersionen untersucht werden sollen. Das ist z. B. bei gefärbten und getrockneten Bakterienausstrichen üblich, auf die unmittelbar der Öltropfen aufgetragen wird. Nur bei ganz diffizilen Untersuchungen und besonders gut korrigierten Ölimmersionsobjektiven kommt es dabei zu einem gewissen Verlust an Schärfe und Kontrast.

Objektive mit Federfassung

Der Abstand zwischen Frontlinse und Präparatoberfläche – der Arbeitsabstand – ist bei Ölimmersionen mit hohen Aperturen sehr gering. Deswegen kann man beim unvorsichtigen Scharfeinstellen die Objektivfrontlinse leicht auf die Präparatoberfläche stoßen. Damit es dabei nicht zu Beschädigungen an Objektiv und Präparat kommt, werden die modernen Ölimmersionen – ebenso wie die stärkeren Trockenobjektive – von den meisten Herstellern in Federfassung geliefert. Sie bewirkt, daß beim Aufstoßen der untere Objektivteil ein stückweit in die Fassung geschoben wird. Eine eingebaute Druckfeder sorgt dafür, daß sich das Objektiv beim Nachlassen des Drucks wieder auf den vorgeschriebenen Wert verlängert. Ältere Ölimmersionsobjektive und ältere starke Trockensysteme sind mit einer starren Fassung versehen. Hier besteht immer die Gefahr, daß beim Aufstoßen auf das Präparat das Deckglas splittert und die Frontlinse verschoben wird. Eine recht unvollkommene Schutzmaßnahme dagegen bildete an älteren, besser ausgerüsteten Mikroskopen der Sicherheitstrieb. Dieser bewirkte, daß sich beim Aufstoßen auf das Präparat der Triebkasten samt Tubus anhob. Besonders empfindlich gegen Druck sind einige ältere Ölimmersionen mit der numerischen Apertur 1,40, weil deren Frontlinse nur von einem ziemlich dünnen, leicht verbiegbaren Metallring gehalten wird.

Fehler bei der Anwendung von Ölimmersionen

Falls graue, runde Schatten durch das Gesichtsfeld wandern, die das Bild überdecken, enthält das Öl Luftblasen. Man ersetzt es am besten sofort durch einen neuen Tropfen. Luftblasen verschwinden manchmal schon dann, wenn man den Objektivrevolver ruckartig ein kleines Stück hin und her bewegt oder wenn man die Scharfeinstellung leicht nach oben oder unten verstellt. Die Flasche mit dem Immersionsöl sollte nie geschüttelt werden, damit keine Luftblasen entstehen.
Wenn beim Verschieben des Präparats das Bild plötzlich wesentlich kontrastärmer, unschärfer und lichtschwächer wird, ist die Ölverbindung zwischen Frontlinse und Präparat abgerissen. Soll das Präparat über größere Bereiche verschoben werden, muß man von vornherein einen genügend großen Tropfen Immersionsöl auftragen.
Weiterhin löst Immersionsöl die meisten harzähnlichen Einschlußmittel weswegen es nie mit Harzresten, die z. B. am Deckglasrand hervorgequollen sind, in Berührung kommen darf. Sonst wird das Harz gelöst und auf der Deckglasoberfläche und der Frontlinse verschmiert. Vorsicht ist auch bei Präparaten geboten, deren Deckgläser mit Deckglaslack umrandet sind, weil einige dieser Lacke von Immersionsöl gelöst werden.

Numerische Apertur von Ölimmersionen

Die heute gebräuchlichen Ölimmersionen mit Abbildungsmaßstäben von 95:1 bis 100:1 erreichen Aperturen bis zu 1,40. Jedoch sind wegen ihres z. T. extrem kurzen Arbeitsabstandes solche hochaperturigen Objektive nicht immer leicht zu handhaben. Man begnügt sich deswegen für Routinearbeiten mit Aperturen von 1,25 bis 1,30 und erhält dafür längere Arbeitsabstände. Einige Ölimmersionen weisen Abbildungs-maßstäbe auf, die beträchtlich unter 95:1 liegen (z.B. bei Leitz und Zeiss neben 63:1 und 40:1 sogar 25:1 und 16:1 [Zeiss] bzw. 10:1 [Leitz]). Da diese Systeme verglichen mit Trockenobjektiven gleicher Maßstabszahlen bedeutend höhere numerische Aperturen erreichen, eignen sie sich u.a. besonders gut für die Fluoreszenzmikroskopie. Außerdem können sie mit stärkeren Okularen kombiniert werden. Der größte Vorteil von Ölimmersionen mit schwächeren Maßstabszahlen besteht darin, daß sie ausgedehnte Gesichtsfelder bei hoher Auflösung liefern.

Weitere Immersionsobjektive

Neben den Ölimmersionen gibt es noch eine Anzahl weiterer Immer-sionsobjektive, bei denen die Verbindung zwischen Präparat und Ob-jektivfrontlinse durch andere Flüssigkeiten als Immersionsöl hergestellt wird. Für den Biologen und Mediziner sind davon nur die Wasserim-mersionen und Glycerinimmersionen von Interesse.

Wasserimmersionen werden mit der Präparatoberfläche über Aqua dest. verbunden. Dadurch wird verglichen mit den Trockenobjektiven zwar die Brechung beim Austritt des Lichts aus dem Deckglas gemil-dert, aber doch nicht ganz aufgehoben. Deswegen sind Wasserimmer-sionen gegen Deckglasdickenschwankungen etwas empfindlich. Außer-dem erreichen sie mit einer Maximalapertur von 1,20 nicht ganz so hohe Aperturen und damit nicht das gleiche Auflösungsvermögen wie die Ölimmersionen. Denn da das Licht beim Austritt aus dem Deckglas in ein Medium mit niedrigerem Brechungsindex, nämlich in Wasser ge-langt, wird es vom Einfallslot weggebrochen, so daß auch Totalrefle-xion zu beobachten ist. Diese ist aber bei Wasserimmersionen wesent-lich schwächer als bei Trockenobjektiven (Abb. **25**).

Wasserimmersionen sind u.a. zu empfehlen, wenn man Objekte, die in Wasser liegen, direkt, z.B. in der Petrischale untersuchen will. Als Notbehelf kann für solche »Unterwasseruntersuchungen« auch ein nor-males Trockenobjektiv dienen, wenn man es mit einem Stück Kunst-

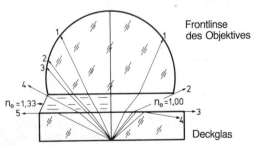

Frontlinse des Objektives

$n_e = 1,33$ $n_e = 1,00$

Deckglas

Abb. **25** Eindringen der Lichtstrahlen in ein Wasserimmersionsob-jektiv (linke Hälfte) im Vergleich zu den Ver-hältnissen bei einem Trockenobjektiv (rech-te Hälfte).

stoffschlauch überzieht, an dessen unterem Ende ein Deckglas mit wasserfestem Klebstoff befestigt ist.

Der Vorteil des Immersionsmediums Wasser besteht darin, daß es sich im Gegensatz zu Immersionsöl sehr leicht restlos vom Präparat entfernen läßt. Wasserimmersionen werden deswegen dann den Ölimmersionen vorgezogen, wenn man einerseits ein Auflösungsvermögen wünscht, das dem der Trockenobjektive überlegen ist, andererseits aber auf eine leicht zu säubernde Präparatoberfläche Wert legt. Das ist z. B. bei Untersuchungen der Fall, während deren öfters zwischen sehr schwachen Trockenobjektiven für Übersichtsbeobachtungen und hochaperturigen Objektiven gewechselt werden muß. Das mit Wasserimmersionen erreichbare Auflösungsvermögen ist zwar geringer als das der Ölimmersionen, reicht aber für viele Zwecke völlig aus.

Glycerinimmersionen benutzt man in erster Linie für die UV-Mikroskopie, weil Glycerin für ultraviolettes Licht transparent ist und durch Beimengung von etwas Wasser auf den gleichen Brechungsindex wie der ebenfalls UV-durchlässige Quarz gebracht werden kann, aus dem Objektträger und Deckgläser bei der UV-Mikroskopie bestehen müssen. Außerdem werden Glycerinimmersionen von manchen Herstellern für die Fluoreszenzmikroskopie empfohlen (z. B. Reichert, Zeiss), weil Glycerin nicht fluoresziert. Jedoch gibt es inzwischen auch weitgehend fluoreszenzfreie Immersionsöle, so daß auch die Ölimmersionen zur Fluoreszenzmikroskopie geeignet sind.

Gewöhnlich ist eine Kurzbezeichnung für diejenige Immersionsflüssigkeit außen aufgraviert, über die das Objektiv mit dem Präparat verbunden wird. So sind Immersionsobjektive bereits äußerlich von den Trockenobjektiven zu unterscheiden. Bei einem Objektiv mit der Gravur 100 : 1/1,30 Öl (oder Oil) handelt es sich z. B. um eine Ölimmersion. Wasserimmersionen werden meist mit W und Glycerinimmersionen mit Glyc gekennzeichnet.

Zeiss liefert u. a. mit Korrektionsfassung versehen Objektive, die sich je nach Einstellung als Wasser-, Glycerin- oder Ölimmersionen, aber auch mit anderen Ölen, wie Paraffin- oder Silikonöl, verwenden lassen. Diese Objektive werden in erster Linie für die Fluoreszenzmikroskopie empfohlen, wenn man einmal mit Erregerlicht einer bestimmten Wellenlänge arbeiten muß, die selbst im »weitgehend« fluoreszenzfreien Immersionsöl eine gewisse Eigenfluoreszenz verursacht.

Verschiedene Klassen von Mikroskopobjektiven

Es wurde bereits erwähnt, daß die Mikroskopobjektive nach dem Grad, in dem bestimmte Abbildungsfehler herabgemildert sind, in verschiedene Klassen eingeteilt werden. Als Kriterien für die Klassifizierung werden gewöhnlich chromatische Aberration, Sinusfehler und Bildfeldwölbung herangezogen. Man erhält so fünf verschiedene Objektivgruppen, nämlich die Achromate, Apochromate, Fluoritobjektive, Planachromate und Planapochromate. Alle Klassen umfassen sowohl Trockenals auch Immersionsobjektive.

Oft ist es nicht möglich, alle störenden Abbildungsfehler im Objektiv selbst auf ein erträgliches Maß herabzumildern. Dann bleiben bestimmte Restfehler im Zwischenbild übrig, die von speziellen Okularen beseitigt werden müssen.

Achromate. Am weitesten verbreitet sind die Achromate. Bei ihnen ist die chromatische Aberration für zwei Farben behoben und die Sinusbedingung für eine Farbe erfüllt. Dabei wählt man die Farben so aus, daß das Bild in denjenigem Lichtwellenlängenbereich optimal ausfällt, für den das Auge am empfindlichsten ist, also im gelbgrünen. Die roten und blauen Anteile der Strahlung bilden das Präparat in anderen Ebenen ab. Deswegen sind die Strukturen bei Beleuchtung mit Weißlicht von roten und blauen Säumen – dem Sekundären Spektrum – umgeben. Davon ist aber nur dann tatsächlich etwas zu sehen, wenn es sich um ein Präparat mit ausgesprochenem Schwarz-Weißkontrast handelt, wie z. B. um Eisenhämatoxylinfärbungen oder bestimmte Versilberungen. Hingegen fallen die Farbsäume an bunten Präparaten, etwa bei HE- oder Azan-Färbungen kaum auf, weil unsere Augen für blau und rot verhältnismäßig gering empfindlich sind. Legt man ein Grünfilter vor die Mikroskopierlampe, werden die Farbsäume völlig unterdrückt. Zur Abbildung gelangt dann nur diejenige Strahlung, für die Achromate optimal korrigiert sind.

Bei stärkeren achromatischen Trockenobjektiven und besonders bei den Ölimmersionen fällt die Bildfeldwölbung auf, indem je nach Einstellung des Feintriebes entweder nur das Zentrum oder nur der Rand des Gesichtsfeldes scharf zu sehen ist. Da aber der Mikroskopiker sowieso ständig am Feintrieb dreht, stört dieser Fehler bei der visuellen Mikroskopie meist nicht so sehr. Hingegen kann er bei der Mikrophotographie lästig werden. Die Bildfeldwölbung wird manchmal durch spezielle Okulare etwas gemildert.

Achromate sind die billigsten Mikroskopobjektive und schon deswegen so beliebt. Außerdem ist ihre Leistungsfähigkeit in der letzten Zeit beträchtlich gesteigert worden, weil einmal moderne Glassorten für die Linsenfertigung zur Verfügung stehen und zum anderen die elektronischen Rechenanlagen völlig neue Möglichkeiten für die Objektivkonstruktion geschaffen haben.

Achromate erreichen nicht die extrem hohen numerischen Aperturen und somit auch nicht den Grad an Auflösung, wie besser korrigierte Objektive gleicher Maßstabzahlen. Dafür sind sowohl Arbeitsabstand als auch Tiefenschärfe größer, was die Scharfeinstellung erleichtert. Deswegen lassen sich Achromate verhältnismäßig leicht handhaben.

Sie sind nicht nur für Kursmikroskope die Objektive der Wahl, sondern auch dann den aufwendigeren Systemen vorzuziehen, wenn es nicht auf das Erkennen der allerletzten Feinheiten, wohl aber auf schnelles Arbeiten ankommt.

Die meisten der derzeit gefertigten Achromate entwerfen Zwischenbilder mit deutlicher chromatischer Vergrößerungsdifferenz, die von Spezialokularen behoben werden muß. Frei von diesem Fehler sind die schwächeren Achromate (Maßstabzahlen 3,5:1 bis 10:1) älteren Herstellungsdatums, die natürlich nicht mit den Spezialokularen zu kombinieren sind. Wenn man Mikroskopobjektive mit den falschen Okularen kombiniert, resultiert chromatische Vergrößerungsdifferenz. Sie äußert sich an den Kanten von Bildstrukturen in Form von Farbsäumen, die außen rot und innen blau sind. Dieser Fehler ist am Bildrand am deutlichsten und nimmt gegen das Zentrum zu immer mehr ab.

Apochromate. Bei Apochromaten ist die chromatische Aberration für drei Farben behoben und die Sinusbedingung für zwei Farben erfüllt. Die roten und blauen Farbsäume, die mit Achromaten an schwarzen Konturen zu sehen sind, fehlen hier fast völlig. Wegen ihres besseren Korrektionszustandes erreichen Apochromate höhere numerische Aperturen und somit ein besseres Auflösungsvermögen als vergleichbare Achromate. Als Folge davon kommt es zu kürzeren Arbeitsabständen und geringeren Tiefenschärfen. Apochromate lassen sich daher weniger leicht handhaben als Achromate. Sie sind also für Kurszwecke nicht zu empfehlen. Wegen ihrer verhältnismäßig hohen numerischen Apertur und der guten Korrektion werden sie besonders bei Forschungsarbeiten benutzt, wenn es auf die Untersuchung feinster Strukturen ankommt. Sie eignen sich auch bestens für die Dunkelfeld- und Fluoreszenzmikroskopie. Von Apochromaten entworfene Bilder zeigen chromatische Vergrößerungsdifferenz, die von Spezialokularen behoben werden muß. Ein Nachteil ist die Bildfeldwölbung, die bei den Apochromaten manchmal noch mehr stört als bei den Achromaten. Deswegen werden die Apochromate heute mehr und mehr durch die Planapochromate ersetzt. Da sie jedoch bei den guten Kontrasteigenschaften und hohen numerischen Aperturen erheblich preiswerter sind als Planapochromate, gibt es immer noch einige Firmen, die Apochromate liefern (z. B. Jena, Lomo, Meopta).

Fluoritobjektive. Die Fluoritobjektive (Handelsbezeichnungen je nach Hersteller verschieden, z. B. Fluorite, Fluotare, Neofluare, Semiapochromate) liegen – was das Ausmaß ihrer chromatischen Korrektion betrifft, – zwischen den Achromaten und den Apochromaten. Da sie sich aus verhältnismäßig wenigen Linsen zusammensetzen, sind die von ihnen entworfenen Bilder besonders kontrastreich, weswegen Fluoritobjektive gern für Feinstrukturuntersuchungen, die Mikrospektralphotometrie und die Fluoreszenzmikroskopie benutzt werden. Die Bildfeldwölbung ist nicht so ausgeprägt wie bei den Apochromaten.

Planobjektive. Die *Planachromate* sind chromatisch ebenso wie die normalen Achromate korrigiert, wobei zusätzlich die Bildfeldwölbung weitgehend behoben ist. Solche Objektive werden in Verbindung mit einem Grünfilter gern für die Schwarz-Weiß-Mikrophotographie benutzt. Außerdem sind sie in der visuellen Mikroskopie überall dort am Platze, wo die Bildfeldwölbung der normalen Achromate, bei der täglichen Routinearbeit stört. Da die Ebnung des Gesichtsfeldes nur mit einer größeren Anzahl von Linsen zu erzielen war, zeichnen sich ältere Planachromate fast durchweg durch eine gewisse Kontrastarmut aus. Das hat sich inzwischen geändert. Die neuen Planachromate namhafter Hersteller liefern jedenfalls so brilliante Bilder, daß sie auch zur Untersuchung blasser Präparate herangezogen werden können.

Auch von den Fluoritobjektiven gibt es Ausführungen mit geebnetem Gesichtsfeld (z. B. NPL-Fluotare, Leitz; Plan-Semiapochromate, Nachet; Plan-Neofluare, Zeiss).

Die aufwendigsten Mikroskopobjektive sind die *Planapochromate*. Ihre Farbkorrektion entspricht derjenigen der Apochromate, wobei gleichzeitig die Bildfeldwölbung weitgehend behoben ist. Sie eignen sich besonders gut für die Farb-Mikrophotographie und für diffizile Feinstrukturuntersuchungen. Allerdings werden die ausgezeichneten Abbildungsleistungen dieser Objektive meist nur an besonders dünnen Objekten sichtbar, die noch dazu in einem Medium eingeschlossen sein sollten, dessen Brechungsindex ziemlich genau 1,513 betragen muß. Ältere Planapochromate lieferten ebenso wie die meisten älteren Planachromate nicht selten kontrastarme Bilder. Inzwischen stellen aber einige Firmen Planapochromate her, bei denen von einer Verminderung der Brillianz nicht nur nichts zu merken ist, sondern deren Kontrastreichtum im Gegenteil von keinem anderen Objektivtyp erreicht wird.

Die Zugehörigkeit eines Mikroskopobjektivs zu der einen oder anderen Güteklasse muß aber noch nichts über seine tatsächliche Qualität aussagen. Denn es wurde bereits erwähnt, daß die Abbildungseigenschaften der Achromate in der letzten Zeit bedeutend verbessert worden sind. Das gilt auch für alle übrigen Objektivklassen. So kann es durchaus sein, daß ein älteres semiapochromatisches Objektiv ein weniger befriedigendes Bild liefert, als ein neuer Achromat.

Darüber hinaus wurde von verschiedenen Herstellern in den letzten Jahren eine Anzahl weiterer Objektivbezeichnungen erfunden, wie z. B. **EF-Objektive** (Leitz) oder **Semiplanobjektive** (Reichert). Es handelt sich dabei um achromatische Objektive, bei denen die Bildfeldwölbung im Vergleich zu den normalen Achromaten deutlich herabgemildert, jedoch nicht so weitgehend behoben ist, wie bei Planachromaten.

CF-Objeitive. Bei den CF-Objektiven (»Colour-free«; Jena, Nikon) handelt es sich um Planachromate oder Planapochromate, die Zwischenbilder ohne chromatische Vergrößerungsdifferenz liefern. Sie dürfen daher nicht mit Spezialokularen kombiniert werden, die diesen Abbildungsfehler kompensieren. Die Bildränder sind dann ebenso frei von Farbsäumen wie die Linien von Meß- oder Rasterokularen. Die von CF-Objektiven gelieferten Zwischenbilder können ohne Bedenken fotografiert werden (S. 249).

Ultrafluare (Zeiss) sind sowohl für den sichtbaren als auch für den ultravioletten Bereich des Spektrums chromatisch korrigiert. Dadurch kann ein Präparat im sichtbaren Licht scharf eingestellt und anschließend im UV ohne zusätzliche Veränderung der Scharfeinstellung photographiert werden.

Okulare

Die zweite Stufe der mikroskopischen Gesamtvergrößerung besorgt das Okular. Es muß so konstruiert sein, daß sich beim Durchsehen das gesamte Gesichtsfeld überblicken läßt (S. 53f.). Außerdem gleichen fast alle Okulare neueren Herstellungsdatums einen Abbildungsfehler, nämlich chromatische Vergrößerungsdifferenz, aus, der vom Objektiv selbst nicht behoben wird (S. 47).

Diese Okulare tragen je nach Hersteller verschiedene Bezeichnungen, wie z. B. Kompensationsokulare, Kpl-Okulare oder Periplanokulare. Sie sind unterschiedlich aufgebaut, haben aber alle eine Linse oder ein Linsensystem, das dem Auge zugewandt ist (Augenlinse). Darunter befindet sich eine Lochblende, in deren Öffnung das vom Objektiv entworfene reelle, vergrößerte Zwischenbild zu liegen kommt. Diese Blendenebene entspricht also der Zwischenbildebene. Damit das mikroskopische Endbild im Unendlichen entsteht (S. 22) muß die Öffnung der Okularblende mit der vorderen Brennebene der Augenlinse zusammenfallen. Das Zwischenbild gelangt aber ordnungsgemäß nur dann dorthin, wenn der richtige Abstand zwischen Objektiv und Okular, d. h. die richtige mechanische Tubuslänge eingehalten wird (S. 22f.) und wenn Objektiv und Okular aufeinander abgestimmt sind. Das ist der Fall, wenn die Objektive und die Okulare vom gleichen Hersteller stammen.

Manche Okulare (z. B. die Periplanokulare) weisen schließlich noch eine am unteren Ende befindliche Linse auf. Das ist die Feldlinse, die für eine Vergrößerung des Gesichtsfeldes sorgt. Ihr Einfluß zeigt sich, wenn man das mikroskopische Bild durch ein Okular betrachtet, von dem vorher die Feldlinse abgeschraubt wurde. Der Durchmesser des Gesichtsfeldes ist dann wesentlich kleiner.

Wenn die chromatische Vergrößerungsdifferenz durch Spezialokulare behoben wird, ergeben sich zwangsläufig Farbsäume am Bildrand sowie an den schwarzen Linien der Meß- und Rasterokulare.

Zum einfachsten Okulartyp gehören die **Huygens-Okulare,** die aus zwei plankonvexen Linsen, der Augenlinse und der Feldlinse bestehen, deren gewölbte Seiten jeweils zum Objektiv gerichtet sind. Huygens-Okulare kompensieren keine chromatische Vergrößerungsdifferenz. Sie dürfen daher nur zusammen mit solchen Objektiven benutzt werden, deren Zwischenbilder frei von diesem Abbildungsfehler sind. Das ist bei schwachen Achromaten älteren Herstellungsdatums der Fall (S. 47). Für alle anderen Objektive sind die bereits erwähnten Spezialokulare zu verwenden. Deshalb werden Huygens-Okulare heute nur noch vereinzelt hergestellt.

Jedenfalls muß man stets darauf achten, daß die Objektive mit dem richtigen Okulartyp kombiniert werden. Im Zweifelsfall sucht man beim Hersteller Rat.

Will man das **Okular als Lupe**, z.B. zur orientierenden Untersuchung eines Dauerpräparats bei sehr schwachen Vergrößerungen verwenden, legt man das Präparat auf die Augenlinse, hält das Okular gegen das Licht und blickt durch die Feldlinse. Würde man das Präparat vor die Feldlinse halten und durch die Augenlinse sehen, könnte letztere nicht als Lupe wirken. Denn das Präparat würde dann weit vor dem im Okularinneren befindlichen vorderen Brennraum der Augenlinse liegen.

Sehfeldzahl und Durchmesser des Gesichtsfeldes. Der Durchmesser der Präparatstelle, die im Mikroskop gerade überblickt werden kann, wird bekanntlich umso kleiner, je größer die Maßstabzahl des Objektivs ist. Außerdem übt das Okular einen Einfluß auf die Größe des Gesichtsfeldes aus, denn aus dem in der Okularblende befindlichen Zwischenbild kann natürlich nur derjenige Teil von der Augenlinse des Okulars weiter verwertet werden, der durch die Blendenöffnung dringt. Folglich wirkt der Blendenrand letztlich als Begrenzung für das mikroskopische Gesichtsfeld (wenn die Leuchtfeldblende genügend weit geöffnet ist, S. 67). Somit ist klar, daß nicht nur der Abbildungsmaßstab des Objektivs, sondern auch die Blendenöffnung den Durchmesser des Gesichtsfeldes begrenzt. Er läßt sich auf Grund der folgenden Überlegung leicht errechnen: Vom Abbildungsmaßstab des Objektivs hängt ja das Ausmaß der Vergrößerung im Zwischenbild ab. So wird z.B. eine 10 µm lange Struktur von einem Objektiv 25:1 im Zwischenbild in einer Länge von 250 µm abgebildet. Umgekehrt kann man mit der Maßstabzahl auch feststellen, wie groß die Struktur im Präparat ist, wenn man ihre Ausdehnung im Zwischenbild ausmißt. Es ergibt sich z.B. für ein Objekt, das von einem Objektiv 40:1 im Zwischenbild 200 µm lang dargestellt wird, im Präparat eine Länge von 200 µm:40 = 5 µm. Genauso errechnet sich der Durchmesser der überschaubaren Fläche im Präparat. Weil die Öffnung der im Okular befindlichen Lochblende das Zwischenbild und somit auch das Sehfeld begrenzt, muß man ihren Durchmesser nur durch den Abbildungsmaßstab des Objektivs dividieren, um den Durchmesser des im Präparat überschaubaren Feldes zu erhalten. Der Durchmesser der Lochblende wird als »Sehfeldzahl« bezeichnet.

Allerdings ist das nur dann richtig, wenn sich vor der Lochblende keine Feldlinse befindet, was z. B. für eine Reihe von Kpl-Okularen zutrifft. Bei allen Huygens-Okularen, Periplanokularen und einigen Kpl-Okularen wird das Gesichtsfeld von der Feldlinse vergrößert, so daß hier die Sehfeldzahl nicht einfach dem Durchmesser der Okularblendenöffnung entspricht. Man muß sie dann den Listen der Hersteller entnehmen, wo sie meist in mm angegeben sind.

Der Durchmesser des Gesichtsfeldes, das im Präparat gerade überschaut wird, ergibt sich also aus dem Quotienten von Sehfeldzahl S und Maßstabszahl M_{Obj} des Objektivs:

$$\varnothing G = \frac{S}{M_{Obj}}$$

Beispiele:

1. Man benutzt ein Objektiv der Maßstabszahl 25:1 zusammen mit einem Okular, das vor der Lochblende keine Feldlinse besitzt. Mit der Schieblehre wird für die Blendenöffnung ein Durchmesser von 18 mm gemessen. Das Präparatfeld, das dann überschaut werden kann, hat somit einen Querschnitt von 18:25 = 0,72 mm.

2. Das Objektiv hat einen Abbildungsmaßstab von 10:1 und wird mit einem Okular kombiniert, vor dessen Lochblende eine Feldlinse liegt. Jetzt muß die Sehfeldzahl aus einschlägigen Verzeichnissen abgelesen werden. Sie betrage z. B. 15 (mm). Dann ergibt sich für das im Präparat überschaubare Feld ein Durchmesser von 15:10 = 1,5 mm.

Aus dem Durchmesser des überschaubaren Feldes läßt sich auch abschätzen, wie lang ungefähr die Strukturen im Präparat sind. Wenn man z. B. bei einem Felddurchmesser von 1,8 mm feststellt, daß eine bestimmte Strecke etwa ⅓ dieses Durchmessers ausmacht, muß sie im Präparat ca. 0,6 mm lang sein. Natürlich ergeben sich auf diesem Wege nur grobe Anhaltswerte, die jedoch z. B. in Kursen manchmal recht nützlich sind. Für genaue Längenmessungen müssen Mikrometerokulare benutzt werden.

Mikrometerokulare, Zeigerokulare

Das Okular liefert also ein vergrößertes, scharfes Bild vom Zwischenbild. Daraus folgt, daß es auch alle anderen Dinge scharf abbildet, die sonst noch in der Zwischenbildebene liegen. Aufgrund dieser Tatsache kann man Meß-, Raster- und Zeigerokulare herstellen. Sie enthalten in der Zwischenbildebene entweder einen beweglichen Zeiger oder eine Glasplatte mit eingeritzten Skalen oder Rastern, die das mikroskopische Bild überlagern. Die Augenlinse der Meßokulare läßt sich meist verstellen, damit die Skalen immer scharf abgebildet werden können.

Dazu wird das Okular aus dem Tubus genommen und mit dem unteren Ende gegen den hellen Himmel oder gegen eine beleuchtete weiße Wand gehalten. Man blickt durch die Augenlinse und verstellt sie solange, bis die Skala scharf erscheint. Dann kommt das Okular wieder in den Tubus. Das Bild wird wie üblich eingestellt, während die Einstellung der Augenlinse unverändert bleibt.

Im Notfall kann auch ein normales Okular als Meßokular dienen, wenn man auf seine Lochblende ein Okularmikrometer legt. Es besteht aus einem kleinen runden Glasplättchen mit aufgravierter Meßskala. Sollte diese nicht scharf zu sehen sein, schraubt man die Augenlinse etwas heraus. Anwendung von Meßokularen S. 229 ff., Ersatz für Zeigerokulare S. 71).

Großfeldokulare

Die Sehfeldzahlen der normalen Huygens- oder Spezialokulare erreichen bestenfalls 18. Jedoch gibt es seit einiger Zeit besondere Okulare mit größeren Sehfeldzahlen, die als Weitwinkel- oder Großfeldokulare bezeichnet werden. Mit ihnen lassen sich ausgedehntere Felder auf einmal übersehen. Allerdings ist das nur sinnvoll, wenn man sie mit Planobjektiven kombiniert. Denn ein großes Gesichtsfeld ist unnütz, wenn an seinem Rand wegen starker Bildfeldwölbung vor lauter Unschärfe nichts mehr zu erkennen ist.

Sehr große Sehfelder erreichen einige Forschungsmikroskope (Jenaval, Jena; Orthoplan, Leitz; Univar, Reichert; Axiomat, Zeiss) mit speziellen Objektiven und Okularen. Es kommt dann zu Sehfeldzahlen von 28 bis 31. Noch größere Gesichtsfelder sind kaum erstrebenswert, weil sie nicht ohne Mühe auf einmal überblickt werden können. Mit ausgedehnten Sehfeldern geht die Arbeit am Mikroskop schneller. Denn feine Einzelheiten sind dann auch bei stärkeren Vergrößerungen viel leichter aufzufinden.

Die Sehfeldzahl läßt sich aber nicht nur mit Spezialobjektiven und -okularen steigern, sondern auch über eine besondere Zusatzoptik, die man zwischen Objektiv und Okular einschaltet (Großfeldoptovar, Zeiss). Das wird zwar mit einer gewissen Verringerung der Gesamtvergrößerung erkauft; dafür läßt sich damit das Gesichtsfeld nicht nur bei Forschungsmikroskopen sondern auch bei Labormikroskopen vergrößern.

Brillenträgerokulare

Stellt man auf die Augenlinse eines Okulars einen Milchglasklotz oder die Natriumfluorescein-Küvette (S. 29f.) und schaltet das Mikroskopierlicht ein, ist der Lichtkegel zu sehen, der aus dem Okular hervortritt. Man kann nur dann das gesamte Feld eines mikroskopischen Bildes überblicken, wenn sich die Augenpupille genau an der Spitze des

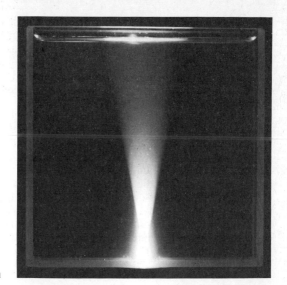

Abb. **26a** Lichtkegel, der aus der Augenlinse eines normalen Okulars hervortritt.
b: Lichtkegel, der aus der Augenlinse eines Brillenträgerokulars hervortritt.

Lichtkegels befindet. Diese Stelle wird als Austrittspupille des Mikroskops bezeichnet. Brillenträger, die mit aufgesetzter Brille mikroskopieren, können ihre Augenpupillen nicht in die Austrittspupille bringen, weil sie von den Brillengläsern davon abgehalten werden. Dann ist wie beim Durchblick durch ein Schlüsselloch nur ein Teil des Gesichtsfeldes zu übersehen. Diese Beeinträchtigung wird mit speziellen Brillenträgerokularen vermieden. Wie Abb. **26b** zeigt, liegt deren Austrittspupille wesentlicher weiter von der Augenlinse entfernt, so daß man sie selbst bei aufgesetzter Brille noch bequem mit den Augenpupillen erreicht. Sollen solche Okulare ohne Brille benutzt werden, müssen sie mit Augenmuscheln versehen werden, damit der richtige Abstand zwischen Auge und Augenlinse eingehalten wird. Denn bei zu starker Annäherung an die Augenlinse von Brillenträgerokularen liegt die Augenpupille hinter der Austrittspupille des Mikroskops, so daß wiederum nur ein Teil des Gesichtsfeldes auf einmal zu sehen ist. Bei Verwendung eines Binokulartubus muß der richtige Augenabstand eingestellt werden, damit beide Augenpupillen in die Austrittspupillen der Okulare gelangen (S. 15).

Kondensor

Unter dem Objekttisch ist bei allen besseren Mikroskopen der Kondensor angebracht. Er besteht je nach Qualität aus einer bis mehreren Linsen und enthält an seiner Unterseite eine Irisblende sowie einen ausschwenkbaren Filterhalter. Da die Lichtfilter heute meist auf die Lichtaustrittsöffnung am Mikroskopfuß gelegt oder zwischen Lampe und Lampenlinse angebracht werden, kann der Filterhalter auch fehlen.

Der Kondensor ist bei einfacheren Mikroskopen fest am Objekttisch montiert, während er sonst in der Höhe verstellt werden kann. Für die meisten einfacheren Untersuchungen, wie z. B. in Kursen ist es zweckmäßig, wenn der Kondensor immer so hoch als möglich steht. Auf eine besondere Vorrichtung zur Höhenverstellung kann dann verzichtet werden. Sie ist aber erforderlich, wenn man entweder Köhlersche Beleuchtung einstellen oder mikroskopische Spezialverfahren, wie z. B. Dunkelfeld- oder Phasenkontrast benutzen will.

Die Lamellen der Kondensorblende bestehen aus dünnem, nicht rostfreien Stahlblech und lassen sich leicht verbiegen. Sie sollten deswegen vor Feuchtigkeit geschützt und nie mit den Fingern berührt werden. Die Kondensorblende wird oft zur Regelung der Bildhelligkeit geöffnet oder geschlossen. Daß ihr eigentlich eine ganz andere Bedeutung zukommt, zeigt der folgende Versuch:

Wir stellen auf den Objekttisch den bereits bekannten Milchglasklotz oder die Küvette mit der Natriumfluoresceinlösung und lassen das Licht

Abb. **27** Aus der Frontlinse eines Kondensors hervortretender Lichtkegel. **a:** Kondensorblende geschlossen. **b:** Kondensorblende geöffnet.

aus dem Kondensor dorthin übertreten. Man sieht, daß das Licht in Form eines Kegels hervorkommt, wobei der Winkel an der Kegelspitze umso größer wird, je weiter man die Kondensorblende öffnet (Abb. 27).

Beim Kondensor findet man also ebenso wie beim Mikroskopobjektiv einen Öffnungswinkel und somit eine numerische Apertur. Der Öffnungswinkel kann mit der Kondensorblende stufenlos vergrößert und verkleinert werden, wobei sich die numerische Apertur entsprechend ändert. Für eine einwandfreie Abbildung ist das unbedingt notwendig. Denn das Auflösungsvermögen eines Mikroskopobjektivs kann nur voll ausgenützt werden, wenn das Präparat mit einem Lichtkegel von einer bestimmten Mindest-Apertur bestrahlt wird. Das ist verständlich, denn ein Objektiv kann ja nur dann die Lichtmenge aufnehmen, die seiner numerischen Apertur entspricht, wenn eben diese Lichtmenge auch vorher angeliefert wurde. Reicht sie nicht aus, wird die Aufnahmekapazität und damit die Leistungsfähigkeit des Objektivs nicht voll ausgenutzt und es kommt nicht zu der Auflösung, die eigentlich möglich wäre.

Wie Abb. **28** zeigt, könnte eine genügend große Lichtmenge, d. h. ein genügend großer Lichtkegel von einer ausgedehnten Lichtquelle erzeugt werden. In der Praxis ist das aber nicht möglich. Zwar steht eine sehr ausgedehnte Lichtquelle in Form des hellen Tageshimmels zur Verfügung. Jedoch wird sein Licht über einen Spiegel ins Präparat geschickt und dieser kann wegen seiner verhältnismäßig geringen Größe immer nur kleine Lichtkegel liefern. So ist also eine Vorrichtung notwendig, welche die Lichtmenge künstlich steigert. Ein solches Hilfsmittel stellt der Kondensor dar. Er vergrößert den Lichtkegel und sorgt dafür, daß jedes Objektiv die notwendige Lichtmenge erhält. Andererseits ist es schlecht, wenn zuviel Licht angeliefert wird. Falls nämlich die Apertur des aus dem Kondensor kommenden Lichtkegels die Objektivapertur übersteigt, kann das überschüssige Licht nicht vom Objektiv direkt aufgenommen werden. Es wirkt als Streulicht und vermindert

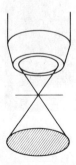

Abb. **28**   Eine ausgedehnte Lichtquelle (schraffierte Fläche) liefert große Lichtkegel.

den Kontrast. Die Lichtmenge, mit der das Präparat bestrahlt wird, muß also stets wohl dosiert sein und darf nie zu groß oder zu klein werden. Die Kondensorblende wirkt als Regulator, mit dem die jeweils richtige Lichtmenge eingestellt werden kann.

Wenn also das Präparat mit einer zu kleinen Lichtmenge bestrahlt wird, d. h. wenn die Kondensorblendenöffnung zu klein ist, erreicht das Mikroskopobjektiv nicht die volle Auflösung. Das zeigt der folgende Versuch. Man benötigt dazu eine Ölimmersion, deren Objektivkopf an das bereits erwähnte Irisblendenzwischenstück von Hertel und Reuss (S. 25) geschraubt ist. Mit dieser Blende kann die numerische Apertur des Objektivs stufenlos geregelt werden. Das ist zu sehen, wenn die Objektivfrontlinse mit dem Milchglasklotz über einen Tropfen Immersionsöl verbunden und Licht wie im Versuch auf Seite 29 durch den Tubus geschickt wird. Schließt man die im Objektiv befindliche Blende, wird der austretende Lichtkegel kleiner. Mit der Verkleinerung der numerischen Apertur nimmt natürlich auch das Auflösungsvermögen des Objektivs ab, nicht jedoch seine Brennweite und sein Abbildungsmaßstab.

Für den Versuch verwendet man ein Präparat mit Kieselschalen der Diatomee *Pleurosigma angulatum,* die ein beliebtes mikroskopisches Testobjekt darstellen (z. B. Göke, Jungner, Lieder). Man stellt zunächst die Oberfläche einer solchen Schale mit der Ölimmersion scharf ein, bis die sechseckige Felderung deutlich zu sehen ist und schließt die Kondensorblende soweit als möglich. Danach wird die Öffnung der im Objektiv befindlichen Blende langsam verkleinert bis (wegen der damit verbundenen Verschlechterung der Auflösung) die sechseckige Felderung gerade verschwindet. Nun öffnet man die Kondensorblende ohne an der Objektivblende irgend etwas zu verändern. Von einer bestimmten Kondensorblendenöffnung an wird die sechseckige Felderung auf einmal sichtbar (Abb. **29**). Damit ist bewiesen, daß beim Öffnen der Kondensorblende das Auflösungsvermögen steigt.

Sollte keine Ölimmersion mit Irisblendenzwischenstück zur Verfügung stehen, kann man für den Versuch auch ein Objektiv mit einer numerischen Apertur von 0,65 verwenden, das keine Blende enthält. Dabei wird bei geöffneter Kondensorblende die Schalenfeinstruktur aufgelöst, bei geschlossener dagegen nicht. Allerdings ist der Effekt unter diesen Bedingungen nur bei Verwendung ziemlich starker Okulare (möglichst 25x) deutlich genug zu erkennen.

Wenn man also die Kondensorblende schließt, weil das Bild zu hell ist, kommt es immer zu einer Verschlechterung der Auflösung. Deswegen sollte die Bildhelligkeit nicht mit dieser Blende, sondern möglichst mit Graufiltern oder Regeltransformatoren verändert werden.

Beim Öffnen der Kondensorblende steigt zwar das Auflösungsvermögen, dafür wird der Bildkontrast schlechter. Es wurde bereits erwähnt, daß das besonders dann auffällt, wenn die Beleuchtungsapertur größer

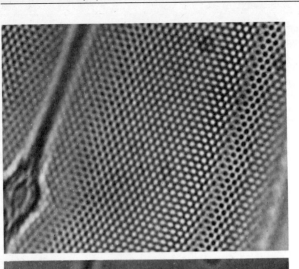

a

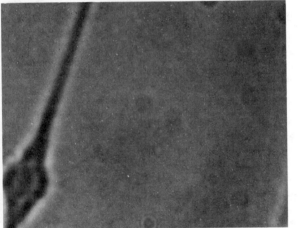

b

Abb. 29 Feinstruktur der Schalenoberfläche von *Pleurosigma angulatum*. **a:** Bei ausreichender Kondensorapertur. **b:** Bei zu kleiner Kondensorapertur.

als die Objektivapertur ist. Aber selbst wenn sich beide Aperturen gleichen, ist das Bild meist noch so flau, daß feine Einzelheiten verschwimmen und deswegen unsichtbar bleiben. So muß man die Kondensorblende etwas weiter schließen, was letztlich immer zu einem Kompromiß zwischen Auflösung und Kontrast führt. Dabei hat es sich ergeben, daß mit den üblichen histologischen Färbungen im Durchschnitt dann die besten Bildkontraste zu erzielen sind, wenn die Kondensorapertur ca. ⅔ der Objektivapertur beträgt. Man kann das kontrollieren, indem man das Okular entfernt und in den Tubus blickt. Bei völlig geöffneter Kondensorblende ist die gleichmäßig erhellte Hinterlinse des Objektivs zu sehen. Dann wird die Kondensorblende soweit geschlossen, bis nur noch ⅔ des Durchmessers der Objektivhinterlinse ausgeleuchtet sind. Allerdings gilt diese Regel nicht unbeschränkt. Denn viele, besonders lebende Objekte sind oft so kontrastschwach, daß die Kondensorblendenöffnung noch weiter verkleinert werden muß, wenn man überhaupt etwas erkennen will. Der Verlust an Auflösung muß dann eben in Kauf genommen werden. Umgekehrt kann die Kondensorblende bei kräftig gefärbten, sehr kontrastreichen Präparaten etwas weiter geöffnet werden. Manche Färbungen, u. a. die besonders flauen Vitalfärbungen mit Diachromen, werden überhaupt erst bei weit geöffneter Kondensorblende sichtbar.

Die aus der allerletzten Zeit stammenden Planapochromate mancher Firmen (z. B. Jena, Leitz, Nikon, Olympus, Zeiss) liefern derartig kontrastreiche Bilder, daß man bei ihrer Verwendung die Kondensorblende wesentlich weiter als sonst üblich öffnen kann.

Bei zu stark geschlossener Kondensorblende treten außerdem sämtliche Staubteilchen, die sich irgendwo im Strahlengang befinden, besonders deutlich in Erscheinung. Das stört hauptsächlich in der Mikrophotographie. Außerdem sind dann die Umrisse der Strukturen von dunklen Säumen umgeben, welche die Bildinterpretation erschweren und blasse Färbungen völlig unterdrücken.

Objektive mit kleinem Abbildungsmaßstab weisen meist geringe Aperturen auf. Dafür bilden sie ausgedehnte Gesichtsfelder ab. Stärkere Objektive haben dagegen hohe Aperturen und kleine Gesichtsfelder. Damit das Präparat in beiden Fällen richtig beleuchtet wird, kann bei mehrlinsigen Kondensoren die Frontlinse (d. h. diejenige Linse, die dem Präparat am nächsten liegt) entfernt werden. Ohne Frontlinse leuchtet der Kondensor im Präparat große Felder mit Licht von geringer Apertur aus. Das ist die günstigste Beleuchtung für die schwächsten Objektive. Etwa vom Objektiv 16:1 an aufwärts wird die Frontlinse eingeschaltet. Es ergeben sich dann größere Beleuchtungsaperturen, während der Durchmesser des ausgeleuchteten Feldes klein bleibt. Benutzt man schwächere Objektive zusammen mit einem Kondensor, dessen Frontlinse eingeklappt ist, wird nur der zentrale Teil des Gesichtsfeldes ausgeleuchtet.

Die Frontlinse kann bei einfacheren Kondensoren, wie z. B. bei vielen Kursmikroskopen abgeschraubt werden. Seltener wird sie dem Grundkörper aufgesteckt. Am schnellsten läßt sich der Kondensor dann umstellen, wenn die Frontlinse mit einem Hebel auszuklappen ist. Manchmal wird bei den allerschwächsten Vergrößerungen der Kondensor ganz entfernt.

Bei verschiedenen neueren Kondensoren wird deren numerische Apertur nicht durch Anbringen bzw. Entfernen der Frontlinse, sondern durch Ein- und Ausschwenken der untersten Linse verändert (Gebrauchsanweisung beachten!).

Meistens stört es nicht, wenn die Linsenfehler des Kondensors kaum besonders korrigiert sind. Allerdings ist dann der Rand des Gesichtsfeldes von einem roten oder blauen Saum umgeben, wenn die Höheneinstellung des Kondensors nicht ganz genau stimmt. Bereits Abweichungen um Bruchteile von Millimetern machen sich so bemerkbar, was besonders bei der Farbmikrophotographie stört. Die Farberscheinungen können aber mit einer leicht modifizierten Kondensoreinstellung unterdrückt werden (S. 68).

Nur für die hochwertigsten Objektive benötigt man besonders korrigierte achromatisch-aplanatische Kondensoren.

Kondensoren erreichen numerische Aperturen bis zu 1,40. Eine Beleuchtungsapertur dieser Größe wird nur erreicht, wenn Kondensorfrontlinse und Objektträgerunterseite mit Immersionsöl verbunden sind. Denn wenn die Frontlinse an Luft grenzt, können stärker geneigte Lichtstrahlen wegen der Totalreflexion das Glas nicht verlassen. Man hat es hier mit dem gleichen Problem zu tun, wie wir es bei den Objektiven bereits kennengelernt haben (S. 39f.). Es genügt aber meistens, wenn man für Kondensoren Aqua dest. als Immersionsmedium verwendet, obwohl dann natürlich nicht die volle Beleuchtungsapertur erreicht wird.

Jedoch ist ein solch hochaperturiger Kondensor gewöhnlich überhaupt nicht notwendig. Es wurde ja bereits erwähnt, daß die Beleuchtungsapertur in der Regel sowieso um ein Drittel niedriger als die Objektivapertur sein muß. Für eine Ölimmersion mit der numerischen Apertur von 1,30 ergibt sich demnach eine wirklich notwendige Beleuchtungsapertur von ca. 0,9. Diese liefert schon ein viel einfacherer Kondensor, der nicht immergiert werden muß und deswegen als Trockenkondensor bezeichnet wird. Solche Kondensoren sind natürlich billiger als die hochwertigen Immersionskondensoren und erzielen numerische Aperturen bis zu 0,95. Das reicht für die meisten Aufgaben vollkommen aus. Übrigens ergeben hochaperturige Immersionskondensoren auch keine höheren Beleuchtungsaperturen, wenn man sie nicht immergiert. Wenn an einem Mikroskop ausschließlich Trockenobjektive verwendet werden, genügen noch einfachere Kondensoren, deren Beleuchtungsapertur maximal 0,6 erreicht.

Mikroskop als Präparierlupe mit seitenrichtigem Bild

Wenn man das Präparat über den Spiegel mit Tageslicht beleuchtet, sind im mikroskopischen Bild manchmal Gegenstände der Umgebung, wie z. B. Fensterkreuze, Bäume und Häuser zu sehen. Dazu kommt es, weil der kurzbrennweitige Kondensor von diesen relativ weit entfernten Objekten ein verkleinertes, reelles Bild entwirft. Falls dieses zufällig in der Präparatebene liegt, wird es im Mikroskop zusammen mit dem Präparat sichtbar.

Das läßt sich ausnützen, wenn man noch geringere Vergrößerungen als mit der schwächsten Objektiv-Okularkombination erzielen will. Man legt dann das Objekt nicht auf den Objekttisch, sondern unter den Kondensor, und zwar am besten auf die Lichtaustrittsöffnung im Mikroskopfuß, wenn das Präparat transparent ist. Das vom Kondensor entworfene reelle verkleinerte Bild gelangt durch Verstellen des Kondensortriebes in die Präparatebene. Da die Mikroskopoptik jetzt nicht das Objekt selbst, sondern ein verkleinertes Bild von ihm vergrößert, ergibt sich eine wesentlich schwächere Gesamtvergrößerung. Allerdings ist das so gewonnene Bild wegen der meist schlechten Korrektion des Kondensors und des Streulichtes, das in den Raum zwischen Kondensor und Objektiv eindringt, unscharf und flau. Deswegen empfiehlt es sich, anstelle des Kondensors ein umgekehrtes Mikroskopobjektiv der Maßstabzahl 10:1 zu verwenden. Dieses muß natürlich irgendwie am Stativ befestigt werden. Das ist z. B. mit einem Stück Pappe vom Format 5 × 10 cm möglich, in dessen Mitte man ein Loch von ca. 19 mm Durchmesser schneidet. Nachdem das Objektiv mit seinem Gewinde in das Loch gesteckt wurde, kommt die Pappe auf den Objekttisch und wird mit zwei Präparateklemmen festgeklemmt, wobei das Objektiv mit seiner Frontlinse nach oben weist. Am Revolver schaltet man das Objektiv 5:1 oder 10:1 ein und sorgt durch Verschieben der Pappe dafür, daß die Frontlinsen der beiden Objektive genau übereinanderstehen. Dann kann das Bild mit dem Grobtrieb scharf gestellt werden. Es wird kontrastreicher, wenn man die beiden Objektive mit einem Papprohr verbindet, um das Streulicht fernzuhalten. Außerdem kommt es nur dann zu einem scharfen Bild, wenn das auf der Pappe befindliche Objektiv absolut senkrecht steht.

Diese Einrichtung ist auch anderweitig verwendbar. Wenn man z. B. ein Objekt vor das Mikroskop stellt und über die plane Seite des Spiegels in die Optik spiegelt, ist es verkleinert zu sehen. Bringt man an das Mikroskop noch einen Zeichenapparat an, können so makroskopische Objekte, wie z. B. ganze Pflanzen und Tiere oder makroskopisch-anatomische Präparate exakt gezeichnet werden.

Mikroskopbeleuchtung

Lichtquellen

Das zur Beleuchtung des Präparats benutzte Licht muß nicht nur einen genügend großen Kegel bilden (also eine gewisse Mindestapertur aufweisen), sondern auch hell genug sein. Als Lichtquellen stehen Tageslicht sowie verschiedene Arten von Kunstlicht zur Verfügung.

Tageslicht wird meistens über einen Spiegel in die Mikroskopoptik geschickt. Allerdings darf das direkte Sonnenlicht nie eingespiegelt werden. Denn einmal ist es viel zu hell und zum anderen verursacht es im mikroskopischen Bild glitzernde Punkte, die sehr stören. Wegen der Wanderung der Sonne müßte der Spiegel außerdem ständig nachgestellt werden, um eine gleichbleibende Lichtintensität zu gewährleisten. Also sollte man den Spiegel immer gegen eine weiße Wand oder gegen den blauen bzw. den bewölkten Himmel richten.

Der Nachteil von Tageslicht besteht darin, daß es den Mikroskopiker von Tageszeiten und Witterungsverhältnissen abhängig macht. Deswegen wird heute meistens mit Kunstlicht mikroskopiert. Im einfachsten Falle verwendet man dazu eine normale Tischlampe, deren Licht über einen Spiegel in das Mikroskop gelangt. Bequemer arbeitet es sich mit speziellen Mikroskopierlampen, die entweder im Mikroskopstativ bereits eingebaut sind oder die nachträglich dort angebracht werden können, weil dann die umständliche Einstellung mit dem Spiegel entfällt.

Als künstliche Lichtquelle genügt für einfache Ansprüche eine Glühlampe, die mit der normalen Netzspannung betrieben wird. Man benutzt sie in erster Linie an Kursmikroskopen. Besser sind Niedervoltglühlampen, die sich entweder in einer vom Mikroskop getrennt aufgestellten Lampe befinden, oder in einer im Stativ angebrachten Fassung befestigt werden. Die Wendel dieser Glühlampen ist auf engem Raum zusammengedrängt, so daß sich eine kleine leuchtende Fläche ergibt. Das führt zu optimaler Lichtausbeute. Glühlampen, die mit Netzspannung gespeist werden, weisen eine lang ausgezogene Wendel auf, deren Lichtausbeute wesentlich schlechter ist.

Halogenlampen ergeben noch höhere Lichtintensitäten als normale Niedervoltlampen. Deren Wendel ist ebenfalls auf eine kleine Fläche zusammengedrängt und gewährleistet eine gute Lichtausbeute. Ein großer Vorteil von Halogenlampen ist, daß sich in ihrem Kolben selbst nach längerem Gebrauch kein dunkler Niederschlag bildet, so daß Helligkeit und Farbtemperatur gleich bleiben.

Außerdem werden verschiedentlich Gasentladungslampen als Lichtquelle für die Mikroskopie benutzt. Für den Biologen und Mediziner kommen davon in erster Linie die Quecksilberhöchstdrucklampen in Frage. Man verwendet sie dann, wenn besonders helles Licht erforderlich ist, wie z. B. beim Interferenzkontrastverfahren oder für die Erregung von Fluoreszenzen. Manchmal werden auch Xenonlampen benutzt (z. B. für die Mikroprojektion, S. 280). Eine gute Mikroskopbeleuchtung erzielt man schließlich mit Bogenlampen. Wegen ihrer umständlichen Handhabung sind sie aber kaum noch in Gebrauch.

Einstellen der richtigen Lichthelligkeit

Sehr wichtig ist die richtig einregulierte Lichthelligkeit. Natürlich muß das Bild hell genug sein, damit überhaupt etwas zu erkennen ist. Andererseits empfiehlt es sich keineswegs, immer mit den höchsten Lichtintensitäten zu mikroskopieren. Denn bei zu heller Beleuchtung wird das Auge so sehr geblendet, daß feine Unterschiede in Farben und Grautönen nicht mehr wahrgenommen werden. Die Helligkeit muß also soweit gemildert werden, daß der Untergrund nicht zu grell erscheint. Wenn das durch Zuziehen der Kondensorblende bewirkt wird, treten verschiedene Nachteile auf (S. 57). Deswegen sollte man die Lichthelligkeit bei genaueren Arbeiten möglichst nur mit Neutral-Graufiltern oder Regeltrafos dämpfen.

Der Vorteil von Regeltrafos besteht darin, daß sie eine kontinuierliche Veränderung der Helligkeit gestatten. Die gerade eingestellte Spannung ist bei besseren Modellen an einem eingebauten Meßinstrument abzulesen. Meist kann man auch eine etwas höhere Spannung einstellen, als auf der Glühlampe angegeben ist. Es ergeben sich dann zwar besonders hohe Lichtintensitäten, jedoch wird dadurch die Lebensdauer der Glühlampe ganz beträchtlich herabgesetzt. Bei einfacheren Transformatoren reguliert man die Helligkeit nicht durch Drehen an einem Widerstand, sondern durch Umstecken auf eine Anzahl fester Spannungen. Die Lichtintensität ändert sich dann nicht kontinuierlich, sondern in Stufen. Regeltrafos werden in erster Linie zusammen mit Niedervoltlampen benutzt. Die Helligkeit der Halogenlampen läßt sich mit Regeltrafos allein nicht immer genügend dämpfen, so daß zusätzlich Graufilter erforderlich sind.

Wenn man die Helligkeit durch Verstellen der Spannung am Trafo reguliert, ändert sich die Farbtemperatur des Lichts. Bei geringen Spannungen und schwachen Intensitäten ist die Strahlung reich an langwelligem, also rotem Licht, während mit dem Anstieg von Spannung und Helligkeit der Blauanteil zunimmt. Für die visuelle Mikroskopie ist das gewöhnlich bedeutungslos, nicht jedoch für die Farbmikrophotographie (S. 277). Außerdem hängt die Farbtemperatur vom Lampenalter ab. Mit der Zeit schlägt sich auf der Innenseite des Glaskolbens von Niedervoltlampen ein dunkler Film nieder, der aus feinen, von der Glühwendel stammenden Teilchen besteht. Dieser Film senkt nicht nur die Lichtintensität, sondern verschiebt gleichzeitig die Farbtemperatur zum Roten hin. Niedervoltglühlampen mit verdunkeltem Glaskolben sollten daher auch dann ausgewechselt werden, wenn sie noch nicht durchgebrannt sind. Der Vorteil von Halogenlampen besteht u. a. darin, daß sich ein solch dunkler Niederschlag nicht bildet.

Wenn man die Lichtintensität der Niedervoltglühlampe durch Neutral-Graufilter reguliert, ändert sich die Farbtemperatur nicht. Die Helligkeit der Strahlung von Quecksilberhöchstdrucklampen kann überhaupt nur mit Graufiltern gedämpft werden.

Streulicht. Bei Feinstrukturuntersuchungen ist es wichtig, daß Streulicht vom Präparat ferngehalten wird, das sonst den Kontrast vermindert und zarte Strukturen verwischt. Wie sehr Fremdlicht die Bildqualität herabsetzt, ist z. B. bei einer Diaprojektion zu sehen, wenn sie in einem nicht völlig abgedunkelten Raum vorgenommen wird. In der Mikroskopie läßt sich das Streulicht ausschalten, wenn lediglich das gerade überschaubare Gesichtsfeld im Präparat beleuchtet wird und der Rest dunkel bleibt. Allerdings ist das nur bei Köhlerscher Beleuchtung möglich.

Kritische Beleuchtung

Wie man im einzelnen bei der Einstellung der Mikroskopbeleuchtung vorgeht, hängt von der jeweiligen Mikroskopierlampe ab. Bei Kursmikroskopen steht meistens nur eine mit gewöhnlicher Netzspannung betriebene Ansteckleuchte zur Verfügung. Hier wird die Lichtquelle in der Präparatebene abgebildet. Man bezeichnet das als kritische Beleuchtung. Da die Brennweite eines normalen Kondensors ziemlich kurz ist, liegt die Ansteckleuchte bereits relativ weit von seinem vorderen Brennpunkt entfernt. Deswegen entsteht das Bild der Glühwendel in der Nähe der hinteren Brennebene des Kondensors, also kurz oberhalb der Frontlinse. Damit das Glühwendelbild in die Präparatebene gelangt, muß die Kondensorfrontlinse nahe am Objektträger liegen. Bei kritischer Beleuchtung ist es daher immer richtig, wenn der Kondensor möglichst hoch steht. Damit die Struktur der Lampenwendel nicht stört, legt man in den Filterhalter des Kondensors oder auf die Lichtaustrittsöffnung der Lampe ein Mattfilter. Entsteht trotzdem noch kein homogen ausgeleuchtetes Feld, senkt man den Kondensor etwas, falls dies möglich ist. Dadurch wird die Wendelstruktur in der Präparatebene so unscharf abgebildet, daß sie nicht mehr stört.

Wenn man Tageslicht zum Mikroskopieren benutzt, wird es über einen Spiegel ins Mikroskop gelenkt. Dieser ist gewöhnlich auf der einen Seite hohl, auf der anderen plan. Der Hohlspiegel liefert die richtige Beleuchtungsapertur, wenn beim Arbeiten mit den allerschwächsten Objektiven der Kondensor ganz entfernt worden ist (S. 59). Bei eingeschaltetem Kondensor darf dagegen nur der Planspiegel verwendet werden. Denn die Kondensoroptik ist so berechnet, daß sie die besten Ergebnisse liefert, wenn das Licht parallel einfällt. Ein solcher Lichteinfall kommt aber nicht mit dem Hohlspiegel, sondern nur mit dem Planspiegel zustande.

Auch bei Verwendung von Tageslicht sollte der Kondensor so hoch als möglich stehen. Es kann aber vorkommen, daß dann im mikroskopischen Bild zusammen mit den Präparatstrukturen Gegenstände der näheren und weiteren Umgebung sichtbar werden (S. 61). Das läßt sich verhindern, wenn man in den Filterhalter des Kondensors eine Mattscheibe legt oder wenn man die Höhenverstellung des Kondensors etwas verändert, so daß die Ebene des vom Kondensor entworfenen, verkleinerten Bildes der Umgebung nicht mehr in der Präparatebene liegt.

Nicht vergessen darf man auch bei der kritischen Beleuchtung die richtige Einstellung der Kondensorblende (S. 59).

Manche Mikroskopiker verstellen zur Regelung der Bildhelligkeit den Kondensor in der Höhe, wobei sich beim Absenken die Beleuchtungsapertur vermindert. Das sollte aber unterbleiben. Denn bei falscher Kondensorhöheneinstellung wird der Kontrast wegen Streulichtbildung herabgesetzt. Das mag in der visuellen Mikroskopie bei einfachen Routinearbeiten zunächst nicht besonders stören, fällt aber bei Feinstrukturuntersuchungen und besonders in der Mikrophotographie unangenehm auf. Deshalb sollte man sich diese falsche Handhabung des Kondensortriebes gar nicht erst angewöhnen.

Kritische Beleuchtung wird also in erster Linie an Kursmikroskopen eingestellt, die mit einfachen Ansteckleuchten oder mit einem Beleuchtungsspiegel für Tageslicht versehen sind. Man benutzt diese Methode aber auch, wenn das Präparat z. B. bei der behelfsmäßigen Fluoreszenzmikroskopie (S. 225 f.) besonders intensiv bestrahlt werden soll.

Köhlersche Beleuchtung

Im Gegensatz zur kritischen Beleuchtung wird bei der Köhlerschen Beleuchtung die Lichtquelle nicht in die Präparatebene abgebildet, so daß die Struktur der Lampenwendel weniger stört. Außerdem kann mit dieser Methode im Präparat allein diejenige Fläche ausgeleuchtet werden, welche die Mikroskopoptik gerade überblickt. Dadurch werden Überstrahlungen vermieden, was besonders bei stärkeren Vergrößerungen zu einer erheblichen Kontraststeigerung führt. Feinstrukturen fallen dann viel besser auf. Köhlersche Beleuchtung sollte daher bei allen genaueren Arbeiten sowie in der Mikrophotographie eingestellt werden. Als Lichtquelle kommt nur Kunstlicht in Frage.

Man könnte im Präparat exakt diejenige Fläche beleuchten, die mit dem Mikroskop gerade zu überblicken ist, wenn man unmittelbar unter dem Präparat eine Lochblende anbringt, deren Öffnung ebenso groß wie das Gesichtsfeld ist. Das würde aber zu technischen Schwierigkeiten führen. Darum verlegt man nicht die Blende selbst sondern ein Bild ihrer Öffnung in die Präparatebene. Dazu wird die Öffnung einer Irisblende mit Hilfe des Kondensors dorthin abgebildet. Die Blende befindet sich an der Mikroskopierlampe und wird als Leuchtfeldblende bezeichnet. Zwischen ihr und der Lichtquelle ist eine meist verschiebbare Linse angeordnet, mit deren Hilfe ein Bild der Lampenwendel in die Kondensorblendenebene entworfen wird. Als Lichtquelle kommt in der Regel eine Niedervoltglühlampe oder eine Halogenlampe in Frage. Für Köhlersche Beleuchtung eignen sich aber auch Gasentladungslampen.

Um Köhlersche Beleuchtung einstellen zu können, benötigt man also zunächst einmal eine spezielle Mikroskopierleuchte mit Irisblende, Linse und künstlicher Lichtquelle (Abb. **30**), die getrennt vom Mikroskop aufgestellt werden kann und deren Licht über einen Spiegel in den Kondensor gelangt. Bei den meisten modernen Labor- und Forschungsmikroskopen ist diese Leuchte bereits im Stativ eingebaut und vorzentriert, was die Einstellung beträchtlich erleichtert. Die vor der Glühlampe befindliche Linse läßt sich dann nicht verstellen, sondern ist bereits in der richtigen Lage fixiert. Mit einer eingebauten Leuchte kann aber Köhlersche Beleuchtung nur dann richtig eingestellt werden, wenn auch eine Leuchtfeldblende vorhanden ist. Außerdem muß sich der Kondensor in der Höhe verstellen lassen.

Einstellen der Köhlerschen Beleuchtung

1. **Mikroskopierleuchte getrennt vom Mikroskop aufgestellt.** Wenn man eine vom Mikroskop getrennte Mikroskopierlampe benutzt, muß sie zunächst zentriert werden, falls sie eine Zentrierung erlaubt. Man richtet dazu das Licht der Lampe gegen eine weiße Wand und verstellt die Zentrierschrauben solange, bis sich der von der Lampe an die Wand projizierte Lichtfleck beim Drehen der Lampenfassung nicht mehr exzentrisch bewegt, sondern gleichmäßig ausgeleuchtet bleibt. Dann wird die Leuchte 10 bis 25 cm entfernt vor dem Mikroskop so aufgestellt, daß Licht auf das Präparat fällt, wenn man den Spiegel kippt und dreht. Eine Präparatstelle wird vorläufig scharf eingestellt, wobei zunächst die Qualität der Beleuchtung unwichtig ist. Dann verstellt man

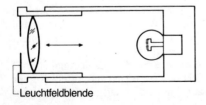

Leuchtfeldblende

Abb. **30** Lampe für die Köhlersche Beleuchtung.

die in der Mikroskopierlampe befindliche Linse, damit ein scharfes Bild der Glühlampenwendel auf der geschlossenen Blende des Kondensors entsteht. Das ist zu kontrollieren, wenn man von vorn auf den Mikroskopspiegel blickt. Die Lampenwendel wird an manchen Leuchten durch Verschieben der Lampenfassung scharf eingestellt, während die Linse unbeweglich bleibt (z. B. Mikroskopierlampe von Wild).

In jedem Falle muß aber das Bild der Lampenwendel die gesamte Blendenfläche ausfüllen. Ist es zu klein, muß man die Mikroskopierlampe etwas weiter vom Mikroskop entfernt aufstellen und die Lampenlinse nachstellen, bis die Wendel wieder scharf erscheint.

Bei einem zu kleinen Wendelbild kann die maximal mögliche Kondensorapertur praktisch nicht erreicht werden.

Oft ist es sehr unbequem, das auf der zugezogenen Kondensorblende befindliche Bild der Lampenwendel zu kontrollieren. Ob sich diese ordnungsgemäß im Strahlengang befindet, läßt sich viel leichter feststellen, wenn man das Okular gegen ein Einstellfernrohr austauscht (wie es beim Justieren in der Phasenkontrastmikroskopie benutzt wird [S. 149]) und die hintere Brennebene des Objektivs beobachtet.

Nachdem die Glühwendel richtig abgebildet ist wird die Kondensorblende etwas geöffnet. Man blickt in das Mikroskop und schließt gleichzeitig die in der Lampe befindliche Leuchtfeldblende. Dadurch wird das Gesichtsfeld bis auf einen kleinen, meist unscharf begrenzten Lichtfleck dunkel. Wandert das Licht beim Schließen der Leuchtfeldblende völlig aus dem Gesichtsfeld heraus, muß die Lampe etwas verschoben, bzw. der Spiegel geschwenkt werden, bis der Fleck wieder sichtbar ist. Als nächstes verstellt man den Kondensor in der Höhe, bis der Rand des Lichtfleckes scharf erscheint. Dieser Fleck stellt ein verkleinertes Bild der Leuchtfeldblendenöffnung dar. Durch Drehen an den Zentrierschrauben des Kondensors oder Verstellen des Spiegels wird der Lichtfleck ins Zentrum des Gesichtsfeldes gebracht. Das geht leichter, wenn der Lichtfleck etwas größer gemacht wird, wozu man die Leuchtfeldblende ein wenig öffnet. Ist die helle Zone richtig zentriert, öffnet man die Leuchtfeldblende noch soweit, bis die Blendenlamellen soeben aus dem Gesichtsfeld verschwinden. Damit ist gewährleistet, daß im Präparat einzig und allein das gerade überschaubare Gesichtsfeld beleuchtet wird. Gelangt jetzt noch nicht das volle direkte Licht der Mikroskopierlampe ins Mikroskop, muß man sie noch etwas verschieben und den Kondensor nachzentrieren. Zum Schluß bringt man die Kondensorblende auf die erforderliche Öffnung. Nach jedem Objektivwechsel müssen Leuchtfeldblende und Kondensorblende neu eingestellt werden.

Wenn die Leuchtfeldblende eng geschlossen ist, kann man im Mikroskop über und unter dem hellsten Lichtfleck noch weitere, weniger helle Lichtflecke sehen (Abb. **31**). Dazu kommt es, weil das Licht am Mikroskopspiegel nicht nur einmal, sondern mehrmals reflektiert wird.

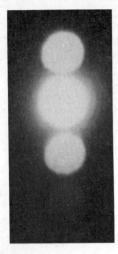

Abb. 31   Mehrfachreflexionen am Beleuchtungsspiegel.

Meistens stört das nicht. Will man diese Mehrfachreflexion trotzdem vermeiden, wird das Licht nicht über einen normalen Spiegel, sondern über einen Oberflächenspiegel oder über ein Prisma ins Mikroskop geleitet.

Am Rande des Blendenbildes ist manchmal ein roter oder ein blauer Saum zu sehen. Diese Farben rühren vom Kondensor her, der meist nicht besonders chromatisch korrigiert ist (Ausnahme: achromatische Kondensoren). Die Bildung von Farbsäumen unterbleibt, wenn man den Kondensor ganz genau gemäß der Köhlerschen Beleuchtungsregel in der Höhe einstellt. Allerdings tritt dieser Farbfehler bereits auf, wenn die Höheneinstellung nur um Bruchteile eines Millimeters vom Sollwert abweicht. Da es nur unmittelbar am Rande des Blendenbildes zu Farbsäumen kommt, kann ihr Einfluß auf das mikroskopische Bild bereits dann ausgeschaltet werden, wenn man die Leuchtfeldblende etwas weiter öffnet.

Wenn der eine Rand des Leuchtfeldblendenbildes rot und der gegenüberliegende blau erscheint, ist entweder der Kondensor falsch zentriert, seine Frontlinse nicht richtig eingeklappt oder der Objektivrevolver nicht voll eingerastet. Die Mikroskopierleuchte läßt sich leichter zum Spiegel ausrichten, wenn man sie mit dem Mikroskop über eine Verbindungsschiene befestigt.

2. **Mikroskopierleuchte im Mikroskopfuß eingebaut.** Wenn die Mikroskopierleuchte im Mikroskopfuß fest eingebaut ist, geht das Einstellen der Köhlerschen Beleuchtung wesentlich schneller. Man muß zunächst die Niedervoltlampe zentrieren, falls sie nicht schon in einer vorzentrierten Fassung steckt. Zum Zentrieren entfernt man zunächst eine

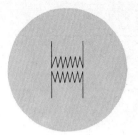

Abb. **32**   Anordnung der Bilder der Glühwendel einer richtig zentrierten Halogenlampe auf einer Mattscheibe, die auf der Lichtaustrittsöffnung des Mikroskopfußes liegt.

eventuell vor der Lichtquelle befindliche Mattscheibe und legt dann auf die Lichtaustrittsöffnung des Mikroskopfußes ein kleines Stück Schreibmaschinenpapier, auf dem ein heller, runder Lichtfleck sichtbar wird. Man zentriert solange, bis dieser Fleck gleichmäßig ausgeleuchtet ist. Anstelle des Schreibmaschinenpapiers kann man auch besondere Zentrierscheiben verwenden, die manchen Mikroskopen beigegeben werden (z. B. Leitz). Die Wendel der zentrierten Glühlampe wird durch eine im Mikroskopfuß befindliche, fest eingestellte Optik in der Kondensorblendenebene abgebildet.

Benutzt man eine Halogenlampe als Lichtquelle, erscheinen auf der Kondensorblende zwei Bilder von der Lampenwendel. Eines davon ist das vom Hohlspiegel des Lampenhauses reflektierte. Man verstellt in diesem Falle die am Lampenhaus befindlichen Zentrierschrauben so, daß beide Bilder der Lampenwendel genau übereinander stehen und sich fast berühren (Abb. **32**).

Dann schließt man die Leuchtfeldblende und bildet ihre Öffnung durch Höhenverstellung des Kondensors im Präparat ab. Der Kondensor wird zentriert, bis der Lichtfleck genau in die Mitte des Gesichtsfeldes zu liegen kommt. Das läßt sich bei einer größeren Leuchtfeldblendenöffnung leichter kontrollieren. Anschließend öffnet man diese Blende soweit, bis ihre Lamellen eben aus dem Gesichtsfeld verschwinden. Zum Schluß wird die Kondensorblende richtig einreguliert (S. 59).

Konjugierte Ebenen

Abb. **33** zeigt den Strahlengang im Mikroskop, wie er sich bei richtig eingestellter Köhlerscher Beleuchtung ergibt. Um die Verhältnisse klarer zu machen, ist nur jeweils der Strahlenverlauf für einen Punkt auf der Lampenwendel bzw. auf der Leuchtfeldblende gezeichnet. Wo diese Punkte wiederum als Punkte abgebildet werden, entsteht ein scharfes Bild der gesamten Leuchtfeldblendenöffnung bzw. der gesamten Lampenwendel. Aus dem Schema geht hervor, daß die Lampenwendel nicht nur in der Kondensorblendenebene, sondern auch in der hinteren Brennebene des Objektivs sowie oberhalb der Augenlinse des

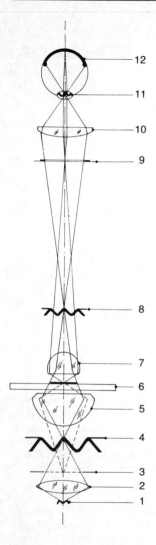

Abb. **33** Konjugierte Ebenen bei richtig eingestellter Köhlerscher Beleuchtung. 1:Lampenwendel. 2:Lampenlinse. 3:Leuchtfeldblende. 4:Kondensorblende. 5:Kondensorlinse. 6:Präparatebene. 7:Objektiv. 8:Hintere Objektivbrennebene. 9:Zwischenbildebene. 10:Augenlinse des Okulars. 11:Augenpupille. 12:Netzhaut des Auges.

Okulars – nämlich in der Austrittspupille (S. 54) – abgebildet wird. Auch von der Leuchtfeldblende entstehen mehrere Bilder an verschiedenen Stellen des Strahlenganges. Das erste findet sich im Präparat. Weitere treten in der Zwischenbildebene (d. h. in der Blendenebene des Okulars) sowie auf der Netzhaut des Auges auf, wo ja auch das Präparat abgebildet wird.

Es gibt also bei richtig eingestellter Köhlerscher Beleuchtung mehrere Ebenen, in denen scharfe Bilder der Glühlampenwendel, sowie andere Ebenen, in denen scharfe Bilder vom Präparat und der Leuchtfeldblende entstehen. Man nennt solche Ebenen *konjugierte Ebenen.* Wenn also irgend ein Gegenstand auf einer zum Präparat konjugierten Ebene liegt, dann erscheint er zusammen mit diesem Präparat scharf im mikroskopischen Bild. Eine dieser konjugierten Ebenen ist z. B. die Blendenöffnung im Okular. Deswegen sind hier angebrachte Objekte, wie z. B. Skalen, Raster und Zeiger zusammen mit dem Präparat scharf zu sehen (S. 51 f.). Man kann aber solche Hilfsmittel auch in einer anderen zum Präparat konjugierten Ebene unterbringen, wie z. B. in der Ebene der Leuchtfeldblende. Diese befindet sich bei vielen Mikroskopen mit eingebauter Beleuchtung unmittelbar unter dem Staubschutzglas der Lichtaustrittsöffnung am Mikroskop. Legt man an diese Stelle ein kleines Dreieck aus schwarzem Papier, wird es im Mikroskop einigermaßen scharf sichtbar, wenn man den Kondensor etwas in der Höhe verstellt. Wenn das Papierdreieck so verschoben wird, daß sein Bild eine bestimmte Stelle im Präparat markiert, läßt sich bei nicht allzu starken Vergrößerungen ein Zeigerokular ersetzen. Allerdings wird das Dreieck manchmal erst dann genügend deutlich sichtbar, wenn man die Kondensorblende stärker schließt.

Wenn das mikroskopische Bild von vielen Schmutzteilchen überlagert ist, liegen diese ebenfalls auf einer zum Präparat konjugierten Ebene oder wenigstens in der Nähe davon, und zwar meistens entweder auf der Glasplatte der Lichtaustrittsöffnung des Mikroskopfußes oder auf der Feldlinse des Okulars, die ja der Zwischenbildebene ziemlich nahe liegt. Staub, der sich auf optischen Teilen befindet, die zu dem im Mikroskopfuß eingebauten Beleuchtungsteil gehören und der im mikroskopischen Bild stört, wird unscharf und somit praktisch unsichtbar, wenn man den Kondensor in der Höhe verstellt. Wird das Okular im Tubus gedreht, ist zu erkennen, ob der Staub auf der Feldlinse liegt.

Schließlich läßt sich mit Hilfe der konjugierten Ebenen feststellen, ob die Leuchtfeldblendenöffnung auch wirklich genau in der Präparatebene abgebildet ist. Denn wenn das der Fall ist, muß wegen der Umkehrbarkeit der Strahlengänge ein scharfes Bild des Präparats auf der Leuchtfeldblende entstehen, wenn man in den Tubus anstelle des Okulars eine brennende Glühlampe steckt.

Lichtfilter

Manchmal wird das Präparat mit farbigem Licht beleuchtet, welches mit Absorptions- oder Interferenzfiltern aus der von der Mikroskopierlampe abgegebenen Strahlung isoliert wird. Als Absorptionsfilter benutzt man heute fast nur noch gefärbte Gläser, die Licht ihrer Eigenfarbe bevorzugt transmittieren, komplementärfarbenes dagegen absorbieren. Ein Rotfilter läßt z. B. in erster Linie rotes Licht hindurch, während es grünes weitgehend verschluckt.

Die empfindlichen und teuren Interferenzfilter arbeiten nach einem anderen Prinzip und isolieren aus der Strahlung kleinere und besser abgegrenzte Wellenlängenbereiche als Absorptionsfilter. (Näheres S. 219f.)

Farbiges Licht wird aus verschiedenen Gründen als Mikroskopbeleuchtung verwendet. So können mit Lichtfiltern diejenigen Farben ausgesondert werden, für die das Objektiv besonders gut korrigiert ist. Ein Beispiel dafür bildet das Grünlicht, das mit Achromaten die besten Bilder ergibt.

Farbfilter werden aber auch benutzt, um den Kontrast gefärbter Präparate zu steigern oder zu schwächen. Eine Kontraststeigerung ergibt sich immer dann, wenn das Filter die Komplementärfarbe zu derjenigen Struktur aufweist, die besonders hervorgehoben werden soll. Rot gefärbte Chromosomen erhalten z. B. im grünen Licht optimalen Kontrast, indem sie tiefschwarz auf grünem Untergrund zu sehen sind. Will man andererseits bestimmte Strukturen zum Verschwinden bringen, weil sie das Präparat unübersichtlich machen, muß man ein Filter wählen, das die gleiche Farbe wie die Struktur aufweist. So wird z. B. eine Eosin-Färbung von einem Rotfilter weitgehend unterdrückt.

Die günstigste Lichtfarbe zur Kontraststeigerung bzw. -minderung läßt sich am einfachsten ermitteln, wenn man ein Verlaufsinterferenzfilter (S. 240) vor der Mikroskopierlampe verschiebt, wodurch das Präparat nacheinander mit allen Spektralfarben des sichtbaren Bereichs beleuchtet wird.

Lichtfilter werden auch zur Absorption des für die Augen schädlichen ultravioletten Anteils einer Lichtstrahlung benutzt. Das ist z. B. bei Quecksilberhöchstdrucklampen der Fall, wenn sie für die Interferenzkontrastmikroskopie benutzt werden. Hier kommt ein grünes Filter vor die Lampe, welches UV absorbiert und den besonders hellen Grünanteil der Strahlung hindurchläßt.

Im weitesten Sinne gehören hierzu auch die Wärmeschutzfilter, die eine zu starke Erhitzung im Präparat und in manchen Teilen des Mikroskops (z. B. Polarisationsfiltern) verhindern. Als Ersatz für Wärmeschutzfilter kann eine in einer Küvette befindliche konzentrierte wäßrige Lösung von $CuSO_4$ benutzt werden, wenn die Mikroskopierlampe vom Mikroskop getrennt aufgestellt ist und die Lösung zwischen Leuchte und Spiegel angeordnet werden kann.

Bildentstehung im Mikroskop und Wellenoptik

Grundlage der Wellenlehre

Wir haben bereits gesehen, daß nicht alle Probleme bei der Bildentstehung im Mikroskop mit dem strahlenoptischen Modell erklärt werden können. Das gilt z.B. für die Auflösung. Es ergab sich, daß diese zumindest mit entscheidend von der »Lichtmenge« abhängt, die ins Mikroskopobjektiv eindringt. Was sich dabei im einzelnen abspielt, soll nun etwas genauer dargelegt werden.

Dazu betrachten wir zunächst eine Lichtquelle aus einiger Entfernung durch ein feines Gitter. Man sieht mehrere nebeneinanderliegende Lichtquellenbilder, von denen das mittlere am hellsten ist und die rechts und links davon befindlichen immer lichtschwächer werden (Abb. **34**).

Als Gitter kann das Negativ einer photographischen Aufnahme von einem Gitter benutzt werden, das mit schwarzer Tusche auf weißes Papier gezeichnet wurde. Man kann auch einen Bogen des Letraset-Rasterpapiers mit Parallelschraffur photographieren (erhältlich in Geschäften für Zeichenbedarf). Wichtig ist, daß sich pro mm wenigstens 15 bis 20 Gitterlinien auf dem Negativ befinden. Als Lichtquelle benutzt man eine Taschenlampe, die in einen Pappkarton gelegt wird und deren Licht man aus einem Loch in einer der Kartonwände austreten läßt. Eine ähnliche Erscheinung ist zu beobachten, wenn man durch einen aufgespannten Regenschirm auf die Lichtquelle blickt. Es entstehen wiederum nebeneinanderliegende Lichtquellenbilder, die jedoch in diesem Falle in mehreren Reihen übereinander liegen.

Die verschiedenen Bilder der Lichtquelle werden von der Beugung verursacht. Diese tritt unter bestimmten Voraussetzungen bei Wellenbewegungen auf. Deswegen muß man annehmen, daß auch dem Licht ein wellenartiger Vorgang zugrunde liegt, ähnlich, wie wir ihn von den Wasserwellen her kennen. Letztere entstehen bekanntlich wenn man z.B. einen Stein in einen Teich wirft. Von der Einschlagstelle gehen konzentrische Wellenbewegungen aus und es entsteht zunächst der Eindruck, als ob sich das Wasser auf der Teichoberfläche wellenartig von der Einschlagstelle weg nach außen hin bewegen würde. Das

Abb. **34**   Lichtquelle (Glühwendel einer Glühbirne) durch ein Gitter photographiert.

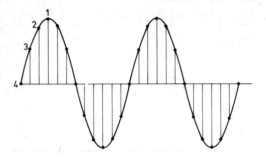

Abb. **35** Schema einer Wellenbewegung. Die Teilchen (kleine schwarze Punkte) werden gehoben und gesenkt, machen jedoch in Längsrichtung keine Bewegung mit.

täuscht aber. Denn wenn auf dem Wasser kleine Holzstücke schwimmen, ist zu sehen, daß sie die Wellenbewegung nicht mitmachen, sondern nur auf- und abtanzen. Daraus kann man schließen, daß sich auch die Wasserteilchen (vereinfacht gesagt) nur auf- und abbewegen. Der ganze Vorgang macht nur deswegen einen wellenartigen Eindruck, weil die Teilchen nicht gleichzeitig sondern nacheinander mit der Bewegung beginnen (Abb. **35**). Wirklich wellenförmig breiten sich also nur die Kräfte aus, welche die Wasserteilchen entweder nach oben heben oder nach unten ziehen.

Die größte Höhe bzw. Tiefe, die eine Welle erreicht, wird als Amplitude und der Abstand zwischen den Gipfeln zweier Wellenberge (bzw. den Sohlen zweier Wellentäler) als Wellenlänge λ bezeichnet. Die Frequenz ν gibt an, wie oft ein bestimmtes Wasserteilchen pro Sekunde eine vollständige Auf- und Abwärtsbewegung mitmacht. Wellenlänge, Frequenz und Geschwindigkeit v der Wellenbewegung stehen untereinander in folgender Beziehung:

$$v = \lambda \cdot \nu$$

Den Grad, bis zu dem sich ein schwingendes Teilchen zu einem bestimmten Zeitpunkt gerade fortbewegt hat, bezeichnet man als *Phase*. Haben z. B. zwei Teilchen im selben Moment den Gipfel eines Wellenberges erreicht, befinden sie sich auf der gleichen Phase. Würde nur das eine auf einem Wellenberg und das andere in einem Wellental liegen, wären sie nicht phasengleich.

Es kann nun vorkommen, daß zwei Wellenzüge, die verschiedenen Ursprungszentren entstammen, am gleichen Ort zusammentreffen. Dann wirken auf die am Treffpunkt befindlichen Wasserteilchen zwei Kräfte ein, die je nachdem wie die Wellen zusammenkommen gleich oder entgegengesetzt gerichtet sein können. Dabei sind zwei Extremfälle möglich, wobei zur Vereinfachung angenommen wird, daß die Amplituden der beiden Wellenzüge gleich sind. Einmal kann es sein, daß am selben Ort zwei gleichgerichtete Kräfte zusammen treffen, von

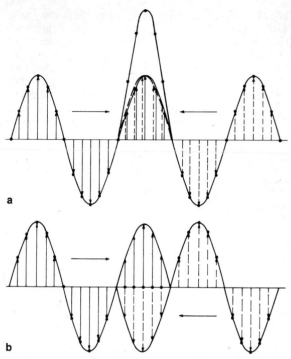

a

b

Abb. **36** Interferenz. **a:** Am Treffpunkt der Wellenbewegungen wirken gleich große und gleich gerichtete Kräfte auf die Teilchen ein, welche deswegen höher gehoben werden. **b:** Zwei Wellenzüge treffen aufeinander. Am Treffpunkt wirken gleich große, jedoch entgegengesetzt gerichtete Kräfte auf die Teilchen (schwarze Punkte) ein, welche auf dem Niveau 0 liegen bleiben.

denen jede für sich allein in der Lage ist, das Wasserteilchen bis auf den Gipfel eines Wellenberges zu heben. Es resultiert daraus eine Amplitude, die doppelt so hoch ist wie bei den beiden ursprünglichen Wellenzügen (Abb. **36a**). Umgekehrt ist auch ein Zusammentreffen von entgegengesetzt gerichteten Kräften möglich, von denen eine das Wasserteilchen auf die Sohle eines Wellentales drücken würde, während es die andere gleichzeitig auf den Gipfel eines Wellenberges heben könnte. Als Ergebnis bleibt das Teilchen auf seinem Ausgangsniveau 0 liegen (Abb. **36b**). Natürlich gibt es zwischen diesen Extremfällen alle Übergänge der Verstärkung und Abschwächung. Eine solche Erscheinung nennt man Interferenz.

Allgemein gilt, daß die Wellenbewegung bei Aufeinandertreffen zweier Wellenberge am Treffpunkt maximal verstärkt und beim Zusammenkommen eines Wellentales mit einem Wellenberg scheinbar gelöscht wird. Zwei Wellenberge aus verschiedenen Zentren treffen dann aufeinander (bei gleicher Wellenlänge), wenn die beiden Wellenzüge gleich lang sind, oder auch, wenn der eine von beiden 1, 2, 3 . . . Wellenlängen (allgemein: um ein ganzzahliges Vielfaches einer Wellenlänge) länger als der andere ist. Ein Wellenberg überlagert ein Wellental, wenn der Längenunterschied zwischen den beiden Wellenbewegungen ½ (oder 1 ½, 2 ½; allgemein: n + ½) Wellenlängen beträgt.

Wenn sich die konzentrische Wellenbewegung immer weiter ausbreitet und schließlich sehr weit vom Erregungszentrum entfernt ist, kann man eine kurze Strecke der Wellenfront praktisch als eben ansehen (Abb. 37). Trifft eine derartige ebene Wellenfront auf ein Gitter, dessen Stege in der Größenordnung der Wellenlänge auseinanderliegen, kommen aus den Gitterspalten nicht ebene, sondern konzentrische Wellenfronten hervor. Sie breiten sich weiter aus und überschneiden sich sehr bald. Für die am Schnittpunkt befindlichen Wasserteilchen hat

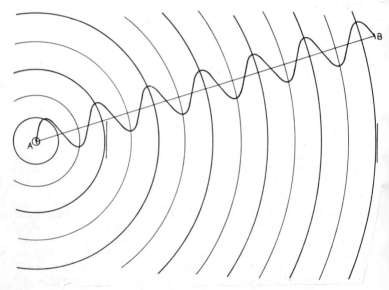

Abb. 37   Die Zeichnung zeigt den Zustand in Aufsicht, den eine konzentrische Wellenbewegung mit Ursprung in A zu einem bestimmten Zeitpunkt aufweist. Die dünnen Kreislinien zeigen die Lage der Wellentäler und die dicken die der Wellenberge an. Damit das noch deutlicher wird, ist die Wellenbewegung entlang der Linie AB um 90 Grad geklappt worden. Vor der zweiten und vor der letzten Wellenbergfront ist je eine Gerade gleicher Länge eingezeichnet. Während die Wellenfront hinter der ersten Geraden noch deutlich gekrümmt ist, erscheint sie hinter der zweiten Geraden fast eben. Man kann von einer ebenen Wellenfront sprechen.

das die Folge, daß auf sie verschiedene Kräfte einwirken, die den einzelnen aus den Gitterspalten hervorkommenden konzentrischen Wellenbewegungen entstammen und die beim Zusammentreffen gleich oder entgegengesetzt gerichtet sind. Es kommt also zur Interferenz, d. h. zur Abschwächung oder Verstärkung der Amplituden.

Wenn sich aus einer ebenen Wellenfront z. B. an einem Gitter einige konzentrische Wellenbewegungen ergeben, die anschließend miteinander interferieren, handelt es sich um die bereits erwähnte Beugung. Man kann sie sehr schön an Wasserwellen zeigen (siehe Lehrbücher der Physik) aber auch schematisch konstruieren, wobei zur Vereinfachung anstelle eines Gitters nur zwei Spalte und zwei konzentrische Wellenbewegungen gezeichnet sind (Abb. 38a).

Daraus ergibt sich, daß bei der Beugung geradlinige Zonen entstehen, in denen die Wellenbewegung infolge von Interferenz maximal verstärkt ist. Diese Zonen sind voneinander durch Bereiche mit der Amplitude Null getrennt. Zonen mit maximal verstärkter Wellenbewegung werden als Maxima bezeichnet. Eines dieser Maxima verläuft in der gleichen Richtung, wie die ebene Wellenfront vor dem Auftreffen auf die beiden Spalten. Es stellt das Hauptmaximum dar. Die rechts und links davon angeordneten Maxima sind gegenüber dem Hauptmaximum mehr oder weniger stark geneigt und verkörpern die Nebenmaxima. Dabei bezeichnet man die dem Hauptmaximum am nächsten gelegenen Nebenmaxima als Nebenmaxima der ersten Ordnung, die daran

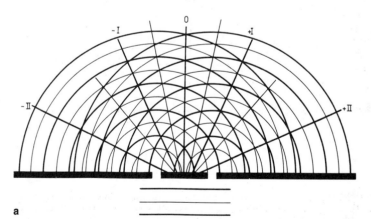

a

Abb. **38**   Beugung in Aufsicht. **a:** Eine ebene Wellenfront trifft auf eine Wand, die zwei Öffnungen enthält. Aus den Öffnungen treten konzentrische Wellenbewegungen hervor, die sich überschneiden und miteinander interferieren. Es entstehen das Hauptmaximum O und die Nebenmaxima −I, +I, −II, +II (dicke Linien), die voneinander durch Bereiche getrennt sind, in denen die Amplitude bis auf 0 sinkt (dünne Linien).

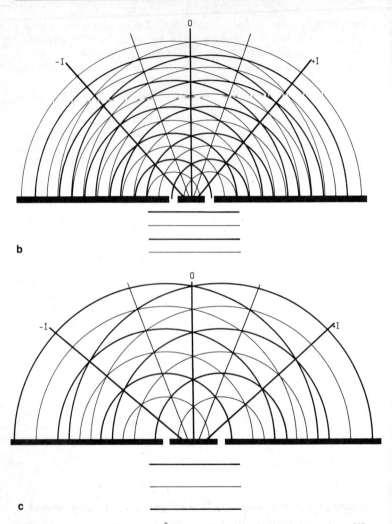

Abb. **38b:**   Wie Abb. 38a, jedoch Öffnungen in der Wand näher beieinander. **c:** Wie Abb. 38a, jedoch Wellenlänge größer. Dick ausgezogene Wellenfronten: Wellenberge; dünne: Wellentäler.

anschließenden als Nebenmaxima der zweiten Ordnung usw. Beim genauen Hinsehen fällt auf, daß bei der Bildung der Nebenmaxima der ersten Ordnung die eine an der Interferenz beteiligte Welle um eine

Wellenlänge länger als die andere ist, denn es trifft z. B. der erste Wellenberg der einen Welle auf den zweiten Wellenberg der anderen. Der Winkel zwischen den Nebenmaxima der ersten Ordnung und dem Hauptmaximum wird umso größer, je näher die Spalten nebeneinanderliegen, wie aus dem Schema hervorgeht (Abb. **38b**). Man sagt, die Beugung ist stärker. Die Beugung nimmt aber auch dann zu, wenn die Wellen eine größere Wellenlänge aufweisen (Abb. **38c**).

Die gleichen Erscheinungen treten bei dem eingangs geschilderten Versuch mit der Lichtquelle und dem Gitter bzw. dem Regenschirm auf. Auch hier kommt es also zur Bildung eines Hauptmaximums und mehrerer Nebenmaxima. Da eine Verstärkung der Amplitude der Lichtwellenbewegung als größere Helligkeit und eine Amplitude Null als Dunkelheit empfunden werden, handelt es sich bei den nebeneinanderliegenden Bildern von der Lichtquelle in Abb. **34** (S. 73) um die durch Interferenz hervorgerufenen Maxima. Dabei ist das in der Mitte gelegene, hellste Lichtquellenbild als Hauptmaximum anzusehen, während die rechts und links anschließenden, lichtschwächeren Bilder die Nebenmaxima darstellen. Die beiden dem Hauptmaximum am nächsten gelegenen Nebenmaxima sind die Nebenmaxima der ersten Ordnung, die darauf folgenden die der zweiten Ordnung usw. Wie Haupt- und Nebenmaxima durch eine Sammellinse abgebildet werden, zeigt schematisch Abb. **39**.

Wenn sich in der Wand nicht nur zwei Spalten, sondern deren mehrere befinden, entsteht eine Art Gitter. Die Beugung ist auch hier stärker, je näher die Öffnungen des Gitters (bzw. die Gitterstege) nebeneinanderliegen.

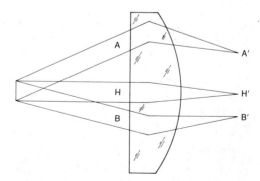

Abb. **39** Durch Beugung des Lichts entstehen die Maxima in Form heller Zonen. Diese werden durch eine Sammellinse (oder durch den optischen Apparat des Auges) als Lichtfleck abgebildet. A: stark gebeugtes Nebenmaximum, Lichtfleck weiter vom Hauptmaximum H entfernt. B: schwächer gebeugtes Nebenmaximum, Lichtfleck näher am Hauptmaximum.

Beugungsmaxima im Mikroskop

Dieselben Vorgänge spielen sich auch im Mikroskop ab. Hier ist die Mikroskopierlampe mit der Lichtquelle im obigen Versuch und das mikroskopische Präparat mit dem Gitter zu vergleichen. Wenn das stimmt, müßten also mehrere Bilder der Lichtquelle entstehen, wenn sich ein Präparat im Strahlengang befindet. Dagegen kann man einwenden, daß im Mikroskop gewöhnlich nicht mehrere Bilder von der Mikroskopierlampe zu sehen sind, sondern ein Bild vom Präparat erscheint. Trotzdem steht dieser Einwand nicht im Widerspruch zu den gerade gemachten Folgerungen. Denn die Mikroskopoptik ist ja in der Regel auf das Präparat und nicht auf die Mikroskopierlampe scharf eingestellt. Die Beugungserscheinungen bleiben also im Mikroskop normalerweise unsichtbar, weil sie vom Mikroskopobjektiv nicht in der Zwischenbildebene, sondern in einer anderen Ebene abgebildet werden. Wo diese liegt, haben wir bereits bei der Besprechung der Köhlerschen Beleuchtung und der konjugierten Ebenen gesehen. Es zeigte sich dort, daß ein Bild der Lichtquelle u. a. in der Nähe der hinteren Brennebene des Mikroskopobjektivs entsteht, weil die Mikroskopierlampe verhältnismäßig weit von dem sehr kurzbrennweitigen Objektiv entfernt ist. Die verschiedenen, durch Beugung entstandenen Lichtquellenbilder müssen daher ebenfalls in der Nähe der hinteren Objektivbrennebene liegen. Sie werden sichtbar, wenn man das Okular entfernt und in den Tubus blickt.

Voneinander getrennte Lichtquellenbilder sind im Mikroskop allerdings nur bei einem Präparat mit sehr regelmäßig angeordneten Strukturen zu sehen. Normale histologische Schnittpräparate oder Ausstriche von Blut und Bakterien eignen sich dafür nicht. Die besten Ergebnisse liefert die Abbesche Diffraktionsplatte (Zeiss), die leider nicht mehr geliefert wird. Man kann aber auch eine Reihe natürlicher Objekte zur Demonstration der von der Beugung hervorgerufenen Lichtquellenbilder benutzen. Sehr gut bewährt haben sich dafür u. a. Schnitte, die in radialer Richtung durch Kiefernholz gefertigt wurden.

Solche Präparate zeigen die von unten nach oben verlaufenden, röhrenförmigen Bauelemente – die Tracheiden – in denen die Wasserleitung erfolgt und die gleichzeitig dem Baumstamm seine Festigkeit verleihen. Ihr Durchmesser ist verhältnismäßig weit, wenn sie im Frühjahr angelegt wurden (weitlumige Tracheiden, Frühholz), während die englumigen Tracheiden aus späteren Monaten des Jahres stammen (Spätholz). An manchen Stellen verlaufen quer zu den Tracheiden mehrschichtige Zellreihen, nämlich die Markstrahlen. In ihnen erfolgt der Quertransport von Lösungen, die reich an organischen Substanzen sind. Bereiche, in denen die längs verlaufenden Tracheiden und die quer zu ihnen angeordneten Markstrahlen gleichzeitig im optischen Schnitt zu sehen sind, werden als Kreuzungsfelder bezeichnet.

Wir suchen mit dem Objektiv 10:1 zunächst eine Stelle im Spätholz und stellen Köhlersche Beleuchtung ein, wobei allerdings ausnahmsweise die Kondensorblende soweit als möglich geschlossen wird. Dann entfernt man das Okular und blickt in den Tubus. Dort ist über dem Objektiv eine Anzahl von kleinen Lichtflecken zu sehen, die auf einer Geraden angeordnet sind (Abb. **40**). Öffnet oder schließt man die Kondensorblende, werden die Lichtflecken entsprechend größer oder kleiner. Sie stellen also Bilder der Kondensorblendenöffnung dar. Der in der Mitte gelegene hellste Lichtfleck ist das Hauptmaximum. Die neben ihm liegenden Lichtflecke sind lichtschwächer und verkörpern die Nebenmaxima.

Bei richtig eingestellter Köhlerscher Beleuchtung entsteht bekanntlich ein scharfes Bild der Lampenwendel in der Ebene der Kondensorblende. Somit kann man die Maxima über dem Objektiv auch als Bilder der Lichtquelle ansehen.

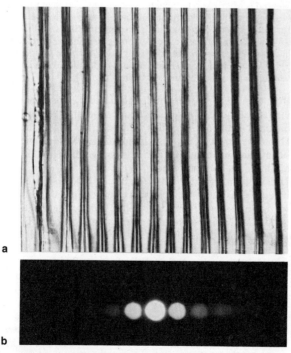

a

b

Abb. **40**   Kiefernholz radial. **a:** Ausschnitt aus dem Spätholz. **b:** Primäres Beugungsbild des gleichen Objekts.

Allerdings sind die Maxima beim einfachen Hineinsehen in den Mikroskoptubus ziemlich klein und undeutlich. Ein etwas besseres Ergebnis liefert der Diopter. Er besteht aus einer kleinen Kappe, die dem Tubus aufgesteckt wird und in deren Mitte sich als Einblick ein Loch von weniger als 1 mm Durchmesser befindet. Am bequemsten lassen sich die Lichtflecke beobachten, wenn man anstelle eines Okulars ein Einstellfernrohr in den Tubus steckt, wie es zur Justierung der Beleuchtung beim Phasenkontrastverfahren gebraucht wird. Man verschiebt die Augenlinse dieses kleinen, speziell für den Nahbereich berechneten Fernrohrs solange, bis Haupt- und Nebenmaxima scharf sind. Ein solches Einstellfernrohr kann man auch selbst bauen (S. 159f.).

Außerdem sind die Maxima dann einigermaßen deutlich zu sehen, wenn man in den Tubus ein Okular steckt und über dieses ein zweites, stärker vergrößerndes Okular (15x oder noch stärker) hält. Dabei muß dessen Augenlinse zu dem im Tubus befindlichen Okular gerichtet sein, so daß man durch die Feldlinse blicken kann. Das zweite Okular wirkt dann als Kleinsche Lupe. Genaugenommen betrachtet man auf diese Weise nicht die hintere Brennebene des Mikroskopobjektivs, sondern die dazu konjugierte, ein kleines Stück über dem Mikroskopokular befindliche Ebene, in der es ebenfalls zu einem scharfen Bild der Lichtquelle kommt (S. 70), also die Austrittspupille.

Wenn das Mikroskop mit einem Auszugtubus versehen ist, dessen unteres Tubusende ein Objektivgewinde aufweist, besteht noch eine weitere Möglichkeit zur Beobachtung der Maxima. Nachdem eine Stelle im Präparat scharf eingestellt wurde, zieht man ohne Änderung der Scharfeinstellung den Tubus zunächst ganz heraus und schraubt in sein Gewinde ein schwaches Objektiv (z. B. 5:1). Anschließend wird er wieder eingesteckt, mit Okular versehen und solange verschoben, bis die Maxima scharf sind.

Beim genauen Hinsehen fällt auf, daß die Nebenmaxima nicht einfach einheitlich helle Flecke darstellen, sondern aus einer Anzahl farbiger Säume bestehen, wenn das Präparat mit Weißlicht beleuchtet wird. Dabei ist der dem Hauptmaximum zugewandte Rand eines jeden Nebenmaximums blau und der entgegengesetzte rot. Dazwischen liegen alle anderen Spektralfarben.

Die Wellenlänge des roten Lichts ist bekanntlich länger als die des blauen. Da sich Weißlicht aus allen Spektralfarben zusammensetzt, wird sein Rotanteil stärker als sein Blauanteil gebeugt. Denn mit ansteigender Wellenlänge kommt es zu immer stärkerer Beugung (S. 78f.). Im Gegensatz zu den Nebenmaxima besteht das Hauptmaximum aus einem einheitlich hellen Fleck ohne Farbsäume.

Als nächstes suchen wir im Präparat eine Stelle aus dem Frühholz, die also weitlumige Tracheiden enthält. Auch hier ist durch das Einstellfernrohr das im Zentrum des Gesichtsfeldes gelegene Hauptmaximum zu sehen, neben dem die Nebenmaxima auf einer Geraden angeordnet sind. Letztere liegen jetzt jedoch wesentlich enger beieinander als vorher beim Spätholz (Abb. **41**). Das ist auch gar nicht anders zu erwarten. Da die längs verlaufenden Wände der Tracheiden im Frühholz weiter voneinander entfernt sind, wird das Licht schwächer gebeugt als im Spätholz, dessen Tracheiden-Längswände verhältnismäßig nahe beiein-

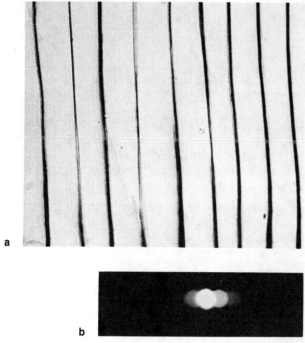

Abb. 41   Kiefernholz radial. **a:** Ausschnitt aus dem Frühholz. **b:** Primäres Beugungsbild des gleichen Objekts.

anderliegen. Die Beugung wird also umso stärker, je feinere Strukturen
das Präparat aufweist.

Wenn man das Präparat vom Objekttisch nimmt, verschwinden alle
Nebenmaxima, während das Hauptmaximum erhalten bleibt. Somit
stellt das Hauptmaximum ein Bild des direkten, ungebeugten Mikroskopierlichts dar. Das stimmt ebenfalls mit dem auf Seite 73 geschilderten Versuch überein. Denn dort ist auch nur ein einziges Bild von der
Lichtquelle zu sehen, wenn man das Gitter vor dem Auge entfernt.

Für den nächsten Versuch wird ein Kreuzungsfeld eingestellt. In der
hinteren Objektivbrennebene erscheinen dann ähnlich wie bei dem
Beugungsversuch mit dem Regenschirm (S. 73) wesentlich mehr Lichtflecke, die alle auf parallelen Geraden angeordnet sind. Auf der mittleren Geraden sind die Nebenmaxima ebenso verteilt, wie beim letzten
Versuch als man nur die längs verlaufenden Tracheiden ohne Kreuzungsfeld eingestellt hatte. Darüber und darunter liegen jetzt noch
weitere Reihen von Nebenmaxima (Abb. **42**). Da sie erst sichtbar wer-

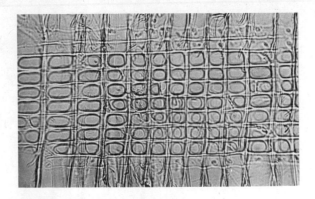

a

b

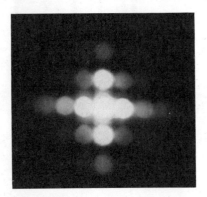

Abb. **42**   Kiefernholz radial.
a: Kreuzungsfeld. **b:** Primäres Beugungsbild des gleichen Objekts.

den, wenn ein Kreuzungsfeld vorliegt, ist anzunehmen, daß ihre Entstehung den quer verlaufenden Markstrahlen zu verdanken ist. Die längs verlaufenden Wände der Tracheiden sind dagegen für die Entstehung der Nebenmaxima auf der mittleren Reihe verantwortlich.

Zur Demonstration der Beugungserscheinungen im Mikroskop sind noch weitere Präparate geeignet. Abb. **43** zeigt z. B. die Anordnung der Maxima, wie sie ein Querschnitt durch Kiefernholz verursacht und in Abb. **44** sind die gleichen Verhältnisse bei der Hornhaut des Facettenauges eines Maikäfers zu sehen. Klare Anordnungen von Haupt- und Nebenmaxima erhält man auch mit Schalen von Kieselalgen, wie z. B. von *Triceratium favus* oder *Pleurosigma angulatum* (Abb. **45**). Für die letztgenannte Diatomee ist allerdings ein Ölimmersionsobjektiv 100:1 notwendig. Die dabei gebildeten Nebenmaxima zeigen die Farbsäume besonders deutlich.

a   b

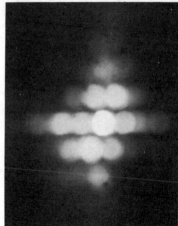

Abb. **43**   Kiefernholz. **a:** Querschnitt.
b: Primäres Beugungsbild des gleichen
Objekts.

Aus all den Versuchen ist zu schließen, daß jedes Präparat eine für sich
allein typische Anordnung der Nebenmaxima liefert. Die Gesamtheit
der Maxima in der hinteren Brennebene des Mikroskopobjektivs wird
als primäres Beugungsbild bezeichnet. Stellt man eine andere Stelle im
Präparat ein, ändert sich auch das primäre Beugungsbild, indem die
Nebenmaxima eine andere Anordnung annehmen. Das ist gut zu verfol-

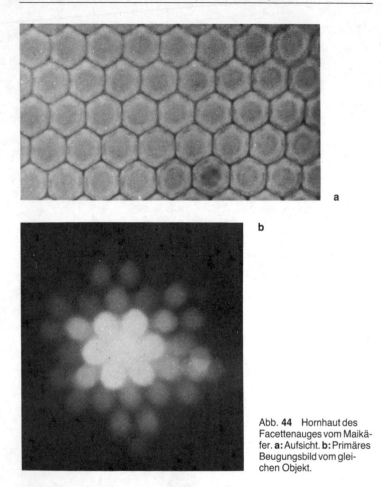

Abb. **44** Hornhaut des Facettenauges vom Maikäfer. **a:** Aufsicht. **b:** Primäres Beugungsbild vom gleichen Objekt.

gen, wenn man z. B. den Radialschnitt durch das Kiefernholz auf dem Objekttisch verschiebt. Primäres Beugungsbild und mikroskopisches Endbild lassen sich besonders leicht miteinander vergleichen, wenn man einen Binokulartubus benutzt, in dessen einem Tubus das Okular und in dessen anderem das Einstellfernrohr steckt.

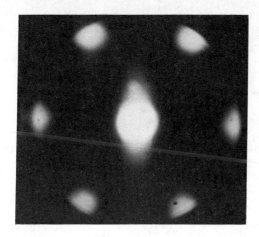

Abb. **45** Primäres
Beugungsbild der Fein-
struktur auf der Schale
von *Pleurosigma angu-
latum.*

Bedeutung der Beugungsmaxima für die Bildentstehung im Mikroskop

Da jede Präparatstelle ein für sie typisches primäres Beugungsbild liefert, könnte man bereits aus der Anordnung der Nebenmaxima eine genaue Aussage über die Gestalt der gerade untersuchten Struktur machen. Auf anderen Gebieten, wo es sich um vergleichbare Vorgänge handelt, wird tatsächlich so vorgegangen, wie z. B. bei der Strukturana-lyse mittels Röntgenbeugung. In der Mikroskopie ist das jedoch nicht üblich. Hier kommt es letztlich auf das Endbild an. Deswegen kann man sich fragen warum eigentlich das primäre Beugungsbild so ausführlich behandelt wurde, wo sich doch beim Mikroskopieren kaum jemand darum kümmert.

Die Antwort auf diese Frage ergibt sich, wenn man das weitere Schick-sal des Mikroskopierlichts verfolgt, nachdem es in den Maxima konzen-triert worden ist. Wie Abb. **46** zeigt, verlaufen die Lichtwellen von dort aus weiter in Richtung Okular, wobei sie sich gegenseitig sehr bald durchdringen. In der mit ZZ bezeichneten Ebene in Abb. 46 ist diese Durchdringung vollständig erfolgt. Konstruiert man in der gleichen Abbildung das Bild einer Struktur aus dem gleichen Präparat nach strahlenoptischen Gesichtspunkten, gelangt dieses ebenfalls in die Ebe-ne ZZ. Diese Ebene stellt demnach die in der Okularblendenöffnung gelegene Zwischenbildebene dar.

Wenn sich die aus den verschiedenen Maxima stammenden Lichtwellen gegenseitig durchdringen, kommt es zu Interferenz und damit zur Bil-dung von Stellen mit maximaler Dunkelheit, maximaler Helligkeit so-wie den verschiedensten Grautönen. Diese dunklen und hellen Stellen

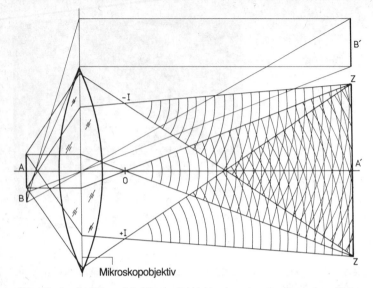

Abb. 46   An der Präparatstruktur A wird Licht gebeugt, und es kommt zur Bildung des Hauptmaximums sowie der Nebenmaxima, welche bei −I, 0 bzw. +I im primären Beugungsbild erscheinen. Das Licht der Nebenmaxima verläuft dann weiter zur Ebene ZZ. Das Bild der im gleichen Präparat befindlichen Struktur B wurde nach strahlenoptischen Regeln gezeichnet und entsteht ebenfalls in der Ebene ZZ.

sind in der Zwischenbildebene so angeordnet, daß sie ein mehr oder weniger naturgetreues Bild vom Präparat ergeben. Man kann sich vorstellen, daß an einer bestimmten Stelle in der Zwischenbildebene ein vom Hauptmaximum kommender Wellenzug mit einem von einem Nebenmaximum stammenden Wellenzug zusammentrifft. Wenn einer eine halbe Wellenlänge länger als der andere ist, wird am Treffpunkt die Amplitude geschwächt. An dieser Stelle ist es also dunkel. Diese dunkle Stelle könnte dann z. B. die Kontur für irgendeine Struktur liefern. Fehlt dieses Nebenmaximum, kommt es nicht zur Interferenz und auch nicht zur Bildung der dunklen Stelle. Von der Kontur ist dann nichts zu sehen.

Die Nebenmaxima beinhalten also in verschlüsselter Form Information über alle diejenigen Präparatstrukturen, an denen sie durch Beugung entstanden sind. Die Interferenz in der Zwischenbildebene führt zur Entschlüsselung und damit zur Entstehung des Zwischenbildes. Fehlen die betreffenden Nebenmaxima, können sie in der Zwischenbildebene auch nicht interferieren und ihre Information abliefern. Ein Bild von der Struktur kommt dann nicht zustande.

An Hand von Versuchen kann man beweisen, daß das soeben gesagte den Tatsachen entspricht. Denn wenn obige Behauptungen richtig sind, müßte eine Struktur aus dem mikroskopischen Bild verschwinden, wenn man die von ihr verursachten Nebenmaxima aus dem primären Beugungsbild entfernt. Das ist mit Hilfe besonderer Blenden möglich, die in der hinteren Brennebene des Objektivs angebracht werden, wo ja das primäre Beugungsbild zu finden ist.

Deswegen muß zunächst einmal die Lage dieser Ebene bestimmt werden. Man benötigt dazu ein mit Beleuchtungsspiegel versehenes Mikroskop ohne Kondensor. Das zu prüfende Objektiv kommt mit der Frontlinse nach unten auf den Objekttisch, wo es von einem Stück Pappe gehalten wird. Relativ weit entfernte Gegenstände, die man über den Planspiegel einspiegelt, werden von dem Objektiv in seiner hinteren Brennebene abgebildet. Sie sind im Mikroskop zu sehen, wenn man es auf diese Ebene einstellt. Anschließend wird der Grobtrieb soweit verstellt, bis der oberste Rand der Objektivfassung im Mikroskop scharf erscheint. Das Ausmaß der Verstellung gibt an, wie weit die hintere Brennebene des geprüften Objektivs vom oberen Rand seiner Fassung entfernt ist. Man stellt fest, daß diese Ebene bei Systemen mit Abbildungsmaßstäben von 3,5:1 bis 5:1 einige cm über dem oberen Fassungsrand liegt und somit besonders leicht erreicht werden kann. Deswegen benutzt man für die folgenden Versuche solche schwachen Objektive. Wenn man sie an den Revolver schraubt, befindet sich ihre hintere Brennebene ein kleines Stück über der Öffnung im Tubusträger und ist zugänglich, wenn man den Tubus vom Mikroskop entfernt.

Für den folgenden Versuch dient nochmals der Radialschnitt durch Kiefernholz als Präparat. Man stellt ein Kreuzungsfeld scharf ein, wobei es zu dem aus Abb. **42** (S. 84) bekannten primären Beugungsbild kommt. Daraus werden nun bestimmte Maxima ausgeblendet. Das geschieht mit einer Spaltblende, die aus einem Deckglas besteht, das gemäß Abb. **47a** mit Tusche bemalt wurde. Die Blende kommt in die hintere Brennebene des Objektivs. Es genügt aber gewöhnlich, wenn man die Blende nicht ganz genau dorthin bringt, sondern einfach auf die Öffnung des Tubusträgers legt. Dabei sollte der Spalt möglichst genau durch die Mitte der Öffnung gehen. Dann wird der Tubus wieder aufgesetzt und das Präparat solange gedreht (am besten mit einem

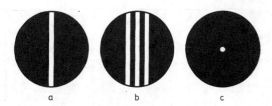

Abb. 47   Blenden zum Ausblenden bestimmter Nebenmaxima in der hinteren Objektivbrennebene. **a:** Spaltblende. **b:** Gitterblende. **c:** Lochblende.

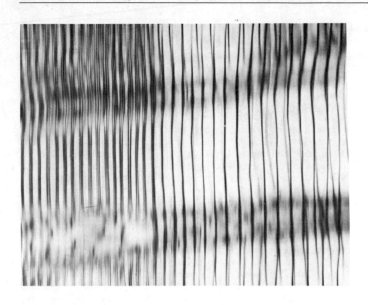

a

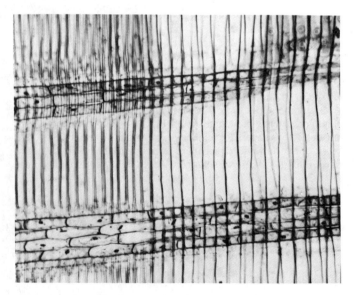

b

Abb. **48**   Kiefernholz radial. **a:** Nebenmaxima, die von den Markstrahlen stammen, sind ausgeblendet. **b:** Ohne Ausblendung von Nebenmaxima.

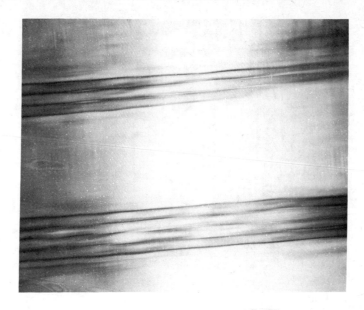

c

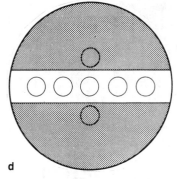

Abb. **48c:** Nebenmaxima, die von den Tracheiden-Längswänden stammen, sind ausgeblendet. **d:** Ausblendung der von den Markstrahlen stammenden Nebenmaxima durch die Spaltblende, schematisch.

d

Drehtisch), bis gerade eine Reihe von Nebenmaxima durch den Spalt treten kann. Lassen sich Haupt- und Nebenmaxima auf diese Weise nicht richtig in den Spalt bringen, zentriert man den Kondensor etwas nach. Wenn nun z.B. durch die Spaltblende nur die von den Tracheiden-Längswänden verursachten Nebenmaxima hindurchtreten (Abb. **48d**), dann können eben in der Zwischenbildebene auch nur sie miteinander und mit dem Hauptmaximum interferieren. Als Folge davon werden nur die Tracheiden-Längswände dargestellt (Abb. **48a**). Da in die Zwischenbildebene keine Information von den Markstrahlen

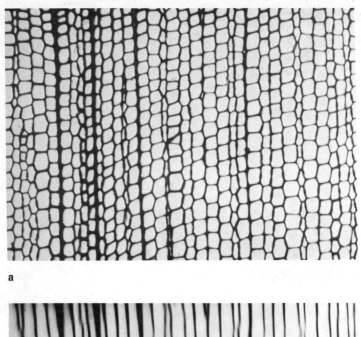

a

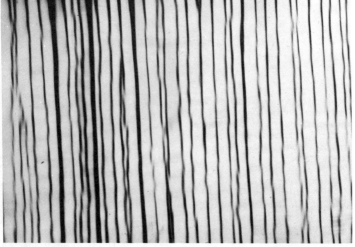

b

Abb. **49**   Kiefernholz. **a:** Querschnitt. **b:** Gleiche Stelle im Präparat wie in Abb. 49a. Nebenmaxima, die von den quer verlaufenden Tracheidenwänden stammen, sind ausgeblendet.

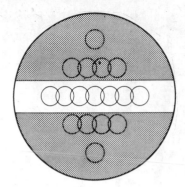

Abb. **49c:** Ausblendung der von den quer verlaufenden Tracheidenwänden stammenden Nebenmaxima durch die Spaltblende, schematisch.

gelangt (die von ihnen verursachten Nebenmaxima sind ja von der Spaltblende ausgeblendet worden) ist von den quer zu den Tracheiden verlaufenden Zellreihen – abgesehen von einigen undeutlichen Schatten – nichts zu sehen. Dreht man das Präparat mit dem Drehtisch um 90 Grad, dann dringen allein von den Markstrahlen verursachte Nebenmaxima durch den Spalt, während die von den Tracheiden herrührenden ausgeblendet werden. Das hat zur Folge, daß im Endbild nur Markstrahlen auftreten, während von den Tracheiden nichts zu erkennen ist. (Abb. **48 c**).

Einen ähnlichen Versuch kann mit einem Präparat von einem Querschnitt durch Kiefernholz anstellen. Es wird ebenfalls mit dem Drehtisch solange gedreht, bis der Spalt nur eine Reihe von Nebenmaxima hindurchläßt (Abb. **49 c**). Wenn nur eine einzige Reihe von Nebenmaxima für die Interferenz in der Zwischenbildebene zur Verfügung steht, werden längs verlaufende Linien dargestellt. Das haben wir bereits bei den vorhergehenden Versuchen gesehen. So ist es auch hier, wo das Bild beinahe einen Längsschnitt vortäuscht (Abb. **49 b**).

Das überraschendste Ergebnis liefert der folgende Versuch. Aus ihm geht hervor, daß durch Ausblendung bestimmter Nebenmaxima nicht nur Strukturen aus dem mikroskopischen Bild verschwinden, sondern daß dabei auch Linien auftauchen können, die das Vorhandensein von Strukturen vortäuschen, welche es im Präparat überhaupt nicht gibt. Dazu benutzt man nochmals den Radialschnitt durch Kiefernholz als Präparat und beobachtet eine Stelle im Frühholz. Die Spaltblende wird jetzt gegen eine Gitterblende ausgetauscht, die ebenfalls aus einem Deckglas besteht, das nach dem in Abb. **47 b** (S. 49) gegebenen Muster bemalt ist. Als Folge davon sind nun viel mehr längs verlaufende Linien als vorher zu sehen (Abb. **50 b**), so daß sich ein Bild ergibt, wie es sonst nur zu beobachten ist, wenn man eine Stelle aus dem Spätholz untersucht.

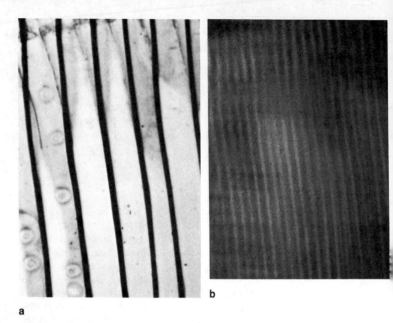

a

b

Abb. **50**   Kiefernholz radial. **a:** Stelle im Frühholz. **b:** Gleiche Präparatstelle wie in Abb. 50a.

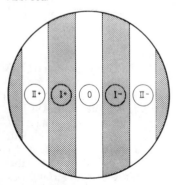

Abb. **50c:** Ausblendung der Nebenmaxima der ersten Ordnung aus dem Frühholz durch die Gitterblende, schematisch.

Mit der eingelegten Blende werden die von den weitlumigen Tracheiden stammenden Nebenmaxima der ersten Ordnung ausgeblendet (Abb. **50c**). Für die Interferenz in der Zwischenbildebene stehen dann nur noch Nebenmaxima zur Verfügung, die wesentlich weiter vom Hauptmaximum entfernt sind. Bereits bei den ersten Versuchen dieses Abschnittes haben wir gesehen, daß der Abstand der Nebenmaxima vom Hauptmaximum größer wird, wenn die Zellwände im Präparat nahe beieinanderliegen. Deswegen sind näher beieinanderliegende Gerade zu sehen, wenn dafür gesorgt wird, daß nur solche Nebenmaxima zur Interferenz in der Zwischenbildebene gelangen, die vom Hauptmaximum weit entfernt liegen.

Man kann sich das vereinfacht so vorstellen, daß es eben auch Nebenmaxima gibt, die bei der Interferenz in der Zwischenbildebene an bestimmten Stellen nicht nur für Dunkelheit, sondern auch für Helligkeit sorgen. Dieser Fall hat für die praktische Mikroskopie einige Bedeutung. Denn es kann vorkommen, daß z. B. von der Tubusinnenwand abgelöste Lacksplitter auf die Objektivhinterlinse zu liegen kommen, in deren Nähe bei stärkeren Systemen die hintere Brennebene liegt. In ungünstigen Fällen können dabei Nebenmaxima so ausgeblendet werden, daß im Mikroskop Umrisse von Strukturen auftauchen, die im Präparat überhaupt nicht vorhanden sind. Deshalb muß man die Objektivhinterlinse immer sauber halten.

Entsprechende Versuche lassen sich noch einfacher mit dem Abbeschen Diffraktionsapparat anstellen (Zeiss), wobei ein Präparat mit verschiedenen Gittern verwendet wird. Leider wird dieses wertvolle didaktische Hilfsmittel nicht mehr hergestellt.

Aus all diesen Experimenten geht also hervor, welch große Bedeutung das primäre Beugungsbild für den gesamten Abbildungsvorgang hat. Wir haben gesehen, daß allein die Nebenmaxima, die an der Interferenz in der Zwischenbildebene teilnehmen, darüber entscheiden, welche Einzelheiten letztlich im Mikroskop dargestellt werden. Denn jede Struktur liefert ja ein für sie allein typisches primäres Beugungsbild. Wenn man durch künstliche Eingriffe dafür sorgt, daß die Nebenmaxima in einer anderen Anordnung in der Zwischenbildebene interferieren, muß sich auch das Aussehen des Endbildes ändern.

Wir haben es also bei der mikroskopischen Abbildung mit zwei wichtigen Interferenzen zu tun. Die eine von beiden liefert das primäre Beugungsbild in der hinteren Brennebene des Objektivs, während die zweite in der Blendenebene des Okulars stattfindet und zur Bildung des Zwischenbildes führt.

Kohärenz

Wenn behauptet wird, das mikroskopische Bild entstehe letztlich aus der Interferenz zwischen Haupt- und Nebenmaxima, ist das etwas problematisch. Denn Licht kann nicht so leicht interferieren, wie das z. B. bei Wasserwellen der Fall ist. Sonst müßte ja auch einmal Dunkelheit zu beobachten sein, wenn man das Licht aus zwei Projektionsapparaten (also aus zwei Erregungszentren von Wellenbewegungen) auf dieselbe Leinwand richtet. Das widerspricht aber der täglichen Erfahrung. Der Grund dafür liegt in der Art der Lichtentstehung. Sie findet innerhalb der Atome z. B. der Glühwendel statt, von denen jedes für sich bei Erhitzung in größeren Zeitabständen einen äußerst kurzdauernden Lichtblitz aussendet. Die helle Fläche, die ein Projektor auf die Projektionswand wirft, besteht also in Wirklichkeit aus einem Aggregat, das sich aus vielen kleinen Punkten aufbaut, die wie Blitzgeräte jeweils nur ganz kurz aufblitzen und danach längere Zeit dunkel bleiben. Trifft nun Licht aus zwei Projektoren auf die gleiche Leinwand, dann kann es dort nur zur Interferenz kommen, wenn sich ein Lichtblitz aus dem einen Projektor genau mit einem Blitz aus dem anderen Projektor überlagert. Das kommt aber nur äußerst selten vor. Denn da jeder Lichtblitz extrem kurz andauert und von einer wesentlich längeren Dunkelperiode abgelöst wird, ist es viel eher möglich, daß er beim Auftreffen auf die Projektionswand gerade keinen Partner aus dem anderen Projektor für die Interferenz vorfindet. Licht kann also nur unter besonderen Umständen interferieren. Sind sie gegeben, wird das Licht als kohärent bezeichnet. Reines kohärentes Licht liefern Laser. Annähernd kohärent ist das Licht »punktförmiger« Lichtquellen.

Die Maxima im primären Beugungsbild sind nun durchaus nicht punktförmig und somit auch nicht kohärent, sondern stellen recht ausgedehnte Scheibchen dar. Das ist auch nicht weiter verwunderlich. Denn bei der Glühwendel der Mikroskopierlampe handelt es sich ja nicht um einen Punkt, sondern um eine ausgedehnte Fläche. Wenn die Maxima trotzdem untereinander interferenzfähig sind so deswegen, weil sie sich aus zahlreichen kohärenten Lichtpünktchen zusammensetzen. Denn jedes einzelne Maximum stellt ja ein Bild ein und derselben Lichtquelle dar. Wenn nun z. B. an der in Abb. **51** mit x bezeichneten Stelle ein Lichtpunkt aufblitzt, dann erscheint er gleichzeitig an den entsprechenden Stellen in allen anderen Maxima, so daß von dort jeweils Wellenzüge ausgehen, die untereinander interferenzfähig sind. Das gleiche wiederholt sich in kürzesten Zeitabständen an allen anderen Orten der Maxima. Da auf diese Weise nacheinander alle kohärenten Stellen der

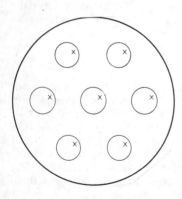

Abb. **51**   Kohärente Stellen in den Maxima eines primären Beugungsbildes.

Maxima untereinander interferieren, kommt es doch noch zum Zwischenbild.

Daß diese Auffassung richtig ist, zeigt der folgende Versuch: Man öffnet die Kondensorblende vollständig und legt in den Filterhalter eine Spaltblende. Diese besteht aus einer mit schwarzer Tusche bemalten runden Zelluloidscheibe in deren Mitte ein Spalt freigelassen wurde. Als Präparat wird wiederum der Radialschnitt durch Kiefernholz benutzt, in dem man die Tracheiden einstellt. Wenn deren Längswände parallel zum Spalt der im Filterhalter befindlichen Blende verlaufen, erscheinen die Maxima in Form von nebeneinanderliegenden, hellen Streifen. Nun kommt in die hintere Brennebene des Objektivs eine weitere Spaltblende, deren Spalt senkrecht zu den Tracheidenlängswänden orientiert wird. Letztere sind natürlich trotz dieser Maßnahme im Mikroskop zu sehen. Sie verschwinden aber, wenn man das Präparat mit dem Drehtisch um ca. 45 Grad dreht. Die streifenförmigen Maxima drehen sich dabei um den gleichen Winkel. Dann gelangen zwar immer noch Teile aller Maxima durch den Spalt. Sie können aber nicht miteinander interferieren, weil sie sich nicht mehr aus kohärenten Bereichen der Lichtquelle zusammensetzen (Abb. **52**).

Die im Filterhalter des Kondensors befindliche Spaltblende macht den Versuch besonders übersichtlich. Man kommt aber auch ohne sie zum gleichen Resultat.

Auflösungsvermögen

Nebenmaxima und numerische Apertur

Bekanntlich stellt die numerische Apertur ein wichtiges Maß für das von einem Objektiv erreichbare Auflösungsvermögen dar. An Hand von einfachen Überlegungen wurde bereits erläutert, warum das so ist. Noch deutlicher werden diese Vorgänge, wenn man die Beugungserscheinungen mit in die Betrachtung einbezieht, denn das Licht wird ja umso mehr gebeugt, je feiner die Präparatstrukturen sind. Deswegen steigt mit stärkerer Beugung der Winkel, den ein Nebenmaximum mit dem Hauptmaximum bildet, immer mehr an (S. 78 f.). Ist dieser Winkel

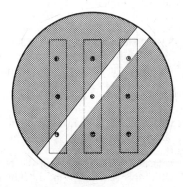

Abb. **52** Anordnung der Spaltblende in der hinteren Brennebene des Objektivs, so daß nur inkohärente Teile der Maxima in die Zwischenbildebene gelangen können.

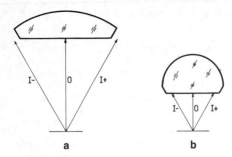

Abb. 53   Verlauf der Nebenmaxima vor dem Eindringen
ins Objektiv. **a**: Die Beugung
am Präparat ist so stark, daß
die Nebenmaxima nicht mehr
ins Objektiv eindringen können. **b**: Die Objektivapertur ist
größer, so daß die Nebenmaxima in die Frontlinse eindringen können.

größer als der halbe Öffnungswinkel eines Objektivs, dringt das Nebenmaximum nicht mehr in die Frontlinse ein (Abb. **53**). Es fehlt dann im
primären Beugungsbild und nimmt auch nicht an der Interferenz in der
Zwischenbildebene teil, so daß von der zugehörigen Struktur nichts zu
sehen ist. Ein Objekt wird eben vom Mikroskop nur dann aufgelöst,
wenn die von ihm verursachten Nebenmaxima ins Objektiv eindringen
können. Dazu kommt es aber nur, wenn die numerische Apertur des
Objektivs wenigstens einen bestimmten Minimalbetrag erreicht.
Daß das so ist, läßt sich mit einem Versuch beweisen. Dazu werden die
bereits bekannten Präparate mit Kieselschalen von *Pleurosigma angulatum* sowie eine Ölimmersion 100:1 mit einem Irisblendenzwischenstück
benötigt. Die Irisblende sollte sich möglichst eng schließen lassen, wie
das z. B. bei dem bereits mehrfach erwähnten Fabrikat von Hertel und
Reuss der Fall ist, die allerdings nur an Objektive dieser Firma oder an
ältere Systeme einiger anderer Hersteller passen. Man stellt zunächst
die Schalenoberfläche bei geöffneter Objektivblende scharf ein, so daß
die sechseckige Felderung deutlich zu sehen ist (Abb. **29a**, S. 58).
Dann wird die Objektivblendenöffnung und somit die Objektivapertur
soweit verkleinert, daß alle sechs Nebenmaxima der ersten Ordnung
aus dem primären Beugungsbild vollkommen ausgeblendet sind. Diese
fehlen nun bei der Interferenz in der Zwischenbildebene, weswegen
man von der sechseckigen Felderung nichts mehr sieht (Abb. **29b**,
S. 58). Sie tritt aber sofort wieder in Erscheinung, wenn man die Blende
im Objektivzwischenstück öffnet, d. h. die Objektivapertur vergrößert,
so daß Licht aller sechs Nebenmaxima der 1. Ordnung bis zur Zwischenbildebene vordringen kann.
Aber auch die Nebenmaxima der höheren Ordnungen sind für die
Bildentstehung nicht bedeutungslos. Denn je mehr von ihnen im primären Beugungsbild auftauchen und an der Interferenz in der Zwischenbildebene teilnehmen, desto objektgetreuer wird das mikroskopische
Bild. Man kann sich davon an Hand des Radialschnittes durch Kiefernholz überzeugen, wenn in die Nähe der hinteren Brennebene eines
Objektivs (um 5:1) eine Lochblende gelegt wird. Diese besteht aus

einem mit Tusche bemaltem Deckglas (Abb. **47c,** S. 89) in dessen Mitte eine Kreisfläche von ca. 1 mm Ø freigelassen wurde. Die von den Tracheiden-Längswänden des Frühholzes verursachten Nebenmaxima der ersten Ordnung liegen sehr nahe am Hauptmaximum und dringen durch die Blendenöffnung gerade noch hindurch. Dagegen werden die Nebenmaxima aus dem Spätholz, die wesentlich weiter vom Hauptmaximum entfernt liegen, ausgeblendet (Abb. **54c**). Die Längswände der

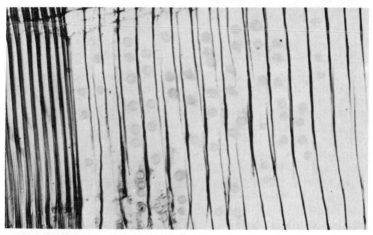

a

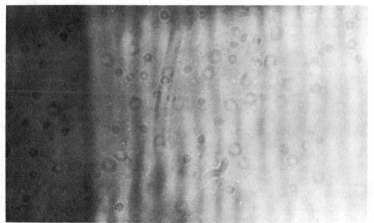

b

Abb. **54** Kiefernholz. **a:** Radialschnitt. **b:** Gleiche Präparatstelle wie in Abb. 54a nach Einlegen der Lochblende in die hintere Objektivbrennebene.

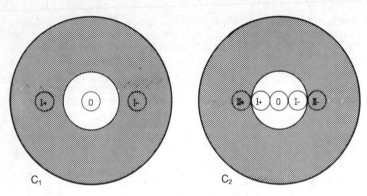

Abb. **54c:** Wirkung der Lochblende. C 1: Die Nebenmaxima der ersten Ordnung, die von den Tracheiden des Spätholzes stammen, werden ausgeblendet. C 2: Die Nebenmaxima der ersten Ordnung, die von den Tracheiden des Frühholzes stammen, werden hindurchgelassen, die Nebenmaxima der höheren Ordnungen nicht.

Tracheiden des Frühholzes sind daher aufgelöst, die des Spätholzes dagegen nicht (Abb. **54b**). Im Vergleich zu Abb. **54a** erscheinen die Wände der Tracheiden aus dem Frühholz jedoch unscharf. Dazu kommt es, weil für die Interferenz in der Zwischenbildebene nur die Nebenmaxima der ersten Ordnung zur Verfügung stehen, während alle anderen Nebenmaxima ausgeblendet werden. Bei Abb. **54a** waren dagegen auch die Nebenmaxima der höheren Ordnungen vorhanden, weil hier ohne Lochblende gearbeitet wurde. Damit ist bewiesen, daß es zwar zur Auflösung der Struktur kommt, wenn lediglich die Nebenmaxima der ersten Ordnung in der Zwischenbildebene interferieren. Das mikroskopische Bild wird aber umso schärfer und objektähnlicher je mehr Nebenmaxima der höheren Ordnungen für die Interferenz zusätzlich zur Verfügung stehen.

Einfluß der Lichtfarbe auf die Auflösung

Wir haben bereits früher festgestellt, daß die Nebenmaxima bei Verwendung von normalem, weißen Mikroskopierlicht nicht einheitlich helle Flecken darstellen, sondern Farbsäume zeigen. Zu deren Bildung kommt es, weil sich das weiße Licht aus einem Gemisch aller Spektralfarben zusammensetzt, von denen die langwelligen stärker als die kurzwelligen gebeugt werden. Aus diesem Grunde weist jedes Nebenmaximum einen inneren blauen und einen äußeren roten Saum auf. Das hat Folgen für die Auflösung, wie der nächste Versuch zeigt.

Es ist dazu wieder eine mit Irisblende versehene Ölimmersion sowie ein Präparat mit Schalen von *Pleurosigma angulatum* notwendig. Zunächst schließt man die Objektiv-Irisblende soweit, bis nur noch der blaue Anteil der Nebenmaxima hindurchgelassen wird, während alle anderen Farben ausgeblendet werden. Legen wir nun ein Blaufilter auf die Lichtaustrittsöffnung des Mikroskopfußes oder in den Filterhalter des Kondensors, dann bleiben die sechs Nebenmaxima in Form von sechs blauen Scheibchen sichtbar. Im Endbild ist die sechseckige Felderung aufgelöst. Tauscht man aber das Blaufilter gegen ein Rotfilter aus, sind keine Nebenmaxima im primären Beugungsbild vorhanden, weil sie durch die Objektivblende ausgeblendet werden. Die Schalenfeinstruktur wird unter diesen Umständen natürlich nicht aufgelöst.

Dieser Versuch zeigt, daß bei einer bestimmten Objektivapertur eine Struktur, von der im roten Licht nichts zu sehen ist, mit blauer Mikroskopbeleuchtung noch aufgelöst werden kann. Weil rotes Licht stärker als blaues gebeugt wird, ergibt sich auch ein größerer Winkel zwischen dem Hauptmaximum und dem roten Bereich eines Nebenmaximums (S. 79 f.). Damit dieser Bereich noch ins Objektiv eindringen kann, ist ein größerer Öffnungswinkel, d. h. eine höhere numerische Apertur als für den blauen Teil des Nebenmaximums erforderlich (Abb. 55).

Die Auflösung hängt also nicht nur von der Objektivapertur, sondern auch von der Wellenlänge des Mikroskopierlichts ab, wobei immer feinere Details aufgelöst werden, je kurzwelliger das Licht ist.

Rolle des Kondensors bei der Auflösung

Es wurde bereits früher erwähnt, daß auch der Kondensor einen Einfluß auf die mikroskopische Auflösung ausübt. Davon haben wir uns an Hand eines Versuches überzeugt (S. 57 f.). Welche Rolle dabei die Nebenmaxima spielen, soll nun mit einigen weiteren Versuchen gezeigt werden. Es sind dazu nochmals die Kieselschalen von *Pleurosigma angulatum* sowie eine Ölimmersion mit Irisblende erforderlich.

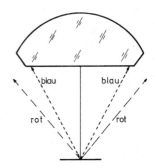

Abb. **55** Weil rotes Licht stärker als blaues gebeugt wird, kann es vorkommen, daß blaue Nebenmaxima einer bestimmten Struktur gerade noch ins Objektiv eindringen, rote dagegen nicht.

Zunächst wird wiederum die sechseckige Felderung der Kieselschale bei geöffneter Objektivblende scharf eingestellt und die Kondensorblende soweit als möglich geschlossen. Dabei verringert sich der Durchmesser von Haupt- und Nebenmaxima. Nun schließt man die im Objektiv befindliche Blende soweit, bis alle sechs Nebenmaxima ausgeblendet sind. Natürlich ist jetzt die sechseckige Felderung im Mikroskop unsichtbar. Wenn man nun die Kondensorblende wieder öffnet, nimmt der Durchmesser aller Maxima zu, was aber zunächst nur am Hauptmaximum unmittelbar zu sehen ist. Von einer bestimmten Kondensorblendenöffnung an dringt vom Rand her Licht aller sechs Nebenmaxima ins primäre Beugungsbild ein (Abb. **56**), so daß die Schalenfeinstruktur aufgelöst wird. Bereits früher wurde gesagt, daß die einzelnen Maxima Bilder der Öffnung der Kondensorblende darstellen. Wenn man diese Blendenöffnung vergrößert oder verkleinert, werden natürlich auch ihre Bilder entsprechend größer oder kleiner.

Der Versuch beweist also abermals, daß beim Öffnen der Kondensorblende das Auflösungsvermögen besser wird. Aus theoretischen Überlegungen geht hervor, daß das Auflösungsvermögen, das bei sehr eng geschlossener Kondensorblende zu erzielen ist, auf das Doppelte ansteigt, wenn man die Kondensorblende so weit öffnet, daß die Kondensorapertur gleich der Objektivapertur ist. Um einen brauchbaren Kontrast zu erhalten, wird man die Kondensorapertur allerdings durch Öffnen der Blende nur soweit steigern, bis die Kondensorapertur ⅔ der Objektivapertur erzielt hat. Nur die modernen Planapochromate haben

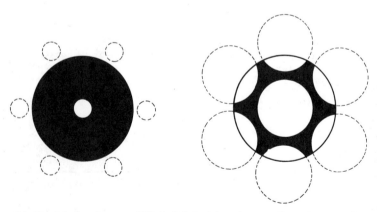

Abb. **56** Primäres Beugungsbild der Schalenfeinstruktur von *Pleurosigma angulatum*, schematisch. **a:** Kondensorblende eng geschlossen. Mit den gestrichelten Linien wird angedeutet, wo man die Nebenmaxima finden würde, wenn die numerische Apertur des Objektivs zu deren Aufnahme groß genug wäre. **b:** Kondensorblende geöffnet.

so gute Kontrasteigenschaften, daß man regelmäßig mit höheren Kondensoraperturen arbeiten kann.

Schiefe Beleuchtung

Das Auflösungsvermögen kann nicht allein durch Öffnen der Kondensorblende, sondern auch durch *schiefe Beleuchtung* gesteigert werden. Wenn man das Hauptmaximum von der Mitte an den Rand des Gesichtsfeldes verlagert, wandern die Nebenmaxima natürlich in der gleichen Richtung mit (Abb. **57**). So kann es vorkommen, daß trotz zu geringer Objektivapertur ein Nebenmaximum im primären Beugungsbild auftaucht, von dem vorher nichts zu sehen war. Es nimmt dann an der Interferenz in der Zwischenbildebene teil, so daß im Endbild diejenige Präparatstruktur sichtbar wird, an der das Nebenmaximum bei der Beugung entstanden ist. Alle anderen Strukturen, deren Nebenmaxima nicht ins primäre Beugungsbild gelangen, bleiben aber unsichtbar. Wenn man das Hauptmaximum am Rande des primären Beugungsbildes entlangwandern läßt, kommt ein Nebenmaximum nach dem anderen zum Vorschein und im Mikroskop werden nacheinander die zugehörigen Präparatstrukturen sichtbar (Abb. **58**). Allerdings ist diese Art der Untersuchung von Feinstrukturen recht umständlich. Daneben kann die schiefe Beleuchtung in bestimmten Fällen zur Verbesserung des Bildkontrasts benutzt werden.

Schiefe Beleuchtung wird am einfachsten mit dem *Großen Abbeschen Beleuchtungsapparat* eingestellt (z.B. LOMO, Meopta). Hier kann man die Kondensorblendenöffnung mit einem Zahntrieb exzentrisch stellen. Auf diese Weise gelangt das zentrale Bild ihrer Öffnung, nämlich das Hauptmaximum, an den Rand des primären Beugungsbildes. Außerdem ist die Blende in einer Fassung drehbar montiert, so daß sich die an die Peripherie verlagerte Blendenöffnung dort entlang bewegen läßt. Im primären Beugungsbild erscheint dann ein Hauptmaximum,

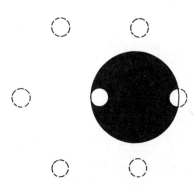

Abb. **57** Primäres Beugungsbild der Schalenfeinstruktur von *Pleurosigma angulatum* bei schiefer Beleuchtung.

Abb. **58** Schalenfeinstruktur von *Pleurosigma angulatum* bei schiefer Beleuchtung.

das auf einer Kreisbahn wandert, wodurch ein Nebenmaximum nach dem anderen sichtbar wird.

Schiefe Beleuchtung erreicht man bis zu einem gewissen Grade auch mit Phasenkontrastkondensoren, deren Zentriermechanismus nicht nur auf die Ringblenden, sondern auch auf die für die Hellfeldbeleuchtung benötigte Irisblende wirkt (Zeiss). Schiefe Beleuchtung läßt sich auch behelfsmäßig verwirklichen. Man schneidet dazu ein Stück Pappe gemäß Abb. **59** zurecht und schiebt es in den Kondensor in den zwischen seiner Unterseite und dem Filterhalter befindlichen Spalt. Dabei muß allerdings gewährleistet sein, daß das Mikroskopierlicht auch wirklich in die durch den Kondensorrand und die Dreiecksblende gebildete

a

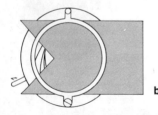

b

Abb. **59a** Blende zum Einschieben unter den Kondensor zur Einstellung schiefer Beleuchtung. **b:** In den Kondensor eingeschobene Blende zur Realisierung schiefer Beleuchtung.

Öffnung dringen kann. Viele einfache Anstecklleuchten leuchten näm-
lich die untere Kondensorlinse nicht genügend aus, so daß sich das
Gesichtsfeld verdunkelt, wenn man die Spitze der Blende zu weit an den
Kondensorrand schiebt.

Aus Abb. **57** (S. 103) ergibt sich, daß man das Auflösungsvermögen bei
extrem schiefer Beleuchtung bestenfalls um das Doppelte steigern
kann. Dabei ist aber – wie schon gesagt – im Mikroskop immer nur ein
Teil der tatsächlich vorhandenen Strukturen zu sehen, was die Bildinterpretation sehr erschwert. Wenn das zu untersuchende Objekt sehr
regelmäßige Strukturen aufweist, wie das z. B. bei Schalenfeinstrukturen von Diatomeen der Fall ist, läßt sich der Feinbau mit schiefer
Beleuchtung zur Not nach und nach rekonstruieren. Eine vollständige
und richtige Analyse eines komplizierten Präparates, wie z. B. eines
histologischen Schnittes ist auf diesem Wege jedoch kaum möglich.
Deswegen wird schiefe Beleuchtung zur Steigerung der Auflösung heute fast nicht mehr benutzt.

Auflösungsvermögen der Mikroskopobjektive

Wir haben also gesehen, daß es im wesentlichen drei Faktoren sind, die
das Auflösungsvermögen beeinflussen, nämlich die Objektivapertur,
die Kondensorapertur sowie die Wellenlänge des Mikroskopierlichts.
Es fragt sich nun, welche Auflösung mit jedem einzelnen Mikroskopobjektiv bestenfalls zu erzielen ist – oder – anders ausgedrückt: Wie weit
dürfen sich zwei Objekte in einem Präparat einander nähern, damit sie
gerade noch als zwei getrennte Individuen dargestellt werden und im
mikroskopischen Bild nicht zu einer einheitlichen Fläche verschmelzen?

Aus Abb. **53** (S. 98) ergab sich bereits, daß man die Grenze der Auflösung dann erreicht, wenn die Strukturen so nahe beieinanderliegen, daß
der Winkel, den die Nebenmaxima der ersten Ordnung mit dem Hauptmaximum bilden, praktisch ebenso groß wie der halbe Öffnungswinkel
des Objektivs wird. Um zu erfahren, wann es zu einer solch starken
Beugung kommt, muß man ermitteln, welche Beziehung zwischen dem
Abstand der Strukturen voneinander, und der Neigung der Nebenmaxima der ersten Ordnung besteht.

Betrachten wir zunächst Abb. **60**. Sie stellt einen nur zwei Spalte umfas-
senden Ausschnitt aus einem Gitter dar, dessen Stege durch die waag-
rechten dicken Linien angedeutet sind. Aus den Spalten treten die
Lichtwellen hervor, von denen aber nur einige wenige Wellenzüge in
Aufsicht als dünne, gerade Linien eingezeichnet sind. Diese Wellenzüge haben in den beiden Spalten an einander entsprechenden Stellen (A
bzw. B) ihren Ursprung. Zwei der eingezeichneten Wellenzüge treffen
sich in C_1 und sollen dort einen Gangunterschied von einer Wellenlänge
haben, so daß es zur Bildung eines Teiles des Nebenmaximums der

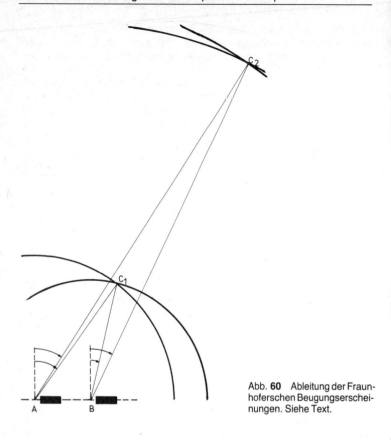

Abb. **60** Ableitung der Fraunhoferschen Beugungserscheinungen. Siehe Text.

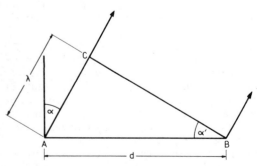

Abb. **61** Schema zur Ableitung der Formel für die Berechnung der mikroskopischen Auflösung. Siehe Text.

ersten Ordnung kommt. Zwei weitere Wellenzüge treffen sich in dem viel weiter entfernten Punkt C_2. Da ihr Gangunterschied dort ebenfalls 1 λ betragen soll, resultiert ein weiteres Stück des Nebenmaximums der ersten Ordnung. Jedoch haben sich die Winkel zwischen den Wellenzügen und der Senkrechten auf A bzw. B geändert: Der Winkel bei A ist kleiner und der bei B größer geworden. Je weiter der Schnittpunkt der Wellenzüge von ihren Ursprüngen entfernt ist, desto mehr gleichen sich die beiden Winkel an, bis sie schließlich bei einem praktisch im Unendlichen gelegenen Treffpunkt gleich groß geworden sind. Beide Wellenzüge verlaufen dann parallel zueinander. Man spricht von Fraunhoferschen Beugungserscheinungen. Der Längenunterschied der beiden Wellenzüge beträgt allerdings immer noch eine Wellenlänge. Die Fraunhoferschen Beugungserscheinungen sind besonders praktisch für die Berechnung des Auflösungsvermögens von Mikroskopobjektiven. In Abb. 61 sind diese Verhältnisse schematisch auf ein mikroskopisches Präparat übertragen worden. Damit es zur Bildung eines Nebenmaximums der ersten Ordnung kommt, muß der Längenunterschied der beiden Wellenzüge am Treffpunkt eine Wellenlänge betragen (S. 78f.), d. h. der Abstand zwischen den Punkten A und C ist gleich 1 λ. Die Entfernung zwischen A und B sei d. Der Sinus für den Winkel α' errechnet sich dann aus der Gleichung:

$$\sin \alpha' = \frac{\lambda}{d}$$

Aus geometrischen Überlegungen geht hervor, daß der Winkel α' ebenso groß ist wie α. Da dann auch $\sin \alpha$' und $\sin \alpha$ gleich sind, liefert obige Gleichung gleichzeitig den Sinus für denjenigen halben Öffnungswinkel, den ein Objektiv mindestens haben muß, damit es den Abstand d auflösen kann. Für d erhält man somit:

$$d = \frac{\lambda}{\sin \alpha}$$

Diese Gleichung gilt aber nur, wenn sich die Vorgänge im Vakuum bzw. an der Luft abspielen. Denn bei der Besprechung der numerischen Apertur wurde bereits darauf hingewiesen, daß man auch den Brechungsindex desjenigen Mediums, das sich zwischen Präparat und Objektiv befindet, in die Berechnungen mit einbeziehen muß, weil sonst ein zu kleiner Betrag für $\sin \alpha$ resultieren kann. Wir sahen bei dieser Gelegenheit außerdem, daß sich ein für alle Medien vergleichbarer Wert ergibt, wenn man $\sin \alpha$ mit besagtem Brechungsindex multipliziert. Also erhält die Gleichung die Form:

$$d = \frac{\lambda}{n \cdot \sin \alpha}$$

Der Ausdruck n · sin α stellt bekanntlich die numerische Apertur dar, so daß man auch schreiben kann:

$$d = \frac{\lambda}{A}$$

Bei der Besprechung des Kondensors haben wir ferner gesehen, daß durch Öffnen der Kondensorblende das Auflösungsvermögen günstigstenfalls verdoppelt werden kann, d. h. die Struktur wird selbst dann aufgelöst, wenn der Abstand d um die Hälfte kleiner ist, als die soeben aufgeführte Formel angibt. Berücksichtigt man auch dies in der Gleichung, dann resultiert:

$$d = \frac{\lambda}{2 \cdot A}$$

Diese Gleichung sagt dasselbe aus, wie die vorher geschilderten Versuche, daß nämlich die Auflösung im Mikroskop durch Vergrößerung der Objektiv- und Kondensorapertur sowie durch Verkleinerung der Wellenlänge des Mikroskopierlichts gesteigert werden kann. Denn die Auflösung ist ja umso besser, je kürzer der Abstand d zwischen den Strukturen im Präparat gerade noch sein darf, d. h. je kleiner d wird.

Mit Hilfe der obigen Gleichung kann man für jedes Objektiv das Auflösungsvermögen ausrechnen, welches es bestenfalls erreicht.

Beispiel: Ein Objektiv mit der Maßstabzahl 10 : 1 hat eine numerische Apertur von 0,25. Als Wellenlänge des Mikroskopierlichts setzen wir denjenigen Teil des sichtbaren Spektrums in die Gleichung ein, für den das menschliche Auge am empfindlichsten ist, also das Gelbgrün mit einer Wellenlänge von ca. 0,55 µm. So ergibt sich für dieses Objektiv ein optimales Auflösungsvermögen von:

$$d = \frac{0,55}{2 \cdot 0,25} = 1,1 \ \mu m$$

Mit einem solchen Objektiv sollte man also zwei nebeneinander liegende Strukturen unter den allergünstigsten Umständen dann gerade noch getrennt erkennen, wenn sie im Präparat ungefähr 1,1 µm auseinanderliegen (Tab. 1).

Praktisch erreichbares Auflösungsvermögen

Die mit der soeben abgeleiteten Formel berechneten Werte für das Auflösungsvermögen sind theoretische Daten, die in der Praxis kaum hundertprozentig zu erreichen sind. Denn diese Zahlen ergeben sich zunächst einmal nur dann, wenn die Kondensorapertur ebenso groß ist wie die Objektivapertur. Es wurde aber schon gesagt, daß die Konden-

Tabelle 1   Theoretisch erreichbares Auflösungsvermögen der Objektive.

numerische Apertur	Auflösung
0,05	5,5 μm
0,10	2,8 μm
0,15	1,8 μm
0,20	1,4 μm
0,25	1,1 μm
0,30	0,92 μm
0,35	0,79 μm
0,40	0,69 μm
0,45	0,61 μm
0,50	0,55 μm
0,55	0,50 μm
0,60	0,46 μm
0,65	0,42 μm
0,70	0,39 μm
0,75	0,37 μm
0,80	0,34 μm
0,85	0,32 μm
0,90	0,31 μm
0,95	0,29 μm
1,00	0,28 μm
1,05	0,26 μm
1,10	0,25 μm
1,15	0,24 μm
1,20	0,23 μm
1,25	0,22 μm
1,30	0,21 μm
1,40	0,20 μm
1,63	0,17 μm*

* Monobromnaphthalin-Immersion, nur von theoretischem Interesse.

soraperatur aus Kontrastgründen in vielen Fällen höchstens ⅔ der Objektivapertur ausmachen darf, so daß bereits aus diesem Grunde das theoretisch mögliche Auflösungsvermögen nicht voll erzielt werden kann. Hinzu kommt, daß selbst dieser reduzierte Wert nur mit Objektiven zu realisieren ist, die von allen Abbildungsfehlern völlig frei sind, was nie der Fall ist. Allerdings wird man z.B. zwei kleine Scheibchen auch dann noch als getrennte Individuen ansprechen, wenn sie sich etwas überlappen. Wie weit diese Überlappung gehen darf, hängt von der Fähigkeit unseres Auges ab, Unterschiede bezüglich Helligkeit und Form zu registrieren. Bei der Betrachtung der praktisch erreichbaren Auflösung sind daher neben physikalischen auch physiologische Faktoren zu berücksichtigen.

Es gibt verschiedene Formeln, die all diese Komponenten in Betracht ziehen und Ergebnisse liefern, die dem praktisch realisierbaren Auflösungsvermögen näher kommen. Diese Formeln unterscheiden sich etwas voneinander, weil man die verschiedenen Störfaktoren nicht exakt fassen kann. Eine dieser Formeln lautet:

$$d = \frac{\lambda}{A} \cdot 0{,}6,$$

wobei mit dem Faktor 0,6 besagte Störfaktoren berücksichtigt sind.

Möglichkeiten zur Steigerung des Auflösungsvermögens

Es bestehen verschiedene Möglichkeiten, das praktisch realisierbare Auflösungsvermögen zu steigern. Dabei darf man aber nie vergessen, daß das theoretische Auflösungsvermögen mit einem gewöhnlichen Lichtmikroskop nie überschritten werden kann.

Da das praktisch erzielbare Auflösungsvermögen – wie schon gesagt – durch Abbildungsfehler verschlechtert wird, erhält man bereits durch Verwendung vollkommener korrigierter Systeme günstigere Ergebnisse. Deshalb liefert z. B. ein Apochromat eine bessere Auflösung als ein Achromat mit der gleichen numerischen Apertur. Weiterhin entstehen mit den modernen Planobjektiven so kontrastreiche Bilder, daß die Kondensorblende in vielen Fällen weiter als nach den Aussagen der »⅔-Regel« geöffnet werden kann. In die gleiche Richtung führt die Amplitudenkontrastmikroskopie (S. 209) mit Hilfe des differentiellen Interferenzkontrasts. Dabei ergeben sich besonders gute Resultate, wenn man die Bilder mit einer Fernsehkamera aufnimmt, sie über eine besondere Elektronik aufbereitet und schließlich auf einem Fernsehmonitor entstehen läßt (*Allen* u. Mitarb. 1983).

Nach der oben angegebenen Formel kann ja die Auflösung entweder durch Erhöhung der numerischen Apertur oder durch Verkleinerung der Wellenlänge λ gesteigert werden. Dabei besteht heute praktisch keine Möglichkeit, in der Durchlichtmikroskopie Aperturen über 1,40 anzuwenden, weil noch höheraperturige Durchlichtobjektive nicht im Handel sind. Zwar gab es vor einigen Jahrzehnten besondere Immersionsobjektive, bei denen Monobromnaphthalin als Immersionsflüssigkeit benutzt wurde und die eine numerische Apertur von 1,63 erreichten. Sie sind aber für Durchlichtuntersuchungen von biologischem Material weitgehend unbrauchbar, denn um die hohe Apertur voll ausnützen zu können, müssen nicht nur Objektträger und Deckgläser, sondern auch das Einschlußmedium und das zu untersuchende Objekt selbst mindestens den gleichen hohen Brechungsindex wie Monobromnaphthalin aufweisen.

Viel günstiger stehen die Chancen, wenn man die Auflösung durch Verkürzung der Wellenlänge λ verbessern will. So erzielt man bereits eine gewisse Verbesserung der Auflösung, wenn man mit blauem Licht arbeitet. Dieses erhält man im einfachsten Falle, indem auf die Lichtaustrittsöffnung im Mikroskopfuß zwei Lichtfilter, und zwar je ein BG 12 und ein BG 38 (beide von Schott) gelegt werden. Als Objektiv sollte eines verwendet werden, das im blauen Spektralbereich besser korrigiert ist als ein Achromat. So sind Apochromate oder Planapochromate in diesem Falle die Objektive der Wahl. Wenn unter diesen Bedingungen Mikrophotos hergestellt werden sollen, ist zu bedenken, daß unsere Schwarzweißfilme im Blaulicht besonders kontrastarm arbeiten.

Noch kurzwelliger als blaues ist bekanntlich ultraviolettes Licht. Da es vom menschlichen Auge nicht wahrgenommen wird, braucht man Fluoreszenzschirme oder die Photoemulsion, um ein von dieser Strahlung entworfenes Bild sichtbar zu machen. Weiterhin müssen sämtliche optischen Teile sowie Objektträger und Deckgläser aus Quarz bestehen, weil normales optisches Glas für die erforderlichen UV-Bereiche nicht transparent ist. Von den Objektiven ist zu verlangen, daß sie für das ultraviolette Licht chromatisch korrigiert sind. Schließlich benötigt man noch eine verhältnismäßig teuere Lichtquelle samt Vorschaltgerät. Die UV-Mikroskopie ist also mit einem großen Aufwand verbunden. Im Gegensatz dazu bleibt der Gewinn an Auflösung recht dürftig. Denn bei einer Wellenlänge von 250 nm und einer Apertur von 1,30 ergibt sich für d:

$$d = \frac{250}{2 \cdot 1,30} = ca.\ 100\,nm = 0,1\ \mu m$$

Mit dem UV-Mikroskop kann also das Auflösungsvermögen verglichen mit einem Mikroskop, das mit sichtbarem Licht betrieben wird, nur etwa um das Doppelte gesteigert werden. Damit sind keine grundlegend neuen Entdeckungen zu machen, so daß UV-Mikroskope für Feinstrukturuntersuchungen kaum Bedeutung erlangt haben. Jedoch werden diese Geräte heute auf einem ganz anderen Gebiet, nämlich der Mikrospektralphotometrie benötigt (S. 236 ff.), weil ultraviolettes Licht von RNA und DNA absorbiert wird. Auch mit den vorher genannten Methoden zur Steigerung des praktischen Auflösungsvermögens sind nur bescheidene Verbesserungen zu erzielen, so daß auf diesen Wegen ebenfalls keine wesentlich neuen Erkenntnisse in der Feinstrukturforschung zu gewinnen waren.

Noch kurzwelliger als ultraviolettes Licht sind die Röntgenstrahlen. Zum Betrieb unserer Mikroskope sind sie aber unbrauchbar, weil sie von den Objektiven und Okularen kaum gebrochen werden. Denn ihr Brechungsindex beträgt für Glas nur ein geringes über 1. Zwar wurde auf anderen Wegen versucht »Röntgenmikroskope« zu bauen, jedoch sind die dabei erzielten Resultate noch bescheiden.

Erst die Verwendung von Elektronenstrahlen zur Abbildung von Objekten führte zu einer entscheidenden Verbesserung des Auflösungsvermögens. Elektronen stellt man sich ja in der Regel als korpuskuläre Teilchen vor, so daß die Frage auftaucht, was sie eigentlich mit Wellenbewegungen zu tun haben. Bekanntlich läßt sich aber die Energie der Teilchen einer Strahlung aus den Gleichungen

$E = m \cdot c^2$ oder

$E = h \cdot \nu$

berechnen (E = Energie; m = Masse; c = Lichtgeschwindigkeit im Vakuum; h = Plancksches Wirkungsquant; ν = Frequenz der Schwingung). Daraus ergibt sich, daß Welle und Masse durchaus in eine Beziehung zueinander gebracht werden können. Aus anderen Überlegungen geht hervor, daß die Frequenz umso mehr ansteigt, je schneller die Elektronen bewegt werden. So kommt man zum Elektronenmikroskop. Es weicht in seinem prinzipiellen Aufbau gar nicht so sehr von den normalen Mikroskopen ab, die auch als *Lichtmikroskope* bezeichnet werden, weil sie die Objekte mit Hilfe von sichtbarem Licht abbilden. Elektronenmikroskope erreichen ein Auflösungsvermögen, das verglichen mit den Lichtmikroskopen etwa um den Faktor 1000 besser ist. Dafür gestatten letztere echte Lebenduntersuchungen, was mit Elektronenmikroskopen nicht gelingt.

Richtige Okularvergrößerung

Wenn Strukturen von einem Objektiv aufgelöst werden, dann bedeutet das noch lange nicht, daß sie auch der Mikroskopiker als getrennte Individuen wahrnimmt. Denn damit es dazu kommt, müssen sie unter einem Sehwinkel von mindestens 2 Winkelminuten erscheinen, oder – anders ausgedrückt – wenigstens 0,15 mm voneinander entfernt liegen, wenn sie aus 25 cm Entfernung betrachtet werden (S. 2). Zwar entsteht das mikroksopische Bild nicht in der Bezugssehweite, sondern im Unendlichen. Für die folgende Berechnung ist dies aber belanglos, wie sich bereits bei der Ableitung der Formel für die Berechnung der Lupenvergrößerung ergeben hat (S. 9).

Wenn zwei Objekte in einem Präparat 5 μm auseinanderliegen und von einem Objektiv 10:1 abgebildet werden, beträgt ihr Abstand im Zwischenbild 5 μm·10 = 50 μm. So nahe beieinanderliegende Gebilde kann unser Auge nicht auflösen, selbst wenn man sich auf 25 cm nähert. Die Abstände zwischen den im Zwischenbild aufgelösten Strukturen müssen also zusätzlich soweit ausgedehnt werden, daß sie das menschliche Auge auflösen kann. Diese Nachvergrößerung bewirkt das Okular. Es muß dafür sorgen, daß auch die feinsten vom Objektiv eben noch aufgelösten Strukturen mindestens unter einem Sehwinkel von 2 Winkelminuten erscheinen. Zu starke Okularvergrößerungen sind aber auch wieder schädlich, weil sie zu unscharfen Konturen und zu einem schlechten Bildkontrast führen. Man spricht von *leeren Vergrößerungen,* da keine weiteren Einzelheiten mehr in Erscheinung treten. Denn das Okular kann selbstverständlich nur solche Details weiter voneinander entfernen, die bereits im Zwischenbild vom Objektiv als getrennte Individuen dargestellt worden sind. Waren sie im Zwischenbild nicht aufgelöst, sondern noch zu einer Fläche vereinigt, dann wird diese in ihrer Gesamtheit vom Okular nachvergrößert. Es ist nicht in der Lage, aus der Fläche wieder die einzelnen Strukturen hervorzuzaubern. Deswegen hat es keinen Zweck, zu starke Okulare zu benutzen. Bei zu hoher Okularvergrößerung fallen außerdem alle Schmutzteilchen, die sich irgendwo im Strahlengang des Mikroskops befinden, besonders deutlich auf. Außerdem stören Inhomogenitäten im optischen Apparat der Augen, so daß das Bild flimmert (entoptische Erscheinungen).

Daraus ergibt sich, daß das Okular immer eine bestimmte Mindestvergrößerung aufweisen muß, damit die vom Objektiv bewirkte Auflösung auch voll ausgenutzt wird. Andererseits darf eine gewisse Okularvergrößerung nicht überschritten werden, weil es sonst zu Qualitätseinbußen im Bild und zu entoptischen Erscheinungen kommt. Es fragt sich nun, welche Eigenvergrößerung das Okular mindestens erreichen muß und welche es andererseits nicht überschreiten darf.

Dazu muß man zunächst feststellen, welche Gesamtvergrößerung notwendig ist, damit zwei Details, die vom Objektiv bereits aufgelöst worden sind, in einem Abstand von 0,15 mm voneinander abgebildet werden, wenn die Betrachtung aus konventioneller Sehweite erfolgt. Die hierfür erforderliche Okularvergrößerung läßt sich daraus zusammen mit der Maßstabszahl des Objektivs leicht ermitteln.

Der Abstand d, den zwei Strukturen im Präparat voneinander haben, muß also durch das Mikroskop insgesamt mindestens so stark vergrößert werden, daß er in einem 25 cm vom Betrachter entfernten Bild 0,15 mm beträgt:

$$d \cdot V_M = 0,15 \text{ mm}$$

Die notwendige Gesamtvergrößerung V_M errechnet sich demnach aus:

$$V_M = 0,15 \text{ mm} : d$$

Für d wurde im vorigen Abschnitt die folgende Beziehung gefunden:

$$d = \frac{\lambda}{2 A}$$

Setzt man diese Formel in die vorherige Gleichung ein, dann resultiert:

$$V_M = \frac{0,15 \text{ mm} \cdot 2 \text{ A}}{\lambda}$$

Somit ergibt sich für eine Wellenlänge von 0,55 μm, für die unsere Augen am empfindlichsten sind:

$$V_M = \frac{2 \cdot 150 \,\mu\text{m} \cdot \text{A}}{0,55 \,\mu\text{m}} = \text{ca. 500 A}$$

Es wurde bereits eingangs erwähnt, daß der Sehwinkel von 2 Winkelminuten nur für Beobachter mit besonders gutem Gesichtssinn zu Auflösung ausreicht. Viele Menschen haben eine schlechtere Sehschärfe. Manchmal muß der Sehwinkel auf den doppelten Betrag, nämlich auf 4 Winkelminuten ansteigen, damit es noch zu einer Auflösung kommt. Dann ist natürlich auch die Gesamtvergrößerung im Mikroskop zu verdoppeln, so daß sich für V_M ca. 1000 A errechnet.

Die letzte Gleichung besagt also, daß die mikroskopische Gesamtvergrößerung wenigstens das 500fache der numerischen Apertur des gerade verwendeten Mikroskopobjektivs ausmachen sollte, um sein Auflösungsvermögen voll auszunutzen. Für Beobachter mit geringerer Sehschärfe ist eine Gesamtvergrößerung bis zum 1000fachen der numerischen Apertur erforderlich. Der Vergrößerungsbereich zwischen dem 500fachen und dem 1000fachen der numerischen Apertur des Objektivs wird als förderliche Vergrößerung bezeichnet.

Beispiel: Man benutzt ein Objektiv 45 : 1/0,65. Das 1000fache der numerischen Apertur beträgt dann 650 und das 500fache 325x. Folglich sollte die Gesamtvergrößerung zwischen 325 und 650x liegen, wenn dieses Objektiv verwendet wird.

Nachdem wir nun wissen, wieweit die Gesamtvergrößerung jeweils gesteigert werden darf, läßt sich derjenige Anteil bestimmen, der dabei auf die Okularvergrößerung fällt, denn aus dem Produkt von Maßstabszahl des Objektivs und Eigenvergrößerung des Okulars muß sich für die Gesamtvergrößerung ein Betrag ergeben, der innerhalb der förderlichen Vergrößerung liegt. Bei einem Objektiv 10 : 1/0,25 beträgt das 1000fache seiner numerischen Apertur 250. Zu einer so hohen Gesamtvergrößerung kommt es, wenn das Objektiv zusammen mit dem Okular 25x benutzt wird, denn 10 · 25 = 250. Für das 500fache der numerischen Apertur des gleichen Objektivs ergibt sich 125. Diese Vergrößerung erzielt man zusammen mit einem Okular 12,5x (10 · 12,5 = 125). Für das Objektiv 10 : 1 kommt demnach das Okular 12,5x als schwächstes und das Okular 25x als stärkstes in Frage.

Ganz anders liegen die Verhältnisse bei einer Ölimmersion 100 : 1 mit einer numerischen Apertur von 1,30. Hier eignet sich als schwächstes ein Okular um 6x (100 · 6 = 600), was zusammen mit einem solchen

Objektiv eine Gesamtvergrößerung liefert, die näherungsweise dem 500fachen der numerischen Apertur entspricht ($1,30 \cdot 500 = 650$). Das stärkste Okular sollte in diesem Fall eine Eigenvergrößerung von 12,5 nicht übersteigen.

Die schwächeren Objektive werden also in erster Linie mit stärkeren Okularen und die stärkeren Objektive mit schwächeren Okularen kombiniert. Soll z. B. für Kursmikroskope nur ein einziges Okular angeschafft werden, ist eine Eigenvergrößerung um 10–12x am günstigsten, weil man dann sowohl mit starken als auch mit schwachen Objektiven in den Bereich der förderlichen Vergrößerung kommt. Wenn sich noch weitere Linsensysteme zwischen Objektiv und Okular im Mikroskop befinden, welche die Gesamtvergrößerung steigern, müssen natürlich entsprechend schwächere Okulare benutzt werden.

Die zweite Vergrößerungsstufe kann nicht nur durch Auswechseln der Okulare, sondern auch mit einem Zoomsystem verändert werden, das zwischen Okular und Objektiv angeordnet ist. Eine solche Einrichtung läßt sich an verschiedene Mikroskope nachträglich anbringen (z. B. Jena, Leitz) oder ist bereits fest eingebaut (z. B. Axiomat, Zeiss). Sie gestattet innerhalb bestimmter Grenzen den stufenlosen Wechsel der Vergrößerung, wobei ein und dasselbe Okular im Tubus bleibt. Der Optovar (Zeiss) wird ebenfalls zwischen Objektiv und Okular angebracht. Mit ihm läßt sich die Gesamtvergrößerung ohne Okularwechsel in Stufen verändern. Ähnliches ist bei einigen Mikroskopen von Jena möglich.

Man muß sich aber nicht in jedem Falle an die Regel von der förderlichen Vergrößerung halten. Denn bei schwachen Objektiven kommt es ja meistens nur auf das große Sehfeld an. Man will sich hier nur grob orientieren und legt noch keinen Wert auf die Auflösung besonders feiner Einzelheiten. Wenn dann einmal eine schwächere Gesamtvergrößerung zustande kommt, als sie dem 500fachen der numerischen Apertur entspricht und somit die Leistungsfähigkeit des Objektivs nicht voll ausgenutzt wird, ist das belanglos. Denn zur genaueren Untersuchung benutzt man anschließend doch noch ein stärkeres Objektiv. Umgekehrt kann es manchmal zweckmäßig sein, die Gesamtvergrößerung über das 1000fache der numerischen Apertur hinaus zu steigern. Das ist der Fall, wenn man nebeneinanderliegende Partikel auszählen will. Dies geht leichter, wenn die Teilchen durch möglichst große Zwischenräume voneinander getrennt sind. Der Verlust an Kontrast und Bildschärfe stört hier nicht so sehr, weil man ja beim Zählen sowieso keine Feinstrukturuntersuchungen anstellt.

Tiefenschärfe

Wenn man gemäß Abb. 5 die von einer Sammellinse entworfenen Bilder genau konstruiert, ergibt sich für jede Ebene, in der sich ein abzubildender Gegenstand befindet, auch eine eigene Bildebene. Demnach dürften in einem Bild immer nur solche Gegenstände scharf erscheinen, die in der gleichen Ebene liegen. Aus der Praxis ist aber bekannt, daß darüberhinaus Objekte deutlich abgebildet werden, die etwas hinter bzw. vor der Ebene stehen, auf die das Objektiv scharf eingestellt ist. Man bezeichnet das als Tiefenschärfe (Fokustiefe, axiales Auflösungsvermögen). Diese nimmt umso mehr ab, je höher die Lichtstärke des Objektivs ist, was ja z. B. von der Photographie allgemein bekannt ist.

Mit der gleichen Erscheinung haben wir es auch in der Mikroskopie zu tun. Auch hier fällt die Tiefenschärfe umso geringer aus, je höher die Lichtstärke, also die numerische Apertur des Objektivs ist. Es fragt sich natürlich, wie es dazu kommt, obwohl doch zumindest theoretisch überhaupt keine Tiefenschärfe zu beobachten sein dürfte.

Dazu betrachten wir zunächst noch einmal die Abbildung eines Punktes. Dieser müßte nach der genauen geometrischen Definition die Dimension Null haben. Wenn nun ein solcher Punkt, z. B. auf einer Photographie abgebildet wird, erscheint er dort nicht als idealer Punkt, sondern als ein Scheibchen, das zwar winzig klein ist, aber doch eine gewisse Flächenausdehnung aufweist. Denn wenn er auf dem Bild die Dimension Null hätte, wäre er ja nicht vorhanden und nicht zu sehen. Das Problem ist nur, wie groß besagtes Scheibchen sein darf, damit wir es noch als »scharfen« Punkt ansehen. Über den genauen Betrag dafür gehen die Meinungen auseinander, je nachdem welche Anforderungen man an die Bildqualität stellt. Wichtig ist nur, daß in der Praxis die ideale punktförmige Abbildung überhaupt nicht verlangt wird.

In Abb. **62a** wird gezeigt, wie zwei in verschiedenen Ebenen befindliche Pfeile durch eine Sammellinse abgebildet werden. Die Bilder der Pfeilspitzen wurden dabei ebenso wie in Abb. 5 konstruiert. Man sieht, daß die Bilder der beiden Pfeile – wie nicht anders zu erwarten – in verschiedenen Ebenen entstehen. Dabei müssen wir uns noch einmal daran erinnern, daß für diese Konstruktion die drei Strahlen benutzt wurden, deren Verlauf genau bekannt ist. Darüberhinaus gehen aber von jedem Punkt des Gegenstandes unendlich viele andere Strahlen ab. Wir betrachten jetzt die Abbildung der Punkte, die sich jeweils am Grunde der Pfeile befinden und benutzen von den unendlich vielen Lichtstrahlen nur die beiden, die gerade noch am äußersten Linsenrand eindringen können (Abb. **62b**). Diese schneiden sich natürlich auf der optischen Achse in den Ebenen, in denen sich die Bilder der zugehörigen Pfeilspitzen befinden. Nun erinnern wir uns, daß die Punkte eigentlich nicht als Punkte im geometrischen Sinne, sondern als Scheibchen abgebildet werden, die einen gewissen Durchmesser aufweisen. Deshalb erscheinen uns die Bilder der Pfeile nicht nur in der idealen Bildebene, sondern auch etwas davor und dahinter scharf. Der Schärfenbereich endet in der Ebene, in der die beiden Strahlen so weit

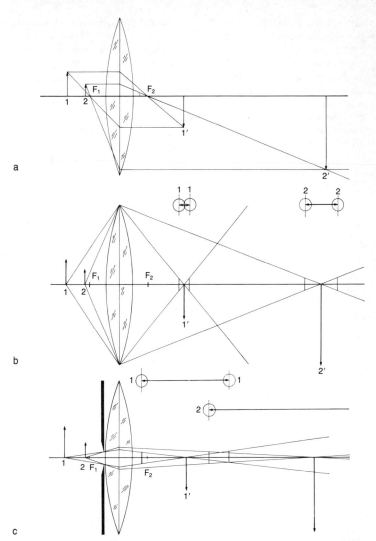

Abb. **62a** Abbildung zweier, in verschiedenen Ebenen befindlicher Gegenstände (1 und 2) durch eine Sammellinse. **b:** Abbildung der beiden Gegenstände durch eine lichtstarke Sammellinse. **c:** Abbildung der beiden Gegenstände durch eine lichtschwache Sammellinse. Kreise 1 und 2 stellen die Durchmesser der Scheibchen dar, die gerade noch als Punkte empfunden werden sollen. Der Abstand zwischen den Kreisen 1 bzw. 2 gibt den Bereich an, in dem die jeweiligen Punkte subjektiv als scharf empfunden werden.

divergieren, daß ihre Entfernung voneinander dem gerade noch zulässigen Scheibchendurchmesser entspricht.

Jetzt stellen wir uns vor, vor der Linse werde eine Blende angebracht (Abb. **62c**), die die Lichtstärke der Linse herabsetzt. Es sind wiederum die beiden vom Grunde der Pfeile ausgehenden Strahlen eingezeichnet, die gerade noch durch die Linse – in diesem Falle also durch die Blende – hindurchgehen können. Man sieht, daß die Strahlen weniger stark divergieren. Somit sind die Bereiche, in denen die Bildpunkte als scharf empfunden werden, viel größer. Beide Bereiche überlappen sich nur in Abb. 62c über eine größere Strecke. In den Ebenen, die in den Überlappungsbereichen stehen, erscheinen beide Punkte gleichzeitig scharf. So erklärt sich das Zustandekommen der Tiefenschärfe. Allerdings findet sich die optimale Schärfe stets in der idealen Bildebene. Aus den

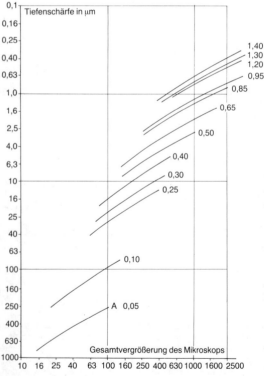

Abb. **63**   Abhängigkeit der Tiefenschärfe im Mikroskop von der numerischen Apertur des Objektivs und der Gesamtvergrößerung (nach Leitz, verändert).

Abb. 62 b und c ergibt sich also, daß bei höherer Lichtstärke die Tiefenschärfe kleiner wird. In der Mikroskopie nimmt der Durchmesser der besagten Scheibchen auch mit stärkerer Okularvergrößerung zu. Deshalb hängt die Tiefenschärfe nicht nur von der numerischen Apertur des Objektivs, sondern auch von der Vergrößerung ab (Abb. **63**). Demnach kommt es zu großer Tiefenschärfe bei schwachen numerischen Aperturen und geringen Vergrößerungen. Umgekehrt wird machmal absichtlich eine besonders geringe Tiefenschärfe (d. h. ein hohes axiales Auflösungsvermögen) angestrebt. Das ist dann der Fall, wenn verschiedene Schärfenebenen (z. B. bei einer räumlichen Rekonstruktion) voneinander unterschieden werden müssen, indem man sie mit dem Feintrieb nacheinander scharf einstellt. Dazu sind Objektive mit möglichst hoher numerischer Apertur sowie sehr stark vergrößernde Okulare erforderlich, die zusammen mit den Objektiven Gesamtvergrößerungen liefern, die in solchen Spezialfällen durchaus den Bereich der förderlichen Vergrößerung weit übersteigen dürfen.

Stereomikroskope

Wenn wir aus nicht zu großer Entfernung auf einen Gegenstand blikken, sind unsere Augen nicht gleich gerichtet, sondern zueinander geneigt. Sie liefern deshalb zwei nicht ganz identische Bilder, die jedoch vom Gehirn zu einem einheitlichen Eindruck verarbeitet werden. Das verleiht uns eine räumliche Empfindung von dem Gegenstand. So nehmen wir wahr, welche Details weiter vorn und welche weiter hinten liegen. Wenn man einen Punkt auf dem Gegenstand mit den beiden

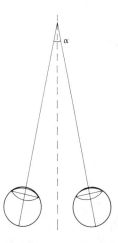

Abb. **64**   Konvergenzwinkel α der beiden Augen.

Augenpupillen verbindet, entsteht wegen der Neigung der Augen ein Winkel, der Konvergenzwinkel. Er hängt von der Entfernung zum Gegenstand sowie von dem Abstand der beiden Augen voneinander ab und beträgt bei Betrachtung aus konventioneller Sehweite (250 mm) zwischen 12 und 17 Grad, also im Mittel etwa 14 Grad (Abb. **64**). Die räumliche Empfindung beruht allerdings nicht allein auf dem beidäugigen Sehen, sondern wird durch unsere Erfahrung aus dem Alltag, durch die Perspektive sowie durch zweckmäßige Beleuchtung verstärkt.

Wenn man von mikroskopisch kleinen Objektiven eine echte räumliche Empfindung bekommen will, sind Stereomikroskope mit zwei vollständig getrennten Strahlengängen erforderlich. Dabei müssen beide einen Konvergenzwinkel von ca. 14 Grad bilden, den gleichen also, den wir gewöhnt sind, wenn Objekte aus der Nähe betrachtet werden. Wie Abb. **65** zeigt, führt ein solcher Winkel dazu, daß die Objektivapertur nur sehr wenig über 0,10 gesteigert werden kann. Außerdem wäre bei höheren numerischen Aperturen die Tiefenschärfe zu gering.

Von den Stereomikroskopen gibt es im wesentlichen zwei Typen, nämlich das Stereomikroskop nach Greenough und ein weiteres Modell, bei dem die zwei Strahlengänge ihren Weg durch ein gemeinsames Hauptobjektiv beginnen. Beide Arten haben ihre Vor- und Nachteile.

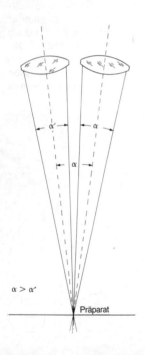

Abb. **65** Konvergenzwinkel der beiden Objektive eines Stereomikrokops.

Stereomikroskop nach Greenough. Es besteht aus zwei voneinander getrennten Mikroskopen, die um ca. 14 Grad zueinander geneigt sind (Abb. 66). Bildaufrichtende Prismen sorgen dafür, daß ein seitenrichtiges Bild zu sehen ist. Die Vergrößerung kann durch Wechsel der Objektive und Okulare verändert werden. Dabei sind die schwachen Objektive sehr kurz, haben also einen großen Arbeitsabstand. Die stärkeren Objektive sind zwar erheblich länger, aber am unteren Ende so schlank, daß sie trotzdem die meisten Objekte kaum störend überdecken. Die schräge Anordnung der beiden Mikroskope bringt es mit sich, daß auch die Zwischenbildebenen geneigt sind. Somit ist nur der mittlere Streifen im Gesichtsfeld wirklich optimal scharf. Aber das fällt bei der visuellen Mikroskopie meist weniger auf.

Stereomikroskope mit gemeinsamem Hauptobjektiv. Der Vorteil der Stereomikroskope mit einem gemeinsamen Hauptobjektiv (Abb. 67) ist, daß beide Zwischenbildebenen nicht gegeneinander geneigt und somit gleichmäßig scharf sind. Außerdem lassen sich an solche Geräte verschiedene Zubehörteile, wie z. B. Zeichengeräte oder Adapter für die Mikrophotographie viel leichter anbringen. Dem steht der Nachteil gegenüber, daß die großen Hauptobjektive relativ teuer sind, weil ihre Korrektion Schwierigkeiten bereitet. Trotzdem sind die Bilder, die sie

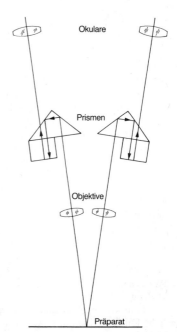

Abb. **66**   Stereomikroskop nach Greenough
(nach Beyer, verändert).

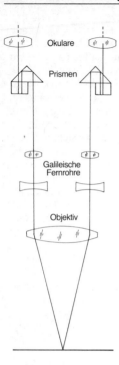

Abb. **67**   Stereomikroskop mit einem Hauptobjektiv (nach Beyer, verändert).

liefern, nicht selten etwas weniger gut als die der Greenough-Mikroskope, weil ja die Strahlen schräg durch das gemeinsame Hauptobjektiv verlaufen. Deswegen läßt sich dieses bei manchen Geräten so verschieben, daß nur ein Strahlengang zur Wirkung gelangt, der dann die Objektivmitte passiert. Das Bild ist dann natürlich nicht mehr plastisch, jedoch von besserer Qualität, was für die Photographie von Vorteil ist. Der Wechsel der Vergrößerung kann durch Austausch der Okulare sowie durch Verstellung eines Linsensystems erfolgen, das sich zwischen Objektiv und Okular befindet. Es besteht aus einer Sammellinse sowie einer Zerstreuungslinse und ist also wie ein Galileisches Fernrohr gebaut. Es wirkt je nach Orientierung vergrößernd oder verkleinernd oder kann ganz aus dem Strahlengang geschwenkt werden. Weiterhin lassen sich vor das Hauptobjektiv Vorsatzlinsen anbringen. Bei manchen Stereomikroskopen wird die Vergrößerung mit Hilfe eines Zoomsystems kontinuierlich verändert. In jedem Falle bleibt aber der Abstand zwischen Objektiv und Objekt gleich. Das ist außerordentlich günstig, wenn man Manipulationen am Präparat vornehmen muß. Stereomikroskope können im Durchlicht-Hellfeld oder auch im Durchlicht-Dunkelfeld benutzt werden. Noch häufiger kommt die Auflichtbeleuchtung in Frage, wobei der räumliche Eindruck durch geeignete Anordnung der Lichtquellen bedeutend verbessert werden kann. Sehr günstig für diesen Zweck sind die Faserleuchten (z. B. Gossen, Schott). Sollten die Schatten stören, benutzt man eine Ringbeleuchtung, mit der jedoch viel vom räumlichen Eindruck verloren geht. Spiegelungen auf Wasseroberflächen lassen sich mit einem vor der Lichtquelle angebrachten Polarisationsfilter mildern. Man dreht es, bis die Reflexionen so gering als möglich geworden sind.

Kontrast

Wenn ein Gegenstand aufgelöst und genügend groß abgebildet ist, bedeutet das noch nicht unbedingt, daß man ihn bereits sehen kann. Denn damit er einem Beobachter auffällt, muß er sich auch kontrastreich von seiner Umgebung abheben. Das zeigt folgendes Beispiel. Wenn man ein Deckglas auf einen Schreibprojektor legt und an die Wand projiziert, ist es trotz ausreichender Größe nur undeutlich zu sehen. Denn da Glas durchsichtig ist, hebt es sich kaum von seiner Umgebung ab, ist also zu kontrastarm. Es kann aber künstlich kontrastiert werden, wenn man es z. B. mit einer dunklen Farbe bestreicht. Dann hebt sich seine Fläche dunkel vom hellen Untergrund ab. Kontrast ist aber auch dann zu erzielen, wenn man um das Deckglas herum kleine dunkle Pappstücke auf den Schreibprojektor legt. Die Glasfläche erscheint dann hell gegen einen dunklen Untergrund (Abb. **68**).

Abb. **68** Deckgläser auf der Leuchtscheibe eines Schreibprojektors. Linkes Deckglas ungefärbt und daher schlecht zu sehen. Mittleres Deckglas angefärbt, rechtes Deckglas ungefärbt, aber von Pappstücken umgrenzt.

Das Beispiel zeigt, daß es zwei verschiedene Arten von Kontrast gibt. In dem einen Fall hebt sich der Gegenstand dunkel vom helleren Untergrund ab; man spricht von positivem Kontrast. Bei einem hellen Objekt, das auf einem dunklen Untergrund liegt, handelt es sich dagegen um negativen Kontrast. Beide Kontrastarten sind auch vom Alltag her bekannt. Wenn sich z. B. im Winter das Astwerk eines Baumes dunkel vom hellen Himmel abhebt, liegt positiver Kontrast vor. Beispiele für den negativen Kontrast sind die Sterne am nächtlichen Himmel oder Lichtreklamen, die bei der Dunkelheit erstrahlen.

Der Kontrast kann auch formelmäßig beschrieben werden, wofür verschiedene Möglichkeiten bestehen. Eine von ihnen lautet:

$$K = \frac{I_U - I_O}{I_U + I_O},$$

wobei I_U die Helligkeit des Umfeldes und I_O die des Objektes bedeuten. Die Helligkeit ist direkt proportional dem Quadrat der Amplitude der Lichtschwingung. Aus der Formel ergibt sich also ein negativer Betrag für negativen Kontrast und ein positiver Betrag für positiven Kontrast. Wenn die Helligkeiten von Untergrund und Objekt gleich sind, resultiert ein Kontrast Null.

Kontrast in der Mikroskopie

Mit dem Kontrastproblem hat man es auch in der Mikroskopie zu tun. Denn die meisten lebenden Objekte sind praktisch ebenso durchsichtig wie das Deckglas auf dem Schreibprojektor. Die Strukturen heben sich deswegen kaum von ihrer Umgebung ab und fallen selbst bei guter Auflösung und ausreichender Gesamtvergrößerung kaum auf. Deswegen muß oft auf künstlichem Wege genügend Kontrast geschaffen werden, wobei meistens positiver Kontrast gewählt wird. Man kann dabei ebenso wie bei der Kontrastierung des Deckglases auf dem Schreibprojektor vorgehen, indem man die Strukturen mit bestimmten Farben beschickt. Diese Positivkontrastierung durch Färbung ist ja in der Histologie und Bakteriologie allgemein üblich. Seltener wird künstlicher Negativkontrast benutzt. Ein Beispiel dafür bilden Tuscheausstriche von Bakterien.

Ein Nachteil der Färbungen ist, daß sie in vielen Fällen nur bei toten Objekten einen ausreichenden Kontrast liefern. Außerdem läßt sich oft nicht vermeiden, daß durch die mit der Färbung verbundenen Vor- und Nachbehandlungen die Strukturen mehr oder weniger stark verändert werden. Deswegen sind besonders für Lebenduntersuchungen kontraststeigernde Verfahren notwendig, die keine derartig tiefgreifende

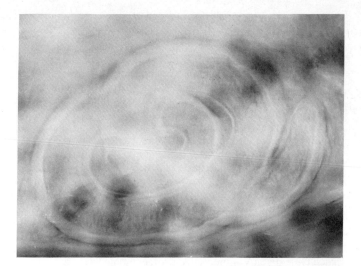

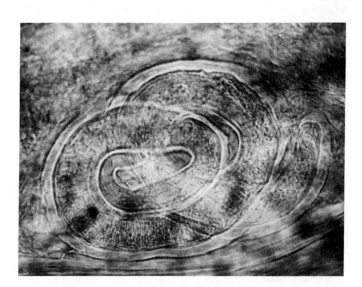

Abb. **69** Verbesserung des Bildkontrasts durch Schließen der Kondensorblende.
a: Blende offen. **b:** Blende geschlossen. Objekt: Larve von *Trichinella spiralis* im
Zwerchfell des Schweins, ungefärbt.

Veränderungen im Objekt verursachen. Dazu muß die Mikroskopein-
stellung in bestimmter Weise verändert werden.
Am einfachsten läßt sich der Kontrast durch stärkeres Schließen der
Kondensorblende verbessern. Damit sind bei schwächeren Vergrößerungen oft erstaunliche Ergebnisse zu erzielen (Abb. **69**). Für stärkere
Vergrößerungen kommt diese Methode weniger in Frage. Denn einmal
ist der Kontrastgewinn dann zu gering und zum anderen stört der
Verlust an Auflösung.
Eine gewisse Kontraststeigerung ergibt sich auch, wenn man das Mikroskop nicht genau auf die Schärfenebene, sondern etwas darüber oder
darunter einstellt (extrafokale Einstellung). Wegen der damit verbundenen Minderung an Bildschärfe läßt sich die extrafokale Einstellung
aber nicht zu weit treiben. Deswegen ist der damit zu erzielende Kontrastgewinn nur bescheiden.
Manchmal benutzt man zur Kontraststeigerung auch die schiefe Beleuchtung. Das Bild bekommt dann einen reliefartigen Charakter. Eine
besondere Art der schiefen Beleuchtung ist der Hoffmannsche Modula-
tionskontrast, bei dem allerdings nicht nur im Kondensor, sondern auch
in den Objektiven Veränderungen vorgenommen werden.
Der Kontrast läßt sich wesentlich besser steigern, wenn man besondere
Vorrichtungen im Strahlengang des Mikroskops anbringt und das Mikroskop in ein Spezialgerät, wie z. B. ein Dunkelfeld- oder Phasenkontrastmikroskop umwandelt. Im Gegensatz dazu stehen die normalen
Mikroskope, denen derartige Zusätze fehlen und die man als Hellfeld-
mikroskope bezeichnet.

Dunkelfeldmikroskopie

Licht ist bekanntlich nur zu sehen, wenn es ins Auge eindringt. Geht es
daran vorbei, registriert man Dunkelheit. So tritt der aus einem Projektor kommende Lichtkegel erst dann in Erscheinung, wenn man z. B.
Tabakrauch in ihn hineinbläst, während er in staubfreier Luft praktisch
unsichtbar bleibt. Denn an den Rauchpartikeln wird das Licht nach
allen Seiten hin gestreut. Ein kleiner Teil des gestreuten Lichts ist dabei
so gerichtet, daß er ins Auge eindringen und die Lichtempfindung
hervorrufen kann (Abb. **70**).
Die gleiche Erscheinung wird in der Mikroskopie beim Dunkelfeldverfahren ausgenutzt. Hier sorgt man dafür, daß kein direktes Mikroskopierlicht ins Mikroskopobjektiv eindringt, sondern an ihm vorbeiläuft.
Das Gesichtsfeld bleibt dann selbst bei eingeschalteter Mikroskopier-

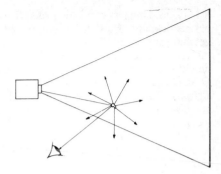

Abb. 70 Streuung des Lichts an Rauchpartikeln, schematisch.

lampe dunkel. Bringt man aber auf den Objekttisch ein Präparat mit kleinen Partikeln, wird das Licht von diesen nach allen Seiten gestreut. Ein Teil des Streulichtes gelangt ins Mikroskopobjektiv, so daß die Teilchen als leuchtende Pünktchen auf dunklem Untergrund erscheinen.

Behelfsmäßiges Dunkelfeld

Für die Dunkelfeldmikroskopie sind besondere Dunkelfeldkondensoren erhältlich, die das Eindringen von direktem Mikroskopierlicht ins Objektiv verhindern. Für Trockenobjektive mit Aperturen bis zu 0,65 genügen aber für nicht allzu hohe Ansprüche einfache Zentralblenden, die in den Filterhalter eines normalen Hellfeldkondensors gelegt werden und von vielen Mikroskopherstellern für die Kondensoren ihrer Kursmikroskope geliefert werden. Zentralblenden lassen sich aber auch leicht selbst herstellen. Man schneidet hierzu ein Stück Zelluloid oder Plexiglas so zurecht, daß es sich in den Filterhalter des Kondensors legen läßt. Als Zentralblende wird in die Mitte eines solchen Scheibchens ein schwarzes, rundes Papierstück geklebt. Dessen Durchmesser liegt für das Objektiv 5:1 in der Größenordnung um 1 mm und für das Objektiv 10:1 um 5 mm. Der richtige Durchmesser der Zentralblende bestimmt den Erfolg des Verfahrens. Ist er zu klein, wird nur das Zentrum des Gesichtsfeldes abgedunkelt, weil dann noch direktes Mikroskopierlicht in den Randbereich des Objektivs eindringen kann. Wenn das kleine Papierstück einen zu großen Durchmesser aufweist, geht so viel Licht verloren, daß die Teilchen im Präparat nicht mehr hell genug aufleuchten oder überhaupt ganz dunkel bleiben.
Der genaue Durchmesser der Zentralblende wird folgendermaßen bestimmt: Man stellt zunächst ein Präparat mit demjenigen Objektiv scharf ein, mit dem die Untersuchung im Dunkelfeld vorgenommen werden soll. Dann entfernt man das Präparat ohne Änderung der

Scharfeinstellung und steckt in den Tubus anstelle des Okulars das bereits bekannte Einstellfernrohr (S. 82). Die Kondensorblende wird geschlossen bis die Blendenlamellen soeben am Rande der Objektivhinterlinse erscheinen. Man bestimmt den Durchmesser dieser Blendenöffnung, rechnet noch 10% dazu und erhält so den Betrag für den Durchmesser der Zentralblende.

Beispiel: Bei einem Objektiv 10:1 werden die Blendenlamellen am Rande der Objektivhinterlinse soeben im Einstellfernrohr sichtbar, wenn der Durchmesser der Kondensorblendenöffnung 5,5 mm beträgt. Hierzu kommen 10% des gefundenen Betrages, also 0,5 mm. Für den Durchmesser der Zentralblende ergibt sich somit ca. 6 mm.

Benutzt man Zentralblenden mit großen Durchmessern (z. B. für das Objektiv 40:1), muß die untere Kondensorlinse vollständig ausgeleuchtet sein. Bei Verwendung einfacher Ansteckleuchten ist das nicht immer gewährleistet, so daß dann kein Licht durch die ringförmige Öffnung dringen kann und die Objekte nicht aufleuchten. Ein mit Zentralblende versehener Hellfeldkondensor wird ebenso wie ein Trockendunkelfeldkondensor eingestellt (s. u.).

Die Zentralblende kann auch zwischen die Linsen des Kondensors gelegt werden. Handelt es sich um sehr schwache Mikroskopobjektive (z. B. 1:1 oder etwas darüber), kommt die Zentralblende auf die Lichtaustrittöffnung des Mikroskopfußes. Der Kondensor wird dann entweder so weit als möglich gesenkt oder vollständig entfernt.

Anwendung der Trockendunkelfeldkondensoren

Zur Bewältigung schwierigerer Aufgaben benutzt man spezielle Kondensoren, welche ausschließlich Dunkelfeld ergeben. Die Frontlinsen solcher Dunkelfeldkondensoren grenzen bei der Benutzung entweder an Luft oder müssen mit der Objektträgerunterseite über Immersionsöl verbunden werden. Entsprechend unterscheidet man Trockendunkelfeldkondensoren von Immersionsdunkelfeldkondensoren. Erstere kommen für Trockenobjektive mit Aperturen bis zu 0,65 in Frage, während die Immersionsdunkelfeldkondensoren auch bei höheren Objektivaperturen eine einwandfreie Dunkelfeldbeleuchtung liefern.

Das Licht tritt aus dem Dunkelfeldkondensor in Form eines dicken Kegelmantels hervor, der eine innere und eine äußere Begrenzung aufweist, so daß sich eine innere und eine äußere Kondensorapertur ergibt (Abb. **71**). Man erhält nur dann eine einwandfreie Dunkelfeldbeleuchtung, wenn die Spitze des Kegelmantels genau in die Präparatebene gebracht und richtig zentriert wird. Dazu stellt man zunächst ein Präparat mit einem schwachen Objektiv scharf ein. Dann dreht man den Kondensortrieb, bis die kleinen Teilchen an einer Stelle im sonst dunklen Gesichtsfeld so hell als möglich aufleuchten. Die Spitze des

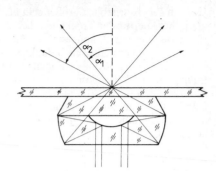

Abb. 71 Aufbau und Wirkungsweise eines Dunkelfeldkondensors. α_2: Begrenzung der äußeren Apertur; α_1: Begrenzung der inneren Apertur.

Lichtkegels befindet sich jetzt in der Präparatebene. Liegen die leuchtenden Teilchen dicht nebeneinander, ergeben sie zusammen einen hellen Fleck. Dieser Fleck wird durch Drehen an den Zentrierschrauben, die sich am Kondensor selbst (z. B. Leitz) oder an der Kondensorhalterung des Mikroskops befinden (z. B. Zeiss), in die Mitte des Gesichtsfeldes gebracht. Dann ist der Kondensor richtig zentriert. Erst jetzt verwendet man das für die eigentliche Untersuchung bestimmte stärkere Objektiv. Man muß nur noch den Kondensortrieb ein wenig nachstellen, damit die Teilchen maximal hell erscheinen. Möglicherweise ist auch eine geringe Nachzentrierung am Kondensor notwendig, damit alle Konturen mit gleichmäßiger Intensität leuchten. Der mit Zentralblende versehene Hellfeldkondensor wird ebenso wie ein Trokkendunkelfeldkondensor eingestellt.

Trockendunkelfeldkondensoren, die das Licht lediglich reflektieren, aber nicht brechen, liefern eine Beleuchtung, die frei von chromatischen Abbildungsfehlern ist. Wenn darauf kein besonderer Wert gelegt wird, genügt ein mit Zentralblende versehener Hellfeldkondensor.

Der variable Dunkelfeldkondensor von Will ist mit einem stufenförmigen Hohlspiegel versehen. Durch Betätigung eines Hebels sowie durch passende Höheneinstellung des Kondensors kann für schwache bis mittlere Trockenobjektive optimale Dunkelfeldbeleuchtung eingestellt werden. Dieser Kondensor ist besonders deshalb interessant, weil er gestattet, kontinuierlich von Dunkelfeld über Grenzdunkelfeld (S. 143) und Pseudophasenkontrast zur allseitigen ringförmigen Hellfeldbeleuchtung zu wechseln.

Einstellen eines Immersionsdunkelfeldkondensors

Damit das direkte Mikroskopierlicht nicht ins Mikroskopobjektiv eindringen kann, muß die innere Apertur des aus dem Kondensor kommenden Lichts erheblich größer sein als die Objektivapertur. Die numerische Apertur der Trockendunkelfeldkondensoren ist aber kleiner als die der meisten Ölimmersionsobjektive. Deswegen ergibt ein Trockendunkelfeldkondensor kein dunkles Gesichtsfeld, wenn man ihn zusammen mit einer hochaperturigen Ölimmersion benutzt. Es sind dann Immersionsdunkelfeldkondensoren erforderlich, die eine äußere Apertur von bestenfalls 1,40 und eine innere Apertur von 1,10 erreichen. Damit ist aber noch kein dunkler Untergrund zu erzielen, wenn man ein normales Ölimmersionsobjektiv mit Aperturen von 1,25 bis 1,30 benutzt. Zu einer einwandfreien Dunkelfeldbeleuchtung kommt es nur dann, wenn die Objektivaperturen etwas vermindert sind. Dies geschieht mit Hilfe von Blenden, die sich bereits im Objektiv befinden oder die erst später dort angebracht werden. Wer mit einem Immersionsdunkelfeldkondensor und hochaperturigen Ölimmersionen arbeitet, muß demnach nicht nur den Kondensor richtig einstellen, sondern auch die Objektivapertur soweit vermindern, daß ein völlig dunkler Untergrund resultiert.

Abgesehen von der höheren Beleuchtungsapertur liefern Immersionsdunkelfeldkondensoren auch einen besseren Kontrast als Trockendunkelfeldkondensoren. Denn das Immersionsöl schließt Reflexe an der Objektträgerunterseite und der Kondensoroberfläche aus, die sonst zu einer Aufhellung des Untergrundes führen.

Wenn man mit einem Immersionsdunkelfeldkondensor ein Dunkelfeld erzielen will, stellt man ebenso wie beim Trockendunkelfeldkondensor das Präparat zunächst mit einem schwächeren Mikroskopobjektiv ein. Der Kondensor wird etwas gesenkt und seine Oberseite mit einer reichlichen Menge Immersionsöl bedeckt. Dann hebt man den Kondensor wieder soweit, bis das Öl die Unterseite des Objektträgers berührt. Wichtig ist, daß im Öl keine Luftblasen auftreten. Denn sie reflektieren Licht, das dann zum Teil direkt ins Mikroskopobjektiv gelangt und den Kontrast schwächt. Man erkennt Luftblasen im Immersionsöl an den hell aufleuchtenden Punkten, die bei eingeschaltetem Mikroskopierlicht zu sehen sind.

Als nächstes hebt und senkt man den Kondensor solange, bis mit einem schwachen Trockenobjektiv dicht zusammenliegende Teilchen im Präparat als heller Fleck im sonst dunklen Feld aufleuchten. Dieser Fleck wird durch Zentrieren des Kondensors in die Mitte gebracht. Nun erst wechselt man zur Ölimmersion über. Das Gesichtsfeld ist zunächst hell und muß durch Verminderung der Objektivapertur verdunkelt werden, wozu verschiedene Möglichkeiten bestehen. Die billigste Lösung ist eine Einhängeblende. Sie besteht aus einem kleinen Metallröhrchen, das man ins Objektiv steckt, bevor dieses an den Revolver geschraubt wird. Das untere Ende dieses Röhrchens ist trichterförmig gestaltet und reicht bis fast zur Objektivhinterlinse. Man bezeichnet solche Einhängeblenden auch als Trichterblenden. Ein so bestücktes Ölimmersionsobjektiv liefert natürlich sofort ein dunkles Gesichtsfeld, wenn man damit ein Präparat einstellt, das von einem Immersionsdunkelfeldkondensor beleuchtet ist.

Eine kontinuierliche Verringerung der Objektivapertur erlauben Irisblenden. Es gibt Irisblendenzwischenstücke, die nachträglich in Ölimmersionsobjektive eingeschraubt werden können (Hertel und Reuss). Häufiger werden Ölimmersionsobjektive mit fest eingebauter Irisblende angeboten, die man voll geöffnet auch für die normale Hellfeldmikroskopie benutzen kann. Für das Dunkelfeldverfahren wird die Blende soweit geschlossen, bis das Gesichtsfeld gerade vollständig dunkel geworden ist. Durch noch stärkere Verkleinerung der Blendenöffnung leuchten die Strukturen nur weniger hell auf.

Fehler beim Einstellen des Dunkelfeldes

Wenn nur eine Seite der Teilchen aufleuchtet und die entgegengesetzte dunkel bleibt, ist der Kondensor nicht richtig zentriert. Dem Anfänger bereitet es oft einige Schwierigkeiten, den kleinen hellen Fleck beim Einstellen des Dunkelfeldes mit dem schwächsten Objektiv genau ins Zentrum des Gesichtsfeldes zu bringen. Das geht leichter, wenn man ein Fadenkreuzokular zu Hilfe nimmt (S. 177). Zu einseitigem Aufleuchten der Teilchen kommt es aber auch bei nicht richtig zentrierter Lampe. Wenn die Partikel nie voll aufleuchten, sondern immer ziemlich blaß bleiben, stimmt die Höheneinstellung des Kondensors nicht. Die Spitze des Lichtkegelmantels liegt dann nicht in der Präparatebene, so daß mit dem schwächsten Objektiv kein heller Fleck, sondern ein mehr oder weniger ausgedehnter Lichtring zu sehen ist. Die Kegelmantelspitze kann manchmal auch deswegen nicht in die Präparatebene gelangen, weil die Objektträger zu dick sind. Für die Dunkelfeldmikroskopie sollten sie nicht dicker als 1 mm sein. Wenn der Untergrund nicht einheitlich schwarz erscheint, sondern von unregelmäßigen hellen- und dunkelgrauen Flecken überdeckt ist, sind Objektträger und Deckgläser nicht sauber. An den Schmutzteilchen wird das Licht natürlich ebenso wie an den Präparatstrukturen gestreut, was zu Aufhellung des Gesichtsfeldes und zur Kontrastverminderung führt. Für die Dunkelfeldmikroskopie eignen sich deshalb nur gründlich gereinigte Objektträger und Deckgläser.

Dunkelfeldverfahren zum Nachweis submikroskopischer Teilchen

Mit dem Dunkelfeldverfahren lassen sich u. a. auch Teilchen nachweisen, deren Dimensionen das Auflösungsvermögen des Mikroskops erheblich unterschreiten. Die submikroskopischen Objekte sind dann in Form von kleinen Lichtpunkten zu sehen. Diese Beobachtung steht nicht im Widerspruch zu den Aussagen über die Grenzen der Auflösung im Mikroskop. Denn beim Dunkelfeldverfahren wird ja nicht die Auflösung verbessert, sondern nur das Vorhandensein kleiner Teilchen nachgewiesen. Wenn diese zu nahe beieinanderliegen, bilden sie im Endbild einen einzigen hellen Punkt. Nur weit genug voneinander entfernte Teilchen werden als einzelne Pünktchen dargestellt.

Außerdem sieht man von den submikroskopischen Partikeln kein exaktes Bild, sondern nur das Resultat bestimmter Beugungserscheinungen, welche zu besagten Lichtpünktchen führen und an Hand derer die Teilchen ihre Existenz verraten. Auf Grund solcher Beobachtungen kann also keine Aussage über die Gestalt der kleinen Objekte gemacht werden, d. h. man erhält keine Information darüber, ob sie rund, eckig, länglich oder sonstwie geformt sind. Die hellen Pünktchen besagen nur, daß sich noch irgend etwas Winziges im Präparat befindet.

Je kleiner die Teilchen sind, desto weniger Licht wird von ihnen gestreut. Da von dem gestreuten Licht wiederum nur ein sehr kleiner Teil ins Mikroskopobjektiv gelangt, ist mit abnehmender Teilchengröße immer weniger abgebeugtes Licht zu sehen.

Deswegen lassen sich kleine Partikel im Dunkelfeld umso besser nachweisen, je heller das Mikroskopierlicht ist. Aus diesem Grund sollte man möglichst starke Lichtquellen verwenden. Für viele Arbeiten genügt allerdings bereits die Intensität der im Mikroskop eingebauten Niedervoltlampe. Ansteckleuchten, deren Glühlampen mit der normalen Netzspannung betrieben werden, eignen sich bei der Dunkelfeldmikroskopie nur für schwache Trockenobjektive, wenn keine hohen Ansprüche gestellt werden. Dagegen erweist sich das Licht der Halogenlampen selbst für Immersionsdunkelfeldkondensoren bei höheren Vergrößerungen als gut brauchbar. Auch Quecksilberhöchstdrucklampen liefern Licht von ausreichender Intensität, aus dem allerdings vorher der schädliche UV-Anteil mit einem Grünfilter entfernt werden muß.

Das Licht wird schließlich umso stärker gestreut, je mehr sich der Brechungsindex der Teilchen von dem des Einschlußmediums unterscheidet. Ist er in beiden Fällen gleich, kommt es zu keiner Lichtstreuung und die Partikel bleiben im Dunkelfeldmikroskop unsichtbar. Unter günstigsten Bedingungen, d. h. bei besonders hellem Mikroskopierlicht und genügend großer Brechzahldifferenz zwischen Objekt und Medium, sollen sich im Dunkelfeld noch Partikel nachweisen lassen, die einen Durchmesser von 40 Å, also 0,004 µm aufweisen.

Besonderheiten des Dunkelfeldbildes

Im Dunkelfeld leuchten alle diejenigen Präparatstellen hell auf dunklem Untergrund auf, an denen es zu einer sprunghaften Änderung des Gangunterschiedes kommt (S. 155), wie z. B. an Kanten von Objekten. So ist z. B. von roten Blutkörperchen nur deren äußere Umgrenzung als helle Kreislinie zu sehen. Das Zellinnere erscheint dagegen ebenso dunkel wie die Umgebung (Abb. **72**). Das Dunkelfeldbild läßt also keinen Schluß darauf zu, ob die Objekte im Präparat einen größeren oder kleineren Brechungsindex als die Umgebung aufweisen. Auch Brechzahlgradienten werden vom Dunkelfeldmikroskop gewöhnlich nicht registriert.

Mit dem Dunkelfeldverfahren kann man auch Präparate untersuchen, die in Kunstharz eingeschlossen sind, falls die Strukturen mit bestimmten Farbstoffen, wie z. B. Fuchsin oder Methylenblau angefärbt sind. Unter diesen Bedingungen erscheinen die jeweiligen Komplementärfarben auf dunklem Untergrund, d. h. mit Methylenblau gefärbte Zellkerne werden gelb.

Beim Dunkelfeldverfahren nimmt also das direkte Mikroskopierlicht am Bildaufbau nicht teil, da nur das von den Präparatstrukturen abgebeugte Licht ins Objektiv einzudringen vermag. Demzufolge interferieren in der Zwischenbildebene allein die Nebenmaxima, während das Hauptmaximum fehlt.

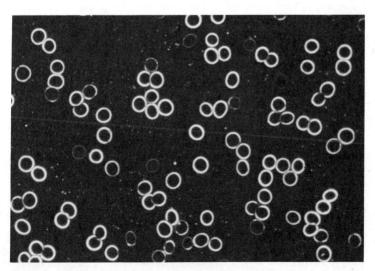

Abb. **72**   Lufttrockener Blutausstrich im Dunkelfeld.

Bestimmung von Brechungsindizes mit dem Dunkelfeldmikroskop

Es wurde bereits darauf hingewiesen, daß im Dunkelfeld dann von einem Objekt nichts zu sehen ist, wenn es genau den gleichen Brechungsindex wie das umliegende Medium aufweist. Dieser Umstand ermöglicht es, den Brechungsindex mikroskopisch kleiner Objekte zu ermitteln. Die Methode eignet sich besonders für gleichartige und in großer Menge vorkommende Objekte, wie z.B. für Blutkörperchen und Spermatozoen sowie für durchsichtige feste, anorganische Substanzen. Man stellt von dem Objekt zunächst eine Anzahl Präparate in verschiedenen Einschlußmedien her, deren Brechungsindizes differieren. Je mehr sich diese dem Brechungsindex des Objektes nähern, um so lichtschwächer wird das Bild von dem zu prüfenden Objekt. Bleibt es schließlich völlig dunkel, sind die Brechungsindizes von Objekt und Medium gleich. Der Brechungsindex des Mediums kann mit einem Refraktometer (Jena, Zeiss) oder einem Interferenzmikroskop bestimmt werden.

Grenzdunkelfeld

Bei den üblichen Dunkelfeldeinrichtungen ist die Objektivapertur zur Vermeidung von Streulicht um einiges kleiner als die innere Beleuchtungsapertur. Das hat natürlich zur Folge, daß Licht, welches nur ganz schwach gestreut wird, u.U. nicht mehr ins Objektiv einzudringen vermag. Um das zu vermeiden, ist das Grenzdunkelfeldverfahren entwickelt worden, bei dem die Objektivapertur und die innere Beleuchtungsapertur fast gleich sind. Dann gelangt auch noch sehr schwach gestreutes Licht ins Objektiv, so daß sich Brechungsindizes besonders genau bestimmen lassen. Grenzdunkelfeld erzielt man z.B. mit dem Phasenkontrastkondensor nach **Heine** (Leitz), der allerdings nicht mehr hergestellt wird. Man verstellt das Spiegelsystem dieses Kondensors solange, bis es gerade zu Dunkelfeld kommt. Das gleiche ist mit dem variablen Dunkelfeldkondensor von Will möglich. Die Bestimmung der Brechungsindizes mit Hilfe des Grenzdunkelfeldverfahrens hat bei der Untersuchung von Staub große Bedeutung zur Identifikation kleiner Partikel (Farbimmersionsmethode).

Ringförmige Hellfeldbeleuchtung. Wenn man den Spiegelkörper des Heine-Kondensors oder den Vario-Kondensor verstellt, bis das direkte Mikroskopierlicht so ins Objektiv eindringt, daß auf dem Rand der Objektivhinterlinse beim Blick ins Einstellfernrohr (S. 82) ein deutlicher Lichtring zu sehen ist, liegt ringförmige Hellfeldbeleuchtung vor. Mit ihr lassen sich blaß gefärbte Strukturen deutlicher sichtbar machen.

Dabei ist es von Vorteil, Objektive zu benutzen, die besser korrigiert sind als gewöhnliche Achromate.

Optische Färbungen

Optische Färbungen – auch Kontrastfarbenbeleuchtung oder Rheinbergbeleuchtung genannt – stellen eine Kombination von Dunkelfeld- und Hellfeldbeleuchtung dar. Man benötigt dazu einen Hellfeldkondensor, der mit einer Zentralblende versehen ist. Letztere besteht aber nicht aus völlig undurchsichtigem Material, sondern aus einem Farbfilter, das von einem ringförmigen, andersfarbigen Filter umgeben ist. Beide Filter sind durch eine ringförmige, dunkle Zone voneinander getrennt. Das ringförmige Filter muß so bemessen sein, daß das von ihm hindurchgelassene Licht nicht direkt ins Mikroskopobjektiv eindringen kann und sich daher genauso verhält wie Licht, das aus einem Dunkelfeldkondensor hervortritt. Damit wird bewirkt, daß bei Verwendung von weißem Mikroskopierlicht alle im Präparat befindlichen Kanten in der Farbe der Ringblende aufleuchten, während der Untergrund ebenso wie das Zentralfilter gefärbt ist. Mit der Ausbreitung des Phasenkontrastverfahrens kamen die optischen Färbungen mehr und mehr außer Gebrauch.

Phasenkontrastmikroskopie

Von allen Einrichtungen, welche die Kontraststeigerung durch Veränderungen in der Mikroskopoptik bewirken, hat das Phasenkontrastverfahren die weiteste Verbreitung gefunden. Es ist einfach zu handhaben, während seine Theorie nur mit erheblichem mathematischen Aufwand vollständig zu erfassen ist. Für die meisten Biologen und Mediziner genügt aber die folgende, stark vereinfachte Betrachtungsweise, um das Phasenkontrastmikroskop korrekt anzuwenden und die dabei zu beobachtenden Bilder richtig interpretieren zu können.

Amplituden- und Phasenpräparate

Bevor Aufbau und Arbeitsweise eines Phasenkontrastmikroskops geschildert werden, wollen wir einmal untersuchen, welchen Einfluß die Präparatstrukturen auf die Amplitude und die Phase der Lichtschwingung ausüben. Dabei kümmern wir uns zunächst nicht um die verschiedenen Interferenzerscheinungen bei der Bildentstehung, sondern nehmen vereinfacht an, das Bild käme durch eine Art Schattenwurf zustande.

Beginnen wir mit einem der üblichen künstlich kontrastierten Präparate, z. B. einem gefärbten histologischen Schnitt. Hier wird das Licht von den Strukturen mehr oder weniger stark absorbiert. Das führt zu einer Schwächung der Amplitude, was das Auge als verminderte Helligkeit registriert (Abb. **73**). Im Bild hebt sich die Struktur somit dunkler vom helleren Untergrund ab. Präparate, die in dieser Weise Einfluß auf die Amplitude der Lichtschwingung ausüben, bezeichnet man als Amplitudenpräparate. Dazu gehören, abgesehen von den gefärbten histologischen Schnitten, alle gefärbten Bakterien- und Blutausstriche sowie Präparate, die natürliche Pigmente enthalten, wie z. B. Melaninschollen oder Chloroplasten.

Im Gegensatz dazu stehen Präparate mit fast völlig durchsichtigen, kaum kontrastierten Strukturen, wie z. B. lebenden Mitochondrien, Chromosomen, Bakterien oder Zytoplasmasträngen. Da solche Struk-

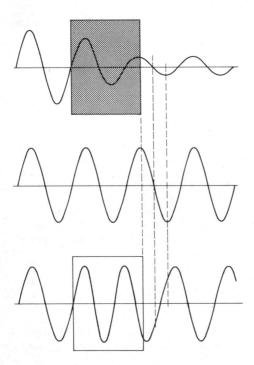

Abb. **73** Wirkung eines Amplitudenpräparats (oben) und eines Phasenpräparats (unten) auf Lichtwellen.

turen praktisch ebenso hell wie die Umgebung sind, absorbieren sie das Licht kaum, weswegen die Amplitude praktisch gleich bleibt. Trotzdem wird die Lichtschwingung auch von solchen durchsichtigen Objekten etwas verändert. Um zu verstehen, wie dies geschieht, muß man sich zunächst einmal daran erinnern, daß z. B. ein lebendes Bakterium einen höheren Brechungsindex aufweist, als das Wasser, in dem es schwimmt. Als Folge davon wird einer Lichtwelle in dem Bakterium ein größerer Widerstand entgegengesetzt, als im Wasser. Es liegen hier prinzipiell die gleichen Verhältnisse vor, wie z. B. im Automobilverkehr. Dort behindert eine Bundesstraße mit gut geteerter Decke ein fahrendes Auto viel weniger, als ein Stoppelacker. Wenn ein Auto auf einer Bundesstraße und ein zweites vom selben Typ unter sonst völlig gleichen Bedingungen auf einem Stoppelacker fährt, kommt selbstverständlich das letztere langsamer vorwärts als sein Konkurrent auf der Bundesstraße. Ebenso ergeht es dem Licht, welches durch das Bakterium verläuft. Da es dort einen größeren Widerstand vorfindet als in der umgebenden Flüssigkeit, verringert sich seine Geschwindigkeit und es kommt somit langsamer vorwärts als im Wasser. Auf Seite 74 haben wir gesehen, daß Geschwindigkeit, Frequenz und Wellenlänge einer Lichtschwingung untereinander in folgender Beziehung stehen:

$$v = \lambda \cdot v$$

Wenn die Geschwindigkeit der Lichtwellenbewegung nach Eintritt ins Bakterium langsamer wird, muß auch das Produkt $\lambda \cdot v$ auf der rechten Seite der Gleichung kleiner werden. Hier bleibt aber die Frequenz konstant, denn von ihr hängt die jeweilige Lichtfarbe ab. Folglich muß sich die Wellenlänge λ verkleinern, wenn die Lichtgeschwindigkeit langsamer wird. Die Gleichung für die Ausbreitungsgeschwindigkeit des Lichts im Bakterium nimmt daher die folgende Form an:

$$v' = \lambda' \cdot v$$

wobei v' kleiner ist als v und λ' kleiner ist als λ.

Wenn das Licht aus dem Bakterium austritt und ins Wasser gelangt, erhält es wieder die gleiche Geschwindigkeit und Wellenlänge wie alle anderen Lichtwellenzüge, die das Wasser durchlaufen. Vergleicht man einen aus dem Bakterium gerade austretenden Wellenzug mit einem anderen, der ausschließlich das Wasser passiert hat, stellt man fest, daß sich beide auf verschiedenen Phasen befinden (Abb. 73). Das durchsichtige Objekt übt also praktisch keinen Einfluß auf die Amplitude der Lichtschwingung aus, ändert aber deren Phase. Solche Präparate werden als Phasenpräparate bezeichnet.

Wie es zu dieser Verkleinerung der Wellenlänge kommt, läßt sich wiederum mit einem Vergleich aus dem Straßenverkehr verstehen.

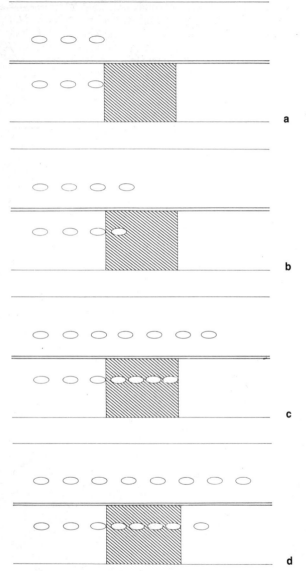

Abb. **74a–d**   Fahrende Autos auf einem geteerten und einem ungeteerten Straßenabschnitt. Ovale: Autos. Gestricheltes Feld: ungeteerter Straßenabschnitt. Näheres
im Text.

Dazu nehmen wir an, auf der einen Hälfte einer Straße sei der Teerbelag ein stückweit entfernt worden. Autos, die dort fahren, kommen natürlich langsamer vorwärts als die auf dem Teerbelag fahrenden. Außerdem wird angenommen, auf beiden Straßenhälften fährt je eine Autokolonne in der gleichen Richtung. Solange die Straße auf beiden Seiten geteert ist, haben beide Kolonnen die gleiche Geschwindigkeit. In Abb. **74a** befindet sich das vorderste Auto der rechten Kolonne gerade an der Grenze zwischen dem geteerten und ungeteerten Abschnitt. Auf Abb. **74b** ist die Position der Autos zu einem etwas späteren Zeitpunkt dargestellt. Wegen der geringeren Geschwindigkeit auf der ungeteerten Hälfte ist der dort befindliche Wagen weniger weit vorangekommen als der auf der Teerdecke fahrende. Das gleiche stellt man fest, wenn man die Verhältnisse noch etwas später untersucht (Abb. **74c**). Es ist sehr bald zu sehen, daß alle Autos auf der ungeteerten Hälfte wegen der geringeren Geschwindigkeit ähnlich wie die Wellenberge einer durch ein höherbrechendes Medium verlaufenden Lichtwelle sich einander genähert haben (Abb. **74d**). Wenn die Autos das ungeteerte Teilstück verlassen und auf der Teerdecke weiterfahren, erhalten sie selbstverständlich ihre ursprüngliche Geschwindigkeit sowie den dort üblichen Abstand voneinander. Die Autos beider Kolonnen fahren aber jetzt nicht mehr in der anfänglichen Anordnung nebeneinander. Sie haben sozusagen eine »Phasenverschiebung« erfahren.

Weder das menschliche Auge noch die Photoemulsion sind in der Lage, geringe Phasenveränderungen von Lichtwellen, wie sie von kleinen biologischen Objekten verursacht werden, irgendwie zu registrieren. Deshalb sind solche Strukturen als kontrastarme Gebilde schlecht wahrnehmbar.

Das Ausmaß der Phasenverschiebung hängt einmal von der Dicke des Objekts und zum anderen von der Differenz der Brechungsindizes von Objekt und umliegendem Medium ab.

Direktes und gebeugtes Licht bei Amplituden- und Phasenpräparaten

Bei dem Phasenkontrastmikroskop handelt es sich um ein Gerät, das die an sich unsichtbaren Phasenverschiebungen in deutlich wahrnehmbare Helligkeitsunterschiede umwandelt (Abb. **75**). Wie dies im einzelnen abläuft, ist nur zu verstehen, wenn man wellenoptische Vorstellungen zur Hilfe nimmt. Das Wellenmodell erwies sich bereits als recht nützlich bei der Erklärung der Bildentstehung im normalen Hellfeldmikroskop. Es zeigte sich, daß ein Teil des Mikroskopierlichts beim Durchgang durch das Objekt seinen Verlauf unverändert beibehält und das Hauptmaximum darstellt. Ein weiterer Teil des Mikroskopierlichts wird aber durch die Beugung in neue Richtungen gedrängt und bildet die Nebenmaxima. Dieses Licht soll unter der Bezeichnung »gebeugtes Licht« zusammengefaßt werden. Das Zwischenbild kommt durch Inter-

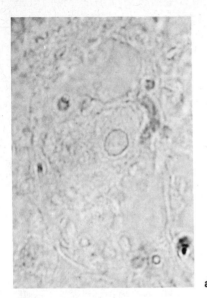

a

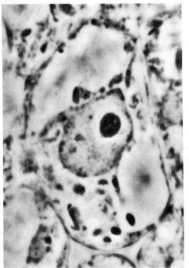

Abb. **75** Zelle aus dem Sproß von *Elodea canadensis*. Fixiert in Neutralformol, eingebettet in Methacrylat, Schnitt 3 µm dick, ungefärbt, Einschluß in Immersionsöl. Dieses Präparat kann als Phasenpräparat angesehen werden. **a:** Aufnahme im normalen Hellfeld. Durch Schließen der Kondensorblende wurde optimaler Kontrast zu erreichen versucht. Trotzdem befriedigt das Ergebnis nicht. **b:** Aufnahme mit einer Phasenkontrasteinrichtung.

b

ferenz des Hauptmaximums mit dem gebeugten Licht zustande. Dabei werden dunkle Zonen gebildet, welche die Konturen für die einzelnen Strukturen ergeben. Zur Dunkelheit kommt es bei der Interferenz aber

Abb. 76   Bildentstehung im Hellfeldmikroskop. Dick ausgezogene Welle:
Direktes Mikroskopierlicht (Hauptmaximum). Dünn ausgezogene Welle: Licht,
das von der Bildstruktur ausgeht. Gestrichelte Welle: Gebeugtes Licht.

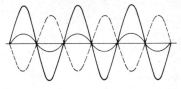

nur, wenn die Länge der Lichtwellenzüge von Hauptmaximum und
gebeugtem Licht um eine halbe Wellenlänge differiert. Man kann dies
an Hand von Kurvenadditionen zeigen (Abb. **76**). Eine andere Darstel-
lungsmöglichkeit bietet das Vektordiagramm.

Zu der Beschreibung einer Wellenbewegung mit Hilfe von Vektoren kommt
man unter der Annahme, daß ein kleiner Stift an der Felge eines Rades parallel
zur Radachse angebracht ist. Mit Hilfe einer Lichtquelle wird von dieser Ver-
suchsanordnung ein Schattenbild auf einer weißen Wand entworfen. Orientiert
man die Radachse parallel zu dieser Wand, ergibt die Felge einen Schatten in
Form eines langen breiten Striches, von dem sich der Schatten des Stiftes recht-
winklig abhebt. (Abb. **77**). Wenn das Rad gedreht wird, bewegt sich der Schatten des Stiftes auf der Projektionswand auf und ab. Er macht also die gleiche
Bewegung mit, wie z.B. jedes einzelne Wasserteilchen einer Wasserwelle
(S. 74). Die momentane Lage des Schattens bzw. des Wasserteilchens (also die
Phase der Wellenbewegung) kann man daher einer bestimmten Drehung des
Rades in Winkelgrad zuordnen. Der Beginn der Bewegung liegt bei 0 Grad.
Nach einer Drehung um 90 Grad ist der Wellenberg, nach weiteren 90 Grad (also
insgesamt nach 180 Grad) das Niveau Null und nach insgesamt 270 Grad das
Wellental erreicht. Nach einer vollen Umdrehung (360 Grad) befindet sich das
Teilchen wieder auf der Höhe, die es im Ruhezustand einnimmt. Die Höhe der
Amplitude wird durch die Länge des Radius des Rades angezeigt.
Bei der Darstellung einer Wellenbewegung mittels Vektoren wird das Rad durch
einen Kreis symbolisiert. Meistens zeichnet man aber nur einen von seinem
Mittelpunkt ausgehenden und bis zur Kreislinie reichenden Pfeil, an dessen
Spitze man sich den an der Felge befestigten Stift zu denken hat.

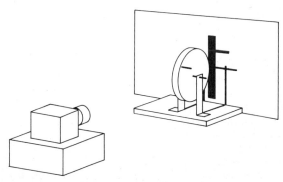

Abb. 77   Ableitung der Vorstellung von den Vektoren. Siehe Text.

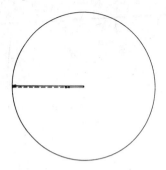

Abb. **78**   Bildentstehung im Hellfeldmikroskop bei Vorliegen eines Amplitudenpräparats. Dick ausgezogener Pfeil: Amplitude des Hauptmaximums. Gestrichelter Pfeil: Amplitude des gebeugten Lichts. Dünn ausgezogener Pfeil: Amplitude des von der Bildstruktur ausgehenden Lichts.

Wenden wir diese Darstellungsweise zunächst einmal auf ein Amplitudenpräparat an. Der waagrechte nach links gerichtete Pfeil in Abb. **78** soll das direkte Mikroskopierlicht, also das Hauptmaximum darstellen, welches sich gerade auf der Phase Null befindet. Wenn im mikroskopischen Bild eine dunkle Struktur erscheint, ist dort die Lichtintensität geringer, was der kürzere Pfeil andeutet. Bekanntlich kommt es zu dieser dunkleren Stelle durch Interferenz zwischen dem direkten Licht d. h. dem Hauptmaximum und dem abgebeugten Licht. Das direkte Licht wird also vom abgebeugten so verändert, daß schließlich die kleinere Amplitude resultiert. Damit es dazu kommt, muß nach den Vektorenregeln auf den nach links gerichteten Pfeil, also auf das Hauptmaximum, das abgebeugte Licht so einwirken, wie der entgegengesetzt gerichtete, gestrichelte Pfeil zeigt.

Das abgebeugte Licht ist demnach gegenüber dem direkten Licht in der Zwischenbildebene um 180 Grad phasenverschoben und zeichnet sich durch eine recht hohe Amplitude aus.

Anders liegen die Verhältnisse beim Phasenpräparat. Hier wird das Licht kaum absorbiert, so daß die Amplitude praktisch gleich bleibt. Es kommt aber zu Phasenverschiebungen, die bei mikroskopischen Objekten meist nur sehr kleine Ausmaße annehmen. Im Vektordiagramm ist daher der Pfeil, der die Amplitude des von der Bildstruktur ausgehenden Lichts symbolisiert, ebenso lang gezeichnet wie der Pfeil, der das direkte Mikroskopierlicht, also das Hauptmaximum darstellen soll. Die geringe Phasenverschiebung deutet der zwischen beiden befindliche kleine Winkel an. Damit nun das direkte Mikroskopierlicht (also das Hauptmaximum) so umgeändert wird, daß es wie das von der Bildstruktur ausgehende Licht aussieht, muß eine Welle einwirken, die wie der kurze, gestrichelte Pfeil gerichtet ist (Abb. **79**). Dieser ist als Symbol für das abgebeugte Licht anzusehen, welches das Hauptmaximum durch Interferenz so verändert, daß sich die von der Bildstruktur ausgehende Lichtwelle ergibt. Richtung und Länge dieses Pfeiles zeigen an, daß das

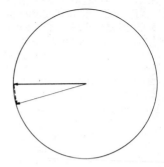

Abb. **79** Bildentstehung im Hellfeldmikroskop bei Vorliegen eines Phasenpräparats.
Kennzeichnung der Pfeile wie in Abb. 78.

abgebeugte Licht bei den gewöhnlichen biologischen Phasenpräparaten gegenüber dem Hauptmaximum um 90 Grad phasenverschoben und außerdem ziemlich lichtschwach ist. Zum gleichen Resultat kommt man mit einer Kurvenaddition (Abb. **80**).

Das abgebeugte Licht eines Amplitudenpräparats unterscheidet sich also von dem eines Phasenpräparats im wesentlichen in zwei Punkten, nämlich in der Phase und der Helligkeit.

Umwandlung des primären Beugungsbildes eines Phasenpräparats in das eines Amplitudenpräparats

Bei den Versuchen zur Erklärung der Bildentstehung im Mikroskop nach wellenoptischen Gesichtspunkten haben wir bereits gesehen, daß das Aussehen des mikroskopischen Bildes letztlich nicht vom Präparat, sondern vom primären Beugungsbild abhängt (S. 95). Wenn man z. B. das von einem Holzquerschnitt verursachte primäre Beugungsbild durch künstliche Eingriffe so verändert, daß eine Anordnung von Nebenmaxima in der Zwischenbildebene mit dem Hauptmaximum interferiert, wie das normalerweise bei einem Präparat eines Holzlängsschnit-

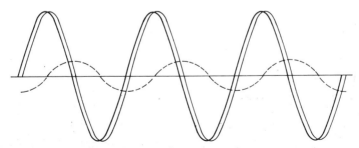

Abb. **80** Bildentstehung im Hellfeldmikroskop bei Vorliegen eines Phasenpräparats. Kennzeichnung der Wellen wie in Abb. 76.

tes der Fall ist, dann erscheint im Mikroskop auch ein Bild vom Längsschnitt, obwohl ein Querschnitt eingestellt ist (Abb. **49**). Für die künstliche Kontrastierung von Phasenstrukturen bedeutet dies, daß man das
primäre Beugungsbild eines Phasenpräparats soweit umändern müßte,
bis es aussieht, als stamme es von einem Amplitudenpräparat. Dann
muß im Mikroskop auch das Bild eines Amplitudenpräparats zu sehen
sein, d. h. die Strukturen müssen Helligkeitskontrast erhalten.
Welche Eingriffe dabei im primären Beugungsbild im einzelnen notwendig sind, ergibt sich wiederum aus dem Vektorendiagramm bzw.
aus der Kurvenaddition. Das abgebeugte Licht ist also bei den gewöhnlichen biologischen Phasenpräparaten gegenüber dem Hauptmaximum
äußerst lichtschwach und um 90 Grad phasenverschoben, d. h. die Wellen laufen mit einer Verzögerung von einer viertel Wellenlänge hinter
dem Hauptmaximum her. Damit dieses primäre Beugungsbild die gleichen Eigenschaften wie das eines Amplitudenpräparats erhält, sind
zwei Maßnahmen erforderlich. Einmal muß zwischen Hauptmaximum
und abgebeugtem Licht eine zusätzliche Phasenverschiebung um 90
Grad eingeführt werden, so daß insgesamt eine Phasenverschiebung
von 180 Grad resultiert, wie sie bei Amplitudenpräparaten zu beobachten ist. Außerdem muß der große Helligkeitsunterschied zwischen dem
Hauptmaximum und dem abgebeugten Licht gemildert werden. Das
läßt sich erreichen, indem die Intensität des Hauptmaximums mit einem
Graufilter gedämpft wird, während das abgebeugte Licht unbeeinflußt
bleibt. Aus dem Vektordiagramm ist ersichtlich, daß nach Durchfüh-
rung dieser beiden Maßnahmen das von der Bildstruktur ausgehende
Licht tatsächlich eine geringere Amplitude aufweist als das Hauptmaximum (Abb. **81**), obwohl ein Phasenpräparat auf dem Objekttisch liegt.
Die Strukturen heben sich dann dunkel vom helleren Untergrund ab.
Durch diesen Eingriff in den Strahlengang ist also ein positiver Kontrast
erzeugt worden, weswegen man vom positiven Phasenkontrast spricht
(genaueres darüber S. 152).

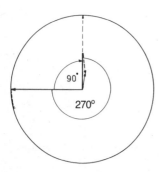

Abb. **81**   Erzeugung positiven Kontrasts
von einem Phasenpräparat. Kennzeichnung der Pfeile wie in Abb. 78.

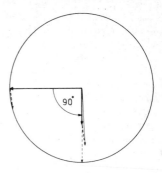

Abb. **82** Erzeugung negativen Kontrasts von einem Phasenpräparat. Kennzeichnung der Pfeile wie in Abb. 78.

Es besteht aber noch eine weitere Möglichkeit, dem Phasenpräparat Helligkeitskontrast zu verleihen. Dazu wird zunächst einmal wie beim soeben geschilderten Verfahren die Helligkeit des Hauptmaximums gedämpft. Jetzt beeinflußt man das primäre Beugungsbild aber so, daß Hauptmaximum und abgebeugtes Licht keinen Phasenunterschied mehr aufweisen. Wie das Vektorendiagramm zeigt (Abb. **82**), kommt es dadurch zu einem Bild, in dem die Bildstruktur heller als der Untergrund erscheint. Es ist also negativer Kontrast entstanden, weshalb man ein solches Verfahren auch als negativen Phasenkontrast bezeichnet.

Die meisten im Handel befindlichen Phasenkontrasteinrichtungen liefern positiven Kontrast. Denn von der gewöhnlichen Hellfeldmikroskopie ist man gewöhnt, die Objekte dunkel auf hellem Untergrund zu sehen. Negativer Phasenkontrast erweist sich manchmal bei Feinstrukturuntersuchungen an sehr dünnen Objekten als vorteilhaft, da zarte Einzelheiten im negativen Kontrast schneller auffallen als im positiven. Allerdings dürfte es kaum vorkommen, daß Strukturen, die mit negativem Phasenkontrast gefunden wurden, nicht letztlich auch im positiven Phasenkontrast zu sehen sind.

Eine besondere Ausführungsform des negativen Phasenkontrasts war unter der Bezeichnung »Anoptralkontrast« im Handel (Reichert). Hier wurde das Hauptmaximum so stark gedämpft, daß der Untergrund sepiafarben und die Strukturen besonders hell erschienen.

Technische Voraussetzungen zur Erzielung des Phasenkontrasts

Es muß noch nachgetragen werden, auf welche Weise sich die Phasenverschiebung zwischen Hauptmaximum und dem gebeugten Licht verändern läßt, d.h. wie man die Lichtwellenzüge des Hauptmaximums gegenüber dem gebeugten Licht beschleunigen oder abbremsen kann. Beginnen wir mit dem negativen Phasenkontrast. Hier wird das Licht des Hauptmaximums so stark gebremst, daß das gebeugte Licht den Phasenvorsprung des Hauptmaximums gerade einholen kann. Als Bremse verwendet man ein Medium von höherem Brechungsindex, in dem die Lichtgeschwindigkeit bekanntlich langsamer wird (S. 137). Man muß nur dafür sorgen, daß allein das zum Hauptmaximum gehörige Licht durch dieses Medium dringt, während das gebeugte Licht daran vorbei läuft. Wenn das Medium den richtigen Brechungsindex und die richtige Dicke aufweist, werden die Wellenzüge des Hauptmaximums gerade so stark verlangsamt, daß das gebeugte Licht seine Phasenverzögerung aufholen kann.

Für das Zustandekommen von positivem Phasenkontrast muß das Hauptmaximum hingegen so beschleunigt werden, daß es schließlich mit einer halben Wellenlänge (180 Grad) vor dem gebeugten Licht hereilt. In der Praxis wird es aber ebenfalls gebremst, was zunächst als Widerspruch zu dem soeben gesagten aufgefaßt werden muß. Wenn man aber die Verzögerung so wählt, daß es insgesamt zu einer Phasenverzögerung von 270 Grad (also einer zusätzlichen Verschiebung um ¾ der Wellenlänge) kommt, ergibt sich gemäß Abb. 81 aus der Interferenz zwischen Hauptmaximum und dem abgebeugten Licht wiederum eine Lichtwelle mit kleinerer Amplitude.

Sowohl bei positivem als auch bei negativem Phasenkontrast ist also eine strenge Trennung zwischen Hauptmaximum und Nebenmaxima erforderlich. Dies erscheint zunächst nicht weiter problematisch zu sein, denn bei den Versuchen zum primären Beugungsbild waren mit den dafür ausgewählten Präparaten die Nebenmaxima meist gut getrennt vom Hauptmaximum zu sehen. Es wurde jedoch schon damals darauf hingewiesen, daß selbst bei kleinen Kondensoraperturen allein Präparate mit sehr regelmäßig angeordneten Strukturen die Maxima so schön getrennt erkennen lassen. Die weitaus meisten mikroskopischen Präparate führen zu einer derartig unregelmäßigen Anordnung von Haupt- und Nebenmaxima, daß sie sich gegenseitig überlappen und nicht voneinander zu unterscheiden sind. So muß also zunächst einmal für eine wirksame Trennung zwischen Haupt- und Nebenmaxima gesorgt werden. Dies wird am besten erreicht, wenn der Kondensor anstelle der Irisblende eine Ringblende trägt. Diese besteht aus einer geschwärzten Glasplatte, in deren Mitte sich eine durchsichtige, ringförmige Zone befindet. Das Präparat wird also nicht wie bei der normalen Hellfeldmikroskopie mit einem massiven Lichtkegel, sondern mit Licht bestrahlt, das einen Kegelmantel bildet.

Wir sahen bereits früher (S. 69) daß bei richtig eingestellter Köhlerscher Beleuchtung die Kondensorblendenöffnung in der hinteren Brennebene des Objektivs abgebildet wird. Somit entsteht an dieser Stelle auch ein Bild der Ringblende, wenn der Kondensor mit einer solchen versehen ist. Das Hauptmaximum nimmt also ringförmige Gestalt an, und wenn sich ein Präparat im Strahlengang befindet, kommt es

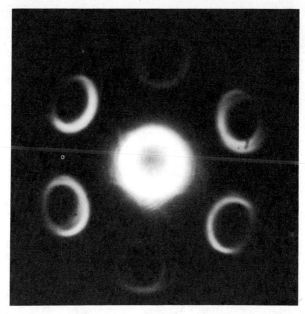

Abb. **83** Primäres Beugungsbild der Schalenfeinstruktur von *Pleurosigma angulatum* bei Beleuchtung des Präparats mit einem Phasenkontrastkondensor.

zur Bildung ringförmiger Nebenmaxima (Abb. **83**). Es ist möglich, daß sich diese manchmal mit dem Hauptmaximum etwas überschneiden; der weitaus größte Bereich von ihnen bleibt jedoch vom direkten Mikroskopierlicht unbeeinflußt. Wenn man nun an derjenigen Stelle des primären Beugungsbildes, an der das ringförmige Hauptmaximum zu liegen kommt, das als Bremse fungierende höherbrechende Medium anbringt, wird es das Hauptmaximum vollständig, das gebeugte Licht dagegen praktisch nicht beeinflussen. Ist das Medium außerdem dunkel getönt, setzt es gleichzeitig die Intensität des Hauptmaximums herab.

Das höherbrechende, dunkel gefärbte Medium bildet also einen Ring und ist so groß, daß es sich genau mit dem ebenfalls ringförmigen Hauptmaximum decken kann. Außerdem muß es in der Ebene des primären Beugungsbildes, also in der hinteren Brennebene des Objektivs liegen. Diese befindet sich bei schwächeren bis mittleren Objektiven (10:1 bis 25:1) außerhalb des Linsensystems. Der Ring mit dem höherbrechenden, dunklen Medium ist dann auf einer dort befindlichen Glasplatte aufgedampft. Diese bezeichnet man als Phasenplatte und den aufgedampften Ring als Phasenring. Bei stärkeren Objektiven liegt die hintere Brennebene innerhalb des Linsensystems. Der Phasenring ist dann auf die Oberfläche einer der Linsen aufgedampft und meist noch mit einer weiteren Linse bedeckt, d. h. er befindet sich innerhalb eines Kittgliedes.

Damit man den Phasenring genau mit dem hellen Bild der Ringblende zur Deckung bringen kann, ist eine Zentriervorrichtung notwendig, die sich in der Regel am Kondensor befindet. Beim Zentrieren muß das primäre Beugungsbild beobachtet werden. Wir sahen bereits bei den Versuchen über die Bildentstehung im Mikroskop, daß dies mit einem Einstellfernrohr möglich ist.

Schließlich muß die Kondensorapertur richtig einreguliert werden. Bei der Hellfeldmikroskopie geschieht dies mit der Kondensorblende, die man bekanntlich bei einer höheren Objektivapertur weiter öffnet. Für den Phasenkontrast würde das bedeuten, daß mit steigender Objektivapertur der Durchmesser der Ringblende im Kondensor zu vergrößern ist, um das Auflösungsvermögen des Objektivs voll auszunützen. Bei den meisten Phasenkontrastkondensoren wird aber auf eine kontinuierliche Ringblendenveränderung verzichtet. Man findet vielmehr in der Regel einige (meist drei oder vier) auf einer Revolverscheibe angeordnete Ringblenden, von denen die erste einen kleinen, die zweite einen mittleren und die dritte den größten Durchmesser aufweist. Durch Einschalten der richtigen Ringblende erhält man entsprechend ihrem Durchmesser kleine, mittlere bzw. hohe Beleuchtungsaperturen. Die Phasenkontrastobjektive sind dann gemäß ihrer Apertur in drei oder vier Gruppen eingeteilt, von denen jede zu einer der drei oder vier Ringblenden paßt. Dabei ist der äußere Durchmesser jedes Phasenringes deutlich kleiner als der Durchmesser der Objektivhinterlinse, d. h. man arbeitet stets mit einer Kondensorapertur, die um einiges kleiner ist als die Objektivapertur. Bei der Phasenkontrastmikroskopie erreicht demnach die Auflösung nie die Maximalbeträge wie bei der normalen Hellfeldmikroskopie. Auf der Revolverscheibe findet sich bei den meisten Phasenkontrastkondensoren noch eine Stellung für normale Hellfeldmikroskopie sowie eine andere für Dunkelfeld. Dadurch ist es möglich, das Phasenkontrastbild schnell mit dem entsprechenden Hellfeld- oder Dunkelfeldbild zu vergleichen. Für die Hellfeldmikroskopie sind die Phasenkontrastkondensoren zusätzlich mit einer Irisblende versehen, die sich entweder auf der Revolverscheibe oder unterhalb dieser befindet. Im letzteren Falle muß die Blende immer weit genug geöffnet werden, wenn man für den Phasenkontrast eine Ringblende einschaltet. Manchmal öffnet sich die Irisblende beim Einschalten einer Ringblende automatisch (Olympus).

Neben den Phasenkontrastkondensoren mit festen, auf einer Revolverscheibe angeordneten Ringblenden gibt es noch pankratische Kondensoren und Spiegelkondensoren, bei denen sich der Ringblendendurchmesser durch Verstellen eines optischen Systems kontinuierlich vergrößert oder verkleinert.

Apparative Ausrüstung für die Phasenkontrast-mikroskopie

Für das Phasenkontrastverfahren benötigt man also einen mit Ring-blenden versehenen Kondensor, der sich in der Höhe verstellen läßt. Außerdem sind Objektive erforderlich, die einen Phasenring enthalten. Die meisten schwächeren bis mittleren Phasenkontrastobjektive kön-nen auch für die normale Hellfeldmikroskopie verwendet werden, wo-bei der Phasenring kaum merklich stört. Das gilt aber nicht immer für die stärksten Objektive. So liefern z.B. viele Phasenkontrastölimmer-sionen 100/1,30 im Hellfeld ein deutlich schlechteres Bild, als entspre-chende Objektive ohne Phasenring. Wenn das primäre Beugungsbild durch ein zusätzliches optisches System in eine bestimmte, vom Objek-tiv weiter entfernte Ebene abgebildet wird, kann man den Phasenring dort unterbringen. Dann können normale Hellfeldobjektive auch für die Phasenkontrastmikroskopie verwendet werden (z.B. beim Inter-phaco, Jena; Jenaval, Jena; NS 400, Nachet; Univar, Reichert; Axio-mat, Zeiss). Außerdem lassen sich die über den Objektiven angeordne-ten Phasenringe leicht auswechseln, so daß man ohne Objektivwechsel von der einen zur anderen mikroskopischen Untersuchungsmethode übergehen kann (z.B. von Phasenkontrast zu Interferenzkontrast). Das ist z.B. sehr praktisch, wenn Lebenduntersuchungen mit Ölimmer-sionsobjektiven angestellt werden.

Wenn für die Phasenkontrastmikroskopie stets nur ein und dasselbe Objektiv benutzt wird (z.B. im Kursbetrieb das Objektiv 40:1), kann man auf einen aufwendigen Phasenkontrastkondensor verzichten und mit einem Hellfeldkondensor arbeiten, der mit einer Ringblende verse-hen ist. Diese läßt sich entweder selbst herstellen (S. 159) oder sie kann von verschiedenen Firmen auch fertig bezogen werden.

Damit man feststellen kann, wann sich das helle Ringblendenbild gera-de mit dem dunklen Phasenring deckt, benötigt man ein Einstellfern-rohr. Allerdings kann darauf verzichtet werden, wenn das Mikroskop mit einer Bertrandlinse oder einem Optovar (Zeiss) ausgerüstet ist. Außerdem läßt sich das Einstellfernrohr durch einen Auszugtubus er-setzen, der an seinem unteren Ende mit einem Objektivgewinde verse-hen ist (S. 82).

Für die Phasenkontrastmikroskopie sind helle Lichtquellen notwendig, weil viel Licht verloren geht. Denn einmal gelangt durch die schmale Ringblende von vornherein wenig Licht zum Präparat und dann kommt es noch zu einem weiteren Lichtverlust bei der Dämpfung des Haupt-maximums durch den Phasenring. Wegen dieser Dämpfung erscheint der Untergrund bei der Phasenkontrastmikroskopie viel dunkler als im normalen Hellfeldmikroskop. Jedenfalls ist besonders für die hochaper-turigen Phasenkontrastobjektive mindestens eine Niedervoltlampe er-forderlich, wie sie von der Köhlerschen Beleuchtung bekannt ist.

Einstellen eines Phasenkontrastmikroskops

1. Kondensor mit festen Ringblenden auf Revolverscheibe. Zunächst wird das Phasenpräparat im Hellfeld bei möglichst kleiner Kondensorblendenöffnung scharf eingestellt. Wenn die Schärfenebene wegen des geringen Kontrastes nicht zu finden ist, stellt man mit einem schwächeren Objektiv zunächst den Deckglasrand scharf ein und sucht erst danach die Präparatstrukturen. Dann wird am Kondensor die zu dem Phasenkontrastobjektiv gehörige Ringblende eingeschaltet und die Irisblende völlig geöffnet, falls sie unterhalb der Revolverscheibe angeordnet ist. Welche Ringblende zu welchem Objektiv gehört ergibt sich aus der Gebrauchsanweisung und kann für die vielen unterschiedlichen Fabrikate nicht allgemein angegeben werden. Als nächstes muß das helle Ringblendenbild mit dem Phasenring im Objektiv zur Deckung gebracht werden. Dazu wechselt man das Okular gegen ein Einstellfernrohr aus (oder man schaltet die Bertrandlinse bzw. die Hilfslinse des Optovars ein) und verstellt die Augenlinse, bis die hintere Brennebene des Objektivs scharf zu sehen ist. Dann dreht man an der Zentriervorrichtung des Kondensors, die auf die Ringblenden wirkt, bis sich der helle Ring genau mit dem dunklen deckt. Damit ist gewährleistet, daß das Hauptmaximum in seiner ganzen Ausdehnung vom Phasenring beeinflußt wird.

Wenn der helle Ring etwas größer oder kleiner als der dunkle Phasenring erscheint, muß der Kondensor in der Höhe verstellt werden. Läßt sich das Bild der Ringblendenöffnung trotzdem nicht auf die Größe des Phasenringes bringen, ist die falsche Ringblende eingeschaltet worden. Wenn der helle Ring nicht gleichmäßig von Licht erfüllt ist, muß man den ganzen Kondensor (also nicht nur die Ringblende) nachzentrieren. Falls die hintere Brennebene beinahe einheitlich hell erscheint, ist das Präparat zu dick und für die Phasenkontrastmikroskopie ungeeignet.

Nach der Justierung des Blendenbildes tauscht man das Einstellfernrohr gegen das Okular aus. Das Präparat ist dann im Hell-Dunkelkontrast zu sehen, falls es für die Phasenkontrastmikroskopie geeignet ist.

2. Einstellen eines Phasenkontrastkondensors, mit kontinuierlich veränderbaren Ringblendendurchmesser. Auch in diesem Falle wird zunächst das Präparat scharf eingestellt und das Okular gegen das Einstellfernrohr ausgetauscht. Der helle Lichtring läßt sich mit einem am Kondensor befindlichen Trieb vergrößern oder verkleinern und kann so den Dimensionen der Phasenringe angepaßt werden. Allerdings ist es dabei nicht immer einfach, eine einmal gewählte Ringgröße auch später wieder genau zu reproduzieren. In bestimmten Positionen liefern solche Phasenkontrastkondensoren auch Dunkelfeld oder ringförmiges Hellfeld.

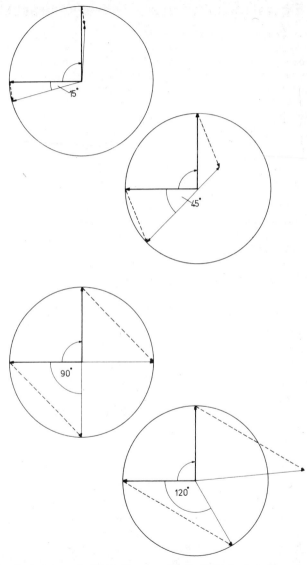

Abb. **84** Amplitude des von der Bildstruktur ausgehenden Lichts in einem Phasen-kontrastmikroskop in Abhängigkeit von der vom Präparat verursachten Phasendre-hung, wenn das Hauptmaximum ungedämpft bleibt. Kennzeichnung der Pfeile wie in Abb. 78.

Eigentümlichkeiten des Phasenkontrastbildes

Im Phasenkontrastmikroskop wird also die vom Präparat verursachte, unsichtbare Phasendifferenz in einen Helligkeitsunterschied umgewandelt. Dabei hängt das Ausmaß des Kontrasts vom Grad der Phasenverschiebung ab, wie sich aus dem Vektordiagramm in Abb. **84** ergibt, welches für positiven Phasenkontrast gilt. Es wird dabei zunächst der Einfachheit halber angenommen, daß das Hauptmaximum ungedämpft bleibt. Der Phasenring wäre also völlig transparent und würde kein Licht absorbieren, jedoch eine Phasenänderung verursachen. Wenn das Präparat selbst eine Phasenverzögerung von beispielsweise 15 Grad bewirkt und wenn der Phasenring eine zusätzliche Phasenverschiebung von 90 Grad zwischen Haupt- und Nebenmaxima einführt, dann ergibt sich für das von der Bildstruktur ausgehende Licht eine kleinere Amplitude als für das Hauptmaximum. Die Struktur ist demnach im Mikroskop dunkler als der Untergrund zu sehen. Bei einer Phasenverzögerung von 45 Grad im Präparat wird die Bildstruktur unter dem Einfluß des gleichen Phasenringes noch dunkler. Nimmt die Phasenverzögerung im Präparat noch weiter zu, hellt sich die Struktur wieder auf, bis sie bei einer Phasenverschiebung von 90 Grad ebenso hell wie der Untergrund ist. Sie weist dann gegenüber der Umgebung keinen Kontrast auf und ist trotz Phasenkontrasteinrichtung kaum zu erkennen. Bei noch stärkeren Phasendifferenzen wird die Bildstruktur heller als der Untergrund. Es kommt also zu negativem Kontrast, obwohl wir es im vorliegenden Fall doch mit einer Einrichtung zu tun haben, die unter der Bezeichnung *positiver Phasenkontrast* verkauft worden ist. Die Helligkeit der Bildstruktur nimmt mit ansteigendem Phasenunterschied zunächst noch weiter zu, um dann wieder abzunehmen und bei vollen 360 Grad wieder ebenso hell wie der Untergrund, also kontrastlos zu sein (Abb. **85**).

Aus diesen Überlegungen folgt, daß bei der Phasenkontrastmikroskopie keine lineare Beziehung zwischen Phasendifferenz im Präparat und Helligkeit bzw. Dunkelheit der Bildstruktur besteht; d. h. bei positivem Phasenkontrast erscheint eine Struktur nicht unbedingt umso dunkler, je größer die vom Präparat verursachten Phasendifferenzen sind. Deswegen ist es genaugenommen falsch, wenn man den positiven Phasenkontrast nur so charakterisiert, daß mit ihm die Phasenobjekte dunkel auf hellem Untergrund zu sehen sind. Es ergab sich ja soeben, daß dies bei höheren Phasendifferenzen nicht der Fall ist. Das entscheidende Merkmal für den positiven Phasenkontrast ist vielmehr, daß bei ihm die Phase des Hauptmaximums vom Phasenring um 270 Grad verzögert wird (oder, was zum selben Ergebnis führt, daß man das Hauptmaximum gegenüber dem Nebenmaximum um weitere 90 Grad vorauseilen läßt).

Die Kurve in Abb. **85** (S. 153) entspricht aber nicht genau den Verhält-

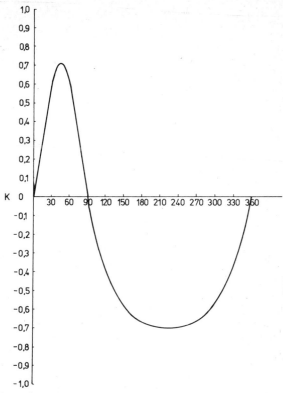

Abb. 85 Bildkontrast (S. 124) in einem Phasenkontrastmikroskop in Abhängigkeit von der Phasendrehung im Präparat, wenn das Hauptmaximum ungedämpft bleibt.

nissen, die bei einer handelsüblichen Phasenkontrasteinrichtung anzutreffen sind. Denn hier wird ja nicht nur die Phase des Hauptmaximums verändert, sondern auch dessen Helligkeit vermindert. Das führt zu einer weiteren Kontraststeigerung, deren Ausmaß vom Grad der Lichtschwächung abhängt, wie die Kurven in Abb. **86** zeigen. Daraus geht hervor, daß bei zunehmender Absorption der Kontrast bei immer kleineren Phasenverzögerungen sein Maximum erreicht. Allerdings sinkt er dann auch immer schneller auf 0 ab. Soll jede beliebige Phasenverschiebung in einen optimalen Hell-Dunkelkontrast umgewandelt werden, müssen also verschiedene Phasenplatten mit Phasenringen unterschiedlicher Absorption zur Verfügung stehen. Es hat sich aber gezeigt, daß in den weitaus meisten Fällen pro Objektiv ein einziger Phasenring ausreicht, wenn dessen Lichtabsorption in einem günstigen Bereich

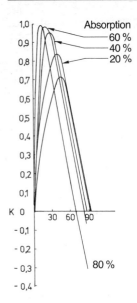

Abb. 86 Bildkontrast in einem Phasenkontrastmikroskop in Abhängigkeit von der Phasendrehung im Präparat bei verschieden starker Dämpfung des Hauptmaximums.

liegt. Um diesen zu ermitteln, muß man zunächst einmal bedenken, daß Phasenpräparate auch von normalen Hellfeldmikroskopen in einem Hell-Dunkelkontrast dargestellt werden, wenn es sich um große Phasenverschiebungen handelt. Deshalb sind relativ dicke, durchsichtige Objekte, wie z. B. Radiolarienskelette, kleine Krebstiere sowie Handschnitte durch Hölzer ohne besondere Maßnahmen im normalen Mikroskop gut zu sehen, wenn die Kondensorapertur nicht zu groß ist. Kontraststeigernde Maßnahmen sind also nur bei kleinen Phasenverschiebungen notwendig. In den normalen, dünnen biologischen Präparaten ergeben sich meist Phasendifferenzen, die unter 30 Grad liegen. Die Phasenringe werden deswegen so gestaltet, daß es bei relativ kleinen Phasenverschiebungen zum besten Kontrast kommt. Man muß dann allerdings in Kauf nehmen, daß der Kontrast bei größeren Phasenverschiebungen, wie sie z. B. bei dickeren Objekten vorkommen, wieder abnimmt und schließlich auf Null sinkt.

Daraus ergibt sich, daß das Phasenkontrastmikroskop keineswegs zur Untersuchung aller möglichen Objekte optimal geeignet ist. Es stellt vielmehr ein Spezialgerät dar, dessen Vorteile nur bei sehr dünnen, kontrastlosen Objekten zur Geltung kommt, wie z. B. bei lebenden Bakterien, einzelnen dünnen Zellen oder einschichtigen Zellverbänden, vielen Protozoen, 1–3 μm dicken Araldit- oder Methacrylatschnitten (»Semidünnstschnitten«) und dergleichen. Für dickere Objekte sind Phasenkontrastmikroskope ungeeignet. Solche Präparate lassen sich mit einem normalen Hellfeldmikroskop viel besser untersuchen. Für »optische Schnitte« ist das Phasenkontrastmikroskop ebenfalls nicht zu gebrauchen.

Wenn das Objekt eine Phasenverschiebung verursacht, für die das Phasenkontrastmikroskop einen schlechten Kontrast liefert, kann man in manchen Fällen durch geeignete Präparation doch noch für eine Kontrastverbesserung sorgen. Denn die Phasenverschiebung wird ja umso größer, je dicker das Objekt und je höher die Differenz der Brechungsindizes von Objekt und umliegendem Medium ist. Die in Wellenlängeneinheiten ausgedrückte Phasenverschiebung bezeichnet man als Gangunterschied, abgekürzt Γ. Er errechnet sich aus der Formel:

$$\Gamma = d\,(n_O - n_U)$$

(d = Dicke des Objektes; n_O = Brechungsindex des Objektes; n_U = Brechungsindex der Umgebung).

Demnach kann man den Gangunterschied, den ein Phasenobjekt verursacht, willkürlich vergrößern oder verkleinern, wenn der Unterschied zwischen den beiden Brechungsindizes n_O und n_U größer oder kleiner gemacht wird. Dazu muß man das Objekt entweder in ein höher- oder in ein niedrigerbrechendes Medium einschließen. So läßt sich der Kontrast des Phasenkontrastbildes mit einem Einschlußmedium vom richtigen Brechungsindex oft erheblich verbessern.

Störungen im Phasenkontrastbild

Damit ein Phasenkontrastmikroskop richtig funktioniert, darf also nur das Hauptmaximum gedämpft und in seiner Phase beeinflußt werden. Das gebeugte Licht muß dagegen völlig unverändert bleiben. In der Praxis läßt es sich aber nicht vermeiden, daß etwas vom gebeugten Licht mit auf den Phasenring zu liegen kommt und von ihm beeinflußt wird. Das führt zu einer für den Phasenkontrast typischen Bildstörung, nämlich zum Haloeffekt. Er äußert sich beim positiven Phasenkontrast in Form von hellen Säumen, welche die Strukturen umgeben. Das kann zur Kontrastverbesserung führen, wenn die Objekte weit genug voneinander entfernt sind. Liegen sie jedoch zu nahe beieinander, überlappen sich benachbarte Haloeffekte und überdecken Einzelheiten im Bild. Die Haloeffekte treten in der Regel umso mehr in Erscheinung, je stärker das Hauptmaximum vom Phasenring absorbiert wird und je größer die Differenz $n_O - n_U$ ist.

Eine weitere Bildstörung im Phasenkontrast kommt durch das »shading-off«-Phänomen zustande. Dabei wird eine ausgedehnte Fläche von einheitlichem Brechungsindex und gleicher Dicke (z.B. ein Stück dünne Plastikfolie) nicht in einem einheitlichen Grauton abgebildet,

sondern hellt sich gegen die Mitte zu auf. Es wird somit eine Gangunter-
schiedsänderung vorgetäuscht, die im Objekt in Wirklichkeit überhaupt
nicht erfolgt.
Schließlich kann es noch zu Störungen durch den Linseneffekt kommen. Das ist der Fall, wenn sich im Präparat mehr oder weniger linsen-
förmige Partikel mit einem von der Umgebung stark abweichenden
Brechungsindex befinden. Diese verhindern eine exakte Abbildung der
Ringblende auf dem Phasenring. Dieser Fehler kann z. B. bei der Untersuchung von Blutkörperchen vorkommen.

Variabler Phasenkontrast

Die meisten Phasenkontrasteinrichtungen liefern nur für eine ganz
bestimmte Phasenverschiebung den besten Kontrast. Strukturen, die
andere Phasenverschiebungen verursachen, werden (bei positivem
Phasenkontrast und kleinen Phasenverschiebungen) in verschiedenen
Graustufen dargestellt. Es sind aber auch einige Phasenkontrasteinrichtungen auf dem Markt, mit denen man nicht nur bei einer, sondern bei
mehreren verschiedenen Phasenverschiebungen maximalen Kontrast
erzielen kann. Meistens wird das dadurch erreicht, daß für ein und
denselben Abbildungsmaßstab eine Anzahl von Objektiven mit verschiedenen Phasenplatten zur Verfügung steht. Der Kontrast ändert
sich dann beim Wechsel der Objektive. So sind z. B. von Olympus die
Phasenkontrastobjektive mit vier verschiedenen Phasenplatten zu haben. Zwei ergeben positiven und zwei negativen Kontrast. Davon entspricht die eine positive Version ungefähr dem von anderen Fabrikaten
her bekannten positiven Phasenkontrast (Bezeichnung PL, Absorption
des Phasenringes ca. 70%), während der andere (Bezeichnung PLL,
Absorption ca. 50%) für Präparate bestimmt ist, die größere Phasenverschiebungen verursachen. Darüber hinaus haben die PLL-Objektive
einen vielseitigen Anwendungsbereich. Man kann damit z. B. 5–10 µm
dicke entparaffinierte, ungefärbte und in Xylol oder Immersionsöl eingeschlossene Paraffinschnitte untersuchen, wofür sich Phasenkontrastobjektive mit normal absorbierenden Phasenringen schlecht eignen. Da
die Haloerscheinungen noch nicht so sehr stören, können die PLL-
Objektive auch benutzt werden, wenn zu blaß gefärbte und in Kunstharz eingeschlossene Mikrotomschnitte besser kontrastiert werden
müssen. Durch Phasenkontrastobjektive werden ausgesprochene Amplitudenobjekte, wie z. B. mit Hämatoxylin dunkelblau gefärbte Zellkerne oder schwarze Pigmentschollen aufgehellt, so daß sie sehr an
Kontrast einbüßen. Diese Aufhellung fällt mit den PLL-Objektiven
weniger stark aus. Schließlich ergeben sich mit diesen Objektiven wegen der geringeren Lichtabsorption der Phasenringe wesentlich kürzere
Belichtungszeiten bei der Mikrofotografie. Von den beiden negativen

Kontrasten von Olympus haben die des Typs NM eine Absorption von 70% und die des anderen (NH) eine solche von 90%. Letztere sind für Objekte vorgesehen, die sehr kleine Gangunterschiede verursachen. Durch die starke Lichtabsorption werden die Objekte allerdings etwas dicker abgebildet, so daß sie miteinander verschmelzen, wenn sie zu nahe beieinanderliegen. Deshalb ergibt sich eine bessere Auflösung, wenn man Objektive mit schwächer absorbierenden Phasenringen benutzt. Objektive mit verschiedenen Phasenringen liefern auch Nikon und PZO.

Variabler Phasenkontrast ist auch zu erzielen, wenn sich in der hinteren Objektivbrennebene zwei verschiedene Phasenringe befinden, von denen wahlweise der eine oder der andere zur Wirkung gelangt. Es ist dann eine Kontrastveränderung ohne Objektivwechsel möglich. Die von Jena gelieferten Phasenkontrastobjektive enthalten z. B. zwei konzentrische Phasenringe, von denen der innere sehr schmal und der äußere breiter ist (Abb. **87**). Ebenso trägt der Kondensor auf der Revolverscheibe je eine Ringblende mit enger Öffnung, die von einer zweiten Ringblende mit größerem Durchmesser und weiterer Öffnung umgeben ist. Darunter befindet sich noch eine Irisblende, die man soweit schließen kann, daß das Licht nur durch die innere schmale Ringblende dringt. Das Bild ihrer Öffnung wird mit dem inneren Phasenring des Objektivs zur Deckung gebracht. Es kommt dann zum »strengen Phasenkontrast«. Dabei wird das gebeugte Licht vom Phasenring kaum beeinflußt, eben weil er so schmal ist. Somit sind die von der Theorie her geforderten Verhältnisse für den Phasenkontrast fast ideal verwirklicht. Deswegen resultiert ein sehr guter Kontrast bei schwachem Haloeffekt. Man benutzt diese Einstellung, wenn ausgesprochen flächige Objekte untersucht werden sollen. Jedoch ist wegen des verhältnismäßig kleinen Durchmessers der inneren Ringblende die Beleuchtungsapertur gering, was für die Auflösung von Nachteil ist.

Wenn man die unter den konzentrischen Ringblenden befindliche Irisblende öffnet, dringt schließlich auch Licht durch die äußere Ringblende. Da diese erheblich breiter als die innere ist, übt sie jetzt den entscheidenden Einfluß auf die Bildgestaltung aus, während man die

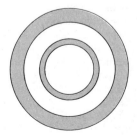

Abb. **87**   Die beiden konzentrischen Phasenringe in einem Phasenkontrastobjektiv von Jena (nach Jena, verändert).

schmälere, innere Ringblende praktisch vernachlässigen kann. Von dem breiten Phasenring werden die Nebenmaxima natürlich stärker beeinflußt, was zu kräftigeren Haloerscheinungen führt. Außerdem ist der Kontrast schwächer. Wegen der höheren Beleuchtungsapertur fällt aber die Auflösung besser aus. Diese Einstellung ist günstig für die Untersuchung besonders kleiner Objekte, wie z. B. Mitochondrien oder Bakterien.

Die in den Phasenkontrastkondensoren von Jena befindlichen Ringblenden sind so gestaltet, daß sich eine ringförmige Hellfeldbeleuchtung ergibt, wenn man die Irisblende vollständig öffnet.

Beim variablen Phasenkontrast von PZO sind in den Objektiven zwei konzentrische Phasenringe enthalten, von denen der eine positiven und der andere negativen Kontrast liefert. Entsprechend finden sich am Kondensor zwei konzentrische Ringblenden, deren Öffnungen jedoch aus Polarisationsfolien bestehen, die in Kreuzstellung zueinander orientiert sind. Durch Drehen eines darunter angeordneten Polarisators kann man das Licht entweder durch den inneren oder den äußeren Ring schicken.

Farbiger Phasenkontrast

Damit beim positiven Phasenkontrast ein Helligkeitskontrast zustande kommt, muß – wie schon gesagt – das Hauptmaximum so beeinflußt werden, daß die Phase zwischen Hauptmaximum und gebeugtem Licht insgesamt um 180 Grad verschoben ist, d. h. daß direktes und abgebeugtes Licht einen Gangunterschied von einer halben Wellenlänge aufweisen. Da die Nebenmaxima bei normalen, dünnen biologischen Präparaten einen Phasenunterschied von ca. 90 Grad erhalten, muß also die Phasenplatte eine zusätzliche Phasendifferenz von weiteren 90 Grad einführen (also einen zusätzlichen Gangunterschied von ¼ λ), damit man die besagten 180 Grad erreicht. Mit normalen Phasenringen kommt es dazu aber nur bei monochromatischem Licht. Denn wenn z. B. ein zusätzlicher Gangunterschied von 138 nm eingeführt wird, macht das zwar für gelbgrünes Licht (λ = ca. 550 nm) ca. ¼ λ aus, für blaues dagegen mehr und für rotes weniger als ¼ λ. Man sollte deshalb erwarten, daß im Phasenkontrastmikroskop mit weißem Mikroskopierlicht kein richtiger Schwarz-Weißkontrast zustande kommt, sondern daß ein farbstichiges Bild resultiert. Es wird deswegen hin und wieder empfohlen, für die Phasenkontrastmikroskopie stets einen Grünfilter zu verwenden. Allerdings fallen bei den meisten Phasenkontrastobjektiven die Farbstiche im weißen Mikroskopierlicht höchstens in Extremfällen so stark auf, daß sie wirklich stören. Deswegen kann in der Praxis auf ein Grünfilter meistens verzichtet werden.

Da das Ausmaß der Phasenverschiebung am Phasenring von der Wellenlänge des Lichts abhängt, kann man den Phasenring auch so gestalten, daß ein Farbkontrast resultiert. Dazu kommt es z. B. wenn man die Phase für gelbgrünes Licht um 360 Grad verschiebt, und wenn das Präparat mit Weißlicht beleuchtet wird. Die Phasenobjekte erscheinen dann im Mikroskop farbig (rot-blau). Farbiger Phasenkontrast ist für die Untersuchung von Objekten zu empfehlen, die neben Phasenobjekten auch Amplitudenobjekte enthalten, was z. B. bei Stäuben vorkommen kann. Denn im normalen Phasenkontrast büßen Amplitudenobjekte so sehr an Kontrast ein, daß sie manchmal kaum noch auffallen. Für biologisch-medizinische Zwecke hat er sich dagegen nicht durchgesetzt. Man kann ihn z. B. mit dem Interphaco (Jena) (neben anderen Kontrastarten) erzielen.

Behelfsmäßige Phasenkontrasteinrichtung

Phasenkontrast läßt sich nicht so leicht mit Behelfseinrichtungen realisieren, wie das z. B. bei der Dunkelfeldmikroskopie möglich ist. Zwar läßt sich grundsätzlich fast jedes Hellfeldobjektiv in ein Phasenkontrastobjektiv umwandeln. In der Regel kann man das aber nicht selbst durchführen, weil die Phasenringe in die hintere Brennebene des Objektivs gebracht werden müssen. Diese liegt bei den stärkeren Systemen, die für die Phasenkontrastmikroskopie besonders interessant sind, bekanntlich zwischen den Linsen und ist deswegen für den Nicht-Fachmann unerreichbar. Verschiedentlich wurde vorgeschlagen, auf die nahe der hinteren Brennebene gelegenen Hinterlinse stärkerer Objektive einen Phasenring aus Ruß aufzutragen. Damit ist negativer Phasenkontrast zu erzielen. Im allgemeinen muß aber davor gewarnt werden, selbst irgendwelche Eingriffe am Mikroskopobjektiv vorzunehmen, weil es dabei leicht zu Beschädigungen kommt.

Man sollte lieber von vornherein fertige Phasenkontrastobjektive kaufen, bevor durch allerlei Manipulationen eine Anzahl Hellfeldobjektive verdorben wird.

Besser steht es um einen Ersatz für den Phasenkontrastkondensor. Man zeichnet die Ringblende mit schwarzer Tusche auf einen Streifen Transparentpapier und steckt diesen (mit der Tuscheschicht nach oben) in den Spalt zwischen Filterhalter und Kondensorunterseite eines normalen Hellfeldkondensors. Die Ringblen-

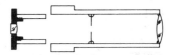

Abb. **88**   Selbstgebautes Einstellfernrohr zur Beobachtung primärer Beugungsbilder. Das größere Papprohr muß sich mit der Sammellinse (f ~ 2–3 cm) nach unten in den Tubus stecken lassen. Im anderen Ende des Papprohres steckt ein kürzeres verschiebbares Rohr, in welches man die gefaßte Augenlinse eines möglichst starken Okulars (am besten 25×) steckt. In das Innere des größeren Rohres klebt man noch eine Lochblende (Öffnungsdurchmesser ca. 2–3 mm) aus Pappe.

de kann durch Verschieben des Streifens leicht zentriert werden. Die Größe der Ringblende ergibt sich, wenn man anstelle des Transparentpapiers zunächst ein Stück durchscheinendes Millimeterpapier zwischen den Filterhalter und die Kondensorunterseite schiebt und das zugehörige Phasenkontrastobjektiv einstellt. Der erforderliche Ringblendendurchmesser ist dann durch das Einstellfernrohr direkt am Millimeterpapier abzulesen. Das geht noch besser, wenn man die Linien des Millimeterpapiers vorher mit schwarzer Tusche nachgezogen hat. Das zum Zentrieren der Ringblende erforderliche Einstellfernrohr kann auch selbst hergestellt werden (Abb. **88**).

Wer das Phasenkontrastverfahren erst später anwenden und zunächst nur im Hellfeld arbeiten will, sollte bei der Anschaffung eines Mikroskops trotzdem von vornherein einen Phasenkontrastkondensor kaufen und ihn fürs erste in der Hellfeldstellung verwenden. Auf einen besonderen Hellfeldkondensor kann dann verzichtet werden.

Polarisationsmikroskopie

Unpolarisiertes und linear polarisiertes Licht

Auf Seite 73 sind die Lichtwellen mit Wasserwellen verglichen worden. Dieser Vergleich stimmt aber nicht in allen Einzelheiten. Denn während bei den Wasserwellen die Schwingungen nur von oben nach unten und umgekehrt verlaufen, sind bei den Lichtwellen alle möglichen Schwingungsrichtungen senkrecht zur Fortpflanzungsrichtung vorzufinden (Abb. **89**). Am einfachsten läßt sich das darstellen, wenn man die Wellenbewegungen nicht von der Seite, sondern von vorn, d. h. in der Projektion betrachtet. Dabei ist keine Schwingungsrichtung irgendwie bevorzugt, wenn es sich um Licht handelt, das z. B. von einer Flamme ausgesendet wird. Man spricht dann von natürlichem, unpolarisierten Licht.

Es gibt aber bestimmte Filter, die nur solches Licht vollständig hindurchlassen, dessen Schwingungen in einer ganz bestimmten Richtung verlaufen, während alle anders orientierten Wellenbewegungen mehr oder weniger stark absorbiert werden. Derartige Filter werden als Polarisationsfilter bezeichnet. Licht, das aus einem solchen Polarisationsfilter heraustritt, schwingt nur in einer einzigen, senkrecht zur Fortpflanzungsrichtung orientierten Ebene. Man spricht von linear polarisiertem Licht (Abb. **90**). Schickt man dieses durch ein zweites Polarisationsfilter, wird es nur dann ungehindert hindurchgelassen, wenn das Filter so orientiert ist, daß seine Durchlaßrichtung parallel zur Durchlaßrichtung des ersten Polarisationsfilters liegt. Bilden beide Richtungen miteinander einen Winkel von 90 Grad, wird das aus dem ersten Filter kommen-

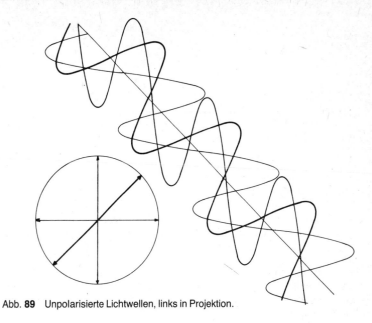

Abb. **89**   Unpolarisierte Lichtwellen, links in Projektion.

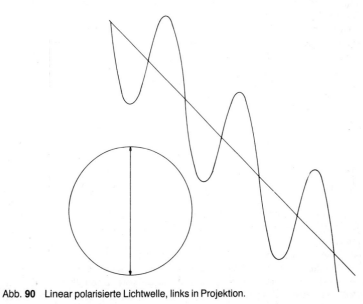

Abb. **90**   Linear polarisierte Lichtwelle, links in Projektion.

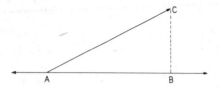

Abb. 91   Der Vektor AC gibt die Schwingungsrichtung und die Amplitude einer linear polarisierten Welle an. Der Analysator, dessen Durchlaßrichtung z.B. waagerecht orientiert ist, läßt davon eine Amplitude hindurch, die von den Punkten A und B begrenzt ist.

de, linear polarisierte Licht vom zweiten vollständig absorbiert. Die Polarisationsfilter befinden sich dann in Kreuzstellung. Bilden die Durchlaßrichtungen der beiden Filter einen Winkel zwischen 0 Grad und 90 Grad, wird das linear polarisierte Licht von dem zweiten Polarisationsfilter teilweise hindurchgelassen. In welchem Ausmaß das geschieht, läßt sich aus einer graphischen Darstellung ermitteln (Abb. **91**).

Somit ist es möglich, linear polarisiertes Licht von anderem Licht zu unterscheiden. Denn wenn beim Drehen des Polarisationsfilters um 360 Grad Licht abwechselnd zweimal besonders hell und zweimal völlig ausgelöscht wird, ist es linear polarisiert. Polarisationsfilter kann man daher einmal zur Herstellung linear polarisierten Lichts und zum anderen zu dessen Nachweis verwenden. Man bezeichnet sie im ersten Anwendungsfall als Polarisator und im zweiten als Analysator. Von beiden Möglichkeiten macht man im Polarisationsmikroskop Gebrauch. Hier wird mit Hilfe eines Polarisators zunächst linear polarisiertes Licht erzeugt, mit dem man das Präparat beleuchtet. Das Licht wird dann durch einen darüber befindlichen Analysator geschickt. Polarisationsmikroskope werden zur Untersuchung doppelbrechender Objekte gebraucht.

Doppelbrechung

Doppelbrechende Objekte sind so strukturiert, daß das Licht in ihnen nur in zwei, aufeinander senkrecht stehenden Richtungen schwingen kann. Wenn also natürliches, unpolarisiertes Licht in solche Materialien eindringt, wird es dort so beeinflußt, daß es bei seinem Austritt nur noch in zwei bestimmten, aufeinander senkrecht stehenden Richtungen schwingt.

Zur Doppelbrechung kann es auf verschiedenen Wegen kommen, von denen die drei folgenden für die Polarisationsmikroskopie von besonderem Interesse sind. Einmal sind bestimmte Stoffe doppelbrechend, weil sie sich aus bestimmten Kristallgittern aufbauen. Dies ist bei allen

Kristallsystemen mit Ausnahme des regulären (z. B. beim Steinsalz) der Fall. Man spricht dann von Eigendoppelbrechung. Zweitens kommt es zur Doppelbrechung, wenn auf Materialien, die an sich nicht doppelbrechend sind, bestimmte Kräfte einwirken (Spannungsdoppelbrechung). Drittens kann ein Verband nicht doppelbrechender Teilchen, von denen jedes wenigstens in einer Richtung wesentlich kleiner als die Lichtwellenlänge ist, doppelbrechend werden. Voraussetzung ist, daß die Teilchen alle gleichmäßig orientiert sind und daß sich zwischen ihnen eine Substanz befindet, die einen von den Teilchen abweichenden Brechungsindex aufweist. Es handelt sich dabei um die für die biologische Polarisationsmikroskopie besonders wichtige Formdoppelbrechung. Diese kann sich mit der Eigendoppelbrechung überlagern, wenn nämlich die gleichmäßig orientierten Teilchen selbst Eigendoppelbrechung zeigen. Auch damit hat man es öfters in der biologischen Polarisationsmikroskopie zu tun.

In den beiden Schwingungsrichtungen, die ein doppelbrechendes Objekt zuläßt, stellt man verschiedene Brechungsindizes fest. Der eine von beiden steht mit dem Brechungsgesetz in Einklang. Das unter seinem Einfluß gebrochene Licht wird als ordentlicher Strahl bezeichnet. Der in der anderen Schwingungsrichtung zu messende Brechungsindex steht in keiner Beziehung zum Brechungsgesetz. Er ist auch nicht konstant, sondern ändert sich mit dem Winkel, unter dem das Licht auf den doppelbrechenden Körper auftrifft. Auf Grund dieser von der Regel abweichenden Brechung kommt es zum außerordentlichen Strahl, dessen Lichtschwingungen also senkrecht zum ordentlichen ausgerichtet sind. Demnach sind die Brechungsindizes für den ordentlichen und außerordentlichen Strahl (meistens) verschieden.

Wenn das Licht jedoch unter ganz bestimmten Richtungen auf das doppelbrechende Material fällt, werden beide Brechungsindizes gleich groß. Man bezeichnet diese Richtungen als optische Achsen. Je nach Art des Objektes können eine oder zwei optische Achsen vorhanden sein, weswegen man von einachsigen oder zweiachsigen doppelbrechenden Materialien spricht. Zu den letzteren gehört z. B. die Zellulose. Meist sind aber in biologischen und medizinischen Präparaten einachsig doppelbrechende Strukturen vorzufinden.

Fällt das Licht nicht parallel zur optischen Achse, sondern unter einem anderen Winkel auf den doppelbrechenden Körper ein, weicht der Brechungsindex für den außerordentlichen Strahl von dem für den ordentlichen ab. Diese Differenz steigt mit zunehmendem Winkel zwischen optischer Achse und Lichteinfallsrichtung an und erreicht ihr Maximum, wenn das Licht genau senkrecht zur optischen Achse auf das doppelbrechende Material auftrifft. Der Brechungsindex des außerordentlichen Strahles kann dann kleiner (negative Doppelbrechung) oder auch größer sein (positive Doppelbrechung) als der des ordentlichen. Beide Fälle sind in medizinisch-biologischen Objekten anzutreffen.

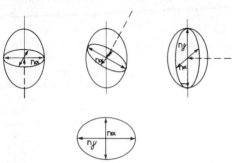

Abb. **92**   Obere Reihe: Indikatrix bei positiver einachsiger Doppelbrechung. Links: Licht fällt parallel zur optischen Achse auf das doppelbrechende Material. Beide Brechungsindizes sind dann gleich groß. Mitte: Licht fällt schräg zur optischen Achse ein. Beide Brechungsindizes sind verschieden. Rechts: Licht fällt senkrecht zur optischen Achse ein. Die Differenz der beiden Brechungsindizes erreicht ihren Maximalbetrag. Untere Reihe: Indikatrix bei negativer, einachsiger Doppelbrechung. Der größere Brechungsindex wird in der Regel mit n_γ und der kleinere mit n_α bezeichnet, unabhängig davon, ob das den ordentlichen oder den außerordentlichen Strahl betrifft.

Die Abhängigkeit der Brechungsindizes eines doppelbrechenden Körpers von der Einfallsrichtung des Lichtes läßt sich mit Hilfe der Indikatrix veranschaulichen. Man kommt zu diesem Modell, wenn man von einem Punkt aus senkrecht zu jeder beliebigen Lichteinfallsrichtung die zugehörigen Brechungsindizes als Strecken entsprechender Länge aufträgt. Der Körper, der die Endpunkte aller dieser Strecken umschließt, stellt einen Ellipsoid dar und wird als Indikatrix bezeichnet. Dabei ergibt sich bei einem positiv einachsigen Objekt ein schlankes und bei einem negativ einachsigen ein abgeplattetes Ellipsoid (Abb. **92**). Für medizinisch-biologische Untersuchungen mit dem Polarisationsmikroskop reicht es aber im allgemeinen aus, wenn man nur die Richtung des größten und des kleinsten Brechungsindexes bestimmt und auf die Zwischenwerte verzichtet. Man konstruiert daher gewöhnlich keine vollständige Indikatrix, sondern begnügt sich mit einem Kreuz, dessen Achsen den beiden Brechungsindizes proportional sind.

Doppelbrechende Materialien zeigen also richtungsabhängige Verhaltensweisen, weswegen man sie als anisotrop bezeichnet. Im Gegensatz dazu stehen die isotropen Stoffe, die diese Richtungsabhängigkeit nicht aufweisen. Hierzu gehören z. B. spannungsfreies Glas und Steinsalz.

Mit dem hier geschilderten Denkmodell von der Indikatrix lassen sich die meisten polarisationsmikroskopischen Untersuchungen gut interpretieren. Es gibt allerdings auch Fragen, die sich nur mit anderen Vorstellungen beantworten lassen. Das gilt etwa für die Schlußfolgerungen, die sich aus der optischen Aktivität von Proteinen ziehen lassen (näheres z. B. bei *Jirgensons* 1973).

Abb. **93** Kalkspatkristall über Buchstaben (*G. Valentin* [1810–1883] verfaßte das erste zusammenfassende Werk über biologische Polarisationsmikroskopie).

Einen Teil der bisher gemachten Aussagen kann man an Hand von Versuchen veranschaulichen. Das Phänomen der Doppelbrechung zeigt sich z.B., wenn man einen Kalkspatkristall auf eine Schrift legt (Abb. **93**). Da ordentlicher und außerordentlicher Strahl verschieden stark gebrochen werden, sind die Buchstaben durch den Kristall doppelt zu sehen. Dreht man den Kristall auf der Schrift, dann bleibt eine der beiden Buchstabenreihen stehen, während die andere um die erste herumwandert. Die unbeweglichen Buchstaben werden vom ordentlichen, die anderen vom außerordentlichen Strahl dargestellt. Daß beide Strahlen in Ebenen schwingen, die senkrecht zueinander orientiert sind, kann man nachweisen, indem man durch ein Polarisationsfilter blickt und dieses solange dreht, bis von der einen Buchstabenreihe gerade nichts mehr zu sehen ist. Dreht man das Filter um 90 Grad, kommt die erste Buchstabenreihe wieder zum Vorschein, während die andere verschwindet.

Linear polarisiertes Licht und Doppelbrechung

Wenn linear polarisiertes Licht durch einen doppelbrechenden Körper verläuft, treten keine Schwierigkeiten auf, wenn die Schwingungsrichtung des Lichts mit einer der beiden Schwingungsrichtungen zusammenfällt, die der doppelbrechende Körper zuläßt. Das linear polarisierte Licht wird dann in der einen möglichen Schwingungsrichtung vom Brechungsindex des ordentlichen Strahles und senkrecht dazu von dem des außerordentlichen beeinflußt. Sonst passiert nichts.

Das ändert sich aber, wenn das linear polarisierte Licht in einer Richtung schwingt, die nicht mit einer der beiden übereinstimmt, die das doppelbrechende Objekt zuläßt. Die Lichtschwingungsrichtung kann dann nicht beibehalten werden. Vielmehr wird sie nach dem Parallelogrammgesetz auf die beiden möglichen Richtungen aufgeteilt. Das bedeutet, daß linear polarisiertes Licht, das auf einen doppelbrechenden Körper trifft und nicht in einer der beiden dort zulässigen Richtungen schwingt, in zwei Wellenzüge aufgeteilt wird, von denen jeder linear polarisiert ist und deren Schwingungsrichtungen aufeinander senkrecht stehen.

Linear, zirkulär und elliptisch polarisiertes Licht

Auf Seite 137 wurde bereits dargelegt, daß die Lichtgeschwindigkeit in einem Medium umso geringer wird, je größer dessen Brechungsindex ist. Wenn also die beiden Wellenzüge in einem doppelbrechenden Material unter dem Einfluß zweier verschiedener Brechungsindizes stehen, müssen sie mit verschiedenen Geschwindigkeiten und somit auch mit unterschiedlichen Wellenlängen durch die anisotrope Substanz verlaufen. Deshalb weisen sie beim Verlassen des Stoffes einen Gangunterschied auf (S. 155). Sein Ausmaß errechnet sich aus der Formel:

$$\Gamma = d \cdot (n_\gamma - n_\alpha)$$

(d = Dicke des doppelbrechenden Objektes; n_γ = größter Brechungsindex; n_α = kleinster Brechungsindex).

Die Differenz $n_\gamma - n_\alpha$ wird als *Stärke der Doppelbrechung* bezeichnet und ist für Stoffe mit Eigendoppelbrechung eine Materialkonstante.

Die beiden Wellenzüge verlassen also das doppelbrechende Objekt mit einem Gangunterschied. Da sie aber nicht in derselben Ebene, sondern in zwei verschiedenen, aufeinander senkrecht stehenden Ebenen schwingen, können sie nicht in der gleichen Weise miteinander interferieren, wie dies auf Seite 75 besprochen wurde.

Es kommt also zunächst nicht zu besonders hellen oder vollkommen dunklen Bereichen. Trotzdem vereinigen sich auch diese beiden Wellenzüge zu einer einzigen Wellenbewegung. Wie die daraus resultierende Wellenbewegung aussieht, hängt von dem Gangunterschied ab, den die beiden senkrecht zueinander polarisierten Wellen beim Austritt aus dem doppelbrechenden Material aufweisen. Das ganze läßt sich mit einer einfachen Konstruktion leicht ableiten. Hierzu zeichnet man mit Hilfe eines Sinuskurvenlineals eine Sinuskurve auf Millimeterpapier und anschließend eine ebensolche Kurve mit gleicher Amplitude und Wellenlänge auf Transparentpapier. Wir nehmen an, die Kurve auf dem Millimeterpapier stelle die von oben nach unten gerichteten Schwingungen (auf der y-Achse) des einen Wellenzuges dar und die Kurve auf dem Transparentpapier die senkrecht dazu orientierten Wellenbewegungen (auf der x-Achse). Um Verwechslungen zu vermeiden, werden beide Kurven am besten in verschiedenen Farben gezeichnet. Man kann nun die auf dem Transparentpapier gezeichnete Kurve mit jeder beliebigen Phasenverschiebung über die auf dem Millimeterpapier befindliche Kurve legen. Die Phasen, auf denen sich beide Schwingungen zu einem bestimmten Zeitpunkt befinden, sind dann sehr leicht miteinander zu vergleichen. Man darf dabei nur nicht vergessen, daß beide Schwingungen in Wirklichkeit senkrecht zueinander orientiert sind. Die Bewegungsform, die beim Zusammenwirken dieser beiden Wellenbewegungen resultiert, wird besonders übersichtlich, wenn man sie in der Projektion aufzeichnet. Die beiden Schwingungsebenen, die der doppelbrechende Körper zuläßt, erscheinen dann als Achsenkreuz, wobei die Länge der beiden Achsen den Amplituden der beiden Schwingungen proportional ist.

Betrachten wir als Beispiel die Bewegungsform, die bei einem Gangunterschied von ⅛ λ, d. h. einer Phasenverschiebung von 45 Grad resultiert (Abb. **94a**). Es werden dazu zwei Sinuskurven mit Amplituden von z. B. 17 mm und einer Wellenlänge von 30 mm benutzt (natürlich eignen sich für diesen Zweck andere Amplituden und Wellenlängen genauso gut). Beide Sinuskurven werden so aufeinandergelegt, daß die Kurve, welche die Schwingung in der y-Richtung symbolisieren soll, gegenüber der Kurve in der x-Richtung einen Vorsprung von ⅛ λ erhält. So steht einer Amplitude 0 in der x-Richtung ein Ausschlag von -10 mm in der y-Richtung gegenüber. Wenn die waagrechte Schwingung bereits auf der Amplitude 14 mm angekommen ist, liegt die senkrechte erst bei 0 mm usw. Die so gewonnenen Punkte (z. B. x:0; y:−10 mm; x:14, y:0 mm usw.) trägt man in ein Koordinatensystem ein (Abb. **94b**), wo sie alle von einer Ellipse umschlossen werden.

Wenn also zwei zueinander senkrecht schwingende, linear polarisierte Wellenzüge aus einem doppelbrechenden Körper mit einem Gangunterschied von ⅛ λ oder einer Phasenverschiebung von 45 Grad hervortreten, resultiert eine Bewegungsbahn, die in der Projektion eine Ellipse ergibt. Man spricht daher von elliptisch polarisiertem Licht. Da die

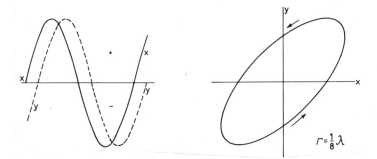

Abb. **94a** Kombination zweier linear polarisierter, senkrecht zueinander mit einem Gangunterschied von λ/8 schwingender Wellen. Siehe Text. **b:** Ergebnis aus der Kombination in Abb. 94a: elliptisch polarisiertes Licht.

Bewegung auf der Bahn nach links (also gegen den Uhrzeigersinn erfolgt), handelt es sich um links elliptisch polarisiertes Licht.

Als nächstes untersuchen wir die Schwingungsform, die bei einem Gangunterschied von ¼ λ, bzw. einer Phasenverschiebung von 90 Grad resultiert. Man erhält in der Projektion einen Kreis, also links zirkulär polarisiertes Licht.

Beträgt der Gangunterschied 0 oder auch 1 λ (allgemein. nλ, wobei n eine ganze Zahl darstellt), schwingt das linear polarisierte Licht in der gleichen Ebene wie beim Verlassen des Polarisators. Bei einem Gangunterschied von ½ λ bzw. einer Phasenverschiebung von 180 Grad resultiert ebenfalls linear polarisiertes Licht, dessen Schwingungsebene jedoch im Vergleich zu dem linear polarisierten Licht, welches aus dem Polarisator hervortritt, um 90 Grad gedreht ist. Mit einem doppelbrechenden Material, das einen Gangunterschied von ½ λ verursacht, kann man also die Schwingungsebene von linear polarisiertem Licht um 90 Grad drehen. Davon wird auch in der Mikroskopie verschiedentlich Gebrauch gemacht.

Aus dem Vergleich der Phasen der beiden Sinuskurven sowie aus der Konstruktion im Achsenkreuz läßt sich für jeden Gangunterschied die Projektion der Schwingungsbahn ermitteln, auf der die resultierende Wellenbewegung verläuft. Man sieht dabei, daß sich bei einer Phasenverschiebung von mehr als 180 Grad wieder elliptisch polarisiertes Licht ergibt, das jetzt jedoch rechts herum schwingt, also rechts elliptisch polarisiert ist. Bei einem Gangunterschied von ¾ λ kommt es zur Bildung von rechts zirkulär polarisiertem Licht (Abb. 95).

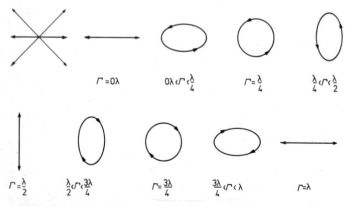

Abb. 95 Gangunterschiede zweier linear polarisierter, senkrecht zueinander schwingender Wellen und daraus resultierende Schwingungsformen. Obere Reihe, linke Seite: Dicker waagerechter Pfeil: Durchlaßrichtung des Polarisators. Dünne, diagonal verlaufende Pfeile: Schwingungsrichtungen der beiden aus dem doppelbrechenden Material hervortretenden linear polarisierten Wellen.

Doppelbrechendes Material zwischen zwei gekreuzten Polarisationsfiltern

Wichtig sind nun noch die Erscheinungen, die zu beobachten sind, wenn man linear polarisiertes Licht, welches einen doppelbrechenden Körper durchlaufen hatte, durch ein zweites Polarisationsfilter, also einen Analysator schickt, dessen Durchlaßrichtung zu der des Polarisators senkrecht orientiert ist. Das dabei zu erzielende Ergebnis hängt davon ab, wie die beiden möglichen Schwingungsrichtungen im doppelbrechenden Objekt zu den Durchlaßrichtungen von Analysator und Polarisator orientiert sind.

Liegt die eine der beiden Schwingungsrichtungen parallel zur Durchlaßrichtung des Polarisators, geht das linear polarisierte Licht ungehindert durch das Material hindurch und es erfolgt keine Aufspaltung in zwei senkrecht zueinander orientierte Wellenzüge. Das Licht behält also seine alte Schwingungsrichtung bei und wird von dem in Kreuzstellung befindlichen Analysator vollständig absorbiert. Das doppelbrechende Material bleibt in dieser Stellung dunkel. Das gleiche ist der Fall, wenn die andere der beiden möglichen Schwingungsrichtungen im Objekt parallel zur Durchlaßrichtung des Polarisators liegt.

Stimmt keine der beiden möglichen Schwingungsrichtungen des doppelbrechenden Materials mit der Durchlaßrichtung des Polarisators, d. h. mit der Schwingungsebene des aus ihm kommenden linear polarisierten Lichts überein, kommt es beim Durchgang durch das anisotrope Objekt zur Aufspaltung des Lichts in zwei Wellenzüge. Von diesen werden von dem in Kreuzstellung befindlichen Analysator gewisse Anteile hindurchgelassen. Deren Amplituden ergeben sich aus dem Parallelogrammgesetz (Abb. **96**). Daraus ist ersichtlich, daß der Analysator immer dann die größte Amplitude hindurchläßt, wenn die Schwingungsrichtungen im doppelbrechenden Material unter einem Winkel von 45 Grad zur Durchlaßrichtung des Analysators orientiert sind. Man bezeichnet diese Lage als Diagonalstellung.

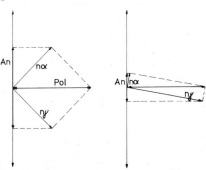

Abb. **96** Doppelbrechendes Objekt zwischen gekreuzten Polarisationsfiltern. Waagerechter Pfeil: Durchlaßrichtung des Polarisators; senkrechter Pfeil: Durchlaßrichtung des Analysators. Die mit $n\alpha$ und $n\gamma$ bezeichneten Pfeile geben die Schwingungsrichtungen im Objekt an.

Das bedeutet also, daß anisotrope Objekte abwechselnd heller und dunkler werden, wenn man sie zwischen gekreuzten Polarisationsfiltern dreht. Bei einer Drehung um 360 Grad werden sie insgesamt viermal hell und viermal dunkel. Auf Grund dieser Erscheinung können doppelbrechende Körper von nicht doppelbrechenden unterschieden werden. Denn letztere bleiben bei einer Drehung um 360 Grad zwischen gekreuzten Polarisationsfiltern immer dunkel.

Interferenzen nach dem Austritt des Lichts aus dem Analysator

Die beiden aus dem doppelbrechenden Körper hervortretenden Wellenzüge, die in zwei zueinander senkrecht orientierten Ebenen schwingen oder – was letztlich zum selben Resultat führt – die sich zu zirkulär oder elliptisch polarisierten Schwingungen vereinigt haben (S. 166) werden also beim Durchgang durch den Analysator in einen einzigen linear polarisierten Wellenzug umgewandelt. Zu welchen Amplituden es dabei kommt, hängt vom Gangunterschied der beiden Wellenzüge sowie von der Frage ab, ob die Durchlaßrichtungen von Analysator und Polarisator zueinander parallel oder senkrecht orientiert sind. Für die Untersuchung biologischer und medizinischer Objekte kommt in erster Linie die senkrechte Orientierung, d. h. die Kreuzstellung in Frage. Wir sahen bereits auf Seite 168, daß Licht in derselben Ebene wie beim Verlassen des Polarisators schwingt, wenn der Gangunterschied beim Austritt aus dem doppelbrechenden Material 0 λ, 1 λ oder ein ganzzahliges Vielfaches von λ beträgt. Von einem in Kreuzstellung befindlichen Analysator wird solches Licht absorbiert, d. h. wir beobachten bei diesen Gangunterschieden Dunkelheit.

Bei Gangunterschieden von ½ λ, ³⁄₂ λ usw. resultiert ebenfalls linear polarisiertes Licht, das jetzt jedoch in einer senkrecht zur Durchlaßrichtung des Polarisators orientierten Ebene schwingt. Da diese bei Kreuzstellung der Polarisationsfilter parallel zur Durchlaßrichtung des Analysators gelegen ist, wird das Licht von letzterem hindurchgelassen. Bei solchen Gangunterschieden erscheint also das Objekt maximal hell. Bei Gangunterschieden zwischen 0 und ½ λ ergeben sich verschiedene Grade der Aufhellung.

Wir erhalten also bei der Untersuchung eines doppelbrechenden Objektes zwischen gekreuzten Polarisationsfiltern andere Ergebnisse, als sie z. B. bei den Interferenzen zu beobachten sind, die als Folge von Beugungserscheinungen auftreten (S. 76). In diesem Falle kommt es bekanntlich zur Amplitude Null (d. h. zu Dunkelheit), wenn die beiden aufeinandertreffenden Wellenzüge einen Gangunterschied von ½ λ, ³⁄₂ λ usw. aufweisen. Maximale Verstärkung der Amplituden (also größte Helligkeit) resultiert bei Gangunterschieden von 0, 1, 2 usw. λ. Beim

Versuch mit dem doppelbrechenden Material zwischen zwei gekreuzten Polarisationsfiltern sind die Resultate gerade umgekehrt. Ein doppelbrechendes, unter einem Winkel von 45 Grad zur Durchlaßrichtung des Polarisators orientiertes Objekt erscheint also je nach Gangunterschied zwischen gekreuzten Polarisationsfiltern heller oder dunkler. Besonders deutlich ist die gesetzmäßige Abfolge von Helligkeit und Dunkelheit an einem doppelbrechenden Keil zu sehen, wo der Gangunterschied in einer Richtung kontinuierlich ansteigt. Hier erscheinen in gleichmäßigen Abständen helle und dunkle Streifen, wenn man monochromatisches Licht zur Beleuchtung verwendet. Die dunklen Streifen liegen in denjenigen Bereichen des Keils, an denen die beiden linear polarisierten Wellenzüge gerade einen Gangunterschied von einer Wellenlänge bzw. einem ganzzahligen Vielfachen von λ aufweisen. Es fällt auf, daß diese dunklen Streifen nahe beieinanderliegen, wenn man kurzwelliges, blaues Licht verwendet, im roten dagegen viel weiter voneinander entfernt sind. Das ist verständlich, denn im blauen Licht wird ein Gangunterschied von genau einer Wellenlänge schon bei etwa 400 nm erreicht, im roten dagegen erst bei 700 nm (Abb. **97**).

Interferenzfarben

Wenn man nicht monochromatisches, sondern weißes Licht zur Beleuchtung des doppelbrechenden Keils verwendet, hat man es nicht mehr mit einer einzigen Wellenlänge, sondern mit einem Gemisch aller Wellenlängen zwischen 400 und 700 nm zu tun. An den Stellen des

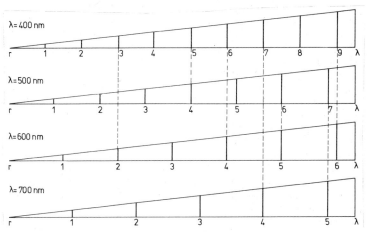

Abb. **97** Doppelbrechende Keile in Seitenansicht. Gangunterschiede für die verschiedenen Wellenlängen.

Keils, an denen z.B. bei Blaulicht ein dunkler Streifen zu sehen war, wird natürlich auch bei Verwendung von linear polarisiertem Weißlicht der Blauanteil entfernt. Nur ist dann dort nicht mehr Dunkelheit, sondern eine Mischfarbe aus denjenigen Wellenlängen zu sehen, die nicht ausgelöscht werden. Es tritt gelb auf. Bei zunehmender Dicke des Keils werden immer langwelligere Bereiche aus dem Weißlicht ausgelöscht, so daß immer neue Farben auftauchen. An einer bestimmten Stelle ist der Keil so dick, daß sich ein Gangunterschied von 800 nm ergibt, also gerade das Doppelte der Wellenlänge für blau. Hier verschwindet diese Farbe erneut, und es ist ein Gelbton zu sehen. Mit ansteigender Keildicke erreichen die Gangunterschiede Werte, die den doppelten Wellenlängen derjenigen Farben entsprechen, die sich im Spektrum an Blau anschließen. Wir erhalten also mit zunehmendem Gangunterschied eine gesetzmäßige Abfolge von Farben. Wenn keine weiteren Komplikationen hinzukommen, stimmt diese mit den Angaben in der Farbtafel von **Michel-Levy** überein (Tab. **2**). Aus dem Farbton läßt sich demnach unmittelbar auf den Gangunterschied schließen. Alle diese Interferenzfarben sind in Ordnungen eingeteilt. Bis zum erstmaligen Auftauchen der Farbe Rot (Gangunterschied 1 λ für Gelbgrün, λ = 550 nm) spricht man von der ersten Ordnung, bis zum nächsten Rot von der zweiten Ordnung usw. In der dritten und noch mehr in der vierten Ordnung (d.h. bei Gangunterschieden von 3×550 bzw. 4×550 nm) sind die Farben blasser als in der zweiten Ordnung. Bei sehr hohen Gangunterschieden sind überhaupt keine Farben mehr zu beobachten, sondern man erhält das Weiß der höheren Ordnung. Diese Farbverblassung tritt auf, weil an dickeren Stellen des Keils (d.h. bei größeren Gangunterschieden) nicht nur eine einzige Wellenlänge, sondern eine ganze Anzahl von ihnen ausgelöscht wird. Bei einem Gangunterschied von 2000 nm werden z.B. die Farben Blau und Grün gemeinsam entfernt, da sich bei 2000 nm für Grün ($4 \cdot 500$ nm) 4 λ und für Blau ($5 \cdot 400$ nm) 5 λ ergeben. Je weiter die Gangunterschiede ansteigen, umso mehr Farben verschwinden gleichzeitig (Abb. **97**). Es bleiben schließlich Farben übrig, die zusammen weiß ergeben. Untersucht man dieses Weiß mit einem Spektroskop, machen sich die darin fehlenden Farben in Form von dunklen Linien an den entsprechenden Stellen des Spektrums bemerkbar.

In der Farbliste ist besonders die Region um das Rot der ersten Ordnung interessant. Denn hier kommt es bei verhältnismäßig kleinen Änderungen im Gangunterschied zu der überaus deutlichen Farbverschiebung von gelb über rot nach blau. Diese Tatsache hat für die Untersuchung biologischer Objekte mit dem Polarisationsmikroskop allergrößte Bedeutung.

Tabelle **2**   Interferenzfarbentafel nach Michel-Levy.

Gangunterschied in nm	Farbe zwischen gekreuzten Polarisationsfiltern
0	Schwarz I
40	Eisengrau I
97	Lavendelgrau I
158	Graublau I
218	Grau I
234	Grünlich Weiß I
259	Fast Reinweiß I
267	Gelblich Weiß I
275	Blaß Strohgelb I
281	Strohgelb I
306	Hellgelb I
332	Lebhaft Gelb I
430	Braungelb I
505	Rotorange I
536	Rot I
551	Tiefrot I
565	Purpur
575	Violett II
589	Indigo II
664	Himmelblau II
728	Grünlich Blau II
747	Grün II
826	Helleres Grün II
843	Gelblich Grün II
866	Grünlich Gelb II
910	Reingelb II
948	Orange II
998	Lebhaft Orangerot II
1101	Dunkel Violettrot II
1128	Hellbläulich Violett III
1151	Indigo III
1258	Grünlich Blau III
1334	Meergrün III
1376	Glänzend Grün III
1426	Grünlich Gelb III
1495	Fleischfarben III
1534	Karminrot III
1621	Matt Purpur III
1652	Violettgrau III
1682	Graublau IV
1711	Matt Meergrün IV
1744	Bläulich Grün IV
1811	Hellgrün IV
1927	Hellgrünlich Blau IV
2007	Weißlich Grau IV
2048	Fleischrot IV

Zwei übereinandergelagerte, doppelbrechende Objekte zwischen gekreuzten Polarisationsfiltern

Wenn über das doppelbrechende Objekt noch ein zweites zu liegen kommt, hängt das Resultat davon ab, wie die in beiden Objekten möglichen Schwingungsrichtungen zueinander orientiert sind, sowie davon, ob beide Objekte positiv bzw. negativ doppelbrechend sind, oder ob das eine positiv und das andere negativ doppelbrechend ist. Der Einfachheit halber nehmen wir an, das Licht falle in beide Objekte senkrecht zur optischen Achse ein. Betrachten wir zunächst zwei übereinanderliegende, positiv doppelbrechende Objekte. Dabei gibt es zwei Extremfälle. In dem einen sind die Schwingungsrichtungen der ordentlichen Strahlen in beiden Objekten zueinander parallel ausgerichtet. Wenn es sich um positive Doppelbrechung handelt, wird der außerordentliche Strahl (in dessen Schwingungsrichtung bei positiver Doppelbrechung der größere Brechungsindex vorzufinden ist) gegenüber dem ordentlichen stärker gebremst. Letzterer eilt deswegen dem ersteren voraus. Dringen beide in das darüberliegende, zweite ebenfalls positiv doppelbrechende Objekt ein, dessen Schwingungsrichtungen genauso wie im ersten orientiert sind, wird der außerordentliche Strahl noch einmal gegenüber dem ordentlichen verzögert. Wenn beide Strahlen das zweite doppelbrechende Objekt verlassen, ist also der Gangunterschied zwischen ihnen größer als beim Austritt aus dem ersten doppelbrechenden Objekt. Bei Verwendung von weißem Mikroskopierlicht muß demnach eine höhere Interferenzfarbe resultieren, d. h. eine Farbe, die in der Interferenzfarbentafel erst nach derjenigen Farbe kommt, die sich ergibt, wenn man das zweite doppelbrechende Objekt aus dem Strahlengang entfernt.

Wenn also positiv doppelbrechende Objekte so übereinanderliegen, daß die Schwingungsrichtungen der ordentlichen Strahlen parallel zueinander orientiert sind, addieren sich die Doppelbrechungen. Man sagt, die Objekte liegen in Additionsstellung.

Dreht man dagegen das zweite Objekt um 90 Grad, sind die Schwingungsrichtungen der ordentlichen Strahlen in den zwei Objekten senkrecht zueinander ausgerichtet. Falls es sich in beiden Fällen wiederum um positive Doppelbrechung handelt, wird der außerordentliche Strahl zunächst ebenso wie im vorigen Beispiel gegenüber dem ordentlichen stärker gebremst. Beim Eindringen in das zweite doppelbrechende Objekt trifft der ordentliche Strahl auf diejenige Schwingungsrichtung, die den höheren Brechungsindex aufweist und wandelt sich deshalb in einen außerordentlichen Strahl um. Umgekehrt gelangt der bislang außerordentliche Strahl in dem zweiten Objekt in diejenige Schwingungsrichtung mit dem kleineren Brechungsindex und wird so zum ordentlichen Strahl. Letzterer erhält unter diesen Umständen im Vergleich zum ersten eine größere Geschwindigkeit, so daß er den Rückstand, den er beim Durchlaufen des ersten doppelbrechenden Objektes erhalten hat, mehr oder weniger aufholen kann. Wenn die beiden Strahlen das zweite doppelbrechende Objekt verlassen, ist ihr Gangunterschied demnach nicht mehr so groß, wie beim Verlassen des ersten. Mit weißem Mikroskopierlicht ergibt sich deswegen eine niedrigere Interferenzfarbe. Die Doppelbrechung des ersten Objekts wird also um die des zweiten vermindert, weswegen man von Subtraktionsstellung spricht.

Beispiel: Das erste Objekt verursache einen Gangunterschied von 400 nm, was zu einer gelben Interferenzfarbe führt (Tab. 2, S. 173). Wenn darüber ein zweites Objekt mit einem Gangunterschied von 300 nm in Additionsstellung liegt, resultiert ein Gesamt-Gangunterschied von 400 + 300 = 700 nm und als Farbe Blaugrün. Da diese in der Farbtabelle erst nach dem Gelb kommt, spricht man von einer höheren Interferenzfarbe. Wenn man das zweite Objekt um 90 Grad dreht, gelangt es in die Subtraktionsstellung. Es resultiert dann ein Gesamtgangunterschied von 400–300 = 100 nm und als Farbe ein Grauton, der die niedrigere Interferenzfarbe darstellt.

Bei zwei übereinanderliegenden, negativ doppelbrechenden Objekten treten in Additionsstellung ebenfalls höhere und in Subtraktionsstellung niedrigere Interferenzfarben auf.

Nun nehmen wir noch an, bei dem ersten der beiden übereinanderliegenden Objekte handle es sich um ein negativ doppelbrechendes und bei dem zweiten um ein positiv doppelbrechendes Objekt. Die Schwingungsebenen für die ordentlichen Strahlen sollen in den beiden Objekten zunächst zueinander parallel orientiert sein. In dem ersten, negativ doppelbrechenden Objekt eilt jetzt der außerordentliche Strahl voran, weil hier der auf ihn einwirkende Brechungsindex kleiner als derjenige ist, welcher den ordentlichen Strahl beeinflußt. Im zweiten, positiv doppelbrechenden Objekt wird der außerordentliche Strahl aber gegenüber dem ordentlichen stärker gebremst, so daß es zu einer Verminderung des Gangunterschieds und zu einer niedrigeren Interferenzfarbe kommt. Falls jedoch die Schwingungsebenen der ordentlichen Strahlen in dem negativ und dem positiv doppelbrechenden Objekt aufeinander senkrecht stehen, kommt es zu einer Vergrößerung des Gangunterschieds und somit zu einer höheren Interferenzfarbe.

Hilfsobjekte und Kompensatoren

Auf Grund der im vorigen Abschnitt angestellten Überlegungen kann man an einem doppelbrechenden Objekt feststellen, welche seiner beiden Schwingungsrichtungen den größeren und welche den kleineren Brechungsindex aufweist. Man muß nur zwischen die gekreuzten Polarisationsfilter ein zweites, und zwar positiv doppelbrechendes Hilfsobjekt in Diagonallage bringen, dessen Schwingungsrichtung mit dem größeren Brechungsindex bekannt ist. Man erhält dann mit Weißlicht eine bestimmte Interferenzfarbe. Bringt man das zu prüfende Objekt in den Strahlengang und dreht es in Diagonallage, sind die Schwingungsrichtungen mit dem größeren Brechungsindex in Objekt und Hilfsobjekt parallel zueinander orientiert, wenn das zu prüfende Objekt eine höhere Interferenzfarbe als das Hilfsobjekt annimmt. Bei einer niedrigeren Interferenzfarbe liegen die beiden Richtungen senkrecht zueinander.

Wir sahen bereits auf Seite 172, daß im Bereich des Rots der ersten Ordnung geringe Änderungen des Gangunterschieds besonders klare Farbverschiebungen ergeben. Man kann diese Erscheinung für die Untersuchung von Objekten mit schwacher Doppelbrechung ausnützen, wie sie in biologischen Präparaten oft anzutreffen ist. Man benutzt dazu ein Hilfsobjekt, das allein zwischen gekreuzten Polarisationsfiltern in Diagonalstellung als Interferenzfarbe das Rot der ersten Ordnung liefert. An den Stellen im Präparat, die unter diesen Umständen einen blauen Farbton annehmen, liegen die Richtungen mit dem größeren Brechungsindex parallel zu der des Hilfsobjektes. Bilden beide einen Winkel von 90 Grad, zeigen die gleichen Strukturen die gelbe Interferenzfarbe.

Wir nehmen nun an, es läge ein doppelbrechendes Objekt in Diagonallage vor, das einen Gangunterschied von 550 nm verursacht, so daß sich als Interferenzfarbe das Rot der ersten Ordnung ergibt. Bringt man nun über dieses Objekt ein zweites, das den gleichen Gangunterschied wie das erste verursacht (also ebenfalls das Rot der ersten Ordnung zeigt) und dreht es so, daß es zum ersten in Additionsstellung liegt, wird der Gangunterschied verdoppelt. Als Interferenzfarbe ergibt sich das Rot der zweiten Ordnung, wie man aus der Interferenzfarbentafel ablesen kann. Das zweite Objekt läßt sich aber auch in Subtraktionsstellung drehen. Der Gangunterschied des ersten Objektes vermindert sich dann um den Gangunterschied des zweiten. Da beide gleich groß sind, wird der vom ersten Objekt verursachte Gangunterschied vom zweiten gerade aufgehoben, also kompensiert.

Damit besteht eine Möglichkeit zur Messung des Gangunterschiedes, der in dem doppelbrechenden Objekt zwischen ordentlichem und außerordentlichem Strahl zustande kommt. Denn man muß dazu nur Hilfsobjekte, die einen bekannten Gangunterschied verursachen, in Subtraktionsstellung in den Strahlengang bringen. Wenn dann das zu untersuchende doppelbrechende Objekt dunkel erscheint, ist sein Gangunterschied gleich dem des Hilfsobjekts. Damit aber nicht für jeden möglichen Gangunterschied ein eigenes Hilfsobjekt erforderlich wird, verwendet man Hilfsobjekte, die einen kontinuierlichen Wechsel ihres Gangunterschiedes erlauben. Das ist z. B. möglich, indem man das doppelbrechende Hilfsobjekt kippt, wodurch sich ja der Brechungsindex des außerordentlichen Strahls und somit der Gangunterschied ändert. Dieser wird dann solange verstellt, bis das zu prüfende Objekt dunkel geworden ist. An diesen besonderen Hilfsobjekten – den Kompensatoren – kann an einer Skala ein Wert abgelesen werden, aus dem sich der zugehörige Gangunterschied ausrechnen läßt.

Aufbau eines Polarisationsmikroskops

Bei einem Polarisationsmikroskop befindet sich unter dem Kondensor das erste Polarisationsfilter, nämlich der Polarisator. Er läßt sich bei besseren Instrumenten drehen und ist mit einer groben Gradskala versehen. Über dem Objekt – meist zwischen Objektiv und Okular – ist der Analysator angeordnet. Er sollte drehbar sein und eine genaue Gradskala aufweisen. Zwischen beiden Polarisationsfiltern muß eine Möglichkeit zur Anbringung von Hilfsobjekten und Kompensatoren bestehen. Damit die Objekte mit ihren beiden Schwingungsrichtungen unter einem Winkel von 45 Grad zu den Durchlaßrichtungen von Analysator und Polarisator orientiert werden können, sollte das Mikroskop einen Drehtisch besitzen. Dieser muß sich zentrieren lassen (S. 16), falls sich nicht die Objektive selbst in einer Zentrierfassung befinden oder der Revolver zentrierbar ist. Die Arbeit mit dem Polarisationsmikroskop kann man sich schließlich noch mit einem Fadenkreuzokular erleichtern. Dieses ist mit einer verstellbaren Augenlinse versehen und enthält in der Zwischenbildebene ein Kreuz, das zusammen mit dem mikroskopischen Bild scharf gesehen wird. Man dreht das Okular so, daß die beiden Arme des Kreuzes entweder parallel zu den beiden Schwingungsrichtungen des zu untersuchenden Objektes oder parallel zu den Durchlaßrichtungen von Analysator und Polarisator orientiert sind.

Für einfachere Beobachtungen können die normalen Mikroskopobjektive auch am Polarisationsmikroskop benutzt werden. Allerdings hellen sie bei gekreuzten Polarisationsfiltern den Untergrund oft etwas auf, was bei schwachen Doppelbrechungen in den Präparaten sehr stört. Die Aufhellung kommt durch Spannungsdoppelbrechung der Linsen zustande.

Es gibt aber auch spannungsfreie Objektive. Das sind achromatische Objektive (in manchen Fällen auch Fluoritobjektive), die einem besonderen Herstellungsprozeß unterworfen und außerdem auf Spannungsfreiheit geprüft wurden.

Aber auch mit spannungsfreien Trockenobjektiven der höheren Abbildungsmaßstäbe sowie mit starken spannungsfreien Ölimmersionen kommt es zu einer gewissen Aufhellung des Gesichtsfeldes. Sie rührt von der teilweisen Depolarisation her, die an den stark gekrümmten Linsenflächen auftritt.

Das Gesichtsfeld wird bei gekreuzten Polarisationsfiltern auch dann aufgehellt, wenn die Filter z. B. nach zu starker Erwärmung beschädigt sind und das Licht nicht mehr genügend polarisieren. Sie sehen dann nicht mehr einheitlich grau aus, sondern weisen gelbliche Flecke auf. Deswegen darf auf Polarisationsfilter nie zu heiße Lichtstrahlung einfallen. U. U. muß man ein Wärmeschutzfilter oder einen Vorpolarisator vorschalten.

Handhabung eines Polarisationsmikroskops

Zunächst stellt man das Präparat scharf ein, sorgt für Köhlersche Beleuchtung und bringt Analysator und Polarisator in Kreuzstellung. Dabei wird die polarisationsmikroskopische Untersuchung erheblich erleichtert, wenn die Durchlaßrichtungen der beiden Polarisationsfilter S–N und W– O orientiert sind. Dann stellt man fest, ob sich überhaupt ein doppelbrechendes Objekt im Präparat befindet. Hierzu dreht man den Drehtisch (nachdem man vorher ihn oder die Objektive zentriert hat). Wenn ein Objekt nach jeweils 90 Grad Drehung hell aufleuchtet und in den Zwischenstellungen wieder dunkel wird, ist es doppelbrechend. Isotrope Objekte bleiben dagegen in jeder Stellung dunkel. Das trifft auch für anisotrope Objekte zu, falls das Licht parallel zu ihrer optischen Achse einfällt, oder der Gangunterschied bei Beleuchtung mit monochromatischem Licht ein ganzzahliges Vielfaches von λ ausmacht.

Bestimmung der Lichtschwingungsrichtungen

Als nächstes wird die Lage der beiden möglichen Schwingungsrichtungen in dem doppelbrechenden Objekt festgestellt. Wir sahen bereits auf Seite 169, daß diese unter einem Winkel von 45 Grad zu Durchlaßrichtung von Analysator und Polarisator orientiert sein müssen, wenn das Objekt in maximaler Helligkeit erscheint. Für das Auge ist es aber leichter zu entscheiden, in welcher Stellung das Objekt am dunkelsten wird. Dann fallen seine Schwingungsrichtungen mit den Durchlaßrichtungen von gekreuztem Analysator und Polarisator zusammen. Man dreht also das Präparat mit dem Drehtisch zunächst solange, bis die Strukturen, auf die es gerade ankommt, maximal dunkel geworden sind. Anders orientierte Einzelheiten können dabei natürlich in verschiedenen Helligkeitsabstufungen zu sehen sein. Dann wird der Objekttisch um genau 45 Grad gedreht, was an der Tischskala abzulesen ist. Die betreffende Struktur liegt dann in der für die polarisationsmikroskopische Untersuchung verlangten Diagonalstellung. Diese Einstellung läßt sich wesentlich vereinfachen, wenn der Drehtisch mit einer 45-Grad-Raste versehen ist. Eine solche findet sich aus Kostengründen allerdings meist nur an großen Forschungsmikroskopen. Man bringt die

Raste in die Funktionsstellung, wenn das doppelbrechende Objekt beim Drehen des Tisches vollständig dunkel geworden ist. Dreht man jetzt den Tisch weiter, rastet er nach 45 Grad automatisch ein. Mit einer solchen Raste geht das Arbeiten natürlich wesentlich schneller.
Bei biologischen Objekten bezieht man die Schwingungsrichtungen immer auf ein bestimmtes morphologisches Merkmal. Man stellt also z. B. fest, daß eine der beiden Schwingungsrichtungen bei einem Längsschnitt durch kollagene Fasern parallel zum Längsverlauf der Fasern und die andere senkrecht dazu orientiert ist. Oder man findet bei einem Querschnitt durch eine pflanzliche Zellwand, daß die eine Schwingungsrichtung parallel zur Zellwand und die andere senkrecht zu ihr gelagert ist. Man kann diese Beobachtungen leicht in einer einfachen Zeichnung festhalten, indem man das morphologische Merkmal (z. B. das Faserbündel oder die quergeschnittene Zellwand) grob skizziert und die beiden Schwingungsrichtungen als Achsenkreuz in der richtigen Orientierung einträgt. Stimmen die beiden Schwingungsrichtungen im Objekt mit keiner seiner Ausdehnungsrichtungen überein, sondern bilden mit ihnen einen Winkel, so wird dieser angegeben (schiefe Auslöschung).

Bestimmung der Schwingungsrichtung mit dem größeren Brechungsindex

Nach Ermittlung der beiden Schwingungsrichtungen stellt man fest, welche davon den größeren und welche den kleineren Brechungsindex aufweist. Dies geschieht bei den relativ geringen Gangunterschieden, mit denen es man bei biologischen Objekten meistens zu tun hat, mit einem Hilfsobjekt, das selbst einen Gangunterschied von 550 nm verursacht, so daß als Interferenzfarbe das Rot der ersten Ordnung erscheint. Solche Hilfsobjekte werden meist kurz als *Rot I. Ordnung* bezeichnet. Man schiebt es so in das Mikroskop, daß seine beiden Schwingungsrichtungen unter einem Winkel von 45 Grad zu den Durchlaßrichtungen von Polarisator und Analysator orientiert sind. Dabei war es früher allgemein üblich, die Einschubrichtung so zu wählen, daß die Schwingungsrichtung im Hilfsobjekt mit dem größeren Brechungsindex von SW nach NO orientiert war, wenn man in der üblichen Stellung durch das Mikroskop blickte. Inzwischen haben sich aber einige Abweichungen von dieser Regel ergeben. Zwar ist die Einschubrichtung die alte geblieben. Da jedoch die Tuben einiger Mikroskope mit Prismen versehen sind, die eine Seitenumkehr des Bildes bewirken, kann es vorkommen, daß bei eingeschaltetem Hilfsobjekt Rot I. Ordnung die Schwingungsrichtung mit dem größeren Brechungsindex von SO nach NW verläuft, wenn man ins Mikroskop blickt. Man sollte daher in jedem Falle die Gebrauchsanweisung zu Rate ziehen, um sich über die jeweilige Orientierung dieser Schwingungsrichtung zu informieren. Auf dem

Hilfsobjekt selbst ist sie mit einem Strich und der Bezeichnung nγ gekennzeichnet. Wenn die Schwingungsrichtungen mit dem größeren Brechungsindex in dem zu prüfenden Objekt und im Hilfsobjekt zueinander parallel orientiert sind, nimmt das Objekt im mikroskopischen Bild die blaue Interferenzfarbe an. Diese Schwingungsrichtung mit dem größeren Brechungsindex wird in dem Achsenkreuz angedeutet, das bereits bei der Bestimmung der beiden Schwingungsrichtungen des zu prüfenden Objekts in Bezug zu seiner Struktur aufgezeichnet wurde. Dazu wird die Richtung mit dem größeren Brechungsindex mit einer länger gezeichneten Achse markiert. Senkrecht dazu muß also die Schwingungsrichtung mit dem kleineren Brechungsindex verlaufen. Wenn man diese Richtung parallel zu der nγ-Richtung des Hilfsobjektes orientiert, ergibt sich wegen der dann vorliegenden Subtraktionsstellung eine niedrigere Interferenzfarbe. Dazu muß man nur das Objekt mit der Drehtisch um 90 Grad drehen. Es erscheint dann im *Gelb der I. Ordnung.*

Auf diese Weise lassen sich die relativen Brechungsindizes beider Schwingungsrichtungen in sehr vielen biologischen Objekten, wie z. B. pflanzlichen Zellwänden, Knochen oder Hornsubstanzen gut ermitteln. Bei einer Anzahl von Objekten sind aber die Gangunterschiede so klein, daß die Interferenzfarben kaum von dem hell erstrahlenden roten Untergrund zu unterscheiden sind. Dies trifft besonders dann zu, wenn man die Doppelbrechung an Zellorganellen, wie z. B. in den Membranen von Zellkernen oder Plastiden untersuchen will. In solchen Fällen verwendet man ein Rot-I. Ordnung-Plättchen, das sich in Subparallelstellung drehen läßt. Es handelt sich dabei um ein doppelbrechendes Plättchen, wie bei einem gewöhnlichen Hilfsobjekt, das jedoch nicht fest gefaßt, sondern drehbar gelagert ist. Diese besondere Ausführungsform des Hilfsobjekts Rot I. Ordnung ist auch unter der Bezeichnung *Laves-Ernstscher Kompensator* bekannt geworden. Man schiebt ihn wie das gewöhnliche Rot I. Ordnung ins Mikroskop und dreht die Platte etwas. Dabei wird der rote Untergrund zunehmend dunkler, während die gelben und blauen Interferenzfarben an Deutlichkeit zunehmen. Natürlich darf man die Drehung nicht zu weit treiben. Denn sonst könnte im Extremfall die nγ-Richtung um 90 Grad verstellt werden, was zu Fehlschlüssen bei der Bilddeutung führen würde.

Wenn von einer Firma das Hilfsobjekt Rot I. Ordnung in Subparallelstellung nicht besonders angeboten wird, läßt man sich eine entsprechende doppelbrechende Platte in die Mechanik eines Brace-Köhler-Kompensators (S. 186) einbauen.

Die Richtung des höheren Brechungsindex im zu prüfenden Objekt kann auch mit Hilfe eines Hilfsobjektes festgestellt werden, welches in Diagonalstellung selbst einen Gangunterschied von ¼ λ verursacht. Nach den Angaben der Farbtafel von **Michel-Levy** ergibt sich damit zwischen gekreuzten Polarisationsfiltern ein grauer Untergrund. Liegen die Richtungen mit den höheren Brechungsindizes im Objekt und Hilfsobjekt parallel, erscheint das Objekt heller als der Untergrund (Additionsstellung). Sind beide Richtungen senkrecht zueinander orientiert, wird das Objekt dunkler als der Untergrund (Subtraktionsstellung).

Messung von Gangunterschieden

Das Ausmaß von Gangunterschieden kann man bereits an den Interferenzfarben grob abschätzen. Das geht einfacher, wenn man dazu einen *Quarzkeil* zu Hilfe nimmt. Es handelt sich dabei um einen von einem kleinen Metallrahmen gehaltenen Quarzstreifen. Er ist keilförmig geschliffen (ähnlich wie in Abb. **97**), so daß er einen kontinuierlichen Anstieg der Doppelbrechung erlaubt. Dabei bewegen sich die Gangunterschiede in der Regel in den Ordnungen 0 bis 4. Mit einem derartigen Quarzkeil läßt sich einmal die in Tabelle 2 (S. 173) aufgeführte Abfolge der Interferenzfarben vom Grau der ersten Ordnung bis zu den blassen Farben der 4. Ordnung verfolgen. Man muß dazu Polarisator und Analysator in Kreuzstellung bringen und den Quarzkeil langsam durch den Kompensatorschlitz des Mikroskops bis zum Anschlag schieben.

Zum Abschätzen des Gangunterschieds wird das zu untersuchende Objekt zunächst in Diagonalstellung gebracht und anschließend der Quarzkeil in Subtraktionsstellung durch den Kompensatorschlitz geschoben. Dabei verfolgt man genau die Interferenzfarben und achtet besonders auf das Rot der 1., 2., 3. und 4. Ordnung, wodurch die jeweilige Ordnung abgegrenzt wird. So ist immer bekannt, welche Ordnung gerade vorliegt. Bei diesem Vorgang nimmt das Objekt laufend niedrigere Interferenzfarben an, bis es schließlich vollständig schwarz geworden ist. Dann gehört sein Gangunterschied der gleichen Ordnung an wie die Interferenzfarben, die es umgeben. Wenn das Objekt beim Einschieben des Quarzkeils nicht die niedrigeren, sondern immer höhere Interferenzfarben annimmt, liegt es in Additionsstellung und muß zunächst mit dem Drehtisch um 90 Grad gedreht werden.

Viel genauer lassen sich die Gangunterschiede mit Kompensatoren bestimmen. Davon sind heute für die Polarisationsmikroskopie drei verschiedene Typen allgemein gebräuchlich:

1. Kippkompensatoren (Kompensatoren nach **Berek** bzw. **Ehringhaus**). Sie eignen sich sowohl zur Messung kleinerer als auch großer Gangunterschiede.

2. Kompensator nach **Sénarmont** ($\lambda/4$-Plättchen) für Gangunterschiedsmessung bis 1 λ sowie für diejenigen Wellenlängen, die 1 λ oder ein ganzzahliges Vielfaches von λ übersteigen. Die ganzzahligen Vielfachen müssen durch Abschätzen der Interferenzfarben oder mit dem Quarzkeil bestimmt werden.

3. Elliptische Kompensatoren (Kompensatoren nach **Brace-Köhler**) für die Messung von Gangunterschieden, die wesentlich unter 1 λ liegen.

Die Kompensatoren unter 2 und 3 haben zwar im Vergleich zu den Kippkompensatoren einen viel geringeren Meßumfang, liefern aber innerhalb dieser kleinen Bereiche genauere Ergebnisse.

Gangunterschiede lassen sich mit Hilfe von Kompensatoren nur dann messen, wenn sich das zu messende Objekt genau in Diagonallage befindet, wenn es also zwischen gekreuzten Polarisationsfiltern maximal hell aufleuchtet (S. 178). Außerdem muß die Kondensorblende möglichst eng geschlossen werden, damit sich ein dunkler Untergrund ergibt. Schließlich müssen alle Gangunterschiedsmessungen mehrfach wiederholt werden. Aus den gefundenen Werten wird dann das arithmetische Mittel gebildet.

Kippkompensatoren

Berek-Kompensator: Beim Berek-Kompensator in der ursprünglichen Form handelt es sich um eine Kalkspatplatte, die senkrecht zur optischen Achse geschnitten ist. Sie wird so ins Mikroskop geschoben, daß das Licht parallel zu ihrer optischen Achse einfällt. Die zwei von dem doppelbrechenden Objekt kommenden linear polarisierten Wellenzüge, die durch eine solche, waagerecht gelegte Platte dringen, erhalten somit keinen weiteren Gangunterschied. Wenn man jedoch die Kalkspatplatte neigt, ändert sich der Brechungsindex für den außerordentlichen Strahl, und es wird ein zusätzlicher Gangunterschied induziert. Ein in Subtraktionsstellung befindlicher Kompensator kann also den vom zu messenden Objekt verursachten Gangunterschied aufheben, wenn man die Kalkspatplatte um einen bestimmten, auf einer Skala ablesbaren Winkel neigt. Daraus erhält man mit Hilfe einer Formel und zusammen mit einer dem Kompensator beigegebenen Logarithmentafel unter Berücksichtigung eines Korrektionsfaktors den zugehörigen Gangunterschied.

Im einzelnen geht man bei der Messung folgendermaßen vor: Nachdem das zu messende Objekt in Diagonalstellung gebracht wurde, wird geprüft, ob es zu dem Berek-Kompensator in Subtraktionsstellung liegt. Hierzu wird der Kompensator gekippt. Wenn dabei im Objekt immer niedrigere Interferenzfarben auftauchen, handelt es sich um die Subtraktionsstellung. Bei Additionsstellung erscheinen während des Kippens des Kompensators laufend höhere Interferenzfarben. In diesem Falle muß der Drehtisch mit dem darauf befindlichen Präparat um 90 Grad gedreht werden.

In der Nullstellung des Kompensators (also wenn die Kalkspatplatte horizontal gelegen ist und ihr Gangunterschied 0 beträgt) ist das Gesichtsfeld nicht einheitlich dunkel, sondern im NO, NW, SW und SO leicht aufgehellt. Dazwischen erstreckt sich ein malteserkreuzförmiger, dunkler Bereich. Beim Kippen des Kompensators nimmt das Gesichtsfeld auch keine einheitliche Farbe an, sondern es wandern leicht gebogene dunkle (bei monochromatischem) bzw. farbige (bei Weißlicht) Streifen hindurch. Die Farben treten dabei in der gleichen Reihenfolge wie auf der Interferenzfarbentafel auf. Damit das zu messende Objekt immer mit dem richtigen von N nach S verlaufenden Streifen überdeckt wird, bringt man es in die Mitte des Gesichtsfeldes, was mit einem Fadenkreuzokular zu kontrollieren ist.

Zum Messen wird der Kompensator aus der Nullage heraus in die eine Richtung solange gedreht, bis das betreffende Objekt gerade vollkommen dunkel erscheint. Der Untergrund ist dann natürlich mehr oder weniger aufgehellt. Dann wiederholt man die Messung, indem man den Kompensator aus der Nullstellung heraus in die andere Richtung dreht. Aus den an der Skala abgelesenen Werten wird dann nach dem in der Gebrauchsanleitung beschriebenen Verfahren der Gangunterschied ausgerechnet.

Der Kippkompensator B nach Berek (Leitz) enthält eine doppelbrechende Platte aus Magnesiumfluorid und umfaßt einen Meßbereich von 5 Ordnungen. Er bietet gegenüber dem ursprünglichen Berek-Kompensator den Vorteil, daß der Gangunterschied ohne umständliche Rechnung zu ermitteln ist.

Kompensatoren nach Ehringhaus: Mit solchen Kompensatoren läßt sich der Gangunterschied ebenso wie mit dem Kippkompensator B nach Berek von Leitz ohne Rechnung bestimmen, weswegen beide inzwischen den ursprünglichen Berek-Kompensator weitgehend ersetzt haben.

Im einzelnen besteht ein Ehringhaus-Kompensator aus zwei gleich dikken, senkrecht zur optischen Achse geschnittenen Platten, die in Subtraktionslage aufeinanderliegen und so montiert sind, daß man sie gemeinsam kippen kann. Liegt der Plattenverband horizontal, verursacht er keinen zusätzlichen Gangunterschied. Zu einem solchen kommt es aber beim Kippen der Platten. Ebenso wie beim Berek-Kompensator ergibt sich für jeden Kippwinkel ein bestimmter Gangunterschied, der allerdings ohne jede Rechnung direkt aus einer Tabelle abgelesen werden kann.

Das zu messende Objekt wird in Subtraktionsstellung zum Ehringhaus-Kompensator orientiert. Beim Kippen des Plattenverbandes nimmt der Untergrund keine einheitliche Färbung an, sondern es treten farbige oder dunkle gebogene Streifen auf. Der Meßvorgang ist im übrigen der gleiche wie beim Berek-Kompensator.

Der Plattenverband besteht entweder aus Quarz oder Kalkspat. Mit den Quarzplatten sind Gangunterschiede bis zu 6 oder 7 λ (je nach Firma) zu messen. Die Ausführung aus Kalkspat eignet sich zur Messung von Gangunterschieden von mehr als 7 λ (theoretisch bis zu 150 λ, praktisch aber nur bis zu 35 λ) und wird für biologische Präparate wegen der hier meist geringen Gangunterschiede nicht benötigt.

Bei allen Kippkompensatoren ist noch zu beachten, daß sie in Nullstellung, also mit waagerecht gestellter Kristallplatte ins Mikroskop geschoben werden müssen. Denn bei starker Kippung ragt die Platte etwas über den Metallschieber hinaus und könnte beim Einbringen ins Mikroskop beschädigt werden.

Kompensator nach Sénarmont

Der Kompensator besteht aus einem doppelbrechenden Plättchen, das selbst einen Gangunterschied von ¼ λ verursacht. Es wird so ins Mikroskop geschoben, daß die Schwingungsrichtung mit dem größeren Brechungsindex parallel zur Durchlaßrichtung des Polarisators orientiert ist. Deshalb bleibt das Gesichtsfeld beim Einbringen des Sénarmont-Kompensators zunächst dunkel. Befindet sich ein doppelbrechendes Objekt im Präparat, treffen die beiden aus ihm austretenden linear polarisierten Lichtwellenzüge in Diagonalstellung auf den Kompensator. Dort werden beide in je zwei linear polarisierte Wellenzüge aufgespalten, die in der Kristallplatte des Kompensators einen Gangunterschied von ¼ λ erhalten (Abb. **98**). Beim Austritt aus dem Kompensator können sich je zwei zueinandergehörige linear polarisierte Wellenzüge wieder zu einer einheitlichen Schwingung vereinigen (S. 168). Da

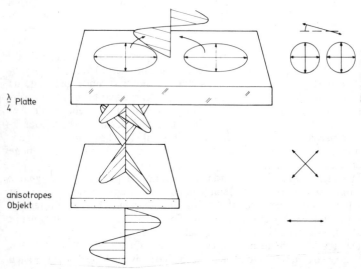

λ/4 Platte

anisotropes
Objekt

Abb. **98**   Sénarmont-Kompensator, schematisch. Rechts: Jeweilige Schwingungs-richtungen des Lichts in Projektion.

sie einen Gangunterschied von jeweils ¼ λ aufweisen, resultiert beide Male zirkulär polarisiertes Licht, und zwar in dem einen Fall rechts und in dem anderen links zirkulär polarisiertes Licht. Beide zirkulär polarisierte Wellenbewegungen lassen sich ihrerseits vereinigen, wodurch es letztlich zu einem einzigen, linear polarisierten Wellenzug kommt. Dessen Schwingungsrichtung stimmt mit der Durchlaßrichtung im Polarisator überein, wenn die Objekte im Präparat keinen Gangunterschied verursachen. Kommt es jedoch zu einem solchen, weisen auch die beiden aus dem Kompensator kommenden, zirkulär polarisierten Wellenzüge einen Gangunterschied auf. Als Folge davon weicht die Schwingungsrichtung des resultierenden linear polarisierten Lichts um einen bestimmten Winkel von der Durchlaßrichtung des Polarisators ab. Wenn man daher den zunächst in Kreuzstellung befindlichen Analysator um eben diesen Winkel dreht, muß das ursprünglich helle Objekt dunkel werden, während sich das Gesichtsfeld aufhellt. Dieser Winkel ist proportional dem Gangunterschied, der von dem zu messenden Objekt verursacht wurde. Es läßt sich zeigen, daß bei einer Analysatordrehung um 180 Grad ein Gangunterschied von 1 λ kompensiert wird. Da eine lineare Beziehung zwischen Gangunterschied und Drehwinkel besteht, ergibt sich bei einer Drehung um 1 Grad ein Gangunterschied von λ/180. Benutzt man einen Sénarmont-Kompensator, der für eine Wellenlänge von 550 nm bestimmt ist, entspricht demnach eine Analysatordrehung um 1 Grad einem Gangunterschied von fast 3 nm. Allgemein lautet die Kompensatorformel:

$$\Gamma = \delta \; \frac{\lambda}{180}$$

(Γ = Gangunterschied; δ = Drehwinkel.)

Zur Gangunterschiedsmessung mit dem Sénarmont-Kompensator wird das Objekt in Diagonalstellung gebracht. Auf die Lichtaustrittsöffnung des Mikroskopfußes kommt ein Interferenzfilter, das die für den Kompensator verlangte Lichtwellenlänge transmittiert (z. B. 550 nm). Dann dreht man den Analysator. Wird dabei das Objekt nicht dunkler, sondern heller, muß man in der entgegengesetzten Richtung drehen. Man dreht solange, bis das Objekt maximal dunkel erscheint, während sich das Gesichtsfeld mehr oder weniger stark aufhellt. An der Analysatorskala ist das Ausmaß der Drehung in Winkelgrad abzulesen, woraus sich der Gangunterschied berechnen läßt.

Das Polarisationsmikroskop muß also mit einem drehbaren Analysator ausgerüstet sein, der eine Gradeinteilung aufweist, wenn Gangunterschiede mit einem Kompensator nach **Sénarmont** gemessen werden sollen. Er ist zwar zunächst nur für Gangunterschiedsmessungen bis zu

1 λ vorgesehen. Dieser Bereich reicht aber für die meisten doppelbrechenden Objekte in biologischen Präparaten vollkommen aus. Da der
Meßvorgang sowie die nachfolgende Ermittlung des Gangunterschieds
höchst einfach sind und der Kompensator selbst zu den preiswertesten
zählt, kann er gerade für die biologische Polarisationsmikroskopie sehr
empfohlen werden.

Es wurde schon gesagt, daß man den Sénarmont-Kompensator grundsätzlich auch dann benutzen kann, wenn die Gangunterschiede 1 λ
übersteigen (S. 181).

Kompensatoren nach Brace-Köhler

Brace-Köhler-Kompensatoren werden in der Regel in drei verschiedenen Ausführungen geliefert, die sich für Gangunterschiedsmessungen
bis zu λ/10, λ/20 bzw. λ/30 (Leitz, Zeiss; bei Jena: λ/8, λ/16 bzw. λ/32)
eignen. Es handelt sich dabei jeweils um eine doppelbrechende Platte,
die selbst einen der genannten Gangunterschiede verursacht. Jede dieser Platten ist azimutal drehbar und in Nullstellung so orientiert, daß
ihre Schwingungsrichtung mit dem größeren Brechungsindex parallel
zur Durchlaßrichtung des Polarisators liegt. Befindet sich ein doppelbrechendes Objekt im Präparat, nimmt es an Helligkeit zu, wenn man
das Kristallplättchen in Additionsstellung dreht. Umgekehrt wird es bei
einer Drehung der Platte in Subtraktionsstellung dunkler. Man dreht
also solange, bis das Objekt maximal dunkel erscheint. Der Drehwinkel
und der Gangunterschied stehen in einer Beziehung zueinander. Die
Formel dazu lautet:

$$\Gamma = \Gamma_K \cdot \sin (2 \, \delta)$$

(Γ_K = Gangunterschied der Kristallplatte; δ = Drehwinkel, dieser
bleibt stets unter 45 Grad.)

Im Gegensatz zum Sénarmont-Kompensator können die Brace-Köhler-
Kompensatoren auch dann benutzt werden, wenn am Mikroskop nur
ein fester Analysator angebracht ist. Beide Kompensatortypen liefern
im Gegensatz zu den Kippkompensatoren einen homogenen Untergrund.

Bedeutung der Polarisationsmikroskopie in Biologie und Medizin

Das Polarisationsmikroskop wird in Biologie und Medizin für verschie-
dene Aufgaben eingesetzt. So können damit einmal doppelbrechende
Substanzen kontrastiert werden, weil sich diese zwischen gekreuzten
Polarisationsfiltern hell vom dunklen Untergrund abheben. Weiterhin

eignet sich das Polarisationsmikroskop zur Identifikation eigendoppelbrechender Substanzen. Seine größte Bedeutung in der Biologie hat es jedoch für die Aufklärung des submikroskopischen Feinbaus anisotroper Objekte erlangt.

Kontrastierung doppelbrechender Objekte

Eine Reihe doppelbrechender Objekte ist in den für medizinische Zwecke normalerweise mit HE-gefärbten Mikrotomschnitten kaum kontrastiert. Hierzu gehören verschiedene Kristalle sowie viele pflanzliche Zellwände. Solche Strukturen leuchten im Polarisationsmikroskop hell auf dunklem Untergrund auf. Auf diese Weise läßt sich z. B. die genaue Anzahl selbst kleiner Kristalle in einem gefärbten Schnittpräparat gut erkennen. Will man neben den anisotropen auch die isotropen Bestandteile des Präparats im Mikroskop sehen, dreht man den Analysator oder den Polarisator etwas aus der Kreuzstellung heraus. Der Untergrund hellt sich dabei leicht auf, so daß die nicht doppelbrechenden Strukturen eben sichtbar werden, während die doppelbrechenden noch leuchten. Man kann aber die beiden Polarisationsfilter auch in Kreuzstellung belassen und das Hilfsobjekt Rot I. Ordnung einschieben. Die isotropen Bestandteile erscheinen dann auf rotem Untergrund als mehr oder weniger dunkle Gebilde, während die anisotropen Substanzen (bei kleinen Gangunterschieden) je nach ihrer Orientierung entweder eine gelbe oder eine blaue Färbung annehmen.

Kontrastierung anisotroper Objekte mit zirkulär polarisiertem Licht

Allerdings lassen sich anisotrope Teile im Polarisationsmikroskop nur dann kontrastieren, wenn sie mit ihren Schwingungsrichtungen nicht parallel zu den Durchlaßrichtungen von Analysator und Polarisator orientiert sind. Man muß also das Präparat mit dem Objekttisch drehen, wenn man alle doppelbrechenden Strukturen erfassen will. Das ist aber recht umständlich. Deswegen eignet sich für reine Kontrastierungszwecke zirkulär polarisiertes Licht besser als lineares. Zirkulär polarisiertes Licht entsteht, wenn man über dem Polarisator und unter dem Präparat eine doppelbrechende Platte in Diagonalstellung anbringt, die selbst einen Gangunterschied von $\lambda/4$ verursacht. Das würde aber zu einer unerwünschten Aufhellung des Gesichtsfeldes führen. Um sie zu vermeiden, wird zur Kompensation eine zweite $\lambda/4$ Platte über dem Objektiv in Subtraktionsstellung zur ersten ins Mikroskop geschoben. Man dreht die über dem Polarisator befindliche $\lambda/4$-Platte solange, bis das Gesichtsfeld bei gekreuzten Polarisationsfiltern vollkommen dunkel geworden ist. Die Doppelbrechungen beider Platten heben sich dann auf. Erst danach wird das Präparat eingestellt. Der Vorteil des zirkulär polarisierten Lichts besteht darin, daß alle doppelbrechenden Strukturen unabhängig von ihrer Orientierung immer aufleuchten –

vorausgesetzt, das Licht verläuft in ihnen nicht parallel zur optischen Achse.

Es kann vorkommen, daß man im zirkulär polarisierten Licht kein vollkommen dunkles Gesichtsfeld erhält, wenn man Weißlicht zur Beleuchtung des Präparats verwendet. Das ist der Fall, weil sich ja nur für eine ganz bestimmte Wellenlänge aus dem Weißlicht ein Gangunterschied von λ/4 ergibt. Um einen vollkommen dunklen Untergrund zu erhalten, muß man nur diese Wellenlänge mit einem Interferenzfilter herausfiltern. Die geringe Aufhellung des Gesichtsfeldes im Weißlicht stört aber nur bei sehr diffizilen Untersuchungen.

Identifizierung doppelbrechender Substanzen

Auf Seite 166 wurde bereits dargelegt, daß bei einem Objekt mit Eigendoppelbrechung die Differenz zwischen dem größten und dem kleinsten Brechungsindex $n_\gamma - n_\alpha$ eine Materialkonstante darstellt. Wenn man daher den Gangunterschied eines mikroskopisch kleinen, anisotropen Teilchens mißt und seine Dicke bestimmt, erhält man die Brechzahldifferenz aus der Formel:

$$n_\gamma - n_\alpha = \frac{\Gamma}{d}$$

Die zu jeder Brechzahldifferenz gehörende Substanz ist in Tabellenwerken aufzufinden. Diese Methode der Identifikation von Substanzen hat jedoch in Biologie und Medizin längst nicht die Bedeutung erlangt, wie z. B. in manchen Arbeitsrichtungen der Mineralogie.

Aufklärung der submikroskopischen Feinstruktur

Mit Hilfe des Polarisationsmikroskops kann der submikroskopische Feinbau anisotroper Strukturen aufgeklärt werden, wenn es sich um Formdoppelbrechung handelt. Dazu muß zunächst einmal festgestellt werden, ob auch wirklich diese Art der Doppelbrechung vorliegt.

Hierzu versucht man, das Medium, das sich zwischen den in der gleichen Richtung orientierten Teilchen befindet, durch ein anderes zu verdrängen, das den gleichen Brechungsindex wie die Teilchen aufweist. Dann entfällt eine der Voraussetzungen für die Formdoppelbrechung und die betreffende Struktur wird isotrop, d. h. sie leuchtet in Diagonalstellung zwischen gekreuzten Polarisationsfiltern nicht mehr auf.

Gewöhnlich ist aber der Brechungsindex der kleinen Teilchen unbekannt. Deswegen muß man erst durch Ausprobieren dasjenige Medium finden, welches die Formdoppelbrechung aufzuheben vermag. Dazu wird das Objekt mit verschiedenen Flüssigkeiten durchtränkt, die unterschiedliche Brechungsindizes aufweisen. Wenn es sich wirklich um Formdoppelbrechung handelt, werden mit ansteigendem Brechungsindex der Durchtränkungsflüssigkeit immer kleinere Gangunterschiede gemessen, bis die Doppelbrechung schließlich auf Null sinkt. Steigt der Brechungsindex der Flüssigkeit noch weiter an, wird der Gangunterschied wieder größer, weil dann auch der Unterschied zwischen den Brechungsindizes von Flüssigkeit und Teilchen zunimmt.

Die Durchtränkung der Objekte mit Flüssigkeiten verschiedener Brechzahlen zum Nachweis der Formdoppelbrechung wird als Imbibition bezeichnet. Manchmal sinkt der Gangunterschied bei der Imbibition nicht bis auf Null ab. Zwar ist auch in solchen Fällen zunächst eine Abnahme der Gangunterschiede festzustellen. Von einem bestimmten Brechungsindex der Flüssigkeit an kommt es aber wieder zu einem Anstieg der Doppelbrechung, ohne daß sie vorher völlig ausgelöscht werden konnte. Das ist der Fall wenn das Objekt von bestimmten Flüssigkeiten nicht vollständig durchtränkt wird. Oft handelt es sich aber dabei um eine Überlagerung von Eigen- und Formdoppelbrechung. Zwar wird auch hier durch die Imbibition bei einem bestimmten Brechungsindex der Flüssigkeit die Formdoppelbrechung aufgehoben, was sich in einer Abnahme des Gangunterschiedes äußert. Es kommt aber nicht zu einem Gangunterschied Null, weil selbst bei aufgehobener Formdoppelbrechung immer noch die Eigendoppelbrechung wirksam ist, die ja nicht durch Imbibition zu beseitigen ist.

Zur Imbibition kann die betreffende Flüssigkeit durch das Präparat gesaugt werden. Eine bessere Durchtränkung der Objekte ist jedoch gewährleistet, wenn man das Medium in einem gut verkorkten Präparateglas einige Tage lang einwirken läßt.

Die Imbibitionsflüssigkeiten sollen die Präparate natürlich möglichst wenig verändern. Für resistentere Objekte kommen die folgenden Medien in Frage: Methanol (n_D = 1,330), Aceton (n_D = 1,362), Äthanol (n_D = 1,365), Isopropanol (n_D = 1,377), Chloroform (n_D = 1,446), Xylol (n_D = 1,494), Benzol (n_D = 1,500), Nelkenöl (n_D = 1,533), Nitrobenzol (n_D = 1,553), Schwefelkohlenstoff (n_D = 1,629), Monobromnaphthalin (n_D = 1,658; »1-Bromnaphthalin«), Methylenjodid (n_D = 1,739; »Dijodmethan«). Empfindlichere Objekte werden mit Wasser (n_D = 1,333) und Glycerin (n_D = 1,461) sowie Gemischen der beiden imbibiert. Leider ist dabei eine gewisse Quellung, z. B. in Paraffinschnitten, nicht zu vermeiden.

Für die Ermittlung der Feinstruktur ist nun noch wichtig, wie die Schwingungsrichtung mit dem größeren Brechungsindex bei der Formdoppelbrechung orientiert ist. Denn auf Grund theoretischer Überlegungen ist man zu dem Schluß gekommen, daß diese Richtung mit der Verlaufsrichtung der submikroskopischen Bauelemente übereinstimmt. Das gilt allerdings nur für diejenigen Stoffe, die normalerweise in tierischen und pflanzlichen Objekten vorkommen. Die gesuchte

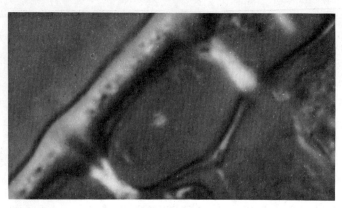

Abb. **99**   Zelle aus der Epidermis vom Blatt von *Taxus baccata* zwischen gekreuzten Polarisationsfiltern unter Verwendung des Hilfsobjekts Rot I. Ordnung. Die Richtung von n_γ im Hilfsobjekt verläuft im Bild von links unten nach rechts oben. Die Kutikula sowie die beiden besonders hell aufleuchtenden Querwände erscheinen gelb, d. h. deren submikroskopische Teile müssen senkrecht zur Schwingungsrichtung von n_γ der Platte »Rot I. Ordnung« verlaufen. Die unmittelbar unter der Kutikula befindlichen Zellwände sowie die Wände an der Basis der Epidermiszellen erscheinen in der Abbildung nicht so hell und sehen in Wirklichkeit blau aus. Hier verlaufen die submikroskopischen Teile parallel zur Schwingungsrichtung n_γ im Hilfsobjekt.

Schwingungsrichtung wird mit dem Hilfsobjekt Rot I. Ordnung oder der $\lambda/4$-Platte bestimmt.

Wenn also eine Struktur, die parallel zur n_γ-Richtung des Hilfsobjekts Rot I. Ordnung orientiert ist, eine blaue Färbung annimmt, verlaufen ihre submikroskopischen Bauelemente ebenfalls parallel zur n_γ-Richtung. Würde die Struktur unter sonst gleichen Voraussetzungen die gelbe Interferenzfarbe zeigen, wären ihre Bauelemente senkrecht zur n_γ-Richtung ausgerichtet (Abb. **99**). Manchmal nimmt das Objekt keine einheitliche Interferenzfarbe an, sondern zeigt ein Malteserkreuz, dessen einer Balken blau und dessen anderer gelb erscheint. Liegt der blaue Balken parallel zur n_γ-Richtung, sind die Bauelemente strahlenförmig angeordnet, wie z. B. beim Kartoffelstärkekorn (Abb. **100a**). Man spricht vom *positiven Kreuz*. Falls der gelbe Balken parallel zur n_γ-Richtung ausgerichtet ist *(negatives Kreuz),* setzt sich das Objekt aus submikroskopischen Untereinheiten zusammen, die konzentrische Schichten bilden. Derartiges beobachtet man z. B. in Hoftüpfeln von Hölzern (Abb. **100b**).

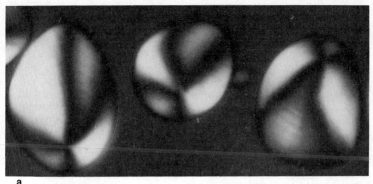

a

b

Abb. **100a**   Stärkekörner der Kartoffel zwischen gekreuzten Polarisationsfiltern unter Verwendung des Hilfsobjekts Rot I. Ordnung. Helle Zonen: Gelb; graue Zonen: Blau. Positives Kreuz. **b:** Hoftüpfel. Negatives Kreuz.

Interferenzmikroskopie

Es gibt Durchlicht- und Auflichtinterferenzmikroskope. Für medizinisch-biologische Untersuchungen haben nur die Durchlichtinterferenzmikroskope größere Bedeutung erlangt, weswegen sich die folgende Darstellung auf diese beschränkt. Sie werden hauptsächlich für die

Untersuchung von Phasenobjekten benutzt und bieten mehr Anwendungsmöglichkeiten als Phasenkontrastmikroskope. Dafür sind Interferenzmikroskope nicht so einfach zu handhaben. Mit einigen von ihnen lassen sich auch zu blasse Färbungen verstärken (Amplitudenkontrast, S. 209). Alle Interferenzmikroskope ergeben nur bei relativ kleinen Kondensoraperturen optimalen Bildkontrast. Den prinzipiellen Aufbau eines Durchlichtinterferenzmikroskops zeigt Abb. **101**. Hier wird unter dem Präparat das Licht in zwei kohärente Bündel aufgeteilt, welche über dem Präparat wieder miteinander vereinigt werden. Dabei kommt es zur Interferenz. Wenn sich kein Präparat im Strahlengang befindet, treffen die beiden Bündel bei der Vereinigung ohne Gangunterschied aufeinander, weil sie gleiche Weglängen zurücklegen. Das ist auch der Fall, wenn beide beim Durchgang durch ein mikroskopisches Präparat auf kein Objekt treffen, sondern nur das Einschlußmedium durchstrahlen. Dabei ist in beiden Bündeln dieselbe Phasenverzögerung zu beobachten. Das ändert sich aber, wenn eines der beiden Bündel (der Meßstrahl) durch ein Phasenobjekt verläuft, während das andere (der Vergleichsstrahl) nur das Einschlußmedium passiert. Da die Brechungsindizes des Objekts und umgebenden Mediums im allgemeinen verschieden sind, treffen die beiden Bündel bei der Wiedervereinigung mit einem Gangunterschied aufeinander. Aus der Interferenz resultiert daher in der Regel eine andere Amplitude als in den Fällen, in denen die beiden Bündel nur durch das Einschlußmedium verlaufen. Somit ist das Objekt im Interferenzmikroskop in einer anderen Lichthelligkeit zu sehen, als seine Umgebung, d. h. es kommt zu einem Hell-Dunkelkontrast. Interferenzmikroskope eignen sich also einmal wie die Phasenkontrastmikroskope zur Kontrastierung von Phasenobjekten.

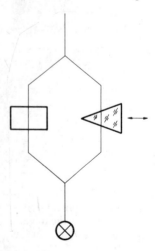

Abb. **101**   Durchlichtinterferenzmikroskop. Schematisch.

Im Gegensatz zu den meisten Phasenkontrastmikroskopen läßt sich beim Interferenzmikroskop der Kontrast stufenlos verstellen. In dem Schema wird dieses mit einem Glaskeil angedeutet, der sich im Vergleichsstrahl befindet. Dadurch kommt es zu einem Gangunterschied zwischen beiden Strahlen, dessen Ausmaß von der gerade durchstrahlten Keildicke abhängt. Der Untergrund erscheint dann in einer anderen Farbe oder Helligkeit als vor dem Einschieben des Keiles. Ebenso ändert das Phasenobjekt sein Aussehen, weil sich bei der Interferenz jetzt nicht mehr allein der vom Objekt selbst verursachte Gangunterschied, sondern zusätzlich die vom Keil eingeführte Phasenverschiebung auswirkt.

Mit monochromatischem Mikroskopierlicht erhält man so verschiedene Abstufungen von hell und dunkel, während sich im weißen Licht Interferenzfarben ergeben. Mit einem Hilfsmittel, wie dem im Schema angedeuteten Glaskeil, kann man also den Untergrund auf eine bestimmte Helligkeit bzw. Farbe einstellen, woraus sich für das Objekt je nach dem von ihm verursachten Gangunterschied ein bestimmter Helligkeits- bzw. Farbkontrast ergibt.

Schließlich läßt sich mit manchen Interferenzmikroskopen auch der Gangunterschied messen, den ein Phasenobjekt verursacht. Das ist ebenfalls mit dem im Schema eingezeichneten Glaskeil zu verstehen. Er verursacht nämlich bei einer bestimmten Dicke einen Gangunterschied, der ebenso groß wie der vom Objekt bewirkte Gangunterschied ist. Das ist dann der Fall, wenn der Untergrund diejenige Farbe oder Helligkeit angenommen hat, die das Objekt vor dem Einschieben des Keils aufwies. Wenn der Keil mit einer entsprechenden Skala versehen ist, läßt sich daran der Gangunterschied ablesen, der gerade eingestellt ist.

In der praktischen Ausführung stimmte nur das Interferenzmikroskop nach Horn (Leitz) mit dem Schema in Abb. **101** überein. Es war technisch sehr aufwendig und wird nicht mehr hergestellt.

Bei den heute hergestellten Interferenzmikroskopen verlaufen die beiden in Abb. **101** dargestellten Lichtbündel durch das gleiche Objektiv. Dadurch kommt es zu einer Bildverdoppelung, d. h. von einem Objekt entstehen gleichzeitig zwei Bilder. Dabei unterscheidet man die Interferenzmikroskope mit totaler Bildaufspaltung von solchen mit differentieller Bildaufspaltung. Bei den Interferenzmikroskopen mit totaler Bildaufspaltung muß die Trennung der beiden Bilder so groß sein, daß der Untergrund in dem einen Bild von einem Objektbild in dem anderen überlagert wird. Das vom Objekt ausgehende Licht kann dann mit dem vom Untergrund interferieren, und es ergibt sich ein Farb- oder Hell-Dunkelkontrast. Die Lichtaufspaltung wird entweder bereits unter dem Präparat oder erst über dem Objektiv vorgenommen. Im letzten Fall muß man für wenigstens annähernd kohärentes Licht sorgen, damit es zur Interferenz kommt. Dies geschieht mit einer Spaltblende, die man unter dem Kondensor anbringt. Wird das Licht bereits unter dem Kondensor aufgespalten, können kohärente Bereiche der beiden Bündel miteinander interferieren. Man erreicht so etwas höhere Beleuchtungsaperturen. Probleme ergeben sich bei Interferenzmikroskopen mit totaler Bildaufspaltung, wenn Objekte untersucht werden sollen, die eine größere Flächenausdehnung aufweisen (s. 195). Außerdem kann es manchmal recht verwirrend sein, wenn alle Objekte doppelt zu sehen sind.

Interferenzmikroskop nach Beyer und Schöppe (Peraval Interphako) Jena

Bei diesem vielseitig einsetzbaren Gerät handelt es sich um ein gewöhnliches Forschungsmikroskopstativ mit normalen Hellfeldobjektiven, dem ein Interferenzzusatz aufgesetzt worden ist (Abb. **102**). Es läßt sich auch als Auflichtinterferenzmikroskop ausbauen. Für den Mediziner und Biologen ist aber vornehmlich die Durchlichtversion von Interesse. Die Aufspaltung des Lichts in Meß- und Vergleichsstrahl erfolgt hier mittels Glasprismen und findet erst über dem Objektiv statt. Die Wiedervereinigung der beiden Strahlen wird ebenfalls mit Prismen vorgenommen. Damit es zu deutlich sichtbaren Interferenzerscheinungen kommt, muß zur Schaffung hinreichend kohärenten Lichts die Beleuchtungsapertur vermindert werden. Dies geschieht mit einer Spaltblende, die sich unter dem Kondensor befindet. Wenn man die Beleuchtung mit

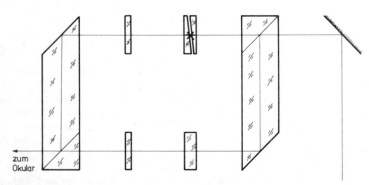

Abb. **102** Interferenzmikroskop nach *Beyer* und *Schöppe*. Das Licht kommt von rechts unten über eine Zwischenoptik aus dem Mikroskopobjektiv und trifft dann auf den eigentlichen Interferometerteil. Bei * wird die hintere Objektivbrennebene zwischenabgebildet. Bei Umwandlung der Einrichtung in ein Phasenkontrastgerät kommen an * anstelle des Kompensators die Phasenringe, während die an entsprechender Stelle im Vergleichsstrahl befindliche Kompensatorplatte gegen eine Ringblende ausgetauscht wird.

monochromatischem Licht vornimmt und den Spalt gegen ein besonders dimensioniertes Gitter austauscht, ergeben sich höhere Beleuchtungsaperturen bei trotzdem gut sichtbaren Interferenzerscheinungen. Das Ausmaß der Bildaufspaltung kann kontinuierlich verändert werden. Beide Bilder der Struktur sind in gleicher Schärfe und Deutlichkeit zu sehen, was manchmal etwas verwirren kann, jedoch die Genauigkeit von Gangunterschiedsmessungen erhöht.

Natürlich müssen sich die beiden Bilder so überlagern, daß das von dem einen Strahl dargestellte Objekt mit dem vom anderen gelieferten Untergrundsbild zusammenfällt. Das ist aber nur dann der Fall, wenn die Objekte nicht zu ausgedehnt sind und nicht zu dicht nebeneinanderliegen. Dabei hängt es vom Objektiv ab, wie groß die Objekte sein dürfen, und zwar müssen sie umso kleiner werden, je größer der Abbildungsmaßstab ist. Daraus mag man zunächst schließen, der Anwendungsbereich dieses Interferenzmikroskops sei sehr beschränkt. Das ist aber nicht richtig. Man kann damit sogar ausgedehnte Paraffinschnitte untersuchen, wenn sie genügend Leerstellen enthalten. Diese lassen sich auch künstlich schaffen, indem man aus dem Schnitt unter dem Präpariermikroskop mit einer Lanzettnadel die uninteressanten Stellen herauskratzt. Falls es sich um Objekte handelt, bei denen sich im wesentlichen die gleichen Strukturen immer wiederholen, stellt man von vornherein einen genügend kleinen Paraffinblock her (was ja schon für die Fixierung zu empfehlen ist) oder man bohrt in größere Blöcke mit einer dickeren Nadel einige Löcher hinein.

Durch kippbare Platten, die im Interferometerteil eingebaut sind, können die beiden Lichtstrahlen entweder zueinander parallel ausgerichtet oder geneigt werden. Je nach Neigung entstehen Interferenzstreifen

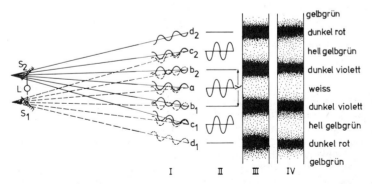

Abb. **103**   Entstehung von Interferenzstreifen. L = Lichtquelle; S_1 und S_2 = Spiegel. I: Wellen vor der Interferenz. a, b_1, b_2, c_1, c_2, d_1, d_2: Stellen, an denen die Interferenz beobachtet wird. II: Wellen nach der Interferenz. III: Interferenz im monochromatischen Licht. IV: Interferenz im weißen Licht (nach *Grehn*).

von unterschiedlicher Breite (Abb. **103**). Parallel verlaufende Strahlen führen schließlich zu einem so breiten Streifen, daß er das Gesichtsfeld vollständig ausfüllt (homogener Untergrund). Die Interferenzstreifen können zur Messung des Gangunterschiedes benutzt werden, den ein Phasenobjekt verursacht. Denn wenn ein solches im Gesichtsfeld liegt, kommt es zur Streifenversetzung, deren Ausmaß vom Gangunterschied abhängt.

Aus Abb. **103** (S. 195) geht hervor, daß von dem einen dunklen Streifen bis zum nächsten ein Gangunterschied von 1 λ zu verzeichnen ist. Daraus ergibt sich für den vom Objekt induzierten Gangunterschied:

$$\Gamma = \frac{y}{z}$$

(y = Streifenbreite; z = Ausmaß der Streifenversetzung).

Streifenbreite und Streifenversetzung können mit dem Okularmikrometer gemessen werden (S. 229). Genauere Ergebnisse erhält man durch photometrische Auswertung von Mikrophotos oder durch Ausmessen von Äquidensitenbildern (aufgenommen auf Agfa-Contur-Material).

Die Gangunterschiedsmessung mittels Streifenversetzung wird für ziemlich homogene, flächenhafte Objekte empfohlen. Die Gangunterschiede kleinerer Objekte sind dagegen leichter zu bestimmen, wenn das Gerät in ein kombiniertes Phasenkontrast-Interferenzmikroskop umgebaut wird. Dazu wandelt man den Kondensor in einen Phasenkontrastkondensor um, indem man die Spaltblende gegen Ringblenden austauscht. Man benutzt die normalen Hellfeldobjektive. Eine weitere Ringblende kommt in den Vergleichsstrahlengang des Interferometeraufsatzes. Diese ist so dimensioniert, daß sie nur das direkte Mikroskopierlicht hindurchläßt, welches von der im Phasenkontrastkondensor befindlichen Ringblende hindurchgelassen wurde. Das vom Präparat abgebeugte Licht wird dagegen absorbiert. Im Objektstrahlengang ist dort, wo es zu der Zwischenabbildung der hinteren Objektivbrennebene kommt, ein Phasenring angebracht. Ein Kompensator, der in den Vergleichsstrahlengang geschoben werden kann, beeinflußt nur die Phase des direkten Mikroskopierlichts, nicht dagegen die des abgebeugten. Dadurch ändert sich der Bildkontrast. Man kann diese Einrichtung entweder zum Messen von Gangunterschieden oder auch als variablen Phasenkontrast für rein qualitative Untersuchungen benutzen.

Interferenz-Polarisationsmikroskop Biolar nach Pluta (PZO)

Bei diesem Gerät wird die Bildaufspaltung auf polarisationsoptischem Wege, und zwar mit Hilfe von Wollastonprismen vorgenommen. Es kann wahlweise auf homogenen Untergrund und auf Interferenzstreifen eingestellt werden.

Auswertung der Gangunterschiedsmessungen

Die mit dem Interferenzmikroskop an Phasenobjekten gemessenen Gangunterschiede hängen bekanntlich (S. 155) von der Differenz der Brechungsindizes von Objekt und Medium sowie von der Objektdicke ab. Man hat es also abermals mit der bereits bekannten Gleichung zu tun:

$$\Gamma = d\,(n_O - n_M)$$

(Γ = Gangunterschied; d = Dicke des Objekts; n_O = Brechungsindex des Objekts; n_M = Brechungsindex des Einschlußmediums).

Diese Formel bildet für alle weiteren Berechnungen den Ausgangspunkt und soll als Grundformel bezeichnet werden.
Die Messung von Gangunterschieden an Phasenobjekten ist sehr wichtig, weil sich daraus andere wichtige Größen berechnen lassen. So erhält man die Dicke eines Phasenobjektes, wenn neben dem Gangunterschied die Brechungsindizes des Objekts und des Einschlußmediums bekannt sind. Außerdem muß man die Grundformel folgendermaßen umformen:

$$d = \frac{\Gamma}{n_O - n_M}$$

Sind der Gangunterschied des Objekts, seine Dicke sowie die Brechzahl des Einschlußmediums bekannt, läßt sich der Brechungsindex des Objekts bestimmen:

$$n_O = \frac{\Gamma}{d} + n_M$$

Bei kugeligen und zylindrischen Objekten kann man aus dem Querschnitt auf die Dicke schließen. In anderen Fällen bereitet die Dickenbestimmung einige Schwierigkeiten. Denn auch die vorletzte Formel

hat nur beschränkte Anwendungsmöglichkeiten, weil ja der Brechungsindex des Objektes in der Regel unbekannt ist. Man kann sich aber
behelfen, wenn man die Phasenobjekte nacheinander in zwei Medien
von unterschiedlichem Brechungsindex einschließt und beide Male die
Gangunterschiede mißt. Die Objektdicke ergibt sich dann aus folgender Gleichung:

$$d = \frac{\Gamma_1 - \Gamma_2}{n_2 - n_1}$$

Die Brechzahlen n_1 und n_2 der beiden Einschlußmedien werden mit
einem Refraktometer bestimmt. Zu solchen Messungen ist aber auch
das Interferenzmikroskop geeignet, wenn man das Medium in eine
Vertiefung von bekanntem Ausmaß gibt, die sich auf einem Objektträger mit definiertem Brechungsindex (Jena) befindet. Man bestimmt den
Gangunterschied und berechnet den Brechungsindex aus der vorletzten
Formel.
Wenn man das Phasenobjekt nacheinander in zwei Medien von unterschiedlichem Brechungsindex einbettet, läßt sich nicht nur die Dicke,
sondern auch die Brechzahl bestimmen:

$$n_O = \frac{\Gamma_1 \, n_2 - \Gamma_2 \, n_1}{\Gamma_1 - \Gamma_2}$$

Der Brechungsindex einer tierischen Zelle ohne Speicherfunktion wird
in erster Linie vom Zytoplasma bestimmt. Dieses kann man sich grob
vereinfacht als eine Lösung von verschiedenen Stoffen vorstellen, unter
denen die Proteine den weitaus größten Teil ausmachen. Ebenso wie
andere wäßrige Lösungen, weisen auch wäßrige Proteinlösungen von
geringer Konzentration einen kleineren Brechungsindex auf als höher
konzentrierte Lösungen. Somit liefert der Brechungsindex auch eine
Aussage über die Konzentration einer Lösung. Das ist besonders deswegen möglich, weil zwischen Brechungsindex und Konzentration eine
lineare Beziehung besteht. Wenn nämlich die Konzentration einer wäßrigen Proteinlösung um 1% ansteigt, nimmt ihr Brechungsindex unabhängig von der Ausgangskonzentration immer um den gleichen Betrag
zu. Dieser Betrag wird als spezifisches Brechungsinkrement bezeichnet
(Abkürzung: α) und schwankt für Proteine in wäßrigen Lösungen zwischen 0,0016 und 0,0018. Da Proteine den Hauptbestandteil des Zytoplasmas ausmachen, kann man das spezifische Brechungsinkrement
einer lebenden Zelle in guter Näherung mit 0,0017 angeben.
Mit Hilfe des spezifischen Brechungsinkrements läßt sich der Brechungsindex n_O einer Lösung bestimmen, wenn deren Konzentration C

(in g pro 100 ml, also in Prozent) bekannt ist. Es ergibt sich dann die Formel:

$$n_O = n_1 + \alpha \cdot C$$

(n_1 = Brechungsindex des reinen Lösungsmittels)

Durch Umformung dieser Gleichung erhält man die Konzentration des gelösten Stoffes in Prozent:

$$C = \frac{n_O - n_1}{\alpha}$$

Somit errechnet sich die Konzentration des Zytoplasmas einer lebenden Zelle aus der Formel:

$$C_{Zelle} = \frac{n_O - 1{,}333}{0{,}0017}$$

Für n_1 wurde der Brechungsindex von Wasser, also 1,333 eingesetzt. Schließlich kann man aus dem Gangunterschied die Trockenmasse eines Phasenobjekts ableiten.

Sie errechnet sich aus folgender Formel:

$$T = \frac{\Gamma \cdot F}{\alpha \cdot 100}$$

(T = Trockenmasse; F = Fläche des Objekts.)

Besonders angenehm ist, daß diese Formel die Dicke d nicht mehr enthält, da deren Bestimmung immer Probleme aufwirft. Die Trockengewichte lebender Zellen sind natürlich unvorstellbar gering. Man gelangt dabei in Größenordnungen von 10^{-12} g (pico-Gramm, pg).

Alle angegebenen Formeln gelten nur unter der Voraussetzung, daß sich die mikroskopischen Objekte in Wasser befinden. Benutzt man bei der Untersuchung andere Einschlußmedien (z.B. Paraffinöl) müssen die Formeln korrigiert werden.

Differentieller Interferenzkontrast

In allen bisher geschilderten Interferenzmikroskopen kommt es zur Bildverdoppelung. Dabei ist man bestrebt, die beiden Bilder möglichst weit voneinander zu trennen, damit sich die Objekte nicht überlappen.

In anderen Interferenzmikroskopen werden die Bilder absichtlich sehr nahe beieinandergelassen. Wenn ihr Abstand voneinander kleiner als das Auflösungsvermögen des Mikroskops bleibt, ist von einer Bildverdoppelung nichts zu sehen. Allerdings ist sie immer noch so groß, daß es zu Interferenzerscheinungen kommt, die zu Hell- Dunkel- oder Farbkontrast führen. Man spricht dann von Interferenzmikroskopen mit differentieller Bildaufspaltung, die zu differentiellem Interferenzkontrast führen.

Differentieller Interferenzkontrast läßt sich u. a. an dem Interferenzmikroskop nach **Beyer** und **Schöppe** einstellen, wenn man eine sehr kleine Bildaufspaltung wählt. Damit eine einmal benutzte Bildaufspaltung später genau wieder zu reproduzieren ist, mißt man nach Einschalten der Bertrand-Linse die Breite der Interferenzstreifen in der hinteren Objektivbrennebene mit einem Meßokular aus.

Im Interferenzmikroskop nach **Pluta** kann ebenfalls differentieller Interferenzkontrast eingestellt werden. Schließlich gibt es Interferenzeinrichtungen, die ausschließlich für differentiellen Interferenzkontrast vorgesehen sind.

Spezielle Geräte für differentielle Bildverdopplung

Bei den ausschließlich für differentiellen Interferenzkontrast bestimmten Geräten wird die Bildverdopplung auf polarisationsoptischem Wege und zwar mit Wollastonprismen vorgenommen (Interferenzkontrast nach **Smith:** Leitz; Interferenzkontrast nach **Nomarski** Jena, Nachet, Nikon, Olympus, Reichert, Zeiss).

Ein Wollaston-Prisma besteht aus zwei Kalkspatprismen (Abb. **104**), die in Subtraktionsstellung miteinander verkittet sind und deren optische Achsen senkrecht zu der Richtung des einfallenden Lichts verlaufen. Linear polarisiertes Licht, dessen Schwingungsrichtung unter einem Winkel von 45 Grad zu den Schwingungsrichtungen im Prisma

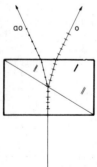

Abb. **104**   Wollaston-Prisma.

verläuft, wird im ersten Keil in zwei senkrecht zueinander schwingende Wellenzüge gleicher Amplitude aufgespalten. Beide sind noch nicht räumlich voneinander getrennt, weisen jedoch in dem anisotropen Medium unterschiedliche Geschwindigkeiten auf. Der aus dem ersten Keil als ordentlicher Strahl hervortretende Wellenzug wird im zweiten, in Subtraktionsstellung gelagerten Keil zum außerordentlichen. Damit verkleinert sich für ihn die Brechzahl (Kalkspat ist ein negativ doppelbrechendes Material!), so daß er vom Einfallslot weggebrochen wird. Umgekehrt wandelt sich derjenige Wellenzug, der den ersten Keil als außerordentlicher verläßt, im zweiten zum ordentlichen. Er wird dabei zum Einfallslot hingebrochen, weil für ihn der Brechungsindex größer wird. Auf diese Weise werden die beiden Wellenzüge voneinander getrennt. Allerdings ist bei den für differentielle Bildaufspaltung bestimmten Wollaston-Prismen der Trennwinkel klein.

Nachdem sie das Wollaston-Prisma verlassen haben, werden die beiden Strahlen durch den Kondensor geschickt, der sie zueinander parallel ausrichtet. Sie durchlaufen dann das Präparat und werden schließlich in

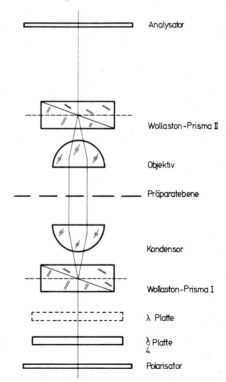

Analysator

Wollaston-Prisma II

Objektiv

Präparatebene

Kondensor

Wollaston-Prisma I

λ Platte

$\frac{\lambda}{4}$ Platte

Polarisator

Abb. 105 Interferenzkontrast-
mikroskop nach *Smith*.

einem zweiten Wollaston-Prisma, das sich über dem Objektiv befindet, miteinander vereinigt. Dann folgt noch der zum Polarisator in Kreuzstellung befindliche Analysator, wo es zur Interferenz kommt (Abb. **105**).

Das zweite über dem Objektiv befindliche Wollaston-Prisma wirft noch ein Problem auf. Denn die beiden aus ihm hervortretenden Wellenfronten sind etwas gegeneinander geneigt. Das hätte zur Folge, daß bei der Interferenz kein homogenes Feld, sondern eine Serie von Interferenzstreifen resultieren würde. Ein homogenes Feld entsteht ja nur dann, wenn der Winkel zwischen den beiden Wellenfronten 0 Grad beträgt (S. 196). Das ist der Fall, wenn man das Prisma so anordnet, daß der Punkt, in dem die Strahlenvereinigung erfolgt, in die hintere Brennebene des Objektivs zu liegen kommt. Diese ist aber nur bei Systemen mit schwachen Abbildungsmaßstäben leicht zugänglich. Bei stärkeren Objektiven liegt sie gewöhnlich im Inneren des Linsensystems, wo kein Wollaston-Prisma mehr Platz hat. Es bedurfte also erst besonderer Entwicklungen im Objektivbau, damit das Wollaston-Prisma in jedem Fall an die richtige Stelle gebracht werden kann (Interferenzkontrast nach **Smith,** Leitz).

Man kann das Problem aber auch auf einem anderen Weg lösen, ohne dabei erst besondere Objektive entwickeln zu müssen. Hierzu wird das Wollaston-Prisma in der von **Nomarski** angegebenen Weise so verändert, daß die optische Achse des unteren Kalkspatkeils nicht horizontal gelegen ist, sondern mit der Waagerechten einen kleinen Winkel bildet. Dann wird der Punkt, an dem die Strahlenvereinigung stattfindet, virtuell in eine Ebene außerhalb des Wollaston-Prismas verlegt, so daß man es weit genug über dem Objektiv anbringen kann (Abb. **106**).

Die beiden Strahlen sind entweder phasengleich oder weisen einen mehr oder weniger großen Gangunterschied auf. Dessen Ausmaß hängt von der Stelle am Wollaston-Prisma ab, die gerade durchstrahlt wird. Wenn man daher das über dem Objektiv befindliche Prisma senkrecht zur optischen Achse des Mikroskops verschiebt, läßt sich der Gangunterschied vergrößern oder verkleinern. Je nach dem eingestellten Gangunterschied erscheint der Untergrund heller, dunkler oder in einer bestimmten Farbe. Dabei ergibt sich wiederum die bereits von der Polarisationsmikroskopie her bekannte Reihenfolge der Interferenzfarben. Bei einem Gangunterschied von 0 λ erscheint demnach der Untergrund völlig dunkel. Mit ansteigendem Gangunterschied erreicht man über verschiedene Graustufen zunächst das Weiß der I. Ordnung und anschließend die Interferenzfarben von Gelb über Rot bis zum Blau. Noch größere Gangunterschiede werden für dieses Verfahren nicht verlangt.

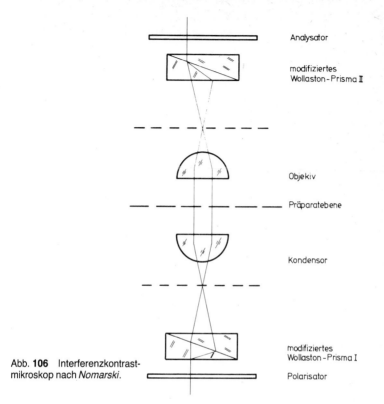

Analysator

modifiziertes
Wollaston-Prisma II

Objektiv

Präparatebene

Kondensor

modifiziertes
Wollaston-Prisma I

Polarisator

Abb. 106 Interferenzkontrast-mikroskop nach *Nomarski.*

Besonderheiten des Interferenzkontrast-Bildes

Von dem am oberen Wollaston-Prisma eingestellten Gangunterschied und dem vom Phasenobjekt verursachten Gangunterschied hängt es ab, in welchem Kontrast das Phasenobjekt zu sehen ist. Die wichtigsten Fälle sollen im folgenden Beispiel gezeigt werden. Wir nehmen an, bei dem Objekt handle es sich um ein kleines, homogenes, quaderförmiges Gebilde, das einen höheren Brechungsindex aufweist als seine Umgebung, also etwa um einen kleinen Glassplitter in einem Wassertropfen. Wenn auf dieses Objekt eine ebene Wellenfront trifft, wird sie deformiert (Abb. **107a**). Denn derjenige Teil der Lichtwellen, der durch das Objekt verläuft, erleidet gegenüber dem vorbeigehenden Licht eine Phasenverzögerung, die in allen folgenden Beispielen 90 Grad betragen soll (d. h. $\Gamma = \frac{1}{4}\lambda$).

Im zweiten Wollaston-Prisma kommt es zur Vereinigung der beiden linear polarisierten Strahlen. Dabei werden die von ihnen erzeugten

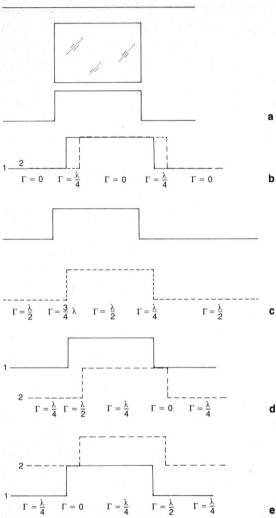

Abb. 107a In einem Einschlußmedium vom Brechungsindex n_1 befindet sich ein stärker lichtbrechendes Phasenobjekt (n_2). In diesem wird daher die Geschwindigkeit der Lichtwellenbewegung verlangsamt (S. 137). Eine ebene Wellenfront, die durch so ein Präparat verläuft, ist daher nach Verlassen des Phasenobjekts in der gezeichneten Art verformt. d. h. der Teil des Wellenzugs, der durch das Einschlußmedium verlief, ist weiter vorangekommen als derjenige, der das Phasenobjekt passierte. **b–e:** Abhängigkeit des Kontrasts beim differentiellen Interferenzkontrastverfahren vom Gangunterschied, den das zweite Wollaston-Prisma verursacht. Siehe Text.

Bilder etwas gegeneinander verschoben (Bildverdoppelung). Wir nehmen zunächst an, das Wollaston-Prisma sei so eingestellt, daß die beiden Strahlen phasengleich aus ihm hervortreten. Der Untergrund wird dann dunkel und zwei gegenüberliegende Kanten des Phasenobjekts sind aufgehellt (Abb. **107 b**).

Wenn die beiden aus dem Wollaston-Prisma herauskommenden Strahlen einen Gangunterschied von λ/2 aufweisen, kommt es zu einem hellen Untergrund, während die beiden gegenüberliegenden Kanten des Phasenobjekts dunkler erscheinen. Der Interferenzkontrast ermöglicht also einen Übergang von positivem zu negativem Kontrast (Abb. **107 c**).

Darüber hinaus kann man mit diesem Verfahren einen Reliefkontrast einstellen, durch den der differentielle Interferenzkontrast besonders bekannt geworden ist. In diesem Fall erscheint die eine Kante des Phasenobjekts hell und die andere dunkel. Welche davon hell und welche dunkel wird hängt von dem eingestellten Gangunterschied ab. Aus Abb. **107 d** geht hervor, daß bei einem Gangunterschied von λ/4 die linke Kante des Objekts hell und die rechte dunkel ist. Wenn man dagegen denjenigen Wellenzug, der soeben gegenüber dem zweiten um λ/4 beschleunigt war, so bremst, daß er um λ/4 hinter dem zweiten nachhinkt, wird die vorher helle Kante dunkel und umgekehrt (Abb. **107 e**).

Das Verstellen des Gangunterschiedes geschieht beim Interferenzkontrast nach **Nomarski** durch Verschieben des über dem Objektiv befindlichen Wollaston-Prismas. Bei der Ausführung nach **Smith** befindet sich über dem Polarisator eine λ/4-Platte und der Gangunterschied wird durch Drehen am Polarisator verstellt, weil das zweite im Objektiv befindliche Wollaston-Prisma unbeweglich ist. Die Interferenzfarben erhält man in diesem Fall durch Einschieben eines Hilfsobjekts »Rot I. Ordnung«. Der am Jenaval von Jena benutzte Interferenzkontrast arbeitet zwar nach dem Prinzip von Nomarski. Die Verstellung des Kontrasts erfolgt aber trotzdem wie beim Kontrast nach Smith durch einen drehbaren Polarisator und eine darüber angeordnete λ/4-Platte.

Beim Interferenzkontrastverfahren erzielt man aber nur an denjenigen Kanten einen Kontrast, an denen es zu einer sprunghaften Änderung des Gangunterschiedes zwischen dem Lichtstrahl kommt, der das Objekt passiert, und dem, der nur durch den Untergrund verläuft. Außerdem ist optimaler Kontrast nur an Kanten zu sehen, die in einer ganz bestimmten Richtung verlaufen. Kanten, die senkrecht dazu gelagert sind, bleiben kontrastlos. Daraus ergeben sich einige Schwierigkeiten bei der Handhabung des Interferenzkontrasts sowie der Interpretation seiner Bilder. Denn wenn Objekte zufällig bevorzugt in derjenigen Richtung verlaufen, in der sich kein Kontrast ergibt, bleiben sie unsichtbar (Abb. **108**). Deshalb sollte die Interferenzkontrasteinrichtung immer an einem mit Drehtisch versehenen Mikroskop benutzt werden,

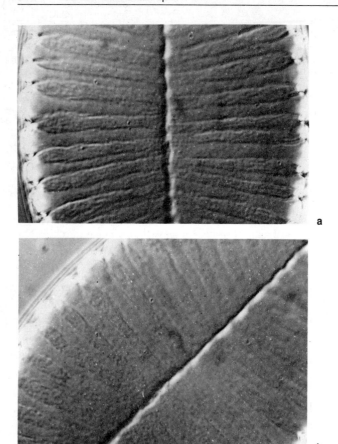

a

b

Abb. **108** Abhängigkeit des Bildkontrasts von der Orientierung des Objekts beim differentiellen Interferenzkontrastverfahren. Objekt: Schale von *Surirella sp.* **a:** Orientierung bei maximalem Kontrast. **b:** Objekt um 45 Grad gedreht.

damit das Präparat während der Untersuchung gedreht werden kann und sich alle Einzelheiten erfassen lassen. Für die Interferenzmikroskopie genügt aber bereits ein Drehtisch, der sich nicht um volle 360 Grad drehen lassen muß. Die richtige Orientierung auf dem Drehtisch ist besonders bei sehr regelmäßig strukturierten Objekten wichtig. Weit weniger Schwierigkeiten ergeben unregelmäßig orientierte Strukturen. Der Reliefkontrast erweist sich als sehr eindrucksvoll, kann aber auch zu Interpretationsfehlern führen. Denn aus dem reliefartigen Aussehen des Bildes darf man nicht ohne weiteres auf einen reliefartigen Aufbau im Objekt schließen. Die hellen und dunklen Konturen besagen ja nur, daß sich an diesen Stellen im Objekt die Phase der Lichtschwingung gegenüber der Umgebung ändert. Diese kann natürlich von einer Dikkenänderung im Präparat veranlaßt werden, muß es aber nicht. Denn zu einer Phasenänderung kommt es ja auch, wenn bei gleichbleibender Dicke zwei Medien von unterschiedlichem Brechungsindex aneinandergrenzen.

Mit dem Interferenzkontrastmikroskop kann man – wie schon gesagt – abgesehen vom Hell-Dunkelkontrast auch verschiedene Farbkontraste einstellen. Man erreicht damit für dekorative Zwecke recht effektvolle Bilder, deren wissenschaftlicher Aussagewert jedoch mehr als fragwürdig ist. Denn beim Farbkontrast werden gegenüberliegende Kanten eines Objekts in unterschiedlichen Farben dargestellt. Das kann sehr leicht zu Fehldeutungen führen, weil man ja von den histologischen Färbungen her gewöhnt ist, unterschiedlich gefärbte Strukturen als verschiedenartig zu deuten.

Den soeben geschilderten Nachteilen stehen eine Reihe von Vorteilen gegenüber, welche der Interferenzkontrast bietet. Er eignet sich besonders gut für fibrilläre Gebilde, wie z.B. Geißeln. Da selbst bei weiter geöffneter Kondensorblende noch ein gewisser Kontrast zustande kommt, sind auch optische Schnitte möglich. Dabei werden die einzelnen Schichten eines dickeren Objekts durch Verstellen des Feintriebs nacheinander untersucht. Das ist einer der Vorteile des Interferenzkontrasts gegenüber dem Phasenkontrastmikroskop, welches für optische Schnitte überhaupt nicht zu gebrauchen ist.

Als weiterer Vorteil ist die stufenlose Veränderbarkeit des Interferenzkontrasts anzusehen. Er kann deshalb einmal für die Untersuchung von Strukturen benutzt werden, die äußerst geringe Gangunterschiede verursachen, wie z.B. für Plasmastränge und -segel in Zellen. Genausogut eignet sich der Interferenzkontrast für dicke Objekte, die größere Phasenverschiebungen bewirken, und bei denen das Phasenkontrastmikroskop bereits völlig versagt. Das gilt z.B. für kleine Metazoen, wie z.B. Rotatorien. Allerdings gibt es auch Fälle, in denen das Phasenkontrastmikroskop dem Interferenzkontrast überlegen ist. Man sollte daher bei genaueren Arbeiten ein und dieselbe Präparatstelle mit beiden Methoden untersuchen. Zu diesem Zweck tragen die Interferenzkontrastkondensoren auf einer Revolverscheibe neben den Wollaston-Prismen entweder bereits fest eingebaute Ringblenden für Phasenkontrast oder wenigstens einige freie Öffnungen, in die nachträglich Ringblenden für Phasenkontrast eingebaut werden können. Besonders bequem geht der Übergang von Phasenkontrast zu Interferenzkontrast, wenn man bei gleichbleibender Maßstabszahl die Objektive nicht wechseln muß. Das erlauben Mikroskope, bei denen eine Zwischenabbildung der hinteren Objektivbrennebene möglich ist (S. 149)

Interferenzkontrast nach Nomarski

Für den Interferenzkontrast ist zunächst einmal ein spezieller Kondensor erforderlich. Dieser sieht äußerlich einem Phasenkontrastkondensor ähnlich, trägt aber auf seiner Revolverscheibe (meistens 3) verschiedene Wollaston-Prismen, von denen je eines für schwache, mittlere und starke Objektive bestimmt ist. Unter dem Kondensor ist ein Polarisator angeordnet. Dazu genügt ein einfacher Filterpolarisator, den man in richtiger Orientierung in den Filterhalter des Mikroskops legt. Das zweite, nach **Nomarski** modifizierte Wollaston-Prisma befindet sich entweder in einem Tubusschlitz über dem Objektiv oder in einem kurzen Tubus, der zwischen Objektiv und Revolver zu schrauben ist. Es kann mit Hilfe einer Schraube senkrecht zur optischen Achse des Mikroskops verschoben werden, wobei sich Gangunterschied und Kontrast ändern. Über dem zweiten Wollaston-Prisma liegt der Analysator, der mit dem zweiten Prisma auch eine bauliche Einheit bilden kann. Im Interferenzkontrast liefern nicht alle Objektive ein völlig zufriedenstellendes Bild. Bei der Einrichtung von Zeiss erhält man z. B. nur mit Planachromaten einen einwandfreien Kontrast, der sich über das gesamte Gesichtsfeld erstreckt.

Zum Einstellen des Interferenzkontrasts muß man das zum Objektiv passende Wollaston-Prisma am Kondensor mit der Revolverscheibe in den Strahlengang bringen und durch Verstellen der Schraube am zweiten Wollaston-Prisma den gewünschten Kontrast herstellen. Dabei ist wichtig, daß Polarisator und Analysator so gekreuzt sind, daß das Wollaston-Prisma in Diagonalstellung liegt. Der Kontrast kann durch Verkleinern der Kondensorblendenöffnung gesteigert werden. Wenn man auf den Farbkontrast verzichtet und nur im Hell-Dunkelkontrast arbeitet, kommt ein Grünfilter in den Beleuchtungsstrahlengang. Bei dunklem Untergrund und Objekten, die nur sehr kleine Gangunterschiede verursachen, wird das Bild äußerst lichtschwach. Deswegen muß die Lichtquelle hell genug sein. Gut geeignet sind Quecksilberhöchstdrucklampen. Die dem Auge schädlichen ultravioletten Strahlen werden von dem Grünfilter absorbiert.

Wenn man einen bestimmten Gangunterschied eingestellt hat, erscheint das Gesichtsfeld nicht in einem einheitlichen Grauton, sondern ist an dem einen Rand etwas heller als am anderen. Diese Erscheinung ist dem Interferenzkontrast eigen und muß in Kauf genommen werden. Allerdings fällt die einseitige Aufhellung des Gesichtsfeldes bei neueren Interferenzkontrasteinrichtungen nicht mehr so deutlich auf.

Interferenzkontrast nach Smith

Beim Interferenzkontrast nach **Smith** ist ebenfalls ein Spezialkondensor notwendig, der die Wollaston-Prismen auf einer Revolverscheibe trägt und mit Polarisator, $\lambda/4$-Platte und λ-Platte versehen ist. Das zweite

Wollaston-Prisma ist hier fest im Objektiv eingebaut und läßt sich nicht verschieben. Deswegen wird der Kontrast durch Drehen des Polarisators (S. 205) verändert. Damit das zweite Wollaston-Prisma im Objektiv stets richtig orientiert ist, sind in der ersten Ausführung alle für den Smith-Kontrast vorgesehenen Objektive fest in einem Revolver montiert. Dagegen können sie in der neuen Version vom Benutzer selbst eingeschraubt werden. Über dem Objektiv ist der Analysator in Kreuzstellung zum Polarisator angeordnet.

Die Einstellung des Interferenzkontrastes nach **Smith** unterscheidet sich von der Handhabung der Nomarskischen Einrichtung nur insoweit, als der Gangunterschied nicht durch Verschieben des zweiten Wollaston-Prismas, sondern durch Verstellen des Polarisators geändert wird. Beim Interferenzkontrast nach **Smith** war die einseitige Aufhellung des Gesichtsfeldes von Anfang an nicht so deutlich ausgeprägt.

Amplitudenkontrast

Neben der Kontrastierung von Phasenobjekten bietet der Interferenzkontrast eine weitere interessante Anwendungsmöglichkeit. Er kann nämlich auch so verstellt werden, daß sich Amplitudenkontrast ergibt, ohne daß weitere Zubehörteile nötig sind. Damit werden schwache Farbtöne vertieft. Die meisten Vitalfärbungen mit Diachromen sowie eine Reihe histochemischer Reaktionen fallen ja so blaß aus, daß man große Mühe hat, die Farben im Präparat zu lokalisieren. Weiterhin muß man manchmal alte, ziemlich verblaßte Dauerpräparate untersuchen. Hier hilft der Interferenzkontrast in seiner besonderen Anwendungsform als Amplitudenkontrast. Er liefert selbst bei weit geöffneter Kondensorblende ein kontrastreiches Bild. So läßt sich mit Hilfe des Amplitudenkontrasts das Auflösungsvermögen eines Mikroskopobjektivs voll ausnutzen, weil man mit den jeweils höchst möglichen Kondensoraperturen arbeiten kann.

Für den Amplitudenkontrast stellt man den Interferenzkontrast zunächst einmal auf möglichst dunklen Untergrund ein. Zur Beleuchtung muß natürlich Weißlicht verwendet werden. Dann wird der Polarisator etwas gedreht, bis die Farbe der Struktur ihre maximale Intensität erhalten hat und das Bild seinen Reliefcharakter eben etwas verliert. Der Untergrund wird dabei heller. Beim Interferenzkontrast nach Smith wird dieser Effekt durch Drehen des Analysators bewirkt.

Unter der Bezeichnung *Amplitudenkontrast* ist aber auch ein Phasenkontrastkondensor im Handel (PZO), der zusammen mit speziellen Objektiven benutzt wird. Diese enthalten ähnlich wie Phasenkontrastobjektive in ihrer hinteren Brennebene Ringe, die aber nur die Intensität des Hauptmaximums dämpfen, dagegen auf seine Phase keinerlei Einfluß ausüben. Auch damit erreicht man eine Verstärkung blasser

Färbungen. Die Einrichtung ist praktisch wie ein Phasenkontrastmikroskop zu handhaben. Nach dem Scharfeinstellen wird also das Bild der Ringblendenöffnung mit dem dunklen Ring in der hinteren Objektivbrennebene zur Deckung gebracht, was man mit einem Einstellfernrohr kontrolliert.

Fluoreszenzmikroskopie

Bestimmte Stoffe werden zur Lichtemission angeregt, wenn man sie mit Licht bestrahlt. Erfolgt diese Lichtemission nur während der Bestrahlung, spricht man von Fluoreszenz. Wird dagegen noch Licht ausgesandt, wenn die Bestrahlung bereits eingestellt wurde, handelt es sich um Phosphoreszenz. Fluoreszenz und Phosphoreszenz werden unter dem Oberbegriff Lumineszenz zusammengefaßt.

Bei der Fluoreszenz weist das vom fluoreszierenden Stoff ausgesandte Fluoreszenzlicht (wenn keine weiteren Komplikationen hinzukommen) eine längere Wellenlänge auf, als das zur Bestrahlung verwendete Licht. Diese Erscheinung wird nach ihrem Entdecker *Stokessche Regel* bezeichnet.

Wie die Fluoreszenzen zustande kommen, kann mit den bis jetzt benutzten Modellvorstellungen über das Wesen des Lichts, nämlich mit dem Strahlen- und dem Wellenmodell nicht erklärt werden. Es ist dazu ein neues Denkmodell erforderlich, welches annimmt, daß das Licht von der Lichtquelle in Form von kleinen Portionen, den Lichtquanten oder Photonen ausgesandt wird. Jedem dieser Lichtquanten kommt eine bestimmte Energie zu, die sich nach der Formel: $E = h \cdot \nu$ errechnet.

Wenn der Stoff die eingestrahlten Lichtquanten absorbiert, geht deren Energie auf ihn über. Diese Energie kann dann z. B. bewirken, daß bestimmte Elektronen in den Atomen des fluoreszierenden Stoffes auf ein höheres Energieniveau gehoben werden. Dort verweilen die Elektronen aber in der Regel nur kurze Zeit. Sie fallen sehr bald auf ihr ursprüngliches Energieniveau zurück und setzen dabei Energie, die von den eingestrahlten Lichtquanten stammt, in Form von Lichtstrahlung frei (Abb. **109**). Bei diesem Vorgang wird aber nicht die gesamte eingestrahlte Energie wieder in Form von Licht abgegeben, da ein Teil davon beim Wechsel der Energieniveaus in andere Energieformen übergeht. Wenn nun beim Zurückfallen der Elektronen die freiwerdenden Lichtquanten eine geringere Energiemenge als die eingestrahlten aufweisen, muß nach obiger Gleichung das emittierte Fluoreszenzlicht eine kleine-

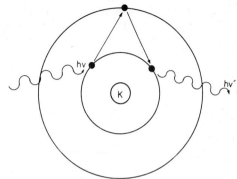

Abb. **109** Fluoreszenz-
entstehung, schematisch.
K Atomkern. Das absor-
bierte Lichtquant enthält die
Energiemenge h · ν. Diese
wird benutzt, um ein Elektron (schwazer Punkt) auf
ein höheres Energieniveau
zu heben. Wenn es auf sein
ursprüngliches Energieni-
veau zurückfällt, gibt es nur
einen Teil der aufgenom-
menen Energie (h · ν') in
Form eines Lichtquants ab.

re Frequenz ν (und somit eine größere Wellenlänge) aufweisen als das
eingestrahlte Licht. Denn wenn die Energie E kleiner wird, muß auch
das Produkt auf der rechten Seite der Gleichung kleiner werden. Das
Plancksche Wirkungsquantum h bleibt als Naturkonstante unveränder-
lich. Folglich kann sich nur die Frequenz verringern. Damit findet die
Stokessche Regel eine einfache Erklärung.
Fluoreszenzerscheinungen sind z. B. bei der roten Tinte oder bei Chlo-
rophyllösungen zu beobachten. Sie treten aber auch in manchen mikroskopischen Präparaten auf. Das ist einmal der Fall, wenn die Objekte
Strukturen enthalten, die bereits von sich aus bei geeigneter Anregung
fluoreszieren. Das kommt besonders bei botanischen Präparaten vor, in
denen die Chloroplasten rote und die Zellwände blaue, grüne, gelbe,
braune und weiße Fluoreszenzfarben zeigen. Man spricht von Primär-
fluoreszenz. Weiterhin besteht die Möglichkeit, nicht fluoreszierende
Strukturen mit Farbstoffen anzufärben, die ihrerseits fluoreszenzfähig
sind. Solche Fluorochromierungen haben sich u. a. bei Vitalfärbungen
sehr bewährt. Es handelt sich dabei um Sekundärfluoreszenz. Beispiele
hierfür sind die Fluorochromierungen von Knochen und Zähnen, aber
auch von Zellmembranen mittels Tetrazyklin oder die vitale Fluoro-
chromierung von Zellkernen, Zytoplasma und Vakuolen mittels Acridinorange. Eine besondere Form der Sekundärfluoreszenz stellt die
Immunofluoreszenz dar. Sie kommt durch eine serologische Reaktion
zustande, bei der man z. B. für eine bestimmte Bakterienart Antikörper
herstellt und diese mit einem geeigneten Fluoreszenzfarbstoff koppelt
(z. B. mit Fluorescein-iso-thio-cyanat, FITC). Die so präparierten Antikörper lagern sich nur an die für sie passenden Bakterien an, an alle
anderen nicht. An der Fluoreszenz sind diejenigen Bakterien zu erkennen, für welche die Antikörper spezifisch sind. Damit ist die Bestimmung von Bakterien und anderen Mikroorganismen, die sonst nur
wenige morphologische Merkmale aufweisen, sehr erleichtert worden.

Fluoreszierende Stoffe können auch entstehen, wenn das Präparat bestimmte Strukturen enthält und man diese gewissen chemischen Reaktionen unterwirft. Schließlich ist es noch möglich, mit dem Fluoreszenzmikroskop in Verbindung mit der Mikrospektralphotometrie quantitative Aussagen über relative Mengen von Stoffen und Zelltypen zu machen.

Aufbau eines Fluoreszenzmikroskops

Da bei der Fluoreszenz das emittierte Licht (meistens) langwelliger als das eingestrahlte ist, wird zur Beleuchtung des Präparats vornehmlich kurzwelliges Licht benutzt, nämlich langwelliges Ultraviolett oder Blau sowie in besonderen Fällen auch Grün. Die gewünschten Farben werden mit Lichtfiltern aus dem von der Lichtquelle abgegebenen Licht isoliert. Diese Filter bezeichnet man als Erregerfilter. Das Erregerlicht kann auf verschiedenen Wegen in das Präparat geleitet werden, wo es die Fluoreszenz auslöst. Das dabei emittierte Licht ist erheblich lichtschwächer als das eingestrahlte Erregerlicht. Wenn man das Fluoreszenzlicht überhaupt wahrnehmen will, muß das Erregerlicht absorbiert werden, nachdem es seinen Zweck erfüllt hat. Das geschieht mit einem weiteren Lichtfilter, das sich meistens in einem Tubusschlitz über dem Objektiv befindet oder auch dem Okular aufgesteckt werden kann und als Sperrfilter bezeichnet wird.

Im Fluoreszenzmikroskop sind die fluoreszierenden Objekte in leuchtenden Farben oder auch in Weiß auf dunklem Untergrund zu sehen. Wir haben es also mit negativem Kontrast zu tun. Sehr kleine Objekte fallen unter diesen Bedingungen schneller auf als im normalen Hellfeldmikroskop. Deswegen benutzt man die Fluoreszenzmikroskopie u. a. auch dann, wenn kleine Objekte, wie z. B. bestimmte Bakterienarten bei relativ schwachen Vergrößerungen, aber großen Gesichtsfeldern rasch aufgefunden werden sollen.

Verlauf des Erregerlichts von der Lichtquelle zum Präparat

Das Erregerlicht kann auf drei verschiedenen Wegen ins Präparat geschickt werden, nämlich über Durchlicht-Hellfeld, Durchlicht-Dunkelfeld oder Auflicht. Welcher davon in Frage kommt, hängt von der Art der Untersuchung sowie von den finanziellen Möglichkeiten ab.

Durchlicht-Hellfelderregung (Abb. **110**). Für die Durchlicht-Hellfelderregung muß das Mikroskop mit einem normalen Hellfeldkondensor ausgerüstet sein, über den man das Erregerlicht ins Präparat schickt. Selbst wenn die Fluoreszenzerregung mit ultraviolettem Licht vorgenommen wird, ist kein spezieller Kondensor mit Quarzlinsen erforderlich. Denn optisches Glas ist für das in Frage kommende langwellige Ultraviolett genügend transparent.

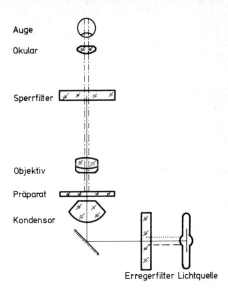

Abb. 110 Durchlicht-Hellfelderregung.

Bei Durchlichterregung können sehr hohe Lichtintensitäten ins Präparat geschickt werden. Für das Zustandekommen von hellen Fluoreszenzerscheinungen wäre dies an sich sehr günstig. Jedoch gelingt es dann fast nie, das intensive Erregerlicht vollständig mit einem Sperrfilter zu absorbieren. Dadurch hellt sich der Untergrund auf, wodurch der Kontrast herabgesetzt wird. Wegen dieses Kontrastverlusts wird die Durchlicht-Hellfelderregung nur in Ausnahmefällen angewendet. Man benutzt sie vornehmlich dann, wenn aus irgendwelchen Gründen auf sehr einfache Art möglichst viel Licht ins Präparat geschickt werden soll. Außerdem wird die Durchlichterregung bei sehr schwachen Vergrößerungen benutzt, weil dann mit den anderen Erregungsarten noch schlechtere Ergebnisse zustande kommen.

Durchlicht-Dunkelfelderregung (Abb. **111**). Bei der Durchlicht-Dunkelfelderregung wird das Erregerlicht über einen Dunkelfeldkondensor ins Präparat geschickt. Damit gelangen natürlich nicht so hohe Lichtintensitäten in das Objekt, wie bei der Durchlicht-Hellfelderregung. Trotzdem ist die Dunkelfelderregung vorzuziehen. Denn bei ihr gelangt nur ein verhältnismäßig kleiner Teil des Erregerlichts ins Objektiv, während der größte Teil daran vorbeigeht. Mit den entsprechenden Sperrfiltern kommt es daher leicht zu einem vollständig dunklen Untergrund und somit zu optimalem Kontrast.

Durchlicht-Dunkelfelderregung kann benutzt werden, wenn man es mit Objektivaperturen unter 0,60 zu tun hat. Aber auch bei höheraperturigen Objektiven ist sie wegen des hervorragenden Bildkontrasts gut zu

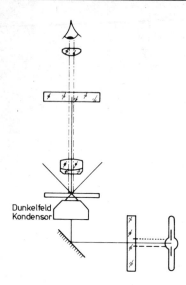

Abb. **111** Durchlicht-Dunkelfelderregung.

gebrauchen. Allerdings sind damit nicht die allerhöchsten Fluoreszen-
zintensitäten zu erzielen. Da das Erregerlicht nicht mit allzugroßer
Intensität auf das Präparat gelangt, bleichen viele empfindliche Fluoreszenzen nicht so schnell aus, wie bei anderen Erregungsarten. Dunkelfelderregung kommt auch dann in Frage, wenn man einerseits optimalen
Kontrast wünscht, andererseits den Aufwand aus finanziellen Gründen
nicht allzu hoch treiben kann.

Auflicht-Hellfelderregung (Abb. **112**). Bei der Auflichterregung wird
das Erregerlicht durch das Mikroskopobjektiv auf das Präparat ge-

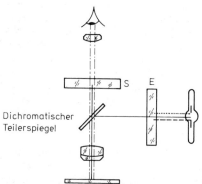

Abb. **112** Auflicht-Hellfelderregung.

schickt. Das Objektiv fungiert somit gleichzeitig als Kondensor. Dabei wird das Licht mit Hilfe einer dichromatischen Teilerplatte in den Strahlengang gelenkt. Eine solche Spezialplatte hat die Eigenschaft, kurzwelliges Licht bevorzugt zu reflektieren und langwelliges bevorzugt zu transmittieren. Damit für alle für die Erregung in Frage kommenden Wellenlängenbereiche optimale Reflexionsbedingungen und für alle zu erwartenden Fluoreszenzfarben die besten Transmissionsbedingungen erreicht werden, sind mehrere verschiedene dichromatische Teilerplatten notwendig, die auf einer Wechselvorrichtung angebracht sind (Jena, Leitz, Olympus, Reichert, Zeiss). Wenn man sich auf einen bestimmten Wellenbereich zur Fluoreszenzerregung beschränkt (wenn man z.B. nur FITC-Fluoreszenz betreibt), kommt man mit einer einzigen Teilerplatte aus.

Die Auflichtfluoreszenzerregung ist besonders einfach einzustellen. Da das Objektiv zugleich als Kondensor fungiert, entfallen alle sonst notwendigen Zentrierungen am Kondensor. Weiterhin wird bei Auflichtfluoreszenz das Präparat intensiv mit Erregerlicht bestrahlt, was zu besonders hellen Fluoreszenzen führt. Dabei ist der Kontrast ausgezeichnet. Denn von dem Erregerlicht kehrt nur ein sehr kleiner Teil ins Objektiv zurück, von dem noch dazu ein Großteil an der dichromatischen Teilerplatte reflektiert wird. Die Absorption der letzten Erregerlichtreste mit dem Sperrfilter bereitet dann keinerlei Schwierigkeiten mehr.

Da das Erregerlicht bei der Auflichtfluoreszenz auf die Präparatoberfläche trifft, kommt es dort zur stärksten Fluoreszenz. Dieses Fluoreszenzlicht gelangt ohne jede Beeinträchtigung ins Objektiv. Das ist besonders für dickere Objekte von Vorteil. Denn bei der Durchlicht-Hellfeld- und auch bei der Durchlicht-Dunkelfelderregung trifft das Erregerlicht auf die Präparatunterseite, so daß dort die hellste Fluoreszenz zu verzeichnen ist. Für die Beobachtung ist von Nachteil, daß dieses Fluoreszenzlicht erst die darüberliegenden Schichten passieren muß, wo es natürlich zumindest teilweise absorbiert wird.

Allerdings kommt es bei der Auflichtfluoreszenz wegen der hohen Intensität der Erregerstrahlung vor, daß die Fluoreszenz sehr schnell nachläßt. Dann muß man entweder die Helligkeit des Erregerlichts mit Graufiltern dämpfen oder auf die Durchlicht-Dunkelfelderregung ausweichen.

Lichtquellen für das Erregerlicht

Die normalerweise an den Mikroskopen vorhandenen Niedervoltlampen sind für die Fluoreszenzmikroskopie nicht gut zu gebrauchen, weil sie einen zu geringen Anteil an kurzwelliger Strahlung emittieren. Noch schlechter eignen sich die in Ansteckleuchten vorzufindenden Glühlampen, die mit normaler Netzspannung gespeist werden.

Halogenlampen. Halogenlampen können für die Fluoreszenzmikroskopie benutzt werden, wenn man sich mit der Blaulichterregung begnügt. Sie sind verhältnismäßig billig, erreichen aber nicht die Helligkeiten von Gasentladungslampen.

Gasentladungslampen. Von den Gasentladungslampen kommen für die Fluoreszenzmikroskopie in erster Linie Quecksilberhöchstdrucklampen in Frage. Sie liefern ein Linienspektrum (Abb. **113**). Das bedeutet, daß einige wenige Wellenlängen mit besonderer Intensität emittiert werden (die Linien), während die anderen Teile des Spektrums wesentlich lichtschwächer bleiben. Das ist für die gewöhnlichen Arbeiten in der Fluoreszenzmikroskopie kein Nachteil. Denn im langwelligen UV und im Blauen sowie im Grünen sind immer noch genügend Linien vorhanden, die mit geeigneten Filtern isoliert werden und als Erregerstrahlung dienen können. Selbst wenn die Lampe in einem bestimmten Spektralbereich gerade keine Linie liefert, ist das Licht (der Untergrund) dort immer noch lichtstärker als z. B. der gleiche Spektralbereich einer Halogenlampe.

Leider ist der Betrieb von Quecksilberhöchstdrucklampen aufwendig. Denn einmal lassen sie sich nur über ein relativ teueres Vorschaltgerät mit Strom versorgen. Zum anderen müssen sie in ein explosionssicheres Gehäuse eingebaut werden, weil sie besonders nach längerem Gebrauch (nach ca. 150 Std. Brenndauer) zur Explosion neigen. Deswegen sollte man unbedingt eine Schutzbrille und nicht zu dünne Handschuhe tragen, wenn man eine Quecksilberhöchstdrucklampe auswechselt. Außerdem explodiert eine solche Lichtquelle mit Sicherheit, wenn man sie kurz nach dem Ausschalten wieder einschaltet. Sie darf erst erneut gezündet werden, wenn sie vollkommen abgekühlt ist. Das ist ca. 30 Min. nach dem Ausschalten der Fall. Überhaupt sollten Quecksilberhöchstdrucklampen so wenig als möglich ein- und ausgeschaltet werden, weil sich deren Lebensdauer umso mehr verkürzt, je häufiger man sie zündet. Bei dem hohen Anschaffungspreis ist es rentabler, wenn man sie z. B. während der Mittagspause brennen läßt. Falls sie mit Wechselstrom betrieben werden, sollten sie nach dem ersten Einschal-

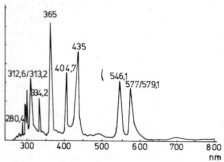

Abb. **113** Emissionsspektrum einer Quecksilberhöchstdrucklampe.

ten ein bis zwei Tage hindurch ununterbrochen brennen. Das Licht wird dann gleichmäßiger abgestrahlt und flackert nicht so sehr.

Quecksilberhöchstdrucklampen dürfen nie mit den Fingern am Glas-kolben angefaßt werden. Denn die von den Fingerkuppen stammenden Fettreste ergeben bei der Hitzeentwicklung während des Betriebes störende dunkle Flecken.

Diese Lichtquellen neigen nach längerem Gebrauch – wie schon gesagt – zur Explosion. Dabei wird der Hohlspiegel sowie die Kollektorlinse des Lampenhauses fast immer zerstört. Wenn man unnötige Reparatur-kosten ersparen will, sollte die Lampe im noch intakten Zustand recht-zeitig ausgewechselt werden. Außerdem bildet sich mit der Zeit im Inneren des Glaskörpers ein dunkler Belag, der die Lichtintensität herabsetzt.

Von den Quecksilberhöchstdrucklampen sind zwei Typen gebräuch-lich, und zwar eine zu 50 Watt (Hg 50) und eine andere zu 200 Watt (Hg 200), die beide mit Wechselstrom gespeist werden (Abb. 114). Die für die Hg 200 benötigten Lampenhäuser und Vorschaltgeräte sind erheb-lich teurer als für die Hg 50. Außerdem tendiert letztere bei Alterung wesentlich weniger zur Explosion. Dafür liefert die Hg 200 ein größeres leuchtendes Feld und ist deshalb vorzuziehen, wenn die Anregung der Fluoreszenzen im Durchlicht-Hellfeld oder Durchlicht-Dunkelfeld vor-genommen werden muß. Außerdem ist die Hg 200 wegen ihres grö-ßeren Leuchtfeldes leichter zu zentrieren. Bei der Auflicht-Hellfelder-

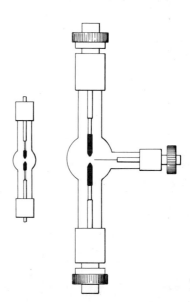

Abb. **114** Quecksilberhöchstdruck-lampen. Links: Hg 50, rechts: Hg 200.

regung bietet das aber sonst keine weiteren Vorteile, so daß hier fast nur noch die Hg 50 benutzt wird. Auf diese muß man außerdem dann zurückgreifen, wenn das Leitungsnetz durch andere Geräte mit hohem Stromverbrauch, wie z.B. Trockenschränke oder Tiefkühltruhen so stark belastet ist, daß es den Betrieb und besonders die Zündung einer Hg 200 nicht mehr verkraften kann. Weil die Hg 50 kleiner als die Hg 200 ist, lassen sich Linsen und Hohlspiegel in kürzerer Entfernung vor ihr anbringen, was zu optimaler Lichtausbeute führt.

Grundsätzlich können auch Xenonlampen in der Fluoreszenzmikroskopie als Lichtquellen benutzt werden. Sie liefern ebenfalls ein Linienspektrum. Allerdings ist dessen Strahlungsverteilung so, daß sich nur Erregungen im (selten benötigten) kurzwelligen UV Vorteile ergeben. Darüber hinaus eignen sich Xenonlampen aber auch für Blau- und Grünlichterregung.

Lichtfilter

In der Fluoreszenzmikroskopie spielen neben der Lichtquelle die Lichtfilter eine wichtige Rolle. Von diesen gibt es verschiedene Arten.

Glasfilter. Die preiswertesten Lichtfilter sind die Glasfilter, die aus einer planparallelen, gefärbten Glasplatte bestehen. Sie lassen – wie

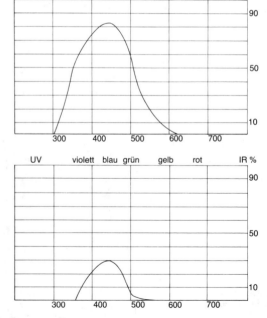

Abb. **115a** Lichtdurchlässigkeit eines Glasfilters (Absorptionsfilters) in Abhängigkeit von der Lichtfarbe. **b:** Lichtdurchlässigkeit eines dickeren Absorptionsfilters.

schon gesagt (S. 72) – Licht, das ihrer Eigenfarbe entspricht, hindurch und absorbieren das komplementärfarbene (Absorptionsfilter). Allerdings wird von ihnen nicht nur Licht einer bestimmten Wellenlänge hindurchgelassen, sondern ein mehr oder weniger großer Spektralbereich, wenn auch mit unterschiedlicher Helligkeit (Abb. **115a**). Man spricht daher von Breitbandfiltern. Absorptionsfilter werden in verschiedenen Stärken hergestellt. Je dicker sie sind, desto weniger hell ist das durchgelassene Licht (Abb. **115b**). Farben, die bereits von einem dünneren Filter stärker absorbiert werden, erfahren durch ein besonders dickes Absorptionsfilter der gleichen Sorte eine derartige Schwächung, daß sie kaum noch wahrnehmbar sind. Somit wird mit zunehmender Glasfilterdicke der Teil des Spektrums, der hindurchgelassen wird (die Bandbreite) immer enger.

Interferenzfilter. Bei einem Interferenzfilter sind im einfachsten Fall auf einer Glasplatte zwei hauchdünne, reflektierende und gleichzeitig teildurchlässige Metallfilme aufgetragen, die durch einen Zwischenraum getrennt sind, der von einem völlig transparenten Material ausgefüllt ist. Licht, das einen der beiden Metallfilme durchdringt, verläuft durch den Zwischenraum, bis es auf den zweiten Metallfilm trifft und dort reflektiert wird. Es gelangt somit erneut auf den ersten Metallfilm, wo es zur abermaligen Reflexion, aber auch zum Zusammentreffen mit neu ins Filter gekommenen Lichtwellen kommt (Abb. **116**). Die Wellen interferieren, wobei bestimmte Wellenlängen (also bestimmte Lichtfarben) besonders verstärkt und andere besonders geschwächt werden. Dieser Vorgang wiederholt sich mehrmals. Von der Dicke des Zwischenraums sowie vom Brechungsindex des dort befindlichen Materials hängt es ab, welche Wellenlängen an Helligkeit gewinnen bzw. verlieren. Durch Aufdampfen mehrerer teildurchlässiger, reflektierender Schichten sowie durch Kombination eines Interferenzfilters mit einem Absorptionsfilter wird erreicht, daß das herauskommende Licht nur noch einen engen Spektralbereich umfaßt (Abb. **117**). Man spricht

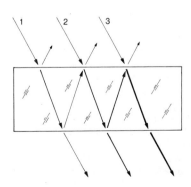

Abb. **116** Funktion eines Interferenzfilters (schematisch). Näheres im Text.

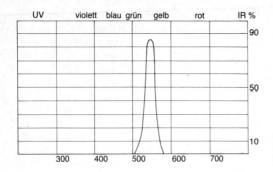

UV violett blau grün gelb rot IR %

300   400   500   600   700

Abb. 117 Lichtdurch-
lässigkeit eines Bandfil-
ters.

deshalb von einem Bandfilter oder Bandpaßfilter. Stimmt das Durch-
lässigkeitsmaximum eines derartigen Bandfilters gerade mit einer Linie
einer Quecksilberhöchstdrucklampe überein, handelt es sich um ein
Linienfilter.

Interferenzfilter sind teurer und auch empfindlicher als Absorptionsfilter, weil die verschiedenen Schichten aus Metall und transparentem
Material leicht beschädigt werden können.

Kantenfilter. Bei Kantenfiltern nimmt die Lichtdurchlässigkeit in ei-
nem ziemlich kleinen Spektralbereich sehr schnell zu und bleibt nach
Erreichen des Durchlässigkeitsmaximums fast gleich (Abb. **118**). Im
Kurvenbild sieht der schnelle Anstieg der Durchlässigkeit wie eine
Kante aus, woher die Bezeichnung für diese Filter rührt. Von den
Kantenfiltern gibt es zwei Sorten. Bei der einen wird nur solches Licht
hindurchgelassen, das längere Wellenlängen als die Kante aufweist.
Man spricht von Langpaßfiltern (Abb. **118a**). Umgekehrt hat bei den
Kurzpaßfiltern das herauskommende Licht im Vergleich zur Kante
kürzere Wellenlängen (Abb. **118b**).

Erreger- und Sperrfilter

Die mit der Fluoreszenzmikroskopie zu erzielenden Ergebnisse hängen
wesentlich von der richtigen Auswahl der Erreger- und Sperrfilter ab.
So entscheidet bereits die Farbe der Erregerstrahlung darüber, welche
Fluoreszenzfarben grundsätzlich möglich sind. Benutzt man z. B. Grünlicht zur Erregung, treten nach der Stokesschen Regel nur solche Fluoreszenzfarben auf, deren Wellenlängen länger als die des grünen Lichts
sind, also gelbe, orangefarbene oder rote, jedoch keine blaugrünen
oder blauen. Bei Blaulichterregung sind grüne, gelbe, orangefarbene
oder rote Fluoreszenzen möglich, dagegen keine blauen. Nur bei UV-
Erregung kann man mit allen sichtbaren Fluoreszenzfarben von Blau
bis Rot rechnen.

Weiterhin ist zu bedenken, daß eine Fluoreszenz allein dann ausgelöst
werden kann, wenn das Erregerlicht von dem fluoreszierenden Stoff

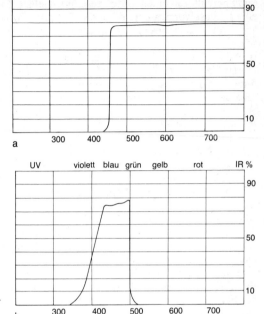

Abb. **118** Lichtdurchlässigkeit eines Kantenfilters. **a**: Langpaßfilter. **b**: Kurzpaßfilter.

absorbiert wird. Es kommt also nur in solchen Fällen zu einer intensiven Fluoreszenz, wenn das Absorptionsmaximum des fluoreszierenden Stoffes mit der Wellenlänge des eingestrahlten Lichts übereinstimmt. Bei Primärfluoreszenzen muß man durch Ausprobieren herausfinden, welche Wellenlängen aus der Erregerstrahlung die intensivsten Fluoreszenzen verursachen. Für Sekundärfluoreszenzen kann diese mühselige Arbeit abgekürzt werden, wenn man einschlägigen Handbüchern die Absorptionskurven der Fluorochrome entnimmt. Dabei ist aber zu beachten, daß diese Kurven in der Regel an Lösungen gewonnen wurden und nicht exakt mit den Verhältnissen übereinstimmen, die sich ergeben, wenn das Fluorochrom an eine Struktur gekoppelt ist. Trotzdem liefern solche Kurven recht brauchbare Anhaltswerte für denjenigen Spektralbereich, in dem das Probieren am erfolgversprechendsten erscheint.

Von den meisten Firmen, die hochentwickelte Fluoreszenzmikroskope herstellen, sind Verzeichnisse erhältlich, aus denen man ersehen kann, welche Kombinationen von Erreger- und Sperrfiltern sowie (im Falle der Auflicht-Hellfelderregung) welche dichromatische Teilerplatte für die wichtigsten Fluoreszenzfarbstoffe besonders empfehlenswert erscheinen. Bei modernen Geräten werden Erregerfilter, Teilerplatte und Sperrfilter in einem Block zusammengefaßt. Ein solcher kommt in eine Wechselvorrichtung, die meist mehrere Blöcke aufnehmen kann. Somit kann man diese während der Untersuchung blitzschnell austauschen.

In vielen Fällen genügt es, wenn man nicht ganz allein diejenigen Wellenlängen aus dem von der Lichtquelle abgestrahlten Licht herausfiltert, die dem Absorptionsmaximum des fluoreszierenden Stoffes entsprechen, sondern wenn man das Präparat mit Licht bestrahlt, das einen größeren Wellenlängenbereich umfaßt, der unter anderem auch die Frequenzen enthält, die von dem Stoff besonders stark absorbiert werden. Man bezeichnet dieses Verfahren als Breitbanderregung. Die dafür erforderlichen Wellenlängenbereiche werden meistens mit Glasfiltern isoliert. Diese lassen diejenigen Bestandteile des Spektrums, die der Filterfarbe gleichen, bevorzugt hindurch. Darüberhinaus wird aber auch noch Licht anderer Wellenlängenbereiche, wenn auch in geringerer Intensität, transmittiert. Dieses zusätzliche Licht kann nicht immer vollständig von den Sperrfiltern absorbiert werden. Es wirkt dann als Störlicht, welches den Untergrund aufhellt und den Kontrast herabsetzt. Die Helligkeit des Störlichts läßt sich abschwächen, wenn man ein dickeres Glasfilter der gleichen Sorte als Erregerfilter benutzt. Damit wird aber nicht nur die Helligkeit des Störlichts, sondern auch die des Erregerlichts gesenkt. Die Folge davon ist natürlich eine Schwächung der Fluoreszenzerscheinung. Für die Breitbanderregung sollten daher dieselben Filtersorten in verschiedenen Dicken zur Verfügung stehen, so daß immer ein Kompromiß zwischen Kontrast und Fluoreszenzintensität geschlossen werden kann. Das von den Glasfiltern transmittierte Störlicht wirkt sich bei der Durchlicht-Hellfelderregung besonders unangenehm aus, weit weniger dagegen bei der Durchlicht-Dunkelfeld oder der Auflichterregung. Denn in den beiden letztgenannten Fällen dringt ja sowieso nur ein kleiner Teil von dem Erregerlicht ins Objektiv ein, der dann viel leichter vom Sperrfilter absorbiert werden kann. Deswegen sind diese beiden Erregungsarten der Durchlicht-Hellfelderregung überlegen.

Eine Anzahl von Blaufiltern, wie z.B. das BG 12 von Schott lassen abgesehen vom blauen noch beträchtliche Teile aus dem roten Spektralbereich hindurch. Deswegen muß man solche Filter noch mit einem zweiten kombinieren (z.B. mit einem BG 38 von Schott), welches das Rot absorbiert.

Die Aufgabe des Sperrfilters besteht darin, die für die Fluoreszenzerregung notwendigen Wellenlängenbereiche vollständig zu absorbieren, nachdem sie ihre Aufgabe erfüllt haben. Bei der Breitbanderregung benutzt man als Sperrfilter ebenfalls Glasfilter, deren Lichtabsorption innerhalb eines kleinen Wellenlängenbereiches steil ansteigt, also Kantenfilter. Damit die Sperrfilter ihre Aufgabe erfüllen können, müssen sie selbst eine Farbe aufweisen, die zur Farbe der Erregerstrahlung komplementär ist. Grünes Erregerlicht wird also von einem roten Sperrfilter absorbiert und blaues Erregerlicht von einem gelben bzw. einem orangefarbenen Filter. Da aber nicht nur das Erregerlicht, sondern auch das vom Präparat kommende Fluoreszenzlicht das Sperrfilter passieren muß, ist im Fluoreszenzmikroskop eine Mischfarbe zu sehen, die sich aus der eigentlichen Fluoreszenzfarbe und der Farbe des Sperrfilters zusammensetzt. Unveränderte Fluoreszenzfarben beobachtet man nur bei der UV-Erregung, wo ein farbloses, UV-absorbierendes Sperrfilter benutzt wird.

Wichtig ist außerdem, daß die Sperrfilter möglichst wenig Fluoreszenzlicht absorbieren. Dazu müssen die Wellenlängen des Fluoreszenzlichts auf der einen Seite sowie die Absorptionsmaxima des fluoreszierenden Stoffes und die Wellenlängen des Erregerlichts auf der anderen Seite genügend weit auseinanderliegen. Bei vielen Primär- und Sekundärfluoreszenzen ist das der Fall. Schwierigkeiten entstehen allerdings, wenn das Absorptionsmaximum des fluoreszierenden Stoffes und die Wellenlängen des von ihm emittierten Fluoreszenzlichts relativ nahe beieinanderliegen. Dann benötigt man zur Erregung ein besonderes Filter, das einen verhältnismäßig kleinen Wellenlängenbereich hindurchläßt. Dazu eignen sich Interferenzfilter oder Kombinationen von Interferenzfiltern mit Glasfiltern. Man spricht von Schmalbanderregung. Die Filter bzw. Filterkombinationen müssen so ausgewählt werden, daß das von ihnen hindurchgelassene Licht nicht mehr die Wellenlänge des emittierten Fluoreszenzlichts enthält. Als Sperrfilter werden bei der Schmalbanderregung bevorzugt Interferenzfilter benutzt.

Sonstige Ausrüstungen für die Fluoreszenzmikroskopie

Die Fluoreszenzerscheinungen sind besonders bei Dunkelfelderregung und sehr starken Vergrößerungen manchmal relativ lichtschwach. Man kann sie leichter erkennen, wenn man einmal keinen Binokular-, sondern einen Monokulartubus benutzt. Außerdem muß die Okularvergrößerung so klein als möglich sein. Schließlich sollte man bei sehr schwachen Fluoreszenzen in einem abgedunkelten Raum arbeiten.

Beim Anblick der leuchtenden Fluoreszenzfarben könnte man zunächst meinen, daß an die Mikroskopobjektive besonders hohe Ansprüche hinsichtlich ihrer chromatischen Korrektion gestellt werden. Das ist aber nicht richtig. Denn bei dem Fluoreszenzlicht handelt es sich meistens um eine nur kleine Wellenlängenbereiche umfassende Strahlung, so daß man beinahe von monochromatischem Licht sprechen kann. Daher sind bereits mit gewöhnlichen achromatischen Objektiven brauchbare Ergebnisse zu erzielen. Hingegen ist es sehr wichtig, daß die Objektive kontrastreiche Bilder liefern. Ältere Planobjektive, die in dieser Hinsicht Mängel aufweisen, sind daher für die Fluoreszenzmikroskopie nicht so gut geeignet. Schließlich sollten die numerischen Aperturen der Objektive möglichst hoch sein. Es ist daher gut, wenn man auch für Maßstabzahlen, die wesentlich unter 100:1 liegen, Ölimmersionen verwendet. Diese sind bis hinab zum Abbildungsmaßstab 10:1 erhältlich (z. B. Leitz 10/0,45). Mit solchen Objektiven ergeben sich große Gesichtsfelder und trotzdem lichtstarke Fluoreszenzen.

In Ausnahmefällen kann es vorkommen, daß das Immersionsöl selbst zur Fluoreszenz angeregt wird. Wenn diese vom Sperrfilter nicht vollständig absorbiert wird, muß man Wasser- oder Glycerinimmersionen benutzen.

Mikroskopobjektive, deren Linsen teilweise aus Gläsern hergestellt sind, die ihrerseits fluoreszieren, sollten nicht für die Fluoreszenzmikroskopie benutzt werden. Am besten erkundigt man sich bei der Anschaffung einer Fluoreszenzeinrichtung, welche Objektive aus dem Programm der betreffenden Firma für diesen Zweck optimal geeignet sind. Manche Firmen haben dafür entsprechende Verzeichnisse herausgegeben (z. B. Leitz).

Zwei-Wellenlängen-Erregung

Bis jetzt wurden nur Fälle beschrieben, in denen die Fluoreszenz durch Erregung mit Licht ausgelöst wird, das einen einzigen Wellenlängenbereich umfaßt. Fluoreszenzen können aber auch mit Erregerlicht hervorgerufen werden, das sich aus zwei verschiedenen Wellenlängenbereichen zusammensetzt. Man spricht dann von Zwei-Wellenlängen-Erregung. Diese Methode wird angewendet, wenn das Präparat zwei fluoreszenzfähige Stoffe enthält, deren Absorptionsmaxima weit auseinanderliegen und die zwei verschiedene Fluoreszenzfarben ergeben. Es kann sich dabei um zwei Fluorchrome handeln, mit denen das Präparat gefärbt wurde. Bei der Untersuchung kann man auf zwei verschiedenen Wegen vorgehen. So ist es einmal möglich, das Erregerlicht des einen Wellenlängenbereiches mit einem Dunkelfeld- oder Hellfeldkondensor ins Präparat zu schicken, während man für den anderen Wellenlängenbereich auf die Auflicht-Hellfelderregung zurückgreifen muß. Natürlich führt diese Methode nur dann zu brauchbaren Ergebnissen, wenn es einerseits zu solchen Fluoreszenzfarben kommt, die vom Sperrfilter hindurchgelassen werden, während sich andererseits die zwei verschiedenen Wellenlängen des Erregerlichts vollständig absorbieren lassen.

Bei der zweiten Methode benutzt man für beide Wellenlängenbereiche die Auflicht-Hellfelderregung, indem zunächst die eine und dann der andere eingestrahlt wird. Zu diesem Zweck lassen sich bei modernen Auflichtfluoreszenzeinrichtungen die Blocks, die die Erreger- und Sperrfilter sowie die dichromatische Teilerplatte enthalten, während der Untersuchung schnell auswechseln.

Kombination der Fluoreszenzmikroskopie mit anderen lichtmikroskopischen Verfahren

Leider sind im Fluoreszenzmikroskop nur diejenigen Strukturen eines Präparats zu erkennen, die entweder selbst fluoreszenzfähig sind, oder die mit Hilfe von Fluorochromen oder chemischen Reaktionen zur Fluoreszenz gebracht werden können. Wenn man neben den fluoreszierenden auch die nicht-fluoreszierenden Details sehen will, muß man die Fluoreszenzmikroskopie mit anderen Verfahren kombinieren. Hier bestehen verschiedene Möglichkeiten. Im einfachsten Fall wird neben der Fluoreszenzmikroskopie die normale Hellfeldmikroskopie benützt. Dabei erfolgt die Fluoreszenzerregung am besten über Auflicht. Zur Durchlicht-Hellfeldbeleuchtung dient das Licht einer Niedervoltlampe, deren Intensität mit einem Regeltransformator oder durch Graufilter soweit verringert wurde, daß sie das Fluoreszenzlicht nicht zu sehr überstrahlt. Außerdem gibt man vor die Lampe ein geeignetes Farbfilter, damit sich der aufgehellte Untergrund deutlich von der Fluoreszenzfarbe abhebt. Eine Kombination mit der normalen Durchlicht-Hellfeldmikroskopie ist auch möglich, wenn man die Fluoreszenzerregung im Durchlicht-Hellfeld vornimmt. Dann wird das Licht der Niedervoltlampe über einen teildurchlässigen Spiegel eingestrahlt.

Die Fluoreszenzmikroskopie läßt sich aber nicht nur mit der Hellfeldbeleuchtung, sondern auch mit Dunkelfeld, Phasenkontrast oder Interferenzkontrast kombinieren. Das ist zu empfehlen, wenn die nichtfluoreszierenden Strukturen für eine der drei zusätzlichen Verfahren geeignet sind. In diesen Fällen wird meistens die Auflichterregung gewählt. Bei der Kombination mit dem Phasenkontrast ist aber auch Durchlichterregung üblich.

Schließlich können Fluoreszenz- und Polarisationsmikroskopie zusammen benutzt werden, um die Verteilung fluoreszierender und anisotroper Strukturen zu beobachten.

Behelfsmäßige Fluoreszenzmikroskopie

Wenn man die Ansprüche nicht allzu hoch stellt, kann die Fluoreszenzmikroskopie auch mit verhältnismäßig einfachen Mitteln verwirklicht werden. Allerdings muß man sich dann mit der Blaulichterregung begnügen. Man benutzt als Lichtquelle einen Kleinbildprojektor mit möglichst lichtstarker Lampe. Ideal für diesen Zweck sind Projektoren mit Halogenlampen. Als Erregerfilter kommen die von den analytischchemischen Anfängerpraktika her bekannten Kobaltgläser in Frage, die im Format 50×50 mm erhältlich sind, und die in den Wechselschieber des Projektors geschoben werden. Da die Kobaltgläser neben dem für die Fluoreszenzerregung gewünschten Blaulicht auch Rotlicht in ziemlich starker Intensität transmittieren, muß das Licht noch durch ein zweites Filter geschickt werden, welches den störenden Rotanteil absorbiert. Hierfür eignet sich entweder das Filter BG 38 von Schott oder eine konzentrierte wäßrige Kupfersulfaltlösung, die man in einen Rundkolben füllt und zwischen Projektor und Mikroskopspiegel anordnet. Als Sperrfilter ist ein für die Photographie bestimmtes Orangefilter geeignet. Am besten benutzt man ein Filter für Schmalfilmkameraobjektive mit einem Durchmesser von ca. 27 mm, das mit Aufsteckfassung versehen ist und sich oben auf dem Okular befestigen läßt.

Sollte sich mit einer solchen Behelfseinrichtung kein dunkler, sondern ein gelbgrüner Untergrund ergeben, muß man ein zweites Kobaltglas in den Projektor bringen. Noch besser ist es, wenn das Licht nicht über einen Hellfeldkondensor, sondern über einen Dunkelfeldkondensor ins Präparat geschickt wird. Mit einer solchen Anordnung sind eine Anzahl von Fluorochromierungen, z. B. mit Acridinorange, aber auch verschiedene Primärfluoreszenzen, wie z. B. die des Chlorophylls in Chloroplasten, gut zu sehen, besonders wenn man in einem abgedunkelten Raum arbeitet.

Auflichtmikroskopie

Wenn diejenige Seite eines mikroskopischen Präparats beleuchtet wird, die dem Mikroskopobjektiv zugewandt ist, spricht man von Auflichtbeleuchtung. Strahlt dabei das Licht durch das Mikroskopobjektiv selbst ein, handelt es sich um Auflicht-Hellfeldbeleuchtung. Bei der Auflicht-Dunkelfeldbeleuchtung wird das Licht auf anderen Wegen auf die Präparatoberfläche geleitet. Die Auflichtbeleuchtung hat in Biologie und Medizin nur eine geringe Bedeutung, weil sich damit – von Ausnahmen abgesehen (Reflexmikroskopie und Auflichtfluoreszenzmikroskopie) – nicht der innere Aufbau von Objekten sondern nur deren Oberfläche untersuchen läßt.

Auflicht-Hellfeldbeleuchtung

Für die Auflicht-Hellfeldbeleuchtung (Abb. **119**) gibt es eigene Beleuchtungseinrichtungen (z. B. Leitz, Zeiss). In ihnen verläuft das Licht zunächst senkrecht zur optischen Achse des Mikroskopobjektivs und passiert dabei ein Kollektivsystem, die Leuchtfeldblende sowie die Aperturblende bis es auf ein über dem Objektiv angeordnetes, um

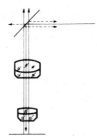

Abb. **119** Auflicht-Hellfeldbeleuchtung.

45 Grad geneigtes Planglas trifft. Von dort wird das Licht auf das Präparat reflektiert, so daß das Mikroskopobjektiv gleichzeitig als Kondensor fungiert. Da die Auflicht-Hellfeldbeleuchtungseinrichtungen mit Leuchtfeld- und Aperturblende versehen sind, gestatten sie die Einstellung der Köhlerschen Beleuchtung.

Auflicht-Hellfeldbeleuchtung wird u. a. für die **Reflexmikroskopie** nach **Westphal** verwendet. Die Reflexmikroskopie macht sich die Tatsache zu Nutze, daß bestimmte Farbstoffe Teile des sichtbaren Spektrums reflektieren. Strukturen, die mit einem dieser Farbstoffe gefärbt sind, erscheinen bei Auflicht-Hellfeldbeleuchtung in einer anderen Farbe als bei Durchlichtbeleuchtung und zwar in der Regel in der Komplementärfarbe. So kann die Reflexmikroskopie u. U. wertvolle Ergänzungen liefern, wenn z. B. bestimmte Färbungen im Durchlicht zu blaß erscheinen. Für die Reflexmikroskopie sind besonders solche Farbstoffe gut geeignet, die im ungelösten Zustand farbig-glänzend aussehen, wie z. B. Fuchsin oder Methylenblau.

Damit das aus dem Objektiv austretende und zur Beleuchtung dienende Licht nicht bereits von der Deckglasoberfläche reflektiert wird und den Kontrast herabsetzt, muß eben diese Reflexion verhindert werden. Das geschieht, indem für die Reflexmikroskopie ausschließlich Ölimmersionsobjektive verwendet werden. Eine weitere Verbesserung des Kontrasts ist zu erreichen, wenn man die Leuchtfeldblende soweit als möglich schließt. Am besten werden nur diejenigen Teile des Gesichtsfeldes beleuchtet, in denen die gerade interessierenden Strukturen liegen.

Die gefärbten Objekte sind in der Reflexmikroskopie etwa in den gleichen Farbtönen zu sehen, wie bei der Untersuchung im Durchlicht-Dunkelfeld (S. 133). Allerdings leuchten bei der Durchlicht-Dunkelfeldbeleuchtung im wesentlichen nur die Ränder der Strukturen farbig auf, während ihr Inneres dunkel bleibt. So sind z. B. von Giemsagefärbten Erythrozyten bei Durchlicht-Dunkelfeldbeleuchtung nur grüne Ringe zu sehen. Die gleichen Objekte erscheinen bei reflexmikroskopischer Untersuchung als grüne Scheiben. Somit vermittelt die

Reflexmikroskopie mehr Information von gefärbten Präparaten als die Durchlicht-Dunkelfeldmikroskopie.

Die Auflicht-Hellfeldbeleuchtung wurde in den letzten Jahren auch mehr und mehr für die Auswertung von Autoradiographien angewendet. Da die ausgefällten Silberkörner das auffallende Licht intensiv reflektieren, sind sie als hell leuchtende Punkte auf dunklem Untergrund zu erkennen. Sie fallen so viel leichter auf als bei der Durchlicht-Hellfeldbeleuchtung, wo sie als schwarze Punkte erscheinen. Wenn die Autoradiographien gefärbt sind, ergeben sich die gleichen Farbeffekte wie bei der Reflexmikroskopie, d. h. es sind andere Farbtöne zu sehen als bei der Durchlichtuntersuchung. Schließlich wird die Auflicht-Hellfeldbeleuchtung auch zur Erregung von Fluoreszenzen benutzt (S. 214).

Auflicht-Dunkelfeldbeleuchtung

Auflicht-Dunkelfeldbeleuchtung (Abb. **120**) kommt in erster Linie dann in Betracht, wenn mehr oder weniger stark strukturierte Oberflächen untersucht werden sollen. Auch dafür gibt es spezielle Beleuchtungseinrichtungen (z. B. Zeiss).

Auflicht-Dunkelfeldbeleuchtung kann selbst bei den stärksten Vergrößerungen eingesetzt werden, wenn Kondensor und Objektiv zu einer baulichen Einheit verschmolzen sind. Dabei ist das eigentliche Objektiv von einem ringförmigen Kondensor umgeben. In den Beleuchtungsstrahlengang lassen sich manchmal Sektorenblenden für einseitige Dunkelfeldbeleuchtung anbringen, um die Schattenbildung am Objekt und somit die Plastizität des Bildes zu verstärken.

Wenn nicht zu starke Vergrößerungen notwendig sind, läßt sich Auflicht-Dunkelfeldbeleuchtung auch mit einer Lichtquelle erzielen, die neben dem Mikroskop steht und deren Licht auf das Präparat strahlt.

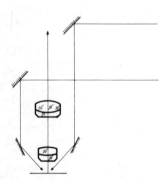

Abb. **120**   Auflicht-Dunkelfeldbeleuchtung.

Für diesen Zweck eignen sich Faseroptik-Lampen (Schott) besonders gut. Um Spiegelungen an Deckglasoberflächen zu vermeiden, sollten bei Auflicht-Dunkelfeldbeleuchtung die Präparate unbedeckt sein.

Geometrische Messungen am mikroskopischen Bild

Längenmessungen mit Meßokularen

Es wurde bereits berichtet, wie man mit Hilfe der Sehfeldzahl des Okulars ohne weitere Hilfsmittel zu recht guten Anhaltswerten über die Größenverhältnisse in einem Präparat kommt. Für genauere Messungen wird jedoch ein Meßokular benötigt. Es enthält eine Skala, auf der 1 cm in 100 Teile geteilt ist, die das mikroskopische Bild überlagert. Wie groß der Abstand zwischen zwei Teilstrichen im Präparat ist (der »Mikrometerwert«), hängt vom Abbildungsmaßstab der Objektive ab. Deswegen muß das Meßokular zunächst geeicht werden. Für einfache Ansprüche kann man dazu die Mikrometerwerte benutzen, die für viele Objektive in den Firmenkatalogen angegeben sind. Dabei werden mit ansteigendem Abbildungsmaßstab der Objektive die Mikrometerwerte immer kleiner.

Mit Mikrometerwerten fällt die Eichung aber nie völlig exakt aus, weil der tatsächliche Abbildungsmaßstab eines Objektivs nicht genau mit dem theoretischen Wert übereinstimmt, der außen aufgraviert ist und von dem bei der Angabe des Mikrometerwertes ausgegangen wurde. Deswegen ist es besser, wenn man die Eichung des Mikrometerokulars mit einem Objektmikrometer vornimmt.

Ein Objektmikrometer besteht aus einem Objektträger, der eine Skala enthält, die mit einem Deckglas bedeckt ist. Auf der Skala sind 2 mm in 200 Teile oder 1 mm in 100 Teile geteilt. In beiden Fällen beträgt der Abstand zwischen zwei Teilstrichen auf dem Objektmikrometer 10 μm. Zunächst steckt man das Meßokular mit scharf eingestellter Meßskala (S. 52) in den Tubus. Dann legt man das Objektmikrometer auf den Objekttisch und stellt dessen Skala mit dem Mikroskop scharf ein, so daß diese zusammen mit der Okularskala zu sehen ist. Man verschiebt das Objektmikrometer, bis beide Skalen nebeneinanderliegen und sich gerade berühren. Bei stärkeren Objektiven ist wegen des kleinen Gesichtsfeldes nur ein Teil von der Objektmikrometerskala zu sehen. Man stellt dann fest, wieviele Teilstriche auf dem Objektmikrometer den 100 Teilen der Okularskala gegenüberstehen. Den Abstand zwischen zwei

Teilstrichen auf der Okularskala in μm erhält man durch Kommaverschiebung.

Beispiel: Bei Verwendung eines Objektivs 45 : 1/0,65 überdecken 100 Teile der Okularmikrometerskala 0,38 mm (= 380 μm) auf dem Objektmikrometer. Der Abstand zwischen zwei Teilstrichen auf dem Okularmikrometer entspricht dann 380 μm : 100 = 3,8 μm (Abb. **121 a**).

Bei schwächeren Objektiven mit größeren Gesichtsfeldern wird die Objektmikrometerskala kürzer als die Okularskala abgebildet. In diesem Falle prüft man, wieviele Skalenteile im Okular auf 1 mm des Objektmikrometers gehen und berechnet daraus den Abstand zwischen zwei Teilstrichen der Okularskala.

Beispiel: 1 mm des Objektmikrometers werden von 60 Teilstrichen des Okularmikrometers überdeckt. Der Abstand zwischen zwei Teilstrichen im Okularmikrometer beträgt dann 1000 : 60 = 16,6 μm (Abb. **121 b**).

Wenn sich beim Eichen eines Okularmikrometers keine ganzen Zahlen ergeben, kann man bei Vorhandensein eines Auszugtubus durch Veränderung der Tubuslänge die Vergrößerung so wählen, daß ganze Zahlen resultieren. Nur darf man dann nie vergessen, auch beim Messen diese Tubuslänge einzustellen. Außerdem ändert sich der Mikrometerwert, wenn man an einem mit Korrektionsfassung versehenen Objektiv eine andere Deckglasdicke einstellt.

Messungen an kürzeren Strecken, bei denen es auf größere Genauigkeit ankommt, sollten nach Möglichkeit im Zentrum des Gesichtsfeldes vorgenommen werden, wo das Bild noch am wenigsten von Abbil-

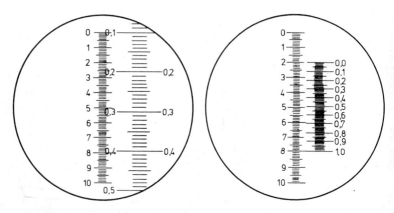

Abb. **121**　Eichen eines Meßokulars. **a:** Bei höheren Objektiv-Maßstabszahlen. Links: Skala im Okular, rechts: Skala auf dem Objektmikrometer. **b:** Bei niedrigeren Objektiv-Maßstabszahlen. Links: Skala im Okular, rechts: Skala auf dem Objektmikrometer.

dungsfehlern beeinträchtigt ist. Für ganz genaue Längenmessungen benutzt man Okular-Schraubenmikrometer, bei denen sich auf der Skala zusätzlich eine feine Linie befindet, die zu den anderen Teilstrichen parallel orientiert ist. Diese Linie kann mit einem kleinen Rad, das mit einer Teilung versehen ist, über die Skala bewegt werden.

Längenmessungen an schnell beweglichen Objekten lassen sich z.B. mit dem Interferenzmikroskop nach **Beyer** und **Schöppe** durchführen, indem man eine Bildaufspaltung einstellt, die der Längsausdehnung des Objektes entspricht.

Flächenmessungen

Da die Flächen, welche bestimmte Strukturen in einem mikroskopischen Präparat einnehmen, meistens ziemlich unregelmäßig gestaltet sind, lassen sie sich nicht ohne weiteres aus Werten berechnen, die z.B. mit dem Okularmikrometer ermittelt wurden. Man kann aber den Umriß der Fläche mit Hilfe einer Zeicheneinrichtung genau aufzeichnen und anschließend mit dem Planimeter umfahren. Als Maßstab zeichnet man die Teilung eines Objektmikrometers mit der gleichen Objektiv-Okularkombination und dem gleichen Zeichenapparat auf die Fläche.

Wenn kein Planimeter zur Verfügung steht, kann man den Umriß der Fläche mit Hilfe eines Zeichenapparats auch auf Millimeterpapier zeichnen und die von der Linie umgrenzte Anzahl Quadratzentimeter und -millimeter auszählen. Den richtigen Maßstab liefert wiederum die eingezeichnete Teilung eines Objektmikrometers.

Mit Planimetrieren sind genauere Ergebnisse als durch Auszählen der Felder auf dem Millimeterpapier zu erzielen. Für beide Methoden ist aber ein großer Zeitaufwand erforderlich. Deswegen werden die Ausmaße von Flächen heute in erster Linie mit Hilfe stereometrischer Verfahren bestimmt.

Stereometrie

Die Stereometrie im engeren Sinne befaßt sich zunächst einmal mit der Bestimmung der relativen Volumenanteile, die bestimmte Strukturen in einem Objekt einnehmen. Man benutzt dazu das Punktzählverfahren und bestimmt als erstes relative Flächenanteile. Wie das geschieht zeigt Abb. **122**. In der dort dargestellten Kreisfläche befinden sich einige kleine graue, unregelmäßig gestaltete Flächen. Über der Gesamtfläche liegt eine Gruppe von Punkten. Es wird nun bestimmt, wieviele von den Punkten genau über einer der kleinen grauen Flächen zu liegen kommen. Man spricht von der Anzahl der Treffer. Dabei ist leicht einzuse-

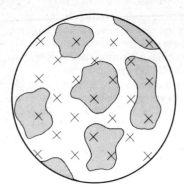

Abb. **122**   Prinzip des Punktzählver-
fahrens.

hen, daß umso mehr Punkte auf die grauen Flächen fallen, je größer ihr
Anteil an der Gesamtfläche ist. Genauere Untersuchungen haben ergeben, daß das Verhältnis von Trefferzahl zu Gesamtpunktzahl gleich ist
dem Verhältnis der von den Trefferpunkten überdeckten Teilfläche zur
Gesamtfläche, also:

$$\frac{\text{Treffer}}{\text{Gesamtpunktzahl}} = \frac{\text{Teilfläche}}{\text{Gesamtfläche}}$$

Diese Beziehung stimmt aber nur dann, wenn sowohl die untersuchten
Flächen als auch die Gruppe von Punkten gleichmäßig verteilt sind.
In der Mikroskopie benutzt man für die Treffermethode ein Okular, in
dessen Blendenebene sich eine Platte mit eingeritzten Punkten befindet, die das mikroskopische Bild überlagern. Dabei ist wichtig, daß die
Punkte auf der Platte nirgendwo gehäuft sind, was am einfachsten mit
einer regelmäßigen Anordnung erreicht wird. Für diesen Zweck eignen
sich bereits ganz normale Rasterplatten, bei denen die Kreuzungen
zweier Linien als Punkte angesehen werden. Es gibt auch spezielle Oku-
larplatten für stereometrische Zwecke (s. u.). In allen Fällen muß man
feststellen, wieviele von den auf der Platte befindlichen Punkten die zu
bestimmenden Strukturen überdecken und sie mit der Gesamtpunktzahl ins Verhältnis setzen. Dabei fallen die Ergebnisse natürlich umso
genauer aus, je mehr Punkte die Okularplatte enthält. Andererseits
steigt mit immer größer werdender Punktzahl die Gefahr, daß man sich
beim Auswerten verzählt. Deswegen muß man beim Festlegen der
Punktzahl auf der Meßplatte immer einen Kompromiß zwischen Meßgenauigkeit einerseits und Meßbequemlichkeit andererseits schließen.
Für stereometrische Zwecke stehen heute die beiden folgenden Spezialokulare zur Verfügung: 20 Punkte (Platte nach **Blaschke,** Leitz) und 25
Punkte (Integrationsokular nach **Henning,** Zeiss).

Aus der gefundenen Trefferzahl läßt sich mit der obigen Formel der Flächenanteil der betreffenden Struktur berechnen. Dabei ist aber zu bedenken, daß es sich bei diesem Verfahren um eine statistische Methode handelt, die umso genauere Ergebnisse liefert, je mehr Meßergebnisse vorliegen. Deswegen bestimmt man die Trefferzahl nicht nur an einer Schnittstelle, sondern an möglichst vielen. Wenn der Schnitt dafür zu klein ist, werden mehrere, vom gleichen Objekt stammende Schnitte untersucht. Zusätzlich kann das Okular im Tubus gedreht werden, so daß das Punktgitter das mikroskopische Bild in einer anderen Orientierung überlagert. Aus den vielen Meßwerten wird das arithmetische Mittel gebildet. Außerdem muß eine Fehlerrechnung durchgeführt werden.

Volumenbestimmung

Bei den mikroskopisch untersuchten Objekten handelt es sich gewöhnlich um dreidimensionale Gebilde, die in den histologischen Schnitten meistens angeschnitten sind und deswegen den Eindruck von Flächen machen. Seit langem ist nun bekannt, daß das Verhältnis dieser Flächen in direkter Beziehung zum Verhältnis der entsprechenden Volumina steht, also:

$$F_1 : F_2 = V_1 : V_2.$$

Man kann also feststellen, in welchem Verhältnis das Volumen bestimmter Strukturen zum Gesamtvolumen des Objekts steht, wenn man das Verhältnis der im Mikroskop sichtbaren Anschnittflächen der Strukturen zur Gesamtfläche bestimmt. Allerdings sind die dabei gewonnenen Ergebnisse nur dann korrekt, wenn die einzelnen Strukturen, die das Objekt enthält, gleichmäßig und zufällig verteilt sind.

Bei dem Meßverfahren sind noch einige Punkte zu beachten. Wichtig ist einmal die richtige Vergrößerung. Sie sollte in der Regel immer so stark sein, daß der Durchmesser der gerade zu bestimmenden Flächenstücke im mikroskopischen Bild ungefähr so groß ist wie der Abstand zwischen zwei der Punkte, welche das Bild überlagern. Weiterhin muß der Schnitt beträchtlich dicker als die Tiefenschärfe des Objektivs sein. Schließlich dürfen bei der Zählung nur solche Flächen berücksichtigt werden, die vollkommen scharf zu sehen sind, also die in der gleichen Ebene liegen. Unscharfe Strukturen, die von einem Punkt überlagert werden, darf man nicht als Treffer werten. Ob sich die Strukturen wirklich ganz genau in der gleichen Ebene befinden, erkennt man am einfachsten mit Objektiven, die kleine Tiefenschärfen aufweisen, was bei hochaperturigen Systemen der Fall ist.

Wenn sich das absolute Volumen des gesamten Objekts bestimmen läßt, wie z.B. durch Wasserverdrängung des noch ungeschnittenen

Objekts, kann das Volumen der einzelnen Strukturen in absoluten Einheiten angegeben werden. Meistens werden jedoch mit der Treffermethode gefärbte Schnitte ausgewertet, die von Material angefertigt wurden, das zunächst fixiert, entwässert und in Paraffin eingebettet wurde, wobei es immer zu Schrumpfungen kommt. Man findet daher mit dieser Methode an derartigen Präparaten immer ein zu kleines Volumen. Außerdem dürfen nur solche Objekte miteinander verglichen werden, die ganz genau auf dem gleichen Wege fixiert, entwässert und eingebettet wurden, da unterschiedliche Verarbeitungsmethoden und -zeiten zu unterschiedlich starken Schrumpfungen führen.

Messung von Oberflächen und unregelmäßig gekrümmten Linien

Mit der Treffermethode kommt man aber nicht nur zu Angaben über Flächen- und Volumenverhältnisse. Vielmehr können unter Zuhilfenahme bestimmter Formeln auch die Ausmaße von Oberflächen oder die Längen unregelmäßig gekrümmter Linien ermittelt werden. Zwar erfordert das Ableiten dieser Formeln teilweise einen erheblichen mathematischen Aufwand. Darauf kann der Benutzer dieser Methode jedoch ohne weiteres verzichten, da es bei ihm nur darauf ankommt, die fertigen Formeln richtig anzuwenden. Dazu sind nur elementare Kenntnisse aus der Arithmetik erforderlich.

Wenn man die Länge gekrümmter Linien oder die Ausdehnung einer Oberfläche bestimmen will, ist eine Okularplatte mit eingeritzten parallelen Linien erforderlich, wie sie z. B. eine gewöhnliche Rasterplatte zeigt. Man kann aber auch spezielle Platten, wie z. B. die Platte nach Blaschke (Leitz) oder ein Integrationsokular (Zeiss) verwenden. Alle Auswertungen mit solchen Platten gehen von der Überlegung aus, daß eine stark gekrümmte Linie von den parallelen Linien umso öfter geschnitten wird, je länger sie ist (Abb. **123**).

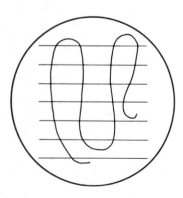

Abb. **123**   Bestimmung der Länge einer gekrümmten Linie.

Wenn man die Länge einer solchen Linie finden will, bestimmt man zunächst den Abstand der parallelen Linien mit Hilfe eines Objektmikrometers (b) und stellt anschließend fest, wie oft die Linie von den Parallelen geschnitten wird. Diese Messung wiederholt man einige Male, wobei das Okular jeweils vorher im Tubus etwas zu drehen ist, damit die gekrümmte Linie von den Parallelen immer in einer anderen Orientierung überlagert wird. Als Berechnungsgrundlage für die Länge dient die mittlere Sehnenzahl i:

$$i = \frac{\text{Anzahl der Schnittpunkte}}{\text{Anzahl der Messungen}}$$

$$\text{Länge der unregelmäßig gekrümmten Linie} = \frac{i \cdot b \cdot \pi}{2}$$

Zur Messung der Oberfläche von Strukturen wird eine Linie von bekannter Länge (1) n mal über verschiedene Stellen der Struktur gelegt. Gezählt wird die Anzahl j der Schnittpunkte der Linie mit den Umrissen der Struktur. Daraus erhält man die mittlere Sehnenlänge S:

$$S = \frac{n \cdot 1}{j}$$

Die Oberfläche O errechnet sich dann aus der Formel:

$$O = \frac{2\,V}{S}$$

Die Bestimmung von Partikelzahlen pro Volumeneinheit ist mit stereometrischen Methoden ebenfalls möglich, jedoch insofern schwierig, als dabei die Gestalt der Partikel berücksichtigt werden muß. Es sind daher Korrekturfaktoren notwendig, welche gestaltabhängig sind.

Automatische Bildanalyse

Das Auszählen der Trefferpunkte kann man auf elektronischem Wege vornehmen. Dazu sind Mikroskope mit Zusatzeinrichtungen für die automatische Bildanalyse notwendig (z.B. Bausch und Lomb, Leitz, Metals Research, Zeiss). Diese Geräte werden hauptsächlich zur Lösung metallographischer Probleme benutzt, haben aber inzwischen auch mehr und mehr Anwendung in Medizin und Biologie gefunden. Allerdings ist es nicht immer einfach, ein biologisches Objekt so zu präparieren, daß es sich automatisch auswerten läßt. In diesen Geräten wird das Bild mit Hilfe einer Fernsehkamera auf einen Computer übertragen, von dem es weiterverarbeitet wird. Dabei werden die einzelnen Komponenten, aus denen sich das Präparat zusammensetzt, nach ihren Graustufen unterschieden. Man kann auf diesem Wege verschiedenartige Informationen über das Präparat erhalten, wie z. B. die Flächenanteile oder die Anzahl bestimmter Strukturen. Zur automatischen Auswertung sind auch Mikrophotos geeignet.

Mikrophotometrie und Mikrospektralphotometrie

Wenn Licht auf einen Körper fällt, kann es bekanntlich reflektiert, gebrochen oder absorbiert werden. Im letzteren Falle ist die Bildung von Fluoreszenzlicht möglich (S. 210). Wir haben bereits gesehen, daß die Vorgänge, welche sich bei der Fluoreszenz abspielen, verständlich werden, wenn man annimmt, daß die einzelnen Wellenzüge einer Lichtstrahlung aus kleinen Paketen, den Lichtquanten oder Photonen bestehen, denen Welleneigenschaften zukommen. Jedem Photon ist eine bestimmte Energiemenge eigen, die sich nach der Formel $E = h \cdot \nu$ berechnen läßt. Somit ist die Frequenz einer Strahlung direkt proportional ihrem Energiegehalt. Das bedeutet, daß hochfrequentes, blaues Licht energiereicher ist als rotes, niedrigerfrequentes.

Jedoch führt die Lichtabsorption durch einen Stoff nicht immer zur Aussendung von Fluoreszenzlicht. Die Elektronen können nämlich bei der Lichtabsorption auch auf ein höheres Energieniveau gehoben werden und beim anschließenden Zurückfallen die Energie nicht in Form von Licht, sondern z. B. in Form von Wärme abgeben. Allerdings gibt es nur ganz bestimmte Energieniveaus, auf welche die Elektronen zu steigen vermögen. Die Grade der stabilen Niveaus sind verschieden und hängen von der Natur des lichtabsorbierenden Stoffes ab. Wenn Elektronen auf ein solches Niveau gehoben werden sollen, ist also Energie notwendig, deren Menge von Stoff zu Stoff verschieden ist. Diese Energie kann einer Lichtstrahlung entnommen werden. Daraus wählt der Stoff nur diejenigen Photonen aus, deren Energie eben ausreicht, um den Anstieg auf das gerade verlangte höhere stabile Niveau zu erreichen. Alle anderen Photonen werden nicht verbraucht und bleiben der Strahlung erhalten.

Da jedem Photon eine seinem Energiegehalt entsprechende Frequenz zukommt, werden, wenn der Stoff Energie aus der Strahlung aufnimmt – also absorbiert –, die Lichtschwingungen von ganz bestimmten Frequenzen aufgenommen, während alle anderen Frequenzen übrig bleiben. Das ist nur eine andere Ausdrucksweise für die soeben gemachte Feststellung, da sich ja das Licht je nach der Betrachtungsweise als wellenartiger Vorgang oder als ein Verband von Photonen auffassen läßt. Man kann auch sagen, daß der Stoff aus dem eingestrahlten Licht nur ganz bestimmte Farben herausholt und alle anderen übrig läßt. Um welche Farben es sich dabei handelt, hängt von der Art des Stoffes ab. Damit ergibt sich eine Möglichkeit zur Identifikation von Stoffen. Denn man muß nur feststellen, welche Farben in dem Licht nach Durchgang durch den Stoff fehlen.

Damit ein Anstieg auf ein bestimmtes Energieniveau zustande kommt, ist für eine bestimmte Anzahl Moleküle eine bestimmte Anzahl Photonen erforderlich, welche den gerade erforderlichen Energiegehalt aufweist. Wenn also viele Moleküle des betreffenden Stoffes vorliegen, werden viele Photonen des betreffenden Energiegehalts verbraucht. Anders ausgedrückt: Wenn ein Stoff Licht bestimmter Frequenzen absorbiert, werden dem Licht umso mehr Schwingungen eben dieser Frequenz entnommen, je mehr von dem Stoff vorhanden ist. Wenn also der Stoff z. B. die Farbe Rot absorbiert, enthält die Lichtstrahlung nach Durchgang durch diesen Stoff umso weniger Rot, je höher die Stoffkonzentration ist. Man kann also aus der Analyse des Lichts, das durch den Stoff gegangen ist, schließen, woraus er besteht, und wieviel von ihm vorhanden ist. Dazu muß man feststellen, wieviele Photonen vom betreffenden Energiegehalt nach Durchgang durch den Stoff in der Lichtstrahlung noch vorhanden sind. Das klingt etwas kompliziert. Aber die Anzahl der Photonen entspricht der Lichtintensität, und der Energiegehalt der Photonen drückt sich in der Lichtfarbe aus. So erhält man Hinweise über die Menge des zu prüfenden Stoffes, wenn man die Intensität bestimmter Farben in zwei Lichtstrahlen miteinander vergleicht, von denen der eine durch den Stoff und der andere am Stoff vorbei verläuft. Auf diesem Wege kommt man aber nur dann zu verläßlichen Mengenangaben, wenn der Stoff in gelöster Form vorliegt. Ungelöste Substanzen sind für diese Untersuchungsmethode weniger gut geeignet.

Der Quotient aus der Lichtintensität nach Durchgang durch die Lösung und der Intensität nach Durchgang durch das reine Lösungsmittel wird als Transmission bezeichnet:

$$Tr = \frac{I_{\text{Lösung}}}{I_{\text{Lösungsmittel}}}$$

Der Logarithmus aus dem reziproken Wert der Transmission stellt die Extinktion dar:

$$Ex = \log \frac{1}{Tr}$$

Die Extinktion (Ex) ist für die Mengenbestimmung der gelösten Substanz besonders wichtig, weil sie zu seiner Konzentration in folgender Beziehung steht:

$$Ex = k \cdot C \cdot d$$

(k = Extinktionskonstante [stoffspezifisch]; C = Konzentration; d = Dicke der durchstrahlten Lösung). Aus der Gleichung geht also hervor, daß die Extinktion einer Lösung ansteigt, wenn die Konzentration größer und die durchstrahlte Schicht dicker werden. Diese Beziehung wird als Lambert-Beersches Gesetz bezeichnet.

Zur praktischen Anwendung der gerade geschilderten Gesetzmäßigkeit muß man die Lichtintensität messen, was mit Photometern geschieht. Dabei kann man auf zwei verschiedenen Wegen vorgehen. Einmal läßt sich feststellen, welche Farben beim Durchgang durch eine Lösung aus dem Licht entfernt werden, indem man die Absorption der einzelnen Spektralfarben nacheinander bestimmt. Daraus läßt sich schließen um welche Substanz es sich handelt. Man kann die Lösung aber auch mit Licht einer ganz bestimmten Wellenlänge durchstrahlen und untersuchen, wieviel davon in der Lösung verloren geht. Aus dem Lambert-Beerschen Gesetz ergibt sich dann, welche Menge von der bereits vorher identifizierten Substanz in der Lösung vorhanden ist.

Die Photometrie von Lösungen spielt heute in der analytischen Chemie eine große Rolle, wo sie sowohl zur Identifikation von Stoffen als auch zur Mengenbestimmung benutzt wird.

Photometrie in der Mikroskopie

Photometrische Messungen sind auch in der Mikroskopie möglich, wenn man das mikroskopische Bild auf den lichtempfindlichen Teil eines Photometers überträgt. Dabei lassen sich sowohl Stoffe identifizieren (Mikrospektralphotometrie) als auch die Konzentrationen bereits bekannter Stoffe bestimmen (Mikrophotometrie). In beiden Fällen werden zwei Lichtstrahlen miteinander verglichen, von denen der eine durch die zu untersuchende Präparatstelle und der andere durch den objektfreien Untergrund verläuft.

Mikrophotometrische Messungen können natürlich nur an solchen Strukturen angestellt werden, welche die einfallende Strahlung wenigstens teilweise absorbieren. Nukleinsäuren und aromatische Aminosäuren tun dies z. B. im ultravioletten Bereich. Sichtbares Licht wird vom

Zellinhalt dagegen nicht absorbiert – von wenigen Ausnahmen abgesehen, wie z. B. von Pigmenten wie Hämoglobin oder Chlorophyll. Man kann aber bestimmte in der Zelle vorhandene Substanzen histochemischen Reaktionen unterwerfen, die ein gefärbtes Endprodukt liefern. Wenn dabei die Stöchiometrie der Reaktion gesichert ist, können mikrophotometrische Messungen Angaben über Stoffmengen liefern. Beispiele dafür sind mikrophotometrische Auswertungen der Feulgen-Reaktion oder der Gallocyanin-Chromalaun-Färbung.

Zwar absorbieren viele organische Verbindungen infrarotes Licht, jedoch wird das für die Mikrospektralphotometrie weniger ausgenutzt. Denn in diesem Spektralbereich fällt ja die Auflösung so schlecht aus (S. 108).

Die Mikrophotometrie kann nicht nur für Absorptionsmessungen verwendet werden, sondern auch zur Messung der Lichtreflexion an Silberkörnern in Autoradiographien bei Auflicht-Hellfeldbeleuchtung sowie zur Bestimmung der Intensität und spektralen Verteilung von Fluoreszenzlicht in der Fluoreszenzmikroskopie.

Die nun folgenden Ausführungen sollen nur einen allerersten Überblick über einige Probleme liefern, die bei der Mikrospektralphotometrie auftauchen. Wer selbst auf diesem Gebiet arbeiten will, muß sich weitere Informationen aus Spezialwerken besorgen.

Geräte für die Mikrospektralphotometrie

Bei mikrospektralphotometrischen Geräten unterscheidet man zwischen **Einstrahl- und Zweistrahlgeräten.** Zur photometrischen Messung muß die Intensität zweier Lichtstrahlen miteinander verglichen werden, von denen der eine durch das Objekt und der andere durch eine leere Präparatstelle verläuft.

Das ist möglich, wenn man einen einzigen Lichtstrahl zunächst durch eine leere Präparatstelle schickt und nach der Messung das Präparat soweit verschiebt, daß der Strahl das zu messende Objekt durchläuft. So arbeiten alle Einstrahlgeräte. Fast alle heute auf dem Markt befindlichen mikrospektralphotometrischen Einrichtungen stellen Einstrahlgeräte dar (z. B. Jena, Leitz, Reichert, Zeiss). Bei den Zweistrahlgeräten wird das Licht in zwei Strahlen aufgespalten, von denen der eine durch eine leere Präparatstelle und der andere durch das Objekt verläuft. Zweistrahlgeräte vereinfachen zwar den Meßvorgang, sind aber wesentlich aufwendiger als Einstrahlgeräte und haben sich deswegen nicht durchgesetzt.

Einstrahlgeräte bestehen aus einem stabilen Forschungsmikroskop an das Zusatzteile für die Lichtmessung angebracht sind.

Lichtquellen. Bei den Einstrahlgeräten muß dafür gesorgt werden, daß die Lampe Licht von gleichbleibender Intensität aussendet und nicht von Spannungsschwankungen im Netz beeinflußt wird. Die Lichtquelle muß also unbedingt stabilisiert sein, wozu ein besonderes Vorschaltgerät erforderlich ist.

Für Absorptionsmessungen werden meistens lichtstarke Niedervoltlampen oder Halogenlampen benutzt (zwischen 50 und 100 Watt), wie sie auch sonst in der Mikroskopie Verwendung finden. Aus dem Licht müssen zunächst die erforderlichen Wellenlängen ausgesondert werden. Dazu eignen sich für die Mikrophotometrie, bei der man für ein und dieselbe Fragestellung mit ein bis zwei Wellenlängen auskommt, gewöhnliche Interferenzfilter, die auf die Lichtaustrittsöffnung des Mikroskopfußes gelegt werden. Für die Mikrospektralphotometrie benötigt man dagegen eine Vorrichtung, die nacheinander die verschiedenen Spektralfarben aus dem Licht aussondert. Für den sichtbaren Spektralbereich genügt dafür ein Verlaufsinterferenzfilter. Es handelt sich dabei um ein in einem Metallrahmen gefaßtes, längliches Interferenzfilter, aus dem am einen Ende violettes und aus dem anderen rotes Licht und in den dazwischenliegenden Bereichen nacheinander alle anderen Spektralfarben hervortreten. Das Verlaufsinterferenzfilter wird in einer passenden Führung über der Lichtaustrittsöffnung am Mikroskopfuß angebracht und die jeweils gewünschte Spektralfarbe steht zur Verfügung, wenn man die richtige Filterstelle über die Lichtaustrittsöffnung schiebt. An einer Skala ist abzulesen, welche Wellenlänge das durchgelassene Licht in der Luft aufweist.

Die gewünschten Frequenzen kann man auch mit einem Monochromator aus der Strahlung aussondern. Solche Geräte trennen das weiße Licht entweder mittels Glas- oder Kristallprismen oder mit Gittern in die einzelnen Spektralfarben auf. Monochromatoren sind wesentlich aufwendiger als Interferenzfilter. Man benutzt sie in erster Linie dann, wenn die mikrospektralphotometrischen Messungen im ultravioletten oder auch im infraroten Bereich angestellt werden sollen.

Objektive für die Photometrie. Wenn sich das zu messende Objekt nur über das Zentrum des Gesichtsfeldes erstreckt, und wenn außerdem die Messungen immer bei der gleichen Wellenlänge vorgenommen werden, genügen in den meisten Fällen achromatische Objektive. Muß dagegen bei mikrospektralphotometrischen Messungen nacheinander mit Licht von mehreren verschiedenen Wellenlängen gearbeitet werden, kann das sekundäre Spektrum der Achromate die Messung verfälschen. Man benötigt dann eine bessere chromatische Korrektion, wie sie bei Fluoritobjektiven und noch mehr bei Apochromaten anzutreffen ist.

Neben der chromatischen Korrektion ist der Bildkontrast, den die Objektive liefern, sehr wichtig. Er ist z. B. bei vielen älteren planachromatischen und planapochromatischen Objektiven viel schlechter als bei Fluoritobjektiven. Objektive, die kontrastarme Bilder liefern, sind für die Mikrophotometrie unbrauchbar, weil sie Meßfehler verursachen.

Hat man ausgedehnte Objekte zu photometrieren, die einen großen Teil des Gesichtsfeldes ausfüllen, muß außerdem auf eine gute Ebnung des Gesichtsfeldes geachtet werden. Man benutzt dann neuere Planachromate oder Planapochromate mit guten Kontrasteigenschaften.

Kondensoren. In der Mikrospektralphotometrie muß man im allgemeinen mit verhältnismäßig kleinen Kondensoraperturen arbeiten. Denn Lichtstrahlen, die unter starker Neigung das Objekt durchlaufen, werden stärker absorbiert, als die senkrechten. Diese Störung wird noch dazu vom Brechungsindex des Objektes beeinflußt, der natürlich von Objekt zu Objekt verschieden ist. Wenn man also zu hohe Kondensoraperturen anwendet, kommt es zu Meßfehlern, deren Ausmaß nie richtig abzuschätzen ist. Deswegen sollten die Beleuchtungsaperturen nicht größer als 0,6 sein. Noch besser ist es, wenn man sich auf eine Kondensorapertur von höchstens 0,4 beschränkt.

Für mikrophotometrische Messungen bei einer gleichbleibenden Wellenlänge reicht ein normaler Kondensor aus. In der Mikrospektralphotometrie stören dagegen die Farbfehler einfacher Kondensoren so sehr, daß unbedingt ein achromatischer Kondensor zur Verfügung stehen muß. Für Messungen im ultravioletten Bereich sind Quarzkondensoren notwendig.

Lichtmeßeinrichtung. Bei mikrospektralphotometrischen Messungen hat man es meistens mit verhältnismäßig geringen Lichtintensitäten zu tun, so daß besonders hoch empfindliche Lichtmeßgeräte erforderlich sind. Meistens werden dafür Photomultiplier (Sekundärelektronenvervielfacher: SEV) benutzt. Sie bestehen aus einem evakuierten Rohr, das mit einem Fenster versehen ist. Das aus dem Mikroskop kommende Licht fällt durch das Fenster in das Rohr und trifft dort auf eine besonders präparierte Kathode. Die auftreffenden Photonen bewirken, daß von der Kathode eine Anzahl Elektronen freigesetzt wird. Eine von außen zugeführte elektrische Spannung sorgt dafür, daß diese Elektronen gegen eine Anode fliegen. Auf dem Weg dorthin müssen sie eine Anzahl Dynoden passieren. Beim Auftreffen auf die erste Dynode spaltet jedes einzelne von der Kathode kommende Elektron eine Anzahl weiterer Elektronen ab. Diese neu abgespaltenen Elektronen treffen auf die nächste Dynode, wo es wiederum zur Elektronenablösung kommt. Da mehrere Dynoden hintereinandergeschaltet sind, werden die Elektronen stark vermehrt und es kommt zu einer enormen Steigerung des Stromes. Alle Elektronen treffen schließlich auf die Anode, von wo aus sie auf ein Meßgerät geleitet werden (Abb. **124**).

Photomultiplier sind nicht über den gesamten Spektralbereich gleichmäßig empfindlich. Sie müssen daher vor der Messung für jede neue Wellenlänge geeicht werden. Allerdings kann man sich diese Arbeit bei neueren Geräten von einem Computer abnehmen lassen. Man erhält dann Meßwerte, von denen das Empfindlichkeitsspektrum des Photomultipliers bereits subtrahiert ist.

Die Empfindlichkeit des Photomultipliers läßt sich noch weiter steigern, wenn man die Spannung zwischen Kathode und Anode erhöht.

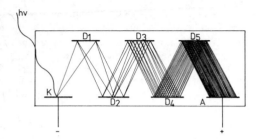

Abb. **124** Aufbau eines Photomultipliers, schematisch.

Außerdem kann der Photostrom verstärkt werden. Bei zu hoher Spannung zwischen Kathode und Anode machen sich jedoch Störungen bemerkbar (Rauschen).

Der von der Anode des Photomultipliers kommende Strom wird auf ein Galvanometer geleitet, aus dessen Ausschlag man auf die vom gemessenen Objekt hindurchgelassene Lichtintensität schließen kann. Am bequemsten arbeitet es sich, wenn auf der Galvanometerskala die Transmissions- und Extinktionswerte direkt ablesbar sind. Man muß das Gerät vor jeder Messung eichen. Dazu wird bei Absorptionsmessungen zunächst einmal dafür gesorgt, daß kein Licht aus dem Mikroskop auf den Photomultiplier fallen kann. Die Transmission beträgt dann natürlich Null und die Galvanometerskala wird auf 0 gestellt. Anschließend schickt man wieder Licht aus dem Mikroskop auf den Photomultiplier und stellt im Präparat eine objektfreie Stelle ein. Da jetzt kein Licht absorbiert wird, muß die Transmission 100% betragen, so daß man das Galvanometer auf 100 stellt. Ohne das Präparat zu verschieben, öffnet und schließt man die zwischen Mikroskop und Photomultiplier bestehende Lichtverbindung mehrmals und kontrolliert, ob dabei das Galvanometer auch immer den Wert 0 bzw. 100 anzeigt. Erst dann wird die eigentliche Messung vorgenommen.

Die mikrospektralphotometrischen Messungen werden beträchtlich erleichtert und beschleunigt, wenn man die Meßwerte nicht jeweils an einer Skala ablesen und notieren muß, sondern wenn man die Daten in einem Computer speichert und nach Abschluß der Messung die fertige Kurve ausdrucken läßt.

Zwischen Mikroskop und Photomultiplier befindet sich gewöhnlich ein Projektiv, welches auf der Photokathode ein reelles Bild von dem Präparat entwirft. Außerdem ist bei einer Reihe mikrophotometrischer Einrichtungen vor dem Photomultiplier noch ein Einblickfernrohr angeordnet, in dem diejenige Präparatstelle beobachtet werden kann, die zur Messung gelangt. Manchmal ist aber bereits beim Einblick in den binokularen Mikroskoptubus an Hand einer Markierung zu erkennen, wo im Gesichtsfeld das eigentliche Meßfeld liegt. Auf ein besonderes Einblickfernrohr kann dann verzichtet werden. Bei einigen Geräten läßt sich ein Teil des vom Mikroskop kommenden Lichts auf eine Kamera leiten, so daß die mikrophotometrisch ausgewertete Stelle auch photographisch festgehalten werden kann.

Absorptionsmessungen

Vermeidung des Überstrahlungsfehlers. Wenn ein Objekt mikrophotometriert werden soll, muß man zunächst einmal das gesamte Streulicht aus seiner Umgebung fernhalten. Zu diesem Zweck wird mit Hilfe von Blenden dafür gesorgt, daß im Präparat im wesentlichen nur diejenige Stelle beleuchtet ist, an der sich das zu messende Objekt befindet. Würde man das gesamte Gesichtsfeld hell belassen, könnte etwas von dem Licht in den Photomultiplier gelangen, das nicht von dem Objekt beeinflußt wurde. Von einer dunklen Struktur, die auf hellem Untergrund liegt, würde dann eine zu hohe Transmission angezeigt werden. Man nennt diese Erscheinung Überstrahlungsfehler oder auch *Schwarzschild-Villiger-Effekt.*
Meßfehler entstehen auch dann, wenn es zu Reflexionen in optischen oder mechanischen Teilen der Einrichtung kommt. Deswegen dürfen keine älteren viellinsigen Mikroskopobjektive für die Mikrophotometrie verwendet werden, bei denen es an den Linsenoberflächen noch zu verhältnismäßig starken Reflexionen kommt.
Größe des Meßfeldes. Wichtig ist weiterhin, daß nicht zu kleine Objektfelder für die Messung gewählt werden. Denn je kleiner die helle Stelle im sonst dunklen Gesichtsfeld ist, desto stärker werden die Beugungserscheinungen. Damit fällt immer mehr von dem vom Objekt kommenden Licht auf die Nebenmaxima, die vom Photomultiplier nicht erfaßt werden. Als Folge davon zeigt das Meßinstrument eine zu geringe Transmission an.
Wie groß das Objektfeld jeweils sein darf, hängt abgesehen von der Objektivapertur, von der Wellenlänge des Lichtes und der erforderlichen Meßgenauigkeit ab. In der Regel darf der Durchmesser des Feldes, das im Präparat ausgemessen werden soll (Meßfeld) bei Objektivaperturen über 1 nicht größer als das vier- bis fünffache der Lichtwellenlänge sein. Wenn man also z. B. die Feulgen-Reaktion an Zellkernen mit Licht von $\lambda = 550$ nm photometrisch auszuwerten hat, sollte das Objektfeld bei einer Objektivapertur von über 1 einen Durchmesser von mindestens 2,5 µm aufweisen.
Verteilungsfehler. Bei der Mikrophotometrie ergeben sich besonders große Meßfehler, wenn das lichtabsorbierende Objekt das Meßfeld nicht gleichmäßig ausfüllt. Das ist z. B. bei Metaphasenplatten nach Feulgen-Reaktion der Fall, wo zwischen den roten Chromosomen, deren DNA-Gehalt bestimmt werden soll, mehr oder weniger große Bereiche freien Untergrundes vorliegen. In solchen Fällen zeigt das Meßinstrument eine falsche Extinktion an. Das ist auch nicht verwun-

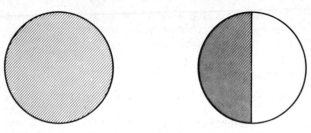

Abb. **125a** und **b** Schema zum Verteilungsfehler in der Mikrophotometrie. Siehe Text.

derlich, denn das Lambert-Beersche Gesetz gilt ja nur, wenn die photo-metrierte Substanz gleichmäßig über das Meßfeld verteilt ist und es darin keine Löcher gibt. Deswegen müssen bei einer ungleichmäßigen Verteilung der Pigmente notwendigerweise Fehler bei der Extinktions-messung auftreten. Welche Ausmaße sie erreichen können zeigt folgen-des Beispiel nach **Ruthmann:** Wir nehmen an, in Abb. **125a** sei ein Pigment gleichmäßig über das Meßfeld verteilt, und aus der photome-trischen Messung ergebe sich eine Extinktion von 1. Anschließend sollen alle Pigmente der einen Hälfte des Meßfeldes in die andere hinübergeschoben werden. Das Meßfeld setzt sich dann aus einer völlig pigmentfreien ersten Hälfte und aus einer zweiten Hälfte zusammen, in der das Pigment in einer doppelt so hohen Konzentration wie im Meß-feld mit homogener Pigmentverteilung vorliegt. (Abb. **125b**). Betrach-ten wir zunächst die Extinktionen für die beiden Hälften getrennt. In der ersten Hälfte beträgt sie nach dem Lambert-Beerschen Gesetz – da die Pigmentkonzentration hier gleich Null ist – Ex = O. In der anderen Hälfte ergibt sich eine Extinktion von 2, da hier die Pigmentkonzentra-tion im Vergleich zu den vorherigen Verhältnissen doppelt so groß ist, also C = 2.

Erstaunlicherweise zeigt nun das Meßinstrument beim Ausmessen des Gesamtfeldes mit inhomogener Pigmentverteilung nicht den mittleren Extinktionswert

$$Ex = \frac{Ex_1 + Ex_2}{2} = \frac{O + 2}{2} = 1$$

an. Vielmehr ist eine wesentlich kleinere Extinktion abzulesen, die eine viel geringere Pigmentgesamtkonzentration vortäuscht.

Um diesen scheinbaren Widerspruch verstehen zu können, muß man sich daran erinnern, daß bei der Photometrie primär nicht die Extink-tion, sondern die Anzahl der Photonen bestimmt wird, die auf die Kathode auftrifft – mit anderen Worten: Es werden Lichtintensitäten gemessen. Die Intensität I_1 des durch die pigmentfreie Hälfte verlaufenden Lichts ist natürlich ebenso groß wie im freien Untergrund, also: $I_1 = I_U = 100\%$. Die aus der zweiten, pigmenthaltigen Hälfte hervortretende Lichtintensität läßt sich aus der Extinktion errechnen, die sich für diesen Teil ergibt:

$$Ex = \log \frac{1}{Tr} = \log \frac{I_U}{I_2}$$

Für I_2 ergibt sich bei einer Extinktion von 2:

$$2 = \log \frac{100}{I_2} \qquad\qquad 100 = \frac{100}{I_2} \qquad\qquad I_2 = 1$$

Folglich muß I_2 gleich 1 sein. Die Lichtintensität in Prozent, die von dem Meßfeld mit ungleicher Pigmentverteilung insgesamt hindurchgelassen wird, beträgt daher:

$$I_{Gesamt} = \frac{I_1 + I_2}{2} = \frac{100 + 1}{2} = 50,5\%$$

Die über diesem Gesamtfeld zu erwartende Extinktion errechnet sich dann folgendermaßen:

$$Tr = \frac{I_{Gesamtfeld}}{I_{Untergrund}} = \frac{50,5}{100}$$

$$Ex = \log \frac{1}{Tr} = \frac{100}{50,5} = \log 1,98 = 0,297$$

Über dem Meßfeld mit der ungleichen Pigmentverteilung ergibt sich also eine Extinktion von 0,297 und nicht eine solche von 1, wie auf Grund der vorhandenen Gesamtpigmentkonzentration zu erwarten wäre, wenn das Lambert-Beersche Gesetz auch bei ungleichmäßiger Pigmentverteilung im Meßfeld Gültigkeit besäße.
Der Verteilungsfehler wird mit abnehmendem Extinktionsunterschied zwischen zu messendem Objekt und freiem Untergrund kleiner. Demnach nimmt bei ansteigender Lichtabsorption auch der Verteilungsfehler zu.
Der Verteilungsfehler läßt sich auf verschiedenen Wegen vermeiden oder wenigstens mildern. Das ist einmal dann möglich, wenn man das gesamte inhomogen ausgefüllte Feld nicht auf einmal ausmißt, sondern

das Meßfeld wesentlich verkleinert und die pigmentierten Bereiche durch Verschieben des Objektträgers nacheinander photometriert. Es handelt sich dabei um die *Scanning-Methode*. Hierzu gibt es spezielle Scanning-Objekttische, die das Präparat in kontrollierbarer Weise in der x- und y-Richtung verschieben.

Eine mathematische Methode zur Milderung des Verteilungsfehlers stellt die *Zwei-Wellenlängen-Methode* dar, bei der die Absorptionsmessung mit Licht zweier verschiedener Wellenlängen durchgeführt wird, die das Pigment im Verhältnis $2:1$ absorbiert.

Am einfachsten umgeht man den Verteilungsfehler, wenn man nicht Absorptionsmessungen anstellt, sondern eine stöchiometrisch gesicherte histochemische Reaktion anwendet, die sich mikrofluorometrisch auswerten läßt.

Auf das Ausmaß des Verteilungsfehlers übt auch die Art der Fixierung einen gewissen Einfluß aus. Das wird z. B. an Interphasenkernen deutlich, die nach Feulgen-Reaktion ausgemessen werden. So kommt es nach Alkohol-Eisessig-Fixierung zu besonders groben Chromatinzusammenballungen, wobei sich der Verteilungsfehler stärker bemerkbar macht, als z. B. nach Formol-Fixierung, durch die das Chromatin homogener bleibt.

Schließlich ist noch zu bedenken, daß bei Absorptionsmessungen in der Mikrophotometrie im allgemeinen nicht Lösungen, sondern feste Substanzen gemessen werden. Das Lambert-Beersche Gesetz gilt aber im strengen Sinne nur für Lösungen. Deswegen kann es hier nicht ohne weiteres zur Bestimmung absoluter Mengen z. B. in Gramm herangezogen werden, wie das in der Photometrie von Lösungen möglich ist. Man begnügt sich daher in der Mikrophotometrie in der Regel mit der Angabe relativer Mengen, d. h. man untersucht, ob ein Kern die doppelte oder vierfache DNA-Menge als ein anderer enthält.

Mikrofluoreszenzphotometrie

Mit Hilfe eines Mikrophotometers kann auch das Fluoreszenzlicht in einem Fluoreszenzmikroskop photometrisch analysiert werden. Dazu muß eine Erregerlichtquelle vorhanden sein, die Licht völlig gleichbleibender Intensität aussendet. Die sonst für die Fluoreszenzmikroskopie gebräuchlichen, mit Wechselstrom betriebenen Quecksilberhöchstdrucklampen flackern bekanntlich zu sehr, als daß sie sich für photometrische Zwecke eignen würden. Wenn man sie aber mit Gleichstrom speist, emittieren sie ein gleichmäßiges, für die Photometrie gut brauchbares Erregerlicht.

Da die Fluorochrome nach längerer und intensiver Erregerlichteinstrahlung ausbleichen, kann es zu Meßfehlern kommen. Das Ausbleichen läßt sich zumindest etwas verzögern, wenn man die Intensität des Erregerlichtes nicht zu stark wählt (S. 215).

Für die Mikro-Fluoreszenzphotometrie ist ein Präparat – der *Standard* – notwendig, der bei Bestrahlung mit Erregerlicht ebenfalls Fluoreszenzlicht emittiert und dessen Intensität mit der vom Objekt ausgestrahlten Fluoreszenzstrahlung verglichen wird. Dieser Standard hat zumindest über einen gewissen Zeitraum hinweg bei Erregung Licht von gleichbleibender Intensität auszusenden und sollte sich außerdem jederzeit leicht reproduzieren lassen. Im einzelnen sind entweder fluoreszierende Gläser (Uranylglas) oder fluoreszierende Farblösungen als Standard im Gebrauch. Letztere werden entweder in Kapillaren oder kleine Vertiefungen auf Plexiglasobjektträgern gefüllt.

Für mikrofluorometrische Messungen ist ein absolut dunkler Untergrund besonders wichtig. Auf die richtige Auswahl der Sperrfilter muß deswegen allergrößter Wert gelegt werden.

Mikrofluorometrische Messungen haben gegenüber den Absorptionsmessungen den Vorteil, daß der Verteilungsfehler unterbleibt. Beispiele für die Anwendung der Mikrofluorometrie bilden die Auswertungen von Immunofluoreszenzen mit FITC oder von Feulgenfluoreszenzen nach Grünlichterregung.

Reflexionsmessungen

Die mikrophotometrische Bestimmung von reflektiertem Licht kommt in Biologie und Medizin in erster Linie für die quantitative Auswertung von Autoradiogrammen in Frage. Man benutzt dazu Auflicht-Hellfelderregung. Da Autoradiographien meistens zusätzlich gefärbt sind, erscheinen im Mikroskop neben den hell aufleuchtenden Silberkörnern auch die gefärbten Gewebsstrukturen mehr oder weniger hell (S. 227). Damit es zu dem für die Messung unbedingt erforderlichen dunklen Untergrund kommt, müssen die histologischen Färbungen mit geeigneten Absorptionsfiltern unterdrückt werden. Das von den Silberkörnern reflektierte Licht wird mit einem Reflexionsstandard verglichen.

Mikrophotographie

Das mikroskopische Bild ist bekanntlich virtuell und liegt bei richtiger Scharfeinstellung unendlich weit entfernt. Damit man es photographisch festhalten kann, muß es zunächst einmal aus dem Unendlichen auf die photographische Schicht, also auf den Film oder die Platte übertragen werden. Dafür bestehen verschiedene Möglichkeiten.

Einmal kann man genauso vorgehen, wie bei der normalen visuellen Mikroskopie. Denn hier hat man es prinzipiell mit dem gleichen Problem zu tun. Nur muß dabei das Bild aus dem Unendlichen nicht auf den Film, sondern auf die Netzhaut verlagert werden. Das ermöglicht der auf unendlich eingestellte optische Apparat des Auges. Entsprechend kann man bei der Mikrophotographie das Bild auf den Film übertragen, wenn man einen Photoapparat benutzt, der mit einem auf unendlich eingestellten Objektiv versehen ist.

Daneben gibt es aber noch weitere Möglichkeiten, um das mikroskopische Bild in die Filmebene zu bekommen. Wenn man nämlich den Abstand zwischen Präparat und Objektivfrontlinse vergrößert, ist das Zwischenbild nicht mehr in der hinteren Brennebene des Okulars gele-

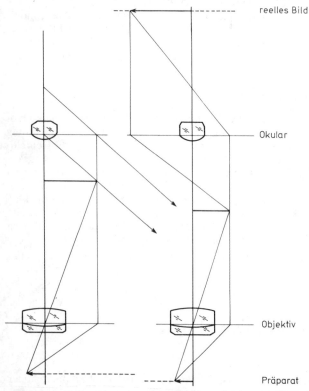

Abb. **126** Verlagerung des mikroskopischen Bildes in die Filmebene durch Vergrößerung des Abstandes zwischen Objektiv und Präparat. Links: Normale Einstellung des Mikroskops, Bild im Unendlichen. Rechts: Abstand zwischen Objektiv und Präparat größer, es entsteht ein reelles Bild in der Filmebene.

gen, sondern ein Stück darunter (Abb. **126**). Von diesem Zwischenbild entwirft dann das Okular kein virtuelles, sondern ein reelles Bild. Um es photographieren zu können, muß man die Lage der neuen Bildebene nur so wählen, daß sie mit der Filmebene übereinstimmt. Ein besonderes Kameraobjektiv erübrigt sich dann. Das Okular wirkt unter diesen Umständen nicht als Lupe, sondern als Projektionsobjektiv oder als Projektiv. Dabei ist – wie schon gesagt – eine gewisse Veränderung der Scharfeinstellung erforderlich. Objekt- und Bildebene liegen deswegen nicht genau dort, wo sie den Berechnungen nach zu finden sein müßten, was die Leistung der Optik etwas beeinträchtigt. Es kommt dadurch zu Randunschärfe. Diese läßt sich aber unschädlich machen, wenn man die Okularvergrößerung nicht zu klein wählt. Mit einem Okular um 12,5 x kommt man gewöhnlich zu guten Ergebnissen. Außerdem sind Balgenkameras mit besonders langen Auszügen für die Herstellung von Mikrophotos ohne Kameraobjektiv zu empfehlen.

Man kann die mit der Veränderung der Scharfeinstellung verbundenen Abbildungsfehler auch ganz ausschalten, wenn man anstelle eines Okulars ein Linsensystem verwendet, das von vornherein als Projektiv berechnet ist. Jedoch eignen sich derartige *Photookulare* nicht so gut für die normale visuelle Mikroskopie. Außerdem werden sie heute nur noch von wenigen Herstellern geliefert (z. B. Olympus).

Schließlich wird manchmal auf ein Okular oder Projektiv ganz verzichtet und das vom Mikroskopobjektiv gelieferte Zwischenbild durch Veränderung der Scharfeinstellung in die Filmebene gebracht. Auch in diesem Fall wird die Kamera ohne Objektiv benutzt. Wir haben es dann mit einstufiger Vergrößerung zu tun. Dadurch ergeben sich besonders lichtstarke Bilder, was z. B. für die Aufnahme von Fluoreszenz- oder Dunkelfeldbildern günstig wäre. Gegen diese Art der Mikrophotographie ist aber einzuwenden, daß die Zwischenbilder oft chromatische Vergrößerungsdifferenz aufweisen. Frei von diesem Fehler sind nur ältere achromatische Objektive mit schwächeren Maßstabzahlen (5:1 und 10:1) sowie die neuen CF-Objektive (Jena, Nikon).

Kameras für die Mikrophotographie

Das mikroskopische Bild kann also auf zwei verschiedenen Wegen in die Filmebene gebracht werden, nämlich entweder mit einem auf unendlich eingestellten Photoobjektiv ohne Veränderung der Scharfeinstellung am Mikroskop oder ohne ein besonderes Photoobjektiv nach vorheriger Veränderung der Scharfeinstellung. Demzufolge sind für die Mikrophotographie sowohl Kameras mit als auch ohne Objektiv geeignet.

Mikrophotographische Kameras mit Objektiv. Wenn man eine Kamera mit auf unendlich eingestelltem Objektiv zum Photographieren mikroskopischer Bilder verwendet, erscheint das Bild auf dem Film scharf, wenn es auch der Beobachter mit auf unendlich akkomodierten Augen scharf sieht. Eine mit Objektiv versehene Kamera liefert jedoch bei der Mikrophotographie ein besonderes Problem: Jedes Objektiv bildet ja von der Umgebung nur einen bestimmten Ausschnitt – das Gesichtsfeld – ab. Wenn man zwei gegenüberliegende Punkte von den Rändern des Gesichtsfeldes mit dem Objektiv verbindet, erhält man einen Winkel, nämlich den Bildwinkel (Abb. **127**).

Ein Weitwinkelobjektiv bildet z. B. einen großen Ausschnitt von der Umgebung ab und hat demnach im Gegensatz zum Teleobjektiv einen großen Bildwinkel. Bei einem Normalobjektiv beträgt der Bildwinkel ca 43 Grad. Gewöhnliche Mikroskopokulare weisen dagegen Bildwinkel um 36 Grad auf. Wenn man für die Mikrophotographie eine Kamera mit Normalobjektiv und Bildwinkel 43 Grad verwenden würde, käme nur auf dem mittleren Teil des Formates ein Bild zustande, während die Peripherie unbelichtet bliebe. Um das zu vermeiden, benötigt man ein Kameraobjektiv mit kleinerem Bildwinkel, wie das bei längerbrennweitigen Objektiven der Fall ist. Deswegen sind mikrophotographische Spezialkameras für das Kleinbildformat mit Objektiven der Brennweite um 12 cm versehen.

Man kann sich davon überzeugen, wenn man die Kamera gegen einen weit entfernten Gegenstand hält, den Verschluß öffnet und in der Filmebene ein Stück Transparentpapier mit Tesafilm befestigt. Der Gegenstand wird dann auf dem Papier so abgebildet, wie man das von einem längerbrennweitigen Objektiv kennt.

Ein Objektiv mit einer Brennweite um 12 cm hat einen Bildwinkel von etwa 20 Grad, der auf jeden Fall kleiner als der kleinste bei Mikroskopokularen anzutreffende Bildwinkel ist. Dabei kann die Lichtstärke des Objektivs, also der Quotient aus dem Durchmesser der wirksamen Öffnung und der Objektivbrennweite, relativ klein sein. Denn als wirksame Öffnung wirkt in der Mikrophotographie die Austrittspupille des

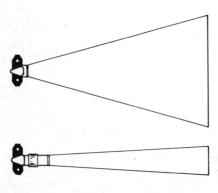

Abb. **127**   Bildwinkel, oben bei einem Objektiv mit kürzerer, unten bei einem Objektiv mit längerer Brennweite.

Okulars (S. 54) mit einem Durchmesser von ca. 1 mm, so daß sich von vornherein nur eine geringe nutzbare Lichtstärke ergibt. Die Objektive für mikrophotographische Spezialkameras können deswegen aus verhältnismäßig wenigen Linsen bestehen. Man erhält so nur wenige Glas-Luftflächen, so daß es kaum zu Reflexen kommen kann.

Spezielle mikrophotographische Kameras, die mit einem längerbrennweitigen, auf unendlich eingestellten Objektiv versehen sind, werden von einer ganzen Reihe von Herstellern angeboten. Zur Scharfeinstellung und Motivwahl weisen sie meistens ein Einstellfernrohr auf. Ein Teil des aus dem Mikroskop kommenden Lichts wird über ein Teilerprisma in dieses Fernrohr geschickt, während der größte Teil auf den Film gelangt. Zunächst muß eine im Fernrohr befindliche Markierung (meistens die Formatbegrenzung sowie einige konzentrische Kreise) durch Verstellen eines Rändelringes scharf gestellt werden. Das Bild der Markierung gelangt dadurch ins Unendliche. Das mikroskopische Bild wird scharf auf dem Film abgebildet, wenn es zusammen mit der Markierung im Fernrohr scharf zu sehen ist. Beim Herstellen der Aufnahme bleibt das Teilerprisma meistens im Strahlengang. So läßt sich das Bild auch dann beobachten, wenn der Film belichtet wird. Nur in einigen wenigen Fällen (z. B. bei den sehr lichtschwachen Bildern, wie sie bei der Dunkelfeld- oder Fluoreszenzmikroskopie vorkommen können, ist es günstig, wenn sich das Prisma ausschalten läßt, und das gesamte vom Mikroskop kommende Licht auf den Film gelangt.

Bei größeren Bildformaten (z. B. 6 × 9 cm oder 9 × 12 cm) kann man die Scharfeinstellung auch auf einer Mattscheibe vornehmen, die anstelle des photographischen Materials in die Kamera gebracht wird.

Neben den kompletten mikrophotographischen Kameras gibt es auch mikrophotographische Aufsätze, die lediglich das Teilerprisma, das Einstellfernrohr, den Verschluß sowie das auf unendlich eingestellte Photoobjektiv enthalten, nicht jedoch den Kamerarückteil mit dem Filmtransportmechanismus. Man kann an ein solches Ansatzstück einen normalen Photoapparat befestigen, dessen Objektiv vorher entfernt wurde. Auf diese Weise läßt sich z. B. eine Leica für die Mikrophotographie verwenden.

Diese mikrophotographischen Ansatzstücke sind von manchen Firmen zu Universalkameras ausgebaut worden (z. B. Jena, Leitz, Zeiss). Es handelt sich dabei um einen Grundkörper, auf den eine ganze Anzahl verschiedener Kamerarückteile der unterschiedlichsten Aufnahmeformate angebracht werden kann.

Mikrophotographische Adapter wurden bis vor einigen Jahren auch für verschiedene Sucherkameras hergestellt (z. B. Kodak-Retina oder Voigtländer-Prominent), deren Objektive dabei am Gehäuse verblieben und auf unendlich eingestellt werden mußten. Da die normalen Kameraobjektive wegen ihrer hohen Lichtstärke aus einer viel größeren Anzahl von Linsen bestehen als das bei den Objektiven für die mikrophotographischen Spezialkameras der Fall ist, kann es u. U. zu störenden Reflexen und hellen Flecken in den Bildern kommen. Wild liefert ein mikrophotographisches Kameraobjektiv als Einzelteil. Man klemmt es in ein weites Rohr, das die Verbindung zwischen Mikroskoptubus und Kamera herstellt. Man benutzt dabei eine einäugige Spiegelreflexkamera, wobei mit Hilfe von Zwischenringen die unterschiedlichsten Modelle angebracht werden können. Allerdings paßt das Rohr, das das Kameraobjektiv aufnimmt, nur auf die relativ weiten Senkrechttuben von Leitz.

Grundsätzlich eignet sich auch ein ganz normaler Photoapparat für die Mikrophotographie, wenn man sein Objektiv auf unendlich einstellt. Man muß ihn nur an ein Stativ befestigen und über dem Mikroskopokular anbringen. Vorher wird das Bild im Mikroskop scharf eingestellt. Natürlich entsteht auf diesem Wege nur dann ein gutes Photo, wenn man die Einstellung mit unendlich-akkomodiertem Auge vornimmt. Bei Verwendung von stärkeren Mikroskopobjektiven erhält man so nach einiger Übung doch leidlich brauchbare Bilder. Nicht zu empfehlen ist diese Methode für schwächere Vergrößerungen. Wenn der Photoapparat mit einem normalbrennweitigen Objektiv versehen ist, wird das Bildformat natürlich nicht voll ausgenutzt.

Wer zum Verzicht auf Bequemlichkeit bereit ist, kann zum Mikrophotographieren auch einen alten Plattenapparat mit auf unendlich eingestelltem Objektiv verwenden. Dieser wird am besten an ein Reprostativ geschraubt und mit seinem Objektiv über dem Mikroskopokular angeordnet. Dabei ist es für Amateurmikroskopiker am wirtschaftlichsten, wenn er Aufnahmen auf 6 × 9 cm-Rollfilm anfertigt, wofür allerdings eine spezielle Rollfilmkassette vorhanden sein muß.

Mikrophotographische Kameras ohne Objektiv. Die mikrophotographischen Kameras ohne Objektiv sind meistens für größere Aufnahmeformate vorgesehen (9 × 12 cm) und mit dem Mikroskop über einen Balgen verbunden. Durch Verlängerung oder Verkürzung des Balgenauszugs verändert sich der Abbildungsmaßstab auf dem Negativ kontinuierlich.

Oft werden Mikrophotos auch mit einäugigen Spiegelreflexkameras ohne Photoobjektiv hergestellt. Diese Kameras sind dafür aber nur dann vollwertig brauchbar, wenn sich ihre im Sucher befindliche Mattscheibe gegen eine Klarglasscheibe mit Fadenkreuz oder Kreuzgitter auswechseln läßt. Die normale Mattscheibe liefert am Mikroskop ein viel zu dunkles Bild und außerdem stört ihre Strukturierung, so daß eine exakte Scharfeinstellung nur in Ausnahmefällen bei stark kontrastierten Präparaten und hohen Vergrößerungen möglich ist. Meistens ist die Schärfenebene mit der gewöhnlichen Mattscheibe überhaupt nicht zu finden. Ein Nachteil der einäugigen Spiegelreflexkameras ist, daß es beim Zurückklappen des Spiegels und beim Ablauf des Schlitzverschlusses zu Erschütterungen kommt, die zu Verwacklungen führen können, wenn sich die mikroskopischen Objekte in einem flüssigen Medium befinden. Einäugige Spiegelreflexkameras werden meistens mit einem vom Kamerahersteller erhältlichen Ansatzstück am Mikroskoptubus befestigt.

Photomikroskope. Bei den bisher geschilderten mikrophotographischen Einrichtungen bilden Kamera und Mikroskop zwei getrennte Einheiten, die sich miteinander verbinden aber auch wieder voneinander lösen lassen. Somit kann ein und dieselbe Kamera an verschiedenen Mikroskopen benutzt werden. Es gibt aber auch Geräte, bei denen die Kamera fest im Mikroskop eingebaut ist und sich nicht von ihm trennen läßt. Es handelt sich dabei um die Photomikroskope (z.B. Vanox, Olympus; Polyvar, Reichert; Photomikroskop, Zeiss).

Aufnahmeformat

Meistens werden die Mikrophotos auf Kleinbildformat aufgenommen. Nur in Ausnahmefällen sind größere Formate vorzuziehen. Das ist z.B. bei Farbaufnahmen der Fall, die im Druck veröffentlicht werden sollen. Denn die Herstellung der Farbklischees von einem großformatigen Diapositiv ist im Vergleich zur Kleinbildvorlage um ca. 25% billiger. Größere Formate sind auch dann günstig, wenn man das Auflösungsvermögen kurzbrennweitiger Makroobjektive bei geöffneter Blende voll ausnützen will. Außerdem geht das Einstellen auf einer großformatigen Mattscheibe leichter als in einem Einstellfernrohr. Eine Einrichtung für großformatige Aufnahmen ist schließlich dann erforderlich, wenn man für die *Sofortbild-Photographie* Polaroid-Material verwenden will. Große Aufnahmeformate sind wegen der relativ lichtschwachen Bilder für Dunkelfeld- und Fluoreszenzaufnahmen nicht zu empfehlen.

Aufnahmematerial

In diesem Kapitel können nur die allerwichtigsten Eigenschaften der Schwarzweißaufnahmematerialien angedeutet werden. Gründlichere Kenntnisse vermitteln die Lehrbücher über Photographie.

Spektrale Empfindlichkeit des Aufnahmematerials

Bei der Photographie werden gewöhnlich Silberhalogenide, besonders AgBr, unter der Einwirkung von Licht und dem nachfolgenden Entwicklungsprozeß in metallisches Silber umgewandelt, wodurch es zu der gewünschten Schwärzung kommt. Diese Reaktion wird aber nicht von allen Farben ausgelöst. Denn das Licht muß ja zunächst einmal von der

AgBr-Schicht absorbiert werden, um wirksam zu sein. Das geschieht aber nur beim violetten, blauen und blaugrünen Licht, nicht jedoch bei der längerwelligen Strahlung. Daher ist AgBr für gelbgrünes, gelbes, orangefarbenes und rotes Licht unempfindlich, d. h. es wird durch solches Licht nicht geschwärzt.

Es besteht aber die Möglichkeit, das Aufnahmematerial durch Beimengung bestimmter Stoffe (optischer Sensibilisatoren) auch für Farben des längerwelligen Spektralbereichs empfindlich zu machen. Durch Versetzen mit einem roten Farbstoff wird z. B. die Schicht zusätzlich zu den kurzwelligen Strahlen noch für Gelbgrün und Gelb empfindlich, reagiert aber nicht auf Rot. Solche rotunempfindlichen Photomaterialien bezeichnet man als orthochromatisch. Wird außer dem roten noch ein blaugrüner Farbstoff beigemengt, dehnt sich die Empfindlichkeit bis zum roten Bereich aus. Man erhält dann die panchromatischen Materialien, die durch Licht des gesamten sichtbaren Spektrums geschwärzt werden.

Das panchromatische Aufnahmematerial ist im roten und blauen Spektralbereich empfindlicher als das menschliche Auge (Abb. **128**). Solche Filme werden daher auch von den roten und blauen Säumen geschwärzt, die bei Verwendung achromatischer Mikroskopobjektive auftreten, und die man bei visueller Mikroskopie kaum wahrnimmt. Das führt zu unscharfen Bildern. Deswegen sollte man bei der Mikrophotographie mit achromatischen Objektiven auf panchromatischen Filmen den roten und blauen Anteil mit einem Grünfilter aus dem weißen Mikroskopierlicht entfernen, wenn man allerhöchste Ansprüche stellt.

Orthochromatische Filme sind nur im blauen Spektralbereich empfindlicher als das menschliche Auge, während sie die roten Säume wegen

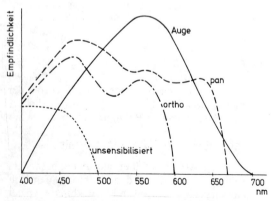

Abb. **128**　Lichtempfindlichkeit des unsensibilisierten, des orthochromatischen und des panchromatischen Aufnahmematerials im Vergleich zum menschlichen Auge.

der völligen Rotunempfindlichkeit überhaupt nicht registrieren. Deswegen genügt bei diesen Aufnahmematerialien ein gelbes Lichtfilter, welches nur den Blauanteil absorbiert. Ein Grünfilter würde nur zu einer längeren Belichtungszeit führen, weil es mehr Licht absorbiert. Die meisten Mikrophotographien werden auf panchromatischen Filmen hergestellt. Diese Materialien werden in den unterschiedlichsten Empfindlichkeiten von vielen Firmen hergestellt. Dagegen gibt es nur wenige orthochromatische Filme. Sie liefern meistens etwas kontrastreichere Bilder als die panchromatischen Schichten. Rote Strukturen auf orthochromatischem Material photographiert erscheinen im Positiv tiefschwarz.

Neben ortho- und panchromatischen Aufnahmematerialien werden vereinzelt auch Infrarot-Filme hergestellt, welche abgesehen von Violett und Blau auch für Rot und Infrarot empfindlich sind. Aufnahmen im infraroten, also längerwelligen Spektralbereich müssen zwangsläufig zu schlechteren Auflösungen führen als im sichtbaren Licht. Trotzdem werden gelegentlich Infrarot-Mikrophotos hergestellt, wenn man z. B. Strukturen, die sich unter schwarz gefärbten Chitinpanzern von Insekten befinden, aufnehmen will. Denn diese Pigmentierung ist für infrarote Strahlung transparent.

Gradation

Ein photographischer Film wird – gleichbleibende Entwicklung vorausgesetzt – bekanntlich umso mehr geschwärzt, je heller das einstrahlende Licht ist und je länger die Belichtungszeit andauert. Mit anderen Worten: Das Ausmaß der Schwärzung hängt von der Belichtung, also dem Produkt $I \cdot t$ ab, wobei I die Lichtintensität und t die Belichtungszeit bedeuten. Der Film reagiert also auf eine gewisse Belichtung mit einer bestimmten Schwärzung. Diese Eigenschaft bezeichnet man als Gradation. Der Grad der Schwärzung läßt sich exakt bestimmen, wenn man mit einem Photometer feststellt, wieviel Licht von dem Negativ noch hindurchgelassen wird, d. h. indem man die Transmission bestimmt. Die Abhängigkeit der Schwärzung von dem Produkt $I \cdot t$ läßt sich in einem Koordinatensystem zeigen, in welchem Tr auf der Ordinate in % und die Belichtung auf der Abszisse logarithmisch aufgetragen werden. Man erhält dann eine Kurve, nämlich die Schwärzungs- oder Gradationskurve. Wenn man einen unbelichteten Film (d. h. wenn $I \cdot t = 0$) entwickelt, ergibt sich bereits eine gewisse Grautönung. Das ist der Grundschleier. Von einem bestimmten Betrag für $I \cdot t$ an beginnt die Kurve langsam zu steigen und bewegt sich dabei im Bereich der Unterbelichtung. Die Kurve verläuft anschließend gerade, um später wieder umzubiegen und bei noch höheren Belichtungen sogar abzusinken. Die Schwärzung nimmt dann also trotz ansteigender Belichtung wieder ab! Man bezeichnet diese Erscheinung als Solarisation (Abb. **129**).

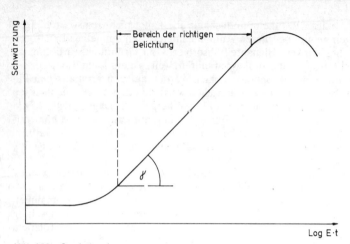

Abb. **129** Gradationskurve.

Für die Photographie ist der gerade Teil der Kurve wichtig. Diese Gerade bildet mit der Horizontalen einen Winkel, den man mit γ bezeichnet. Wenn die Steigerung der Belichtung nur zu einer geringen Zunahme der Schwärzung führt, resultiert eine flach ansteigende Gerade und ein kleiner Winkel γ (Abb. **130**). Umgekehrt vertiefen sich die Grautöne bei manchen Filmen bereits nach geringer Zunahme der Belichtung beträchtlich. Die Gerade verläuft dann steiler und der Winkel γ ist größer. Bei kleinem γ wird das Material als weich und bei einem großen γ als hart arbeitend bezeichnet. Man spricht auch von flacher Gradation im Gegensatz zu steiler Gradation. Wenn der Winkel 45 Grad beträgt, handelt es sich um normales Material. Gewöhnlich wird aber γ nicht in Winkelgrad, sondern in Tangenswerten angegeben. Somit hat normales Material ein γ von 1.

Wenn für Photomaterial mit normaler Gradation die Belichtung so gewählt wurde, daß die Schwärzung im geraden Bereich der Gradationskurve liegt, entsprechen die Grautöne auf dem Photo etwa der Helligkeitsverteilung im photographierten Objekt. Bei hartem Material führen bereits geringe Aufhellungen bzw. Abschattungen zu erheblichen Änderungen der Schwärzung. Dagegen registrieren weiche Photoschichten Helligkeitsschwankungen nicht so deutlich. Steile Gradation bedingt demnach verstärkten Bildkontrast, während flache Gradationen die Helligkeitsgegensätze mildern. Dafür ist der Belichtungsspielraum bei hartem Material viel kleiner als bei weichem. Zu den hart arbeitenden Filmen gehören Repro- und Dokumentenfilme. Außerdem besitzen orthochromatische Schichten in der Regel eine steilere Gradation als panchromatische.

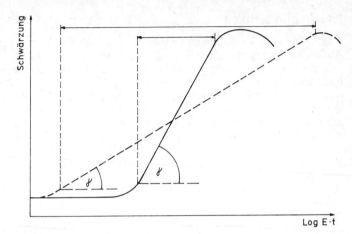

Abb. **130** Gradationskurven von weichem (gestrichelt) und von hartem Material (ausgezogene Kurve).

Der Verlauf der Schwärzungskurve wird vom Entwicklungsprozeß erheblich beeinflußt. Er ist z. B. bei kurzer Entwicklungsdauer flacher als bei längerer. Außerdem führen höher konzentrierte Entwickler gewöhnlich zu härteren Negativen. Durch geschickte Entwicklung läßt sich also der Bildkontrast verbessern, was gerade für die Mikrophotographie sehr wichtig ist.

Auflösungsvermögen und Körnigkeit

Wenn Einzelheiten, die durch die Optik auf den Film projiziert werden, zu nahe beieinanderliegen, werden sie von der lichtempfindlichen Emulsion nicht mehr aufgelöst, sondern als einheitliche Fläche dargestellt. Jeder Film hat also ein bestimmtes Auflösungsvermögen, das gewöhnlich in der Anzahl Linien pro mm angegeben wird, die unter optimalen Bedingungen gerade noch getrennt dargestellt werden. Orthochromatische Schichten haben meist ein höheres Auflösungsvermögen als vergleichbare panchromatische.

Im Verlaufe des photographischen Prozesses ballen sich die Silberkörner in der lichtempfindlichen Schicht zu größeren oder kleineren Aggregaten zusammen, die in der Projektion in Form von dunklen Flecken oder Körnern erscheinen. Bleiben sie klein, spricht man von feinkörnigem Material. Im Gegensatz dazu stehen die grobkörnigen Filme. Die Körnigkeit hängt einmal von der Art des Filmes ab, wird aber auch von der Entwicklung beeinflußt. Außerdem führt überreichliche Belichtung oft zu gröberem Korn.

Filmempfindlichkeit

Abgesehen von der optischen Sensibilisierung, der Gradation, dem Auflösungsvermögen und der Körnigkeit unterscheiden sich die photographischen Aufnahmematerialien noch hinsichtlich ihrer Lichtempfindlichkeit. Diese ist auf der Packung gewöhnlich in deutschen DIN- oder amerikanischen ASA-Graden angegeben. DIN- und ASA-Grade werden nach unterschiedlichen Verfahren bestimmt und sind daher genaugenommen nicht ohne weiteres miteinander zu vergleichen. In der Praxis kann man aber folgende DIN- und ASA-Werte in etwa gleich setzen (Tab. 3). Eine Verdoppelung der Filmempfindlichkeit ergibt sich, wenn zu der DIN-Zahl drei addiert oder der ASA-Wert verdoppelt wird. Neuerdings werden auf den Filmpackungen die ASA- und DIN-Werte nebeneinander angegeben, wobei man den DIN-Wert mit einem Gradzeichen versieht. Dieses durch einen Schrägstrich getrennte Zahlenpaar trägt die Bezeichnung »ISO«.

Höher empfindliche Filme ermöglichen zwar kürzere Belichtungszeiten, ergeben aber ein geringeres Auflösungsvermögen als niedriger empfindliche. Das ist für die Mikrophotographie allerdings belanglos. Denn das Mikroskop erreicht ja bestenfalls eine Auflösung von ca. 0,2 µm. Unter diesen Umständen kommt es auf dem Negativ im Extremfall bei einem Objektiv der Maßstabszahl 100:1, einem Okular 10x und einem Kamerafaktor von 0,5 (S. 270) zu einem Abbildungsmaßstab von 500:1. Ein Abstand von 0,2 µm wäre dann 0,1 mm breit abgebildet. Ein Film von 23 DIN mit einem Auflösungsvermögen von

Tabelle **3**   Gegenüberstellung von DIN- und ASA-Werten.

DIN	ASA	DIN	ASA
1	1,0	19	64
2	1,2	20	80
3	1,6	21	100
4	2	22	125
5	2,5	23	160
6	3	24	200
7	4	25	250
8	5	26	320
9	6	27	400
10	8	28	500
11	10	29	650
12	12	30	800
13	16	31	1000
14	20	32	1250
15	25	33	1600
16	32	34	2000
17	40	35	2500
18	50	36	3200

95 Linien pro mm löst eine solche Struktur mit Leichtigkeit auf. Allerdings führen hochempfindlichere Filme zu gröberem Korn, weswegen man für die Mikrophotographie nach Möglichkeit doch lieber einen gering- bis mittelempfindlichen Film benutzt. Meist sind Aufnahmematerialien von 15 bis 17 DIN im Gebrauch.

Konfektionierungen des Aufnahmematerials

Kleinbildfilme werden gewöhnlich in 1 m langen (für 20 Aufnahmen) oder 1,60 m langen Streifen (für 36 Aufnahmen) geliefert. Damit man sie auch bei diffusem Tageslicht in die Kamera einlegen kann, steckt die Spule mit dem aufgewickelten Film in einer lichtdichten Kassette. Die Kassetten sind im allgemeinen nur für den einmaligen Gebrauch vorgesehen. Einige von ihnen kann man aber auch mehrmals füllen (z. B. Rowi). Man benutzt dazu den Film als Meterware. Es handelt sich dabei um in schwarzem Papier verpackte, 5 bis 30 m Film umfassende Rollen, die in Metall- oder Kunststoffdosen geliefert werden. Davon schneidet man in der Dunkelkammer ein passendes Stück ab. Man rechnet pro Bild einschließlich Zwischenraum mit 3,8 cm und gibt für Vor- und Nachspann noch 20 cm hinzu. Somit genügt z. B. für 10 Aufnahmen ein Filmstück von 58 cm Länge (10·3,8 cm + 20 cm). Nachdem der Film mit dem einen Ende an der Spule befestigt wurde, wird er um den Spulenkern gewickelt und in die Kassette eingelegt. Die richtige Filmlänge ertastet man in der Finsternis der Dunkelkammer am besten an zwei Kerben, die sich im richtigen Abstand voneinander an der Tischkante befinden. Den Filmanfang muß man nur dann besonders zurechtschneiden, wenn das von der Kamera verlangt wird (z. B. von älteren Leica-Gehäusen, Abb. **131**). Die Herstellung eines gebrauchsfertigen Filmes aus Meterware geht wesentlich einfacher, wenn man dafür einen Füllfix (Deutgen) zur Hilfe nimmt. Die Filmrolle wird in der Dunkelkammer in das Gerät eingelegt, während das Füllen der Kassetten bei diffusem Tageslicht vorgenommen werden kann.

Der handelsübliche 6×9-Rollfilm ist für 8 Aufnahmen im Format 6×9 cm vorgesehen. Auf den gleichen Film passen aber auch 12 Aufnahmen im Format 6×6 cm oder 16 Aufnahmen im Format 4,5×6 cm.

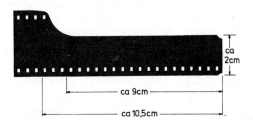

Abb. **131** Zunge am Anfang eines Kleinbildfilmes.

Davon hat in der Mikrophotographie aber nur das Format 6×9 cm einige Bedeutung erlangt.

Planfilme werden gewöhnlich dutzendweise in Pappschachteln lichtdicht verpackt geliefert und müssen zunächst in Kassetten eingelegt werden. Man kann dazu eine normale Plattenkassette verwenden, wenn sie mit einer Planfilmeinlage versehen ist. Orthochromatische Planfilme werden in der Dunkelkammer bei indirektem Rotlicht, panchromatische dagegen bei völliger Dunkelheit oder höchstens bei schwachem, indirektem Blaugrünlicht in die Kassette eingelegt. Dabei hat der Planfilm so darin zu liegen, daß er mit seiner lichtempfindlichen Schicht zur Kassettenöffnung weist. Die Schichtseite erkennt man an einer oder mehreren am Planfilm befindlichen Kerben, die sich leicht ertasten lassen. Liegen sie rechts oben, befindet sich die Schicht auf der Oberseite. Wenn der Planfilm in der Kassette liegt, wird sie mit einem Kassettenschieber verschlossen. Dieser darf erst unmittelbar vor der Aufnahme wieder herausgezogen werden, wenn sich die Kassette bereits an der Kamera befindet, der Verschluß aber noch geschlossen ist. Sofort nach Ablaufen des Verschlusses wird die Kassette wieder mit dem Schieber lichtdicht verschlossen und erst in der Dunkelkammer geöffnet.

Anforderungen an das Präparat

Es versteht sich von selbst, daß man eine gute mikrophotographische Aufnahme nur von einem Präparat erhalten kann, dessen Qualität in jeder Beziehung einwandfrei ist. Paraffinschnitte müssen z.B. tadellos gestreckt und sauber gefärbt sein. Wegen der geringen Tiefenschärfe der Mikroskopobjektive werden verschiedene Einzelheiten auf dem Bild nur dann gleichzeitig scharf abgebildet, wenn sie im Präparat in ein und derselben Ebene liegen. Deswegen eignen sich z.B. stark gewölbte Objekte schlecht für die Mikrophotographie und sind durch eine Zeichnung viel besser darzustellen.

Wichtig ist weiterhin, daß das Präparat selbst sowie die zu ihm konjugierten Ebenen staubfrei sind. Denn die kleinen Flecken stören auf einem Mikrophoto viel mehr als bei der gewöhnlichen visuellen Mikroskopie. Ob Staub vorliegt, läßt sich besonders dann feststellen, wenn man die Kondensorblende stark schließt (S. 59).

Staub kann nicht nur auf der Mikroskopoptik, sondern auch innerhalb des optischen Systems der Aufsatzkamera auftreten und ist dann besonders schwer zu lokalisieren. Der Staub wird von der Glasoberfläche mit einem weichen Aquarellpinsel entfernt.

Helligkeitsumfang

Wichtig ist der Helligkeitsumfang des aufzunehmenden Objekts. Man erhält ihn, wenn man die Helligkeit der hellsten Stelle des Bildfeldes zu der dunkelsten ins Verhältnis setzt. In der normalen Photographie haben wir es nicht selten mit einem sehr großen Helligkeitsumfang zu tun. Bei einer Landschaft mit Vordergrund im Gegenlicht beträgt er z. B. 1000 : 1, d. h. die Lichtintensität in der hellsten Stelle des Motivs ist 1000 mal höher als in der dunkelsten. Einen sehr geringen Helligkeitsumfang treffen wir z. B. bei einer Landschaft im Nebel ohne Vordergrund an, wo sich ein Verhältnis von 5 : 1 ergeben kann. Mit ähnlichen Relationen hat man es in der Mikrophotographie zu tun. Denn ein mikroskopisches Präparat, wie z. B. ein gefärbter histologischer Schnitt ist so dünn, daß nicht allzuviel von dem eingestrahlten Licht absorbiert wird. So kommt es, daß z. B. selbst von den dunkelsten Stellen eines nach der Azan-Methode gefärbten Paraffinschnittes noch soviel Mikroskopierlicht hindurchgelassen wird, daß es verglichen mit dem Untergrundslicht zu einem Helligkeitsumfang von 10 : 1 kommt. Selbst Dunkelfeldbilder mit dem allerhöchsten Kontrast ergeben ein Verhältnis von nur 20 : 1. Die Helligkeitsunterschiede können aber auch extrem klein sein. So betragen sie bei einem gefärbten Blutausstrich 5 : 1 und bei einem Phasenkontrastbild 3 : 1. Ein kleiner Helligkeitsumfang bedingt schwachen Kontrast.

Meistens ist es am besten, wenn der Helligkeitsumfang auf der mikrophotographischen Aufnahme 10 : 1 beträgt. Da es aber – wie schon gesagt – eine ganze Anzahl von Präparaten mit schlechterem Kontrast gibt, muß man oft zu kontraststeigernden Mitteln greifen. Dazu sind z. B. Kontrastfilter geeignet (S. 72). Gute Erfolge erzielt man auch mit normalen Filmen, die hart entwickelt werden oder mit hart arbeitenden Dokumentenfilmen und normaler Entwicklung. Besonders harte Materialien bereiten allerdings wegen ihres außerordentlich geringen Belichtungsspielraums einige Schwierigkeiten.

Herstellen einer mikrophotographischen Aufnahme

Einstellen des Mikroskops

Für die Mikrophotographie ist eine richtig eingestellte Beleuchtung besonders wichtig. Mit Köhlerscher Beleuchtung sind fast immer die besten Ergebnisse zu erzielen. Denn in der Mikroskopie hat man es ja oft mit Objekten zu tun, die sich durch einen geringen Helligkeitsumfang auszeichnen. Wenn dann die Köhlersche Beleuchtung nicht richtig eingestellt ist, wird der an sich schon schlechte Kontrast durch Streulicht, welches sich aus einer zu weit geöffneten Leuchtfeld- oder Kondensorblende ergibt, noch weiter herabgesetzt. Deswegen muß auch die Höheneinstellung des Kondensors exakt stimmen (S 68). Wichtig ist weiterhin, daß Mikroskopierlampe und Kondensor genau zentriert sind. Andernfalls ist ein ungleichmäßig ausgeleuchteter Untergrund die Folge. Wenn das bei der visuellen Mikroskopie auch weniger stört, fällt dieser Fehler auf einer Mikrophotographie sofort auf. Denn weil man wegen der oft notwendigen Kontraststeigerung hart arbeitende Filme oder Entwickler benutzt, wird die ungleichmäßige Helligkeit des Untergrundes in besonders deutlich abgestufte Grautöne umgewandelt.

Im übrigen sind bei der Einstellung des Mikroskops alle sonstigen Regeln genau zu beachten, die bereits in den vorangegangenen Kapiteln besprochen wurden. Man muß also z. B. die Mikroskopobjektive mit den entsprechend korrigierten Okularen kombinieren (S. 50) und daran denken, daß bei hochaperturigen Trockenobjektiven die richtige Deckglasdicke genau einzuhalten ist (S. 35). Am besten beginnt man mit der Herstellung von Mikrophotographien erst dann, wenn man mit dem Mikroskop wirklich gut umzugehen versteht.

Scharfeinstellung

Einige Schwierigkeiten bereitet die richtige Scharfeinstellung. Wenn man eine Aufsatzkamera mit Einstellfernrohr verwendet, entsteht auf dem Film bekanntlich nur dann ein scharfes Bild, wenn sich das im Einstellfernrohr sichtbare mikroskopische Bild genau in der Ebene der im Unendlichen abgebildeten Markierung befindet. Bei schwachen Vergrößerungen kann es wegen der Akkomodationsfähigkeit der Augen vorkommen, daß Markierung und mikroskopisches Bild gleichzeitig scharf gesehen werden, auch wenn sie beide nicht genau in der gleichen Ebene liegen. Deswegen muß die Scharfeinstellung gerade bei Objektiven mit schwachen Abbildungsmaßstäben (16:1 und darunter) besonders sorgfältig vorgenommen werden.

Dabei wird zunächst die Markierung durch Drehen am Einstellfernrohr scharf eingestellt, so daß sich ihr virtuelles Bild im Unendlichen befindet. Nun muß das mikroskopische Bild ebenfalls ins Unendliche gebracht werden. Das läßt sich mit einem schwach vergrößernden (ca. 3x) Fernrohr kontrollieren, das zunächst auf Unendlich eingestellt wird, indem man damit eine mindestens 200 m entfernte Fernsehantenne betrachtet. Wenn man mit einem solchen Fernrohr in das Einstellfernrohr blickt, sind die Markierung und das mikroskopische Bild nur dann scharf zu sehen, wenn beide im Unendlichen liegen. So erzielt man mit einem auf unendlich eingestellten Fernrohr auch bei den allerschwächsten Vergrößerungen eine exakte Scharfeinstellung.

Man kann die richtige Lage der Bildebene auch ohne Fernrohr mit einem ganz einfachen Trick kontrollieren, dessen Prinzip folgender

Versuch zeigt: Wir betrachten die vorliegende Buchseite durch eine Büroklammer. Wenn diese der Seite unmittelbar aufliegt und sie unter leichtem Hin- und Herbewegen des Kopfes betrachtet wird, behalten die Buchstaben ihre Lage unter der Klammer bei und bewegen sich nicht. Hält man dagegen die Büroklammer einige cm hoch über die Buchseite, wandern die Buchstaben unter der Büroklammer bei der Kopfbewegung hin und her. Die gleiche Methode eignet sich für das Scharfeinstellen bei der Mikrophotographie. Bewegt man den Kopf beim Einblick in das Einstellfernrohr mehrmals leicht nach links und rechts, dann kommt es zu einem unscharfen Bild auf dem Film, wenn das mikroskopische Bild unter der Markierung hin und her wandert. Denn beide Ebenen liegen dann nicht auf gleichem Niveau. Ändert sich dagegen die Lage der Präparatstrukturen in Bezug zur Markierung nicht, liegen beide Ebenen auf der gleichen Höhe, und das Bild wird scharf.

Bei Aufnahmen auf größere Negativformate wird die Scharfeinstellung häufig auf einer Mattscheibe vorgenommen. Das Scharfeinstellen feinster Strukturen ist allerdings nicht immer einfach, weil die Eigenstruktur der Mattscheibe stört. Deswegen sollten die Mattscheiben in der Mitte mit einem Klarglasfleck und einem Strichkreuz versehen sein. Man stellt das Strichkreuz zunächst mit einer ca. 3x vergrößernden Lupe scharf ein. Dann wird der Feintrieb am Mikroskop solange verstellt, bis das mikroskopische Bild durch die Lupe im Klarglasfleck zusammen mit dem Strichkreuz scharf zu sehen ist.

Man kann aber auch auf einer ganz gewöhnlichen Mattscheibe einen Klarfleck anbringen. Dazu trägt man zunächst mit einem spitzen, harten Bleistift ein Strichkreuz auf, gibt einen Tropfen Xylol darauf und bedeckt ihn mit einem Deckglas. Die xylolbefeuchtete Stelle wird sofort durchsichtig, um nach dem Verdunsten oder Abwischen des Xylols wieder matt zu werden. Soll der behelfsmäßige Klarglasfleck ständig erhalten bleiben, klebt man das Deckglas mit einem Tropfen Entellan oder einem anderen Einschlußmedium mit einem Brechungsindex um 1,5 fest.

Belichtung

Belichtungszeit. In der Mikrophotographie hängt die jeweils erforderliche Belichtungszeit von einer ganzen Reihe von Faktoren ab, nämlich abgesehen von der Leuchtdichte der Lampe, der Filmempfindlichkeit und der Entwicklung auch noch von dem Präparat, dem Untersuchungsverfahren, den Filtern, dem Abbildungsmaßstab auf dem Film sowie von der Öffnung der Kondensorblende. Bei der Hellfeldmikroskopie beeinflußt die Kondensorblendenöffnung die Bildhelligkeit besonders stark. Daher ist es bei Vergleichsaufnahmen angebracht, die jeweilige Blendenöffnung zu notieren. Dazu sind manche Kondensoren auf ihrer Unterseite mit einer Strichskala versehen, an der die jeweilige Stellung des Blendenhebels abzulesen ist. Da wir es in der Phasenkontrastmikroskopie mit keiner kontinuierlich veränderlichen Aperturblende, sondern mit festen Ringblenden zu tun haben, sind die Schwankungen in der Bildhelligkeit viel geringer und die richtigen Belichtungszeiten leichter als bei der Hellfeldmikroskopie zu finden.

Die richtige Belichtungszeit kann man wie in der gewöhnlichen Photographie – zumindest bei Schwarz-Weißaufnahmen auf nicht zu hartem Film und bei nicht zu harten Entwicklern – nach dem Gefühl bestimmen, wenn man mit einigen Probefilmen genügend Erfahrungen gesammelt hat. Auf die Dauer ist es aber materialsparender und deshalb billiger, wenn man einen photoelektrischen Belichtungsmesser zur Hilfe nimmt. Aber auch dann muß zur Eichung des Gerätes zunächst eine Anzahl von Probeaufnahmen hergestellt werden.

Belichtungsmesser mit Photowiderstand eignen sich wegen ihrer hohen Empfindlichkeit für die Mikrophotographie am besten. Der Photowiderstand wird gewöhnlich aus einer kleinen Batterie gespeist (Knopfzelle), die lange haltbar ist (zwei Jahre und mehr). Um sie nicht unnötig zu belasten, sollte man nach Gebrauch den Stromkreis unterbrechen. Die Funktionstüchtigkeit der Batterie kann mit allen Geräten getestet werden.

Für die Mikrophotographie sind auch die von der normalen Photographie her bekannten Belichtungsmesser zu gebrauchen, wenn sie mit einem Photowiderstand versehen sind und sich mit einem Mikroskopansatzstück verbinden lassen (z. B. Lunasix; Gossen). Daneben gibt es spezielle mikrophotographische Belichtungsmesser (z. B. Mikrosix, Leitz). Zur Messung der Belichtungszeit wird der Photowiderstand entweder über das Okular, über das Einstellfernrohr oder auf die Mattscheibe einer großformatigen Kamera gehalten. Man kann ihn aber auch in den Mikroskoptubus stecken oder manchmal an eine dafür vorgesehene Stelle der mikrophotographischen Aufsatzkamera anbringen. Die jeweiligen Anwendungsmöglichkeiten ergeben sich aus der Gebrauchsanweisung.

Alle Belichtungsmesser müssen geeicht werden. Dazu werden von dem gleichen Objekt bei unveränderter Mikroskopeinstellung nacheinander Aufnahmen mit unterschiedlichen Belichtungszeiten hergestellt. Bei nicht zu hartem Aufnahmematerial genügt es, wenn man die Belichtungszeiten jeweils verdoppelt. In der Regel wird je nach Bildhelligkeit eine der drei folgenden Belichtungsreihen mit je 7 Aufnahmen benutzt. Bei sehr schwachen Vergrößerungen und besonders hellen Bildern: $1/125$ Sek., $1/60$, $1/30$, $1/15$, $1/8$, $1/4$, $1/2$ und 1 Sek. Bei stärkeren Vergrößerungen (Objektive 16:1 und darüber) für Hellfeld- und Phasenkontrastmikroskopie: 1 Sek., 2, 4, 8, 15, 30 und 60 Sek. Bei sehr lichtschwachen Bildern, wie z. B. in der Dunkelfeld- oder Fluoreszenzmikroskopie 1 Min., 2, 4, 8, 15, 30 und 60 Min. Man muß sich aber nicht unbedingt an eine der drei vorgeschlagenen Reihen halten. In der Hellfeldmikroskopie ist es bei mittleren Vergrößerungen z. B. manchmal zweckmäßig mit ¼ Sek. zu beginnen und eine Aufnahmereihe bis 15 Sek. zu machen. Nach der Entwicklung wird auf dem Film das beste Negativ herausgesucht. Die Belichtungszeit, welche zu diesem Negativ führte, wird dann als Grundlage für die Eichung des Belichtungsmessers verwendet (Einzelheiten sind bei den einzelnen Geräten verschieden, darum Gebrauchsanweisung beachten!). Der auf diesem Wege gefundene Eichwert gilt aber nur, wenn der Film und die Art der Entwicklung in der Folgezeit unverändert beibehalten werden. Für ein anderes Aufnahmematerial und ein neues Entwicklungsverfahren muß man die Eichung mit Probeaufnahmen wiederholen. Denn es genügt nicht, am Belichtungsmesser nur die Filmempfindlichkeit einzustellen, weil diese je nach Entwicklung steigen oder sinken kann.

Arbeitet man mit einem Belichtungsmesser, der mit einem Photowiderstand versehen ist, muß man darauf achten, daß dieser im roten Spektralbereich etwas empfindlicher ist als im blauen. Das sollte bei der Benutzung von Lichtfiltern beachtet werden. Mit den in der Mikrophotographie üblichen Farbfiltern ergeben sich in etwa die folgenden Filterfaktoren:

	Filterfaktor
ohne Filter, mit Gelbgrün- oder Gelbfilter	1x
mit Grünfilter (VG 9) 1,5 mm dick	0,5x
mit strengem Rotfilter (RG 1) 2 mm dick	4x
mit strengem Blaufilter (BG 12) 3 mm dick	0,03x

Man erhält die richtige Belichtungszeit, indem die mit dem Filter gemessene Zeit mit dem entsprechenden Filterfaktor multipliziert wird.

Benutzt man Quecksilberhöchstdruck- oder Xenonlampen als Mikroskopierlicht, muß um eine Stufe kürzer belichtet werden, als der mit Photowiderstand versehene Belichtungsmesser anzeigt.

Das Finden der richtigen Belichtungszeit bietet die wenigsten Probleme, wenn man mit einer »automatischen« mikrophotographischen Einrichtung oder mit dem Gehäuse einer Spiegelreflexkamera arbeiten kann, das mit Innenmessung und Zeitautomatik versehen ist.

Probeaufnahmen auf Planfilm. Aus Kostengründen ist es nicht vertretbar, für jede Probeaufnahme einen ganzen Planfilm zu verschwenden. Deswegen nimmt man bei größeren Aufnahmeformaten Streifenbelichtungen vor. Dazu wird eine Seite des Kassettenschiebers in etwa 7 gleich breite Streifen unterteilt. Man ritzt mit einer Präpariernadel unter Zuhilfenahme eines Lineals Linien im entsprechenden Abstand in das Blech. Für eine Streifenbelichtung wird – wenn sich die Kassette an der Kamera befindet – der Schieber zunächst ganz herausgezogen und der Planfilm z. B. 1 Sek. lang belichtet. Anschließend schiebt man den Schieber um eine Streifenbreite in die Kassette und belichtet den vom

Schieber unbedeckten Teil des Planfilmes nochmals 1 Sek. lang. Die folgenden Belichtungszeiten betragen 2, 4, 8, 15 und 30 Sek., wobei der Schieber nach jeder Aufnahme jeweils um eine Streifenbreite eingeschoben wird. Auf diese Weise erhält man einen Planfilm mit nebeneinanderliegenden, unterschiedlich lang belichteten Streifen, für welche die Belichtungszeiten insgesamt 1, 2, 4, 8, 15, 30 bzw. 60 Sek. betragen. Auf diesem Weg lassen sich natürlich auch andere Belichtungsreihen herstellen (Tab. 4). Für die Bestimmung des Eichwertes wird diejenige Belichtungszeit herangezogen, die den besten Negativstreifen ergab.

Tabelle 4   Streifenbelichtungen. a: Jeweilige Belichtungsdauer; b: Gesamtbelichtungszeit auf dem Streifen (alle Angaben in Sekunden).

I.	a.	1/100	1/50	1/25	1/10	1/5	1/2	1
	b.	1/100	~ 1/30	~ 1/15	~ 1/5	~ 1/2	~ 1	~ 2
II.	a.	1/100	1/100	1/50	1/25	1/10	1/5	1/2
	b.	1/100	1/50	1/25	~ 1/15	~ 1/5	~ 1/2	~ 1
III.	a.	1	1	2	4	8	15	30
	b.	1	2	4	8	16	~ 30	~ 60
IV.	a.	1	2	4	8	15	30	60
	b.	1	3	7	15	30	60	120

Schwarzschildeffekt. Mit Belichtungsmessern erhält man innerhalb eines bestimmten Helligkeitsbereichs verläßliche Ergebnisse. Bei sehr dunklen Bildern zeigen die Lichtmeßgeräte aber immer zu kurze Belichtungszeiten an. Das liegt am Schwarzschildeffekt, der von den Belichtungsmessern nicht registriert wird. Der Grad der Schwärzung auf dem Negativ wird – wie schon gesagt – von der Belichtung bestimmt, d.h. vom Produkt aus Helligkeit und Belichtungszeit: $I \cdot t$. Demnach erhält man bei geringer Helligkeit und langer Belichtungszeit die gleiche Schwärzung wie bei großer Helligkeit und kurzer Belichtungszeit. Dieses Gesetz (Bunsen-Roscoesches Gesetz) gilt aber nur, wenn die Helligkeit nicht zu gering wird. Unterschreitet sie ein bestimmtes Maß, muß die Belichtungszeit zur Erzielung derselben Schwärzung länger sein, als das Produkt $I \cdot t$ angibt. Diese Erscheinung wird als Schwarzschildeffekt bezeichnet. Der Verlängerungsfaktor für die Belichtungszeit ist je nach Bildhelligkeit und Art des Filmes verschieden und muß den Datenblättern der Filmhersteller entnommen werden. Der Schwarzschildeffekt stört allerdings in der Farbphotographie mehr als in der Schwarzweißphotographie.

Integrierende Messung und Detailmessung. Einige mikroskopische Belichtungsmesser messen das gesamte Gesichtsfeld aus. Die angezeigte Belichtungszeit stellt dann einen Mittelwert aus allen im Feld vorhandenen Helligkeiten dar. Man spricht von integrierender Messung. Da der Helligkeitsumfang der meisten mikroskopischen Objekte gering ist, erzielt man auf diesem Wege gute Ergebnisse, wenn z. B. ein gefärbter Schnitt das Gesichtsfeld gleichmäßig ausfüllt. Hat man es dagegen mit einem Bakterienausstrich zu tun, in dem größere freie Stellen vorliegen, ergeben sich bei integrierender Messung zu kurze, bei Dunkelfeld- und Fluoreszenzaufnahmen dagegen zu lange Belichtungszeiten. Um Fehlbelichtungen zu vermeiden, muß man entweder die Messung von Hand korrigieren, wozu bestimmte, nicht immer leicht zu ermittelnde Erfahrungswerte notwendig sind. Besser ist es, wenn der Belichtungsmesser die Detailmessung ermöglicht, d. h. wenn nur ein ganz bestimmter Teil aus dem Gesichtsfeld (meist das Zentrum) gemessen werden kann. Die betreffenden Objekte sind dann durch Verschieben des Präparats dorthin zu verlagern.

Wenn bei Aufnahmen auf größere Negativformate das Mattscheibenbild mit dem Photowiderstand eines Belichtungsmessers abgetastet wird, handelt es sich ebenfalls um Detailmessung. Hierzu muß man in einem abgedunkelten Raum arbeiten und bei stark unterschiedlichen Helligkeiten auf der Mattscheibe diejenige Belichtungszeit wählen, die der bildwichtigsten Stelle zukommt.

Automatische mikrophotographische Geräte

Bei den automatischen mikrophotographischen Geräten (z. B. Jena, Leitz, Olympus, Zeiss) wird das Schließen des Verschlusses von einer Elektronik gesteuert, die ihrerseits mit einer Lichtmeßeinrichtung in Verbindung steht, die sich in der Kamera befindet. Man muß dann nicht mehr die Belichtungszeit messen und anschließend die gefundene Zeit an der Kamera einstellen. Vielmehr bleibt der Verschluß solange offen, wie unter den vorhandenen Bedingungen (d. h. der eingestellten Filmempfindlichkeit sowie der Bildhelligkeit) erforderlich und schließt sich anschließend selbständig. Meistens wird nicht nur die Belichtungszeit automatisch gesteuert, sondern auch der Film nach jeder Aufnahme mit einem Elektromotor oder einem Federwerk automatisch um eine Aufnahme weitertransportiert. Bei den meisten dieser automatischen mikrophotographischen Geräte handelt es sich um Aufsatzkameras, die von einem Steuergerät aus bedient werden. Olympus, Reichert und Zeiss liefern auch automatisch arbeitende Photomikroskope (S. 253). Das Arbeiten mit automatischen mikrophotographischen Geräten bietet viele Vorteile. Da auf keine Belichtungsmesserskala mehr geschaut werden muß, kann man ständig in den Mikroskoptubus blicken. Wenn die Auslösung des Verschlusses mit einem Fußschalter vorgenommen wird, bleiben die Hände für die Verstellung des Kreuztisches und der Scharfeinstellung frei. Ist kein Fußschalter vorhanden, benutzt man den Fernauslöser Rowi-Pneu. Dessen Gummiball kommt in eine Plastiktüte und wird mit dem Fuß betätigt. Man kann sich so voll auf das Präparat konzentrieren und spart viel Zeit. Die Handhabung ist so einfach, daß selbst der Anfänger gute Ergebnisse erzielt. Außerdem sind automatische mikrophotographische Einrichtungen zu empfehlen, wenn sich die Bildhelligkeit während der Belichtung ändert. Das kommt bei der Fluoreszenzmikroskopie vor, wo eine Anzahl von Fluoreszenzen mit der Zeit an Helligkeit einbüßt (S. 215). Dieser Helligkeitsverlust wird vom Meßgerät registriert, und die Elektronik sorgt dafür, daß der Verschluß länger offen bleibt.

Auslösen des Verschlusses

Um Erschütterungen und damit die Gefahr von Verwacklungen zu vermeiden, löst man den Verschluß bei mikrophotographischen Aufnahmen grundsätzlich nur mit einem nicht zu kurzen Drahtauslöser aus (Ausnahme: Bei vollautomatischen mikrophotographischen Kameras oder Kameramikroskopen wird die Auslösung durch Tastendruck am Steuergerät oder mit dem Fußschalter vorgenommen). Wenn man an einem mikrophotographischen Ansatzstück ein Kameragehäuse mit Schlitzverschluß benutzt, öffnet man zunächst diesen Verschluß. Er wird dazu vorher auf T gestellt oder muß bei B-Stellung mit einem festgeklemmten Drahtauslöser offengehalten werden. Wenn die durch den Verschlußablauf bedingten Erschütterungen abgeklungen sind, nimmt man die eigentliche Belichtung mit dem im Ansatzstück befindlichen Zentralverschluß vor. Würde man mit dem Schlitzverschluß belichten und den Zentralverschluß unterdessen offen halten, käme es wegen der starken Erschütterungen u. U. zu Verwacklungen. Ein Zentralverschluß läuft viel weicher ab.

Die Verwacklungsgefahr ist bei bestimmten Belichtungszeiten besonders akut. Diese liegen meist in dem Bereich zwischen $\frac{1}{25}$ und 2 Sek. bei aufgesetzten einäugigen Spiegelreflexkameras. Man kann sich aber bei unbewegten Objekten behelfen, wenn man in einem abgedunkelten Raum arbeitet, die Mikroskopierlampe nach Einstellen des Präparats ausschaltet und den Verschluß öffnet. Nach Abklingen der Schwingungen wird die Belichtung vorgenommen, indem man die Mikroskopierlampe für die Dauer der Belichtungszeit brennen läßt und danach den Verschluß wieder schließt. Bei Niedervoltlampen schaltet man den Strom dazu am besten mit einem Klingelknopf ein und aus. Eine weitere Möglichkeit zur Vermeidung von Verwackelungen bietet der Mikroblitz.

Mikroblitzaufnahmen

Wenn schnell bewegliche Objekte photographiert oder Verwacklungen mit Sicherheit ausgeschlossen werden sollen, benutzt man eine Mikroblitzeinrichtung. Diese enthält dort, wo sich normalerweise das Lampenhaus mit der Halogenlampe befindet, ein Blitzgerät. Da zum Einstellen des Präparats kontinuierliches Licht erforderlich ist, benötigt man darüberhinaus eine Niedervolt- oder Halogenlampe, die meist seitlich angeordnet ist, und deren Licht mit einer planparallelen Glasplatte eingespiegelt wird.

Weil die Leuchtdauer des Blitzgerätes sowie seine Helligkeit meist konstant sind, kann die Belichtung nicht wie sonst üblich durch Variation der Belichtungszeit dosiert werden. Man muß vielmehr die Helligkeit des Blitzes mit Hilfe von Neutral-Graufiltern auf das jeweils erforderliche Maß einstellen. Es genügen dafür vier Graufilter der folgenden Lichtdurchlässigkeiten: 50% (Nr. 1), 25% (Nr. 2), 6,25% (Nr. 3) und 0,4% (Nr. 4). Diese Filter werden wie in Tab. 5 angegeben benutzt bzw. kombiniert. Damit ergeben sich insgesamt 10 Stufen, in denen sich die Lichthelligkeit gegenüber der vorhergehenden jeweils halbiert.

Tabelle 5   Graufilter und deren Lichthelligkeit.

Lichthelligkeit in %	100	50	25	12,5	6,23	3
Filter-Nr.	–	1	2	1+2	3	1+3
Lichthelligkeit in %		1,5	0,75	0,4	0,2	
Filter-Nr.		2+3	1+2+3	4	4+1	

Mit einem weiteren Neutral-Graufilter von 70% Lichtdurchlässigkeit kann die Helligkeit jeder Stufe nochmals halbiert werden. Man schreibt obige Tabelle am besten auf ein Stück kariertes Papier.

Um das richtige Graufilter zu finden, wird zunächst das Präparat scharf eingestellt, wobei darauf zu achten ist, daß die seitlich angeordnete Niedervolt- bzw. Halogenlampe stets mit der gleichen Spannung brennt. Nun wird wie bei einer gewöhnlichen Mikrophotographie die Belichtung gemessen. Welchen Wert man dabei ablesen muß, hängt von den benutzten Geräten ab. Bei einem Belichtungsmesser ist der Lichtwert wichtig, bei einer Spiegelreflexkamera mit Innenmessung die Belichtungszeit. Wir nehmen an, der Zeiger im Sucher schlägt auf ½ Sek. aus. Diese Zeit dient uns jetzt nur als Eichwert, d. h. man stellt den Verschluß nicht auf ½ Sek., sondern auf die für Blitzaufnahmen vorgeschriebene Zeit. Es werden nun mit den verschiedenen Filterkombinationen Probeaufnahmen unter Verwendung des Mikroblitzes hergestellt. Nach dem Entwickeln des Filmes stellt man z. B. fest, daß die mit dem Filter 3 gemachte Aufnahme optimal belichtet ist. Man schreibt nun die als Eichwert ermittelte ½ Sek. unter das Filter Nr. 3 in die Tabelle. Unter die rechts folgenden Kombinationen kommen die jeweils kürzeren Zeiten, also unter 1+3 ¼ Sek., unter 2+3 ⅛ Sek., unter 1+2+3 ¹⁄₁₅ Sek. usw. Entsprechend schreibt man unter die sich links vom Filter 3 anschließenden Stufen die auf ½ Sek. folgenden längeren Zeiten, also unter 1+2 1 Sek., unter 2 2 Sek. usw. Wir haben jetzt eine

Tabelle, aus der sich für jede im Sucher angezeigte Belichtungszeit die richtige Filterkombination ergibt. Eine erneute Eichung des Blitzgerätes ist erst dann wieder erforderlich, wenn man einen anderen Film oder eine andere Entwicklungsmethode benutzt.

Die Lichtmessung mit dem in der Spiegelreflexkamera eingebauten Belichtungsmesser hat den Nachteil, daß sich damit selten mehr als einige wenige Sekunden ablesen lassen. Wenn man also mit Verfahren arbeitet, die recht lichtschwache Bilder liefern, wie z. B. die Dunkelfeldmikroskopie, muß man zur Lichtmessung einen speziellen Belichtungsmesser benutzen, der sich in den Mikroskoptubus stecken läßt. In diesem Falle wird am besten der Lichtwert abgelesen und an Stelle der Belichtungszeiten in die Tabelle eingetragen.

Die heute auf dem Markt befindlichen Mikroblitzgeräte sind teilweise recht leistungsfähig. Aufnahmen im Hellfeld bereiten überhaupt keine Probleme. Man kann sogar im Dunkelfeld mit der Ölimmersion Mikroblitzaufnahmen herstellen. Allerdings ist dann ein Film der Empfindlichkeit ISO 200/24 ° erforderlich.

Abbildungsmaßstab auf dem Negativ

Wenn man ein Objektmikrometer als Objekt verwendet und seine Skala auf der Mattscheibe einer Plattenkamera oder einer einäugigen Spiegelreflexkamera (beide ohne Photoobjektiv) ausmißt, ergibt sich meistens ein Abbildungsmaßstab, der nicht mit dem Produkt $V_M = M_{Ob} \cdot V_{Ok}$ (S. 21) übereinstimmt. Das ist auch nicht verwunderlich. Denn die mikroskopische Gesamtvergrößerung wird ja auf ein Bild bezogen, das sich in konventioneller Sehweite, also in einer Entfernung von 25 cm vom Okular befindet (S. 112). Demnach ist nur auf einer genau 25 cm vom Okular entfernten Mattscheibe der Abbildungsmaßstab gleich dem Ergebnis des Produktes. Bei kürzerer Entfernung entsteht ein kleineres Bild und bei einem längeren Balgenauszug ein größeres.

Der Faktor, um den sich der Abbildungsmaßstab auf der Mattscheibe gegenüber dem Produkt vergrößert oder verkleinert, wird als Kamerafaktor bezeichnet. Er errechnet sich bei mikrophotographischen Kameras ohne Objektiv aus dem Quotienten von dem Abstand zwischen Okular und Mattscheibe (= Kameraauszug, Auszugslänge) und konventioneller Sehweite:

$$k = \frac{\text{Auszugslänge in mm}}{250 \text{ mm}}$$

Der Abbildungsmaßstab auf dem Negativ ist dann gleich dem Produkt V_M mal dem Kamerafaktor k:

$$Ab_{Neg} = V_M \cdot k$$

Beispiel: Wenn man einen Plattenapparat ohne Objektiv benutzt und den Balgenauszug so einstellt, daß sich die Mattscheibe 100 mm hoch über dem Okular befindet, ergibt sich bei einem Mikroskopobjektiv 10 : 1 und einem Okular 8x folgender Abbildungsmaßstab auf dem Negativ:

$$V_M = 10 \cdot 8 = 80; k = 100 : 250 = 0,4.$$
$$Ab_{Neg} = 80 \cdot 0,4 = 32 : 1.$$

Wird der Balgenauszug verlängert bis sich die Mattscheibe 500 mm über dem Okular befindet, ändert sich der Abbildungsmaßstab folgendermaßen:

$$k = 500 : 250 = 2; Ab_{Neg} = 80 \cdot 2 = 160 : 1.$$

Während der Kamerafaktor bei Kameras ohne Objektiv durch Verkürzung oder Verlängerung des Balgenauszugs kontinuierlich verändert und leicht selbst bestimmt werden kann, ist er bei mit Objektiv versehenen Kameras einigermaßen konstant und wird gewöhnlich vom Hersteller angegeben. Man kann ihn auch in etwa selbst ermitteln, wenn man die Objektivbrennweite (in mm) durch 250 dividiert, also:

$$k = f_{Kameraobjektiv} : 250$$

Beispiel: Das Objektiv der Aufsatzkamera hat eine Brennweite von 12,5 cm.

$$k = 125 \text{ mm} : 250 \text{ mm} = 0,5$$

Auch bei einer mit Objektiv versehenen Kamera errechnet sich der Abbildungsmaßstab auf dem Negativ aus dem Produkt V_M mal Kamerafaktor.

Für den Betrachter von Mikrophotos ist aber nicht so sehr der Abbildungsmaßstab auf dem Negativ als vielmehr der Abbildungsmaßstab auf dem Positivbild von Bedeutung. Beide Maßstabszahlen stimmen nur dann überein, wenn das Positiv durch direkte Kontaktkopie oder durch eine Vergrößerung im Maßstab 1:1 hergestellt wurde. Meistens hat man es aber mit einer Kleinbildaufnahme zu tun, von der eine Ausschnittvergrößerung angefertigt worden ist. Hier läßt sich der Abbildungsmaßstab auf dem Positiv einmal aus dem Abbildungsmaßstab des Negativs und der nachträglichen Vergrößerung bei der Positivherstellung errechnen. Man kann aber auch auf dem Bild selbst einen Maßstab anbringen. Dazu photographiert man zunächst ein Objektmikrometer mit allen vorhandenen Objektiv-Okularkombinationen. Nachdem man das Positivpapier belichtet hat, gibt man das Rotfilter in den Strahlengang des Vergrößerungsapparats und tauscht ohne die Einstellung zu verändern das Negativ der Mikroaufnahme gegen das Negativ des Objektmikrometers aus, das mit der gleichen Objektiv-Okularkombination aufgenommen wurde. Dann zeichnet man mit einem weichen Bleistift den Abstand von 10 μm auf die Rückseite des Positivpapiers. Diese Markierung bleibt auch nach dem Entwickeln und Fixieren bestehen. Den Maßstab trägt man mit einem Tuscheschreiber auf die fertige Aufnahme an einer geeigneten Stelle auf. Falls das Bild für eine Veröffentlichung bestimmt ist, überträgt man den Maßstab besser auf Transparentpapier, mit dem man das Bild bedeckt. Natürlich ist diese Art der Maßstabsbestimmung nur dann zu empfehlen, wenn das Negativ mit einer Kamera aufgenommen wurde, deren Kamerafaktor konstant bleibt.

Aufnahmen bei schwachen Vergrößerungen, Makroaufnahmen, Nahaufnahmen

Wenn es bei einer Aufnahme mit schwachen Vergrößerungen nur auf ein ausgedehntes Gesichtsfeld ankommt, ohne daß höhere Ansprüche an die Auflösung gestellt werden, kann man ein normales Mikroskop mit einem besonders schwachen Objektiv verwenden. Es gibt Systeme mit Abbildungsmaßstäben bis herunter zu 1 : 1 (Jena, Leitz). Damit läßt sich – ein Okular mit der Sehfeldzahl von 18 vorausgesetzt – ein Feld mit 18 mm Durchmesser auf einmal überblicken. Diese allerschwächsten Mikroskopobjektive enthalten eine Irisblende und müssen zusammen mit einem besonderen Kondensor (Brillenglaskondensor) benutzt werden. Fehlt ein solcher, kann man das Präparat auch mit einem besonders großen Spiegel voll ausleuchten. Für Untersuchungen bei schwachen Vergrößerungen und ausgedehnten Gesichtsfeldern werden häufig Stereomikroskope benutzt, von denen einige auch mit einem Adapter für die Photographie zu haben sind (z. B. Olympus, Wild, Zeiss). Wenn man aber nicht nur auf ein besonders großes Gesichtsfeld, sondern auch auf eine gute Auflösung Wert legt, sollte eines der speziellen kurzbrennweitigen Photoobjektive benutzt werden (z. B. Photare, Leitz; Luminare, Zeiss). Ein solches Objektiv wird stets ohne Okular angewendet. Wenn man es an eine Balgenkamera mit langem Auszug schraubt, kann der Abbildungsmaßstab kontinuierlich verändert werden. Das besonders hohe Auflösungsvermögen der Luminare und Photare kann nur mit einem größeren Aufnahmeformat voll ausgenützt werden (6 × 9 oder 9 × 12 cm). Obwohl die kurzbrennweitigen Photoobjektive mit Mikroskopgewinde versehen sind, schraubt man sie fast immer mit einem Zwischenring direkt an die Kamera und nicht an ein

Mikroskop, weil der relativ kleine Tubusdurchmesser das Sehfeld zu sehr einengt.

Diese Objektive enthalten eine Irisblende. Wenn man sie schließt, nimmt die Tiefenschärfe zu und das Auflösungsvermögen ab.

Wenn man bei verschiedenen Abbildungsmaßstäben optimale Auflösung erzielen will, sind mehrere solcher Spezialobjektive mit verschiedenen Brennweiten erforderlich. Mit dem M 24, M 420 und dem M 400 (alle Wild) sowie mit dem Tessovar (Zeiss) kann die Brennweite über eine Zoomoptik kontinuierlich verändert werden. Allerdings ist die Auflösung nicht so gut, wie bei Objektiven mit fester Brennweite und voll geöffneter Blende.

Aufnahmen bei schwachen Vergrößerungen bereiten in der Regel wesentlich mehr Schwierigkeiten als gewöhnliche Mikroaufnahmen. Bei Auflichtaufnahmen muß man oft lange herumprobieren, bis die Beleuchtung voll befriedigt. Man kann sich die Arbeit mit Faseroptik-Leuchten (z. B. Gossen, Schott) erleichtern. Manchmal stören Reflexe auf feuchten Oberflächen. Man bringt dann vor der Lampe ein Polarisationsfilter an und dreht dieses solange, bis die Reflexe nicht mehr stören.

Bei Durchlichtpräparaten ist es nicht immer leicht, einen gleichmäßig ausgeleuchteten Untergrund zu erzielen. Meist werden für die kurzbrennweitigen Photoobjektive spezielle Brillenglaskondensoren benutzt. Auf die Schwierigkeiten beim Scharfeinstellen schwach vergrößerter Bilder wurde bereits hingewiesen (S. 262).

Aufnahmen bei kleineren Abbildungsmaßstäben als 3:1 werden mit gewöhnlichen Photoobjektiven unter Zuhilfenahme eines Balgengerätes oder mit Zwischenringen hergestellt. Je kürzer die Objektivbrennweite ist, desto größere Abbildungsmaßstäbe sind zu erzielen. Dagegen ist bei längerbrennweitigen Objektiven die Bildqualität im Nahbereich besser und der Abstand zum Objekt größer. Am einfachsten arbeitet es sich mit einer einäugigen Spiegelreflexkamera, bei der die Belichtungszeit durch Innenmessung bestimmt wird. Bei Außenmessung muß zu der gemessenen Belichtungszeit noch der durch die Auszugsverlängerung bedingte Verlängerungsfaktor hinzugerechnet werden. Man erhält ihn aus folgender Formel:

$$\text{Verl. Fakt.} = \left(\frac{\text{Objektivbrennweite} + \text{zusätzliche Auszugslänge}}{\text{Objektivbrennweite}} \right)^2$$

Beispiel: Das Objektiv habe eine Brennweite von 5 cm und der durch das Balgengerät bzw. die Zwischenringe geschaffene zusätzliche Auszug betrage 5 cm:

$$\left(\frac{5+5}{5} \right)^2 = 2^2 = 4$$

Es muß also eine viermal längere Belichtungszeit eingestellt werden, als sie vom Außen-Belichtungsmesser angezeigt wird. Man hat also z. B. bei einer am Belichtungsmesser abgelesenen Zeit von ⅛ Sek. ⅛·4 = ½ Sek. lang zu belichten. Bei Innenmessung muß die gefundene Belichtungszeit natürlich nicht korrigiert werden.

Nahaufnahmen können auch hergestellt werden, wenn man vor das Objektiv eine Vorsatzlinse anbringt, die als Lupe wirkt. Meist wird dadurch die Bildqualität etwas herabgesetzt. Bei den spezifischen Nahachromaten (Leitz, Minolta), die 5 cm, 9 cm, 13,5 und 18 cm-Objektiven aufgeschraubt werden können, ist das allerdings nicht der Fall. Sie liefern besonders bei leichter Abblendung Bilder von ausgezeichneter Qualität und bieten den Vorteil, daß sie die Kamera nicht so kopflastig machen, wie Balgengeräte oder Zwischenringe. Mit solchen Nahachromaten sind z. B. Schnappschüsse im Nahbereich besonders leicht möglich. Außerdem ist keine Verlängerung der Belichtungszeit erforderlich. Allerdings erreicht man damit nur Abbildungsmaßstäbe, die wesentlich kleiner sind als 1:2.

Bestimmte Objektive können über einen besonders weiten Bereich verstellt werden (Makroobjektive). Mit ihnen lassen sich ohne viel Zubehör Aufnahmen im Nah- und Fernbereich herstellen.

Verarbeitung des belichteten Aufnahmematerials

Es wurde bereits erwähnt, daß die Eigenschaften der Negativmaterialien u. a. sehr von der Entwicklung beeinflußt werden. Wenn man gleichbleibende Ergebnisse erzielen will, muß man für eine gleichbleibende Entwicklung sorgen, die außerdem den besonderen Anforderungen der Mikrophotographie gerecht wird. Deswegen ist es in der Regel nicht zu empfehlen, den Film zur Großtankentwicklung in ein für die Verarbeitung von Amateurfilmen eingerichtetes Photolabor zu geben. Damit soll nicht gesagt werden, daß dort generell schlecht gearbeitet wird. Vielmehr ergeben sich bei der Großtankentwicklung und der Verschiedenartigkeit der dort verarbeiteten Filme Bedingungen, die zwar den Ansprüchen durchaus genügen, die meistens an Amateurfilme gestellt werden, den speziellen Wünschen in der Mikrophotographie nach besonders gutem Kontrast und feinem Korn aber nicht immer entsprechen. Deshalb ist es am besten, wenn man die Filmentwicklung entweder selbst vornimmt oder damit einen erfahrenen Photolaboranten im Institutslabor beauftragt.

Die Entwicklung von Kleinbildfilmen wird in Entwicklungsdosen vorgenommen, in die der Film in der Dunkelkammer eingelegt werden muß. Es gibt jedoch auch einige Entwicklungsdosen, die das Filmeinlegen bei diffusem Tageslicht gestatten (z. B. Rondinax, AGFA; Jobo). Planfilme werden einzeln in Schalen entwickelt. Will man sie zu mehreren gleichzeitig verarbeiten, befestigt man an ihrer einen Schmalseite zwei kleine Korkklammern und läßt sie senkrecht in einem Tank schwimmen.

Aus dem großen Angebot von Negativentwicklern wählt man am besten einen Einmal-Entwickler aus, der mehr Sicherheit bietet als mehrmals benutzte Entwickler. Einmalentwickler sind gewöhnlich als konzentrierte Lösungen im Handel, die vor Gebrauch mit Leitungswasser verdünnt werden müssen. Das Konzentrat wird vom Luftsauerstoff angegriffen und ist nach dem erstmaligen Öffnen der Flasche nur noch begrenzte Zeit haltbar. Deswegen kauft man von den Konzentraten nicht unnötig große Mengen auf einmal.

Von den auf dem Markt befindlichen Schwarzweiß-Filmen eignen sich die meisten auch für die Mikrophotographie. Es ist aber nicht ratsam, laufend neue Filme auszuprobieren. Man sollte sich vielmehr auf höchstens zwei Filmsorten beschränken und mit diesen möglichst viele Erfahrungen sammeln. Für die weitaus meisten Aufgaben (z. B. Aufnahmen gefärbter histologischer Präparate) sind mittelempfindliche Filme zu empfehlen (15–17 DIN), die man hart entwickelt. Für Präparate mit besonders schlechtem Kontrast z. B. Phasenkontrastaufnahmen) kommt Dokumentenfilm in Frage, den man nicht besonders hart entwickeln muß, weil der Film bereits von sich aus hart arbeitet.

Nach dem Entwickeln wird das im Film verbliebene unverbrauchte Silberhalogenid durch das Fixierbad herausgelöst. Dieses setzt man am besten durch Verdünnen eines Konzentrates an (z. B. Superfix, Tetenal). Das Selbstansetzen von Fixierbädern durch Auflösen der entsprechenden Salze ist natürlich auch möglich, aber viel zeitraubender. Die Ammoniumthiosulfat-haltigen Schnellfixierbäder sind den Natriumthiosulfathaltigen vorzuziehen, weil bei ersteren der Fixierprozeß viel schneller abgeschlossen ist und weil man außerdem mit kürzeren Zeiten für die nachfolgende Wässerung auskommt. Im Gegensatz zur Entwicklerlösung wird das Fixierbad nach Gebrauch nicht verworfen, sondern kann mehrmals benutzt werden. Seine Brauchbarkeit läßt sich z. B. mit den Merckoquant-Fixierbadteststreifen (Merck) überprüfen.

Zur Entwicklung wird der Film zunächst gemäß Gebrauchsanweisung in das Rad der Entwicklungsdose eingespult. Dann gießt man die Entwicklungslösung in die geschlossene Dose. Dabei ist darauf zu achten, daß die Lösung auf 18–20 °C temperiert ist. Man läßt den Entwickler die vorgeschriebene Zeitdauer einwirken, indem man den Film in der Dose dreht oder (bei einigen Entwicklungsdosen) die ganze Dose in bestimmten Abständen kippt. Während der Entwicklung darf die Temperatur von 18–20 °C nicht abweichen. Anschließend wird der Entwickler ausgegossen und der Film mit drei Portionen Leitungswasser gespült. Natürlich wirken dabei zunächst noch geringe zurückgebliebene Entwicklerreste weiter auf den Film ein, was bei der Angabe der jeweiligen Entwicklungsdauer mit berücksichtigt wurde. Nach dem Spülen wird fixiert, wobei die vorgeschriebene Mindestzeit unbedingt einzuhalten ist. Zwar ist das gesamte unverbrauchte Silbersalz bereits nach kürzerer Zeit aus der Schicht gelöst, wobei der Film durchsichtig wird (geklärt). Beim Fixiervorgang entstehen aber zunächst schwer lösliche Ionen, die erst nach weiterer Einwirkung des Fixierbades in leichtlösliche umgewandelt werden. Nach dem Fixieren wird der Film noch 20 bis 30 Min. in fließendem Wasser gewässert. Anschließend hängt man ihn mit einer Klammer an einem staubfreien Ort zum Trocknen auf und beschwert ihn unten mit einer zweiten Klammer. Soll er besonders schnell trocken werden, taucht man ihn nach dem Wässern einige Male in Methanol und hängt ihn erst danach zum Trocknen auf.

Positivbilder von Mikroaufnahmen, die wissenschaftlichen Zwecken dienen, stellt man ausschließlich auf weiß glänzendem Papier her, das nach dem Wässern mit einem Hochglanzüberzug versehen wird.

Normalerweise verwendet man die kleineren Papierformate wie 7×10 oder 9×12 cm. Größere Formate sind dann angebracht, wenn die Bilder aus einem größeren Abstand betrachtet werden sollen, wie z. B. Wandbilder auf Ausstellungen. Bei kurzen Betrachtungsabständen ist es für Größenvergleiche sehr praktisch, wenn man die nachträgliche Vergrößerung bei der Positivherstellung so wählt, daß der Kamerafaktor gerade ausgeglichen wird, d. h. wenn z. B. bei einem Kamerafaktor von 0,3 die nachträgliche Vergrößerung 3 : 1 beträgt. Der Abbildungsmaßstab auf dem Positiv ist dann gleich der mikroskopischen Gesamtvergrößerung bei der Aufnahme.

Farbmikrophotographie

Aufnahmematerial

Zur Herstellung von Farbphotos kann entweder ein Farbumkehrfilm oder ein Farbnegativfilm verwendet werden. Farbnegativfilme werden oft als Universalfilme angepriesen, weil sich von einem Farbnegativ sowohl farbige als auch schwarz-weiße Papierbilder und Dias anfertigen lassen. Für die Mikrophotographie ist der Farbnegativfilm trotzdem nicht gut zu gebrauchen. Denn von ihm erhält man nur dann farbgetreue Bilder, wenn der Positivprozeß durch richtig ausgewählte Filter korrekt gesteuert wird. Um das richtige Filter zu finden, muß der Farbton bekannt sein, der sich auf dem Positiv ergeben soll. Bei Aufnahmen z. B. von Landschaften ergeben sich keine Probleme. Hier weiß jeder, daß der Himmel blau oder eine Wiese grasgrün werden muß. Anders ist das in der Mikrophotographie. Da der Positivprozeß eine langwierige Angelegenheit ist, die noch dazu viel Erfahrung verlangt, wird er in der Regel einem Photolabor überlassen. Von dem dort tätigen Laboranten kann man aber nicht erwarten, daß er z. B. genau weiß, in welchem Rotton die Belegzellen im Magenfundus nach HE-Färbung zu sehen sind. Man wird also mit dem Farbnegativfilm nur dann gute Ergebnisse erzielen, wenn der Positivprozeß vom Mikrophotographen selbst vorgenommen wird.

Die Verarbeitung der Farbumkehrfilme verläuft dagegen unter gleichmäßigen Bedingungen, so daß – gleiche Lichtquelle, gleicher Film und gleiche Entwicklungsanstalt vorausgesetzt – im wesentlichen immer mit konstanten Ergebnissen zu rechnen ist. Deswegen wird für die Farbmikrophotographie in erster Linie der Umkehrfilm verwendet. Er liefert zunächst Diapositive, von denen sich aber auch Papierbilder und weitere Dias herstellen lassen. Außerdem ergibt der Umkehrfilm schärfere Bilder als der Farbnegativfilm.

In den weitaus meisten Fällen kommt man mit dem Kleinbildformat aus. Größere Formate sind nur dann zu empfehlen, wenn das Dia als Druckvorlage dienen soll (S. 253).

Kunstlicht- und Tageslichtfilme, Konversionsfilter

Die spektrale Zusammensetzung des Lichts, das von den einzelnen Lichtquellen abgegeben wird, ist verschieden. So enthält z. B. Tageslicht besonders viel blaue Strahlung, während sich das Glühlampenlicht durch einen hohen Rotanteil auszeichnet. Entsprechend müßten die beleuchteten Objekte einen Blau- oder Rotstich erhalten. Dieser fällt zwar beim gewöhnlichen Hinsehen nicht auf, würde aber von Farbfilmen deutlich registriert werden. Zur Vermeidung solcher Farbstiche gibt es Umkehrfarbfilme, die den besonderen Bedingungen von Kunstlicht (Kunstlichtfilme) bzw. von Tageslicht (Tageslichtfilme) angepaßt sind. Farbnegativfilme sind teilweise nur in einer Ausführung erhältlich, weil sich hier die Farbstiche durch Filterung beim Positivprozeß beseitigen lassen.

Die Strahlung, die von einer Lichtquelle bevorzugt ausgesandt wird, kennzeichnet man gewöhnlich nicht mit der Farbe, sondern mit der Farbtemperatur. Die Farbtemperatur ist diejenige Temperatur gemessen in absoluten Graden Kelvin (°K), auf die ein »schwarzer Körper« erhitzt werden müßte, um eine Strahlung gleicher spektraler Zusammensetzung auszusenden. Dabei weist die Rot eine wesentlich niedrigere Farbtemperatur auf als Blau. Die Schicht von Kunstlichtfilmen ist so zusammengesetzt, daß sich farbstichfreie Bilder ergeben, wenn das zur Beleuchtung verwendete Licht Farbtemperaturen zwischen 2900 und 3400 ° K aufweist. Tageslichtfilme verlangen dagegen Lichtquellen zwischen 5100 und 6000 ° K. Letztere eignen sich demnach abgesehen vom Tageslicht auch noch für Elektronenblitzgeräte, blaue Blitzlampen und Xenonlampen.
Wenn die Farbtemperatur der Lichtquelle nicht mit der des Filmes übereinstimmt, kann der Farbstich durch geeignete Filter (Konversionsfilter) unterdrückt werden. Dabei benötigt man für einen Tageslichtfilm bei Kunstlichtbeleuchtung ein Blaufilter, welches die Farbtemperatur der Lichtquelle erhöht. Umgekehrt setzen Rotfilter die Farbtemperatur herab. Sie werden benutzt, wenn man mit einem Kunstlichtfilm bei Tageslicht arbeiten muß.

Zur Beseitigung von Farbstichen muß der Farbton des Filters genau bezeichnet sein. Die Filterfarbe wird gewöhnlich nicht in Kelvin-Graden, sondern in Deka-Mired angegeben. Dabei ist 1 Mired:

$$1\,M = \frac{1000}{{}^{o}K}$$

Die Bezeichnung *Mired* setzt sich aus den ersten Buchstaben von *micro reciprocal degree* zusammen. Ein Dekamired beträgt:

$$1\,DM = \frac{100\,000}{{}^{o}K}$$

Wenn man sowohl die Farbtemperatur des Films als auch die der Lichtquelle in Deka-Mired umrechnet (Tab. **6**), läßt sich der Deca-Mired Betrag des Konversionsfilters nach folgender Formel berechnen:

$$DM_{Film} - DM_{Lichtquelle} = DM_{Filter}$$

Tabelle **6** Gegenüberstellung von Kelvin-Graden und Dekamired-Werten.

${}^{o}K$	DM	${}^{o}K$	DM
2220	45	3700	27
2270	44	3850	26
2320	43	4000	25
2380	42	4160	24
2440	41	4350	23
2500	40	4550	22
2560	39	4760	21
2630	38	5000	20
2700	37	5250	19
2780	36	5550	18
2860	35	5880	17
2940	34	6250	16
3030	33	6660	15
3120	32	7150	14
3200	31	7700	13
3330	30	8350	12
3450	29	9100	11
3570	28	10000	10

Die Farbtemperatur des Films ist auf der Packung angegeben, während sich die Farbtemperatur der Lichtquelle mit einem Farbtemperaturmesser (z. B. Gossen) bestimmen läßt.

Beispiele: Kunstlichtfilm von $3200\,{}^{o}K = 31\,DM$
Lichtquelle von $3700\,{}^{o}K = 27\,DM$
$DM_{Filter} = 31\,DM - 27\,DM = 4\,DM.$

In diesem Falle wäre also ein Konversionsfilter von 4 DM erforderlich.

Tageslichtfilm mit 6000°K = 17 DM
Lichtquelle mit 3700°K = 27 DM
DM_{Filter} = 17 DM – 27 DM = – 10 DM.

Das negative Resultat weit auf ein Blaufilter. Ergibt die Differenz ein positives Ergebnis, wird ein Rotfilter verlangt. Leider sind noch nicht alle Konversionsfilter mit Deka-Mired-Werten gekennzeichnet, so daß man teilweise mit Tabellen arbeiten muß.

Besondere gerätemäßige Anforderungen für die Farbmikrophotographie

Während man bei Schwarzweißaufnahmen die leichten Farbsäume, die bei Verwendung achromatischer Mikroskopobjektive an den Rändern von Strukturen auftreten, durch geeignete Filterung beseitigen kann, ist das bei der Farbmikrophotographie natürlich nicht möglich. Deswegen sollte man nach Möglichkeit Objektive verwenden, die chromatisch gut korrigiert sind, also Fluoritobjektive, Apochromate oder Planapochromate. Außerdem darf keine chromatische Vergrößerungsdifferenz auftreten, weswegen für jedes Objektiv der dazu passende Okulartyp verwendet werden muß (S. 50). Bei der Farbmikrophotographie wirkt sich Streulicht noch unangenehmer aus als bei der Schwarzweißmikrophotographie, denn es senkt nicht nur den Kontrast, sondern verursacht zusätzliche Farbstiche, weil es gewöhnlich irgendwie gefärbt ist.

Bei Farbfilmen muß die Belichtungszeit sehr genau bestimmt werden. Wenn man bei der Schwarzweißphotographie nach einiger Übung die Belichtung noch ganz gut abschätzen kann, kommt man in der Farbmikrophotographie ohne einen guten photoelektrischen Belichtungsmesser nicht aus (S. 264). Er muß zunächst mit Probeaufnahmen geeicht werden. Diese Eichung muß man u. U. wiederholen, wenn der gleiche Film mit einer anderen Emulsionsnummer in den Handel kommt.

Beurteilung der Farbdiapositive

Bei der Eichung des Belichtungsmessers muß aus einer Reihe verschieden lang belichteter Diapositive das beste ausgewählt werden. Dabei macht man leicht den Fehler, daß nicht das optimal belichtete, sondern das kontrastreichste Dia als gelungenstes angesehen wird. Dieses ist aber gewöhnlich unterbelichtet, was sich darin äußert, daß sein Untergrund je nach Filmfabrikat gelblich, bräunlich oder grünlich erscheint. Auf einem richtig belichteten Farbdia ist der Untergrund farblos, während die Einzelheiten auf dem Bild noch genügend kontrastreich dargestellt werden. Nur wenn es sich um ganz schwach kontrastierte Präparate handelt, wie z. B. um dünne gefärbte Bakterienausstriche, muß man zur Kontraststeigerung manchmal etwas kürzer belichten und dafür einen gefärbten Untergrund in Kauf nehmen. Die Beurteilung der

Qualität der Farben auf dem Dia sollte nur am projizierten Bild vorgenommen werden. Denn wenn man das Dia gegen den blauen Himmel betrachtet, erhält es einen Blaustich, während das Licht einer gewöhnlichen Glühlampe einen Rotstich verursacht.

Mikroprojektion und Fernsehmikroskopie

Die **Mikroprojektion** ähnelt weitgehend der Mikrophotographie. Der Unterschied besteht im wesentlichen darin, daß bei der Mikroprojektion das Bild nicht auf einer lichtempfindlichen Schicht, sondern auf der Projektionswand entsteht. Dazu muß die Scharfeinstellung so verändert werden, daß der Abstand zwischen Objektiv und Präparat größer wird (S. 248). Für die Mikroprojektion eignen sich auch einfache Geräte, wie z.B. Mikroskope vom alten Stativtyp (S. 12). Hier läßt sich das Bild bei senkrechter Stellung des Tubus auf die Zimmerdecke projizieren. Wenn man den Tubus um 90 Grad kippt, den Spiegel entfernt und das Licht aus einem Projektor in den Kondensor einstrahlen läßt, entsteht das Bild an einer senkrechten Projektionswand. Bei Mikroskopen des neueren Stativtyps (S. 12) muß der Schrägtubus zunächst gegen einen Senkrechttubus ausgewechselt werden. Damit läßt sich das Bild ebenfalls an die Zimmerdecke projizieren. Wandprojektion ist möglich, wenn man auf das Okular ein kleines Prisma setzt. Daneben gibt es auch spezielle Geräte für die Mikroprojektion (Jena, Leitz, Zeiss).
Leider sind die projizierten Bilder relativ lichtschwach. Deswegen sollte man den Abbildungsmaßstab des Objektivs und die Okularvergrößerung so klein als möglich wählen. Der Durchmesser des projizierten Bildes wird natürlich umso größer, je weiter das Mikroprojektionsgerät von der Projektionswand entfernt ist. Da die Lichtstärke auf dem Projektionsschirm mit dem Quadrat der Projektionsentfernung abnimmt, sollte letztere möglichst kurz sein. Außerdem muß das Präparat mit einer sehr hellen Lichtquelle beleuchtet werden. Niedervoltlampen bzw. Halogenlampen mit möglichst hohen Wattzahlen eignen sich gut für diesen Zweck. Bei extrem großen Projektionsentfernungen, wie sie z.B. in Vortragssälen vorkommen, muß man Xenonlampen benutzen. Die früher gebräuchlichen Kohlebogenlampen ergeben zwar ein gutes Licht, werden aber wegen ihrer umständlichen Handhabung kaum noch angewendet.

Die intensive Beleuchtung des Präparats führt zwar zu einem hellen Bild. Dafür bleichen viele Färbungen im Präparat, besonders Eosin, schnell aus. Man muß also oft einen Kompromiß zwischen Bildhelligkeit und Ausbleichgeschwindigkeit schließen. Sehr wertvolle Präparate projiziert man wegen der Gefahr des Ausbleichens am besten überhaupt nicht. Es ist besser, wenn man von ihnen auf mikrophotographischen Wege ein Farbdiapositiv herstellt und dieses projiziert.

Wichtig ist weiterhin die richtige Ausleuchtung des Präparats. Dazu sind bei manchen Spezialgeräten für die Mikroprojektion mehrere Kondensoren auf einem Revolver montiert, so daß für jedes Objektiv der passende Kondensor zur Verfügung steht. Aus Intensitätsgründen stellt man gewöhnlich nicht die Köhlersche, sondern die Kritische Beleuchtung ein. Für Mikroskopierverfahren, die an sich schon lichtschwache Bilder liefern, wie z. B. Dunkelfeld- oder Phasenkontrastmikroskopie, kommt die Mikroprojektion kaum in Frage. Ebenso lassen sich lebende Objekte nur schlecht projizieren, weil sie von dem hellen Licht leicht geschädigt werden.

Trotzdem gibt es Fälle, in denen die Mikroprojektion Vorteile bietet, wie z. B. dann, wenn man im kleinen Kreis Präparate besprechen will. Zu diesem Zweck werden von manchen Firmen Projektionsaufsätze geliefert, die man auf einem Senkrechttubus befestigen kann. Das Bild entsteht dabei auf einer runden Mattscheibe von ca. 15 bis 25 cm Durchmesser. Für ein solch kleines Bild müssen die Präparate noch nicht übermäßig stark beleuchtet werden. Außerdem gibt es eine Anzahl spezieller Projektionsmikroskope. Ein sehr praktisches Modell stellt z. B. das Visopan (Reichert) dar, welches sich gut für Unterrichtszwecke und als Auswertungsmikroskop eignet. Auf der Mattscheibe lassen sich u. a. Winkel gut ausmessen.

Manche Kleinbildprojektoren können durch Zusätze für die Mikroprojektion ausgebaut werden (z. B. Prado, Leitz). Wenn nicht zu starke Vergrößerungen verlangt werden, wird das Präparat zwischen zwei 5×5 cm Diadeckgläser eingeschlossen und direkt mit dem Kleinbildprojektor projiziert. Schließlich kann man das Präparat auf die Bildbühne eines photographischen Vergrößerungsapparates legen und auf das Grundbrett projizieren.

Fernsehmikroskopie. Das mikroskopische Bild läßt sich auch auf Fernsehmonitoren wiedergeben, wenn man es mit Hilfe einer Fernsehkamera dorthin überträgt. Dabei kommt das gute Auflösungsvermögen der Mikroskopoptik nur dann zur Geltung, wenn man nicht eine gewöhnliche Fernseheinrichtung, sondern eine in Studioqualität benutzt (z. B. Grundig, Siemens). Da das Fernsehbild relativ klein ist, muß man in einem Kurssaal gewöhnlich mehrere Monitoren aufstellen.

Der Vorteil der Fernsehmikroskopie gegenüber der Mikroprojektion besteht darin, daß die Präparate nicht mit besonders hellem Licht bestrahlt werden müssen und deshalb kaum leiden. So können auch lebende Objekte vorgeführt werden. Da sich die Bildhelligkeit auf den Monitoren auf elektronischem Wege verstärken läßt, können auch mikroskopische Untersuchungsverfahren benutzt werden, die lichtschwächere Bilder liefern, wie z. B. Phasenkontrast, Interferenzkontrast oder Dunkelfeld. Aus finanziellen Gründen muß man sich meistens auf die Schwarzweißwiedergabe beschränken.

Was die Anbringung der Fernsehkamera an das Mikroskop betrifft, so bestehen grundsätzlich die gleichen Probleme wie beim Anbringen einer Kamera bei der Mikrophotographie. So kann man einmal eine mit einem auf unendlich eingestellten Objektiv versehene Fernsehkamera über das Mikroskopokular montieren. Diese Methode hat den Vorteil, daß dann mit einem trinokularen Tubus gearbeitet werden kann und das Fernsehbild auf den Monitoren scharf ist, wenn es auch im Mikroskop scharf erscheint. Es ist aber auch möglich, die Kamera ohne Objektiv über das Okular anzubringen. Das Bild auf dem Monitor ist dann natürlich unscharf, wenn man es im Mikroskop scharf sieht. Das kann das Einstellen gelegentlich erschweren. Schließlich läßt sich eine Fernsehkamera ebenfalls ohne Objektiv am Mikroskop montieren, nachdem das Okular aus dem Tubus entfernt wurde. Auf dem Monitor erscheint dann das Zwischenbild. Es ist zwar in der Regel mit der bereits erwähnten chromatischen Vergrößerungsdifferenz behaftet. Bei einer Fernseheinrichtung ohne Studioqualität fällt dieser Bildfehler aber kaum auf.

Bei der Fernsehmikroskopie ist vor allem wichtig, daß nicht zuviel Licht in die Kamera gelangt, da sonst die Bildaufnahmeröhre geschädigt wird. Bei der Hellfeldmikroskopie sollte also die Niedervoltlampe nicht mit zu hoher Spannung betrieben werden.

Zeichnerische Wiedergabe des mikroskopischen Bildes

Trotz der großen Bedeutung, die der Mikrophotographie für die Dokumentation mikroskopischer Bilder heute zukommt, hat die mikroskopische Zeichnung für eine Reihe von Aufgaben ihren Wert voll erhalten. Wenn es sich um die Darstellung von Strukturen handelt, die in verschiedenen Ebenen angeordnet sind und von den Mikroskopobjektiven mangels Tiefenschärfe nicht auf einmal erfaßt werden, ist die Zeichnung der Photographie sogar überlegen. Da sich auf einer Zeichnung gewisse Einzelheiten besonders hervorheben lassen, hat sie u. a. auch einen hohen didaktischen Wert. Schließlich ist die Zeichnung sogar für manche Forschungsaufgaben nützlich. Viel gezeichnet wird auch in mikroskopischen Kursen, wobei meistens Mikroskope mit monokularen Tuben benutzt werden. Man blickt mit dem einen Auge (bei Rechtshändern mit dem linken) in den Tubus und beobachtet mit dem anderen die Zeichnung. Natürlich ist es so nicht immer einfach, alle Proportionen auf der Zeichnung richtig einzuhalten.

Das geht leichter, wenn man auf das Zeichenpapier zunächst mit Lineal und Bleistift ein Kreuzgitter aus kleinen Quadraten in dünnen Linien aufträgt und ein Okular benutzt, in dessen Blendenebene sich eine Platte mit dem gleichen Raster befindet. Dieses überlagert dann das mikroskopische Bild (S. 51). Man zeichnet nun nacheinander in den einzelnen Quadraten, wo sich Winkel und Längenverhältnisse leichter abschätzen lassen, als im großen, nicht unterteilten Gesichtsfeld.

Man kann das mikroskopische Bild auch mit Hilfe eines Spiegels, den man über dem Okular anbringt (Projektionszeichenspiegel) auf das Zeichenpapier projizieren, so daß man dort nur noch die Umrisse nachziehen muß. Allerdings ist das projizierte Bild so lichtschwach, daß man in einem dunklen Raum arbeiten muß. Wenn man das Präparat jedoch genügend hell beleuchtet, und der Abstand zwischen Zeichenpapier und Spiegel etwas größer gewählt wird, lassen sich in der Zeichnung höhere Abbildungsmaßstäbe erzielen, als mit den im folgenden aufgeführten Zeichengeräten.

Bei vielen Zeicheneinrichtungen wird mit Hilfe von Prismen dafür gesorgt, daß sich mikroskopisches Bild und Zeichenfläche überlagern. Hierzu gehören die besonders in früheren Jahren sehr beliebten Zeichenokulare, die in ihrer alten Form zwar nur noch selten angeboten werden, in Instituten aber immer noch in großer Zahl anzutreffen sind. Es handelt sich dabei um ein mit Prisma versehenes Okular, das meistens an einem Senkrechttubus benutzt wird. Außerdem muß die Zeichenfläche um einen bestimmten Winkel geneigt sein, weswegen man das Zeichenpapier am besten auf einem entsprechend geneigten Zeichenpult befestigt. Die Helligkeit der Zeichenfläche läßt sich mit Hilfe von Graufiltern der des mikroskopischen Bildes anpassen. Der Nachteil von Zeichenokularen besteht darin, daß sich die Okularvergrößerung nicht verändern läßt.

Jena liefert eine moderne Ausführung des Zeichenokulars, welches an einem um 45 Grad geneigten Tubus benutzt werden kann, wobei die Zeichenfläche waagrecht liegen muß.

Am bequemsten arbeitet es sich mit einer Zeicheneinrichtung, die an Mikroskopen des neueren Stativtyps zwischen Tubusträger und Tubus angebracht wird (Leitz, Zeiss). Es handelt sich dabei um einen Geradtubus, dessen eines Ende über die Zeichenfläche ragt. Das von dort kommende Licht wird mit einem Prisma in den Tubus geleitet, wo es zunächst auf ein Mikroskopokular oder ein anderes optisches System trifft. Von dort gelangt es auf einen am anderen Ende des Geradtubus befindlichen Strahlenteilerwürfel, der zwischen Mikroskopobjektiv und Okular zu liegen kommt. Dadurch ist im Mikroskop die Zeichenfläche über dem mikroskopischen Bild zu sehen. Angenehm an dieser Zeicheneinrichtung ist, daß man mit binokularem Tubus arbeiten kann. Der Abbildungsmaßstab auf der Zeichenfläche kann innerhalb gewisser Grenzen mit einem Zoomsystem variiert werden, das sich in dem Geradtubus befindet. Außerdem läßt sich die Maßstabszahl bei manchen Modellen durch Auswechseln des dem Prisma nachgeschalteten Okulars stufenweise ändern. Eine im Prinzip ähnlich gestaltete Zeicheneinrichtung ist auch für Stereomikroskope erhältlich (Wild).

Testen der Mikroskopobjektive

Bei älteren Mikroskopen kann es vorkommen, daß man den Abbildungsmaßstab und die numerische Apertur der Objektive selbst bestimmen muß. Denn ältere Systeme sind oft nur mit Buchstaben oder Zahlen gekennzeichnet, deren Bedeutung ohne alte, meist nicht mehr greifbare Optikverzeichnisse unverständlich bleibt. Wenn man ältere Objektive kaufen will, ist es außerdem angebracht, deren Korrektionszustand zu prüfen.

Bestimmen der Maßstabszahl

Zur Bestimmung der Maßstabszahl eines Mikroskopobjektivs muß ein Mikroskop mit der richtigen Tubuslänge sowie ein Okular zur Verfügung stehen, das vom gleichen Hersteller etwa zur selben Zeit wie das Objektiv geliefert worden ist. Zunächst wird mit dem Objektiv die Skala eines Objektmikrometers scharf eingestellt und dann das Okular entfernt. Man schätzt ab, wie tief etwa die im Okular befindliche Lochblende normalerweise in dem Tubus liegt und bringt in dieser Höhe ein kleines Stück Schreibmaschinendurchschlagpapier an, auf dem das Zwischenbild entsteht. Wenn man in einem abgedunkelten Raum arbeitet, ist darauf die Skala des Objektmikrometers zu erkennen. Mit einer Schieblehre wird ausgemessen, wie groß der Abstand zwischen 10 oder 100 Teilstrichen (je nach Vergrößerung) in dem Zwischenbild geworden ist. Daraus läßt sich der Abbildungsmaßstab berechnen. *Beispiel:* Der Abstand zwischen 10 Teilstrichen auf dem Objektmikrometer (100 μm) ist im Zwischenbild in einer Länge von 1,1 mm

(1100 µm) dargestellt. Die Maßstabszahl des Objektivs beträgt demnach: 1100 : 100 = 11 : 1.

Noch einfacher läßt sich der Abbildungsmaßstab eines Mikroskopobjektivs bestimmen, wenn ein zum Objektiv passendes Meßokular zur Verfügung steht. Falls das Okular eine vor der Lochblende befindliche Feldlinse aufweist, wird diese zunächst herausgeschraubt. Dann steckt man das Okular in den Tubus und stellt seine Skala sowie die Skala des Objektmikrometers scharf ein. Das Zwischenbild fällt jetzt auf die Okularskala, auf der gewöhnlich 1 cm in 100 Teile geteilt ist. So läßt sich direkt in mm ablesen, in welchem Ausmaß der Abstand zwischen zwei Teilstrichen auf dem Objektmikrometer vergrößert worden ist.

Beispiel: 10 µm aus der Objektmikrometerskala sind im Zwischenbild 4,4 mm groß abgebildet. Der Abbildungsmaßstab des Objektivs beträgt demnach 4400 : 10 = 44 : 1.

Wenn man mit einem der beiden Verfahren neuere Objektive testet, denen der Abbildungsmaßstab außen aufgraviert ist, weicht der bei der Messung gefundene Betrag oft etwas von dem angegebenen ab. Das ist kein Grund für eine Reklamation, denn es läßt sich nicht vermeiden, daß bei der Objektivfertigung gewisse Toleranzen auftreten.

Bestimmen der Gesamtvergrößerung

Zunächst wird die Skala eines Objektmikrometers scharf eingestellt. Dabei blickt man mit dem einen Auge ins Mikroskop und hält vor das andere ein Lineal in einem Abstand von 25 cm so, daß sich dessen Skala mit der des Objektmikrometers scheinbar überdeckt. Man schätzt, wieviel Millimeter des Lineals von wievielen µm des Objektmikrometers überdeckt werden, woraus sich die Gesamtvergrößerung durch Division ergibt.

Beispiel: 20 mm (= 20000 µm) des Lineals überdecken sich mit 50 µm des Objektmikrometers, also: 20000 : 50 = 400. Die Gesamtvergrößerung beträgt also in diesem Falle 400 x.

Natürlich ist es nicht immer leicht, genau festzustellen, wieviele Linien sich wirklich gegenseitig überdecken. So handelt es sich bei diesem Verfahren nicht um ein exaktes Messen, sondern mehr um ein Abschätzen.

Bestimmen der numerischen Apertur von Mikroskopobjektiven

Die numerische Apertur von Mikroskopobjektiven wird mit Hilfe von Apertometern gemessen. Diese Geräte sind aber nicht mehr im Handel, so daß man sich selbst behelfen muß.

Abb. **132a**   Beispiel für Testdiatomeen; *Triceratium favus,* ab n.A. 0,15.

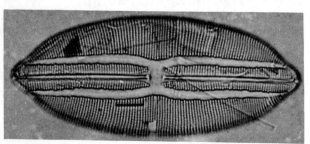

Abb. **132b**   Beispiel für Testdiatomeen; *Navicula lyra,* ab n.A. 0,30.

Objektivaperturen lassen sich mit Hilfe von Testpräparaten grob abschätzen. Meist verwendet man dazu Diatomeen-Schalen. Es ist bekannt, daß gewisse Schalenfeinstrukturen mit Objektiven von bestimmten numerischen Aperturen an sichtbar werden müssen. Solche Testpräparate (z. B. Jungner) sind nicht nur zum Abschätzen der numerischen Apertur von Mikroskopobjektiven, sondern vor allem zum Prüfen der eigenen Sehtüchtigkeit geeignet (Abb. **132**).

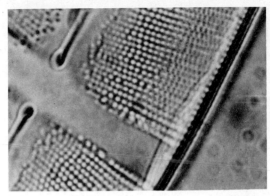

Abb. **132c**   Beispiel für Testdiatomeen; *Stauroneis phoenicenteron,* ab n.A. 0,45.

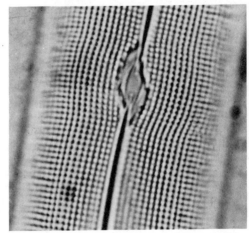

Abb. **132d**   Beispiel für Testdiatomeen; *Gyrosigma balticum,* n.A. 0,45; außerdem: *Pleurosigma angulatum,* ab n.A. 0,65 (S. 58).

Selbstgebautes Apertometer

Bei der Schätzung der numerischen Apertur mit Hilfe von Testpräparaten sind natürlich subjektive Einflüsse, wie z.B. das Beobachtungstalent des Mikroskopikers nicht auszuschließen. Außerdem lassen sich so die Objektive nur bestimmten Aperturbereichen zuordnen.

Genauere Ergebnisse erzielt man mit einem selbstgebauten Apertometer, das nach folgendem Prinzip arbeitet, jedoch nur für Trockenobjek-

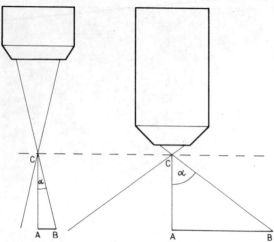

Abb. **133** Schema eines einfachen Apertometers. **a:** Objekiv mit kleiner Apertur.
b: Objektiv mit größerer Apertur.

tive geeignet ist (Abb. **133a**): Ein Mikroskopobjektiv ist auf den Punkt C eines Präparats scharf eingestellt. Wenn man C mit den Rändern der Objektivfrontlinse verbindet, ergibt sich der Öffnungswinkel. Sein halber Scheitelwinkel sei α. Der eine der beiden Schenkel von α ist bis zum Punkt A gezeichnet worden und weist von dort eine bestimmte Entfernung zum Punkt B auf. In Abb. **133b** sind die gleichen Verhältnisse für ein Objektiv mit größerem Öffnungswinkel dargestellt. Da dann der Arbeitsabstand in der Regel kleiner ist, ergibt sich eine kürzere Strecke zwischen der Frontlinse und C. Die Entfernung von A nach B ist unter diesen Umständen größer, wenn AC ebenso lang wie in Abb. **133a** bleibt.

AB wird also mit ansteigendem Öffnungswinkel immer größer, wenn die Strecke AC konstant bleibt. AB ist dann also direkt proportional dem Öffnungswinkel. Man kann die Strecken AB und AC ausmessen und den Quotienten AB:AC bilden, woraus sich der Tangens für α ergibt. In einer Tabelle mit den numerischen Werten für die Winkelfunktionen oder mit einem Taschenrechner, der u. a. auch die Winkelfunktionen umfaßt, findet man den dem Tangens entsprechenden Sinus, der für die Aperturbestimmung wichtig ist. Da mit dieser Methode ausschließlich Trockenobjektive gemessen werden, stellt sin α gleichzeitig die numerische Apertur des Objektivs dar.

Zur Messung der Strecken AB und AC benötigt man eine Apertometerscheibe und ein Hilfspräparat. Letzteres besteht aus einem gefärbten Bakterienausstrich, der auf einem Deckglas hergestellt und mit einem

Abb. 134 Hilfsobjekt zum richtigen Einstellen des Objektivs auf das Apertometer.

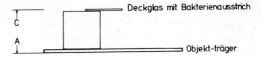

Deckglas gleicher Größe bedeckt ist. Dieser Ausstrich wird gemäß Abb. **134** mit einem kleinen Würfel auf einen Objektträger geklebt. Der Abstand zwischen dem mit dem Ausstrich versehenen Deckglas und der Objektträgerunterseite wird mit einer Schieblehre ausgemessen und stellt die Strecke AC dar.

AB wird mit einer Apertometerscheibe bestimmt. Man erhält sie wenn man einen Bogen Polarkoordinatenpapier (z. B. Schleicher und Schüll, Nr. 319 ½) in der in Abb. **135** gezeigten Form zurechtschneidet und auf ein Stück nicht zu dünnen Kartons klebt. Die Apertometerscheibe wird mit dem rechteckigen Einschnitt zum Tubusträger auf den Objekttisch gelegt und mit zwei Präparateklemmen festgeklemmt.

Auf die Apertometerscheibe kommt noch das Hilfspräparat, dessen Bakterienausstrich mit dem zu prüfenden Objektiv scharf eingestellt wird. Anschließend nimmt man das Okular aus dem Tubus und blickt in ihn hinein. Bei einem schwächeren Objektiv ist das Bild der Apertometerscheibe deutlich zu sehen. Man verschiebt die Scheibe solange, bis die Kreise konzentrisch im Tubus liegen. Um Parallaxfehler zu vermeiden, beobachtet man das Bild durch einen Diopter (S. 82). Nun schiebt

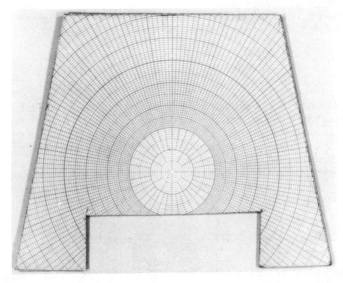

Abb. **135**   Apertometerscheibe.

man auf der Apertometerscheibe vom Rand her ein kleines dunkles Pappdreieck zur Mitte hin. Sowie die Spitze des Dreiecks durch den Diopter am Rande des Gesichtsfeldes sichtbar wird, hört man mit der Vorwärtsbewegung auf. Der Abstand von der Dreiecksspitze bis zum Zentrum der Apertometerscheibe ergibt die Strecke AB.

Wenn man die Apertometerscheibe mit einem stärkeren Objektiv betrachtet, kommt ein kleineres Bild zustande als mit einem schwächeren Objektiv. Denn da das stärkere Objektiv eine wesentlich kürzere Brennweite aufweist, macht der Abstand von der Frontlinse zur Apertometerscheibe im Gegensatz zum schwachen Objektiv ein Vielfaches der Brennweite aus, was zu einer beträchtlichen Verkleinerung führen muß (S. 6). Das Bild ist dann meistens zu klein, um die konzentrischen Kreislinien noch deutlich genug erkennen zu lassen. Man betrachtet es daher durch ein Einstellfernrohr, wie es von der Phasenkontrastmikroskopie her bekannt ist (S. 82). Dabei fällt auf, daß die Abstände von einem konzentrischen Kreis zum nächsten gegen den Rand zu immer kleiner werden. Diese Erscheinung ist optisch bedingt und stört die Aperturmessung nicht. Man schiebt wiederum ein dunkles Papierdreieck vom Rande der Apertometerscheibe gegen ihre Mitte hin und hört mit dieser Bewegung sofort auf, wenn die Dreieckspitze im Einstellfernrohr am Rande des Gesichtsfeldes sichtbar wird. Die Strecke AB ergibt sich dann wiederum aus der Entfernung zwischen Dreieckspitze und Mittelpunkt der Apertometerscheibe.

Beispiele: Abstand vom Ausstrich auf dem Deckglas bis zur Objektträgerunterseite des Hilfspräparats: 20 mm (AC). Entfernung von der Dreieckspitze bis zum Zentrum der Apertometerscheibe: 17,5 mm.

$$\tan \alpha = \frac{17,5}{20} = 0,875$$

In einer Tabelle mit den numerischen Werten der Winkelfunktionen oder mit dem Taschenrechner findet man, daß einem Tangens von 0,875 ein Sinus von 0,659 entspricht. Da es sich bei dem geprüften Objektiv um ein Trockenobjektiv handelt, ist dessen numerische Apertur gleich diesem Sinus.

Schwächeres Objektiv: Es wird das gleiche Hilfspräparat verwendet, so daß AC = 20 mm. Für AB ergibt sich auf der Apertometerscheibe 4,3 mm.

$$\tan \alpha = \frac{4,3}{20} = 0,215$$

Zugehöriger Sinus = 0,21. Die numerische Apertur dieses Trockenobjektivs beträgt also 0,21.

Prüfung der Objektive auf vorhandene Abbildungsfehler

Die Qualität eines Mikroskopobjektivs läßt sich bereits an einem mikroskopischen Präparat abschätzen, das man aus früheren Untersuchungen gründlich kennt. Dazu wird ein gefärbtes, möglichst dünnes Präparat ausgewählt, das man vorher mit einem Mikroskop untersucht hat, von dem bekannt ist, daß sich dessen Optik in einem einwandfreien Zustand befindet. Durch längere Beobachtung prägt man sich besonders den Kontrast und die Konturenschärfe gut ein. Am besten eignet sich ein Giemsagefärbter Blutausstrich für solche Testzwecke. Das Präparat wird mit der zu prüfenden Optik untersucht. Wenn Kontrast und Schärfe wesentlich schlechter ausfallen, kann das an einem schadhaften Objektiv liegen. Möglicherweise handelt es sich auch um eine falsche Tubuslänge oder um eine falsche Objektiv-Okularkombination. Beim Prüfen der Abbildungsqualität eines Mikroskopobjektivs mit Hilfe von Testpräparaten wird das Ausmaß der Abbildungsfehler nicht exakt gemessen, sondern nur abgeschätzt. Das Ergebnis ist deswegen immer subjektiven Einflüssen unterworfen. Außerdem benötigt man einige Erfahrung, um auf diesem Wege zu verläßlichen Ergebnissen zu kommen.

Sphärische Aberration. Die Prüfung erfolgt mit dem sog. Sterntest. Hierzu bestreicht man ein Deckglas, dessen Dicke genau der vom zu prüfenden Objektiv verlangten Dicke entspricht (mit Mikrometerschraube messen!) nicht zu dünn mit schwarzer Tusche. Nach dem Trocknen des Ausstrichs wird das Deckglas mit der Schichtseite nach unten mit einem Tropfen eines Einschlußharzes auf einem Objektträger befestigt. Meistens ist der Tuscheausstrich nicht überall gleichmäßig ausgefallen, sondern es sind einige helle Punkte übrig geblieben. Man stellt das Mikroskop an einer Stelle, wo der Untergrund nicht völlig schwarz, sondern nur dunkelbraun ist, auf einen dieser leuchtenden Punkte scharf ein. Wenn beim Verstellen der Schärfe nach oben und nach unten der helle Punkt jedesmal die gleiche Form von Unschärfe annimmt, ist das Objektiv sphärisch gut korrigiert. Im einzelnen beobachtet man eine Verbreiterung der hellen Stelle, wobei ein bis mehrere konzentrische Ringe auftreten, deren Durchmesser beim stärkeren Verstellen der Schärfe sich ständig vergrößert. Wenn diese Ringe nur beim Verstellen der Schärfe in der einen Richtung auftauchen, z. B. nur bei zu hoher Einstellung, während bei zu tiefer Einstellung die Ringe eine ganz andere Tönung oder Breite annehmen oder den Punkt überhaupt nur allgemein unscharf wird, ist die sphärische Korrektion des Objektivs schlecht, oder es stimmt die mechanische Tubuslänge nicht. Im Objektiv liegen auch dann Schäden vor, wenn die Ringe nicht konzentrisch, sondern ovalverzerrt sind. Man kann den Sterntest auch bei Dunkelfeldbeleuchtung vornehmen. Als Präparat wird ein möglichst dünner Ausstrich von Kokken verwendet und als Kondensor ein Immersionsdunkelfeldkondensor.

Anhang

Einstellen eines Kursmikroskops

1. Präparat mit dem Deckglas nach oben auf den Objekttisch legen.
2. Objektiv 10:1 einschalten.
3. Noch nicht ins Mikroskop blicken, sondern zunächst Objektiv und Präparat von der Seite betrachten. Dabei Grobtrieb so weit verstellen, bis das Objektiv die Präparatoberfläche fast berührt.
4. Ins Mikroskop blicken und Grobtrieb so bewegen, daß sich das Präparat vom Objektiv entfernt.
5. Bewegung des Grobtriebes sofort unterbrechen, wenn Strukturen aus dem Präparat verschwommen sichtbar werden.
6. Bild mit dem Feintrieb scharf einstellen.
7. Wenn ein Kondensortrieb vorhanden ist, Kondensor möglichst hoch stellen.
8. Kondensorblende je nach Kontrast öffnen oder schließen. Regel: Bei gefärbten Präparaten größere Blendenöffnung, bei ungefärbten Präparaten kleinere Blendenöffnung.
9. Eventuell ein stärkeres Objektiv einschalten und die Schärfe mit dem Feintrieb korrigieren.

Schwierigkeiten beim Arbeiten mit Kursmikroskopen

1. Präparat läßt sich mit einem starken Objektiv nicht scharf einstellen.
   Grund: Präparat liegt mit dem Deckglas nach unten auf dem Objekttisch.
2. Bild ist unscharf und wandert beim Ändern der Scharfeinstellung von der einen Seite zur anderen.
   Grund: Objektivrevolver nicht richtig eingerastet.
3. Bei Beleuchtung mit Tageslicht sind im Mikroskop auch Gegenstände aus der näheren Umgebung (z. B. Fensterkreuze, Bäume u. a.) zu sehen.
   Abhilfe: Mattfilter in den Filterhalter des Kondensors legen oder Höheneinstellung des Kondensors etwas verändern.
4. Bild sehr kontrastarm.
   Grund: Augenlinse des Okulars oder Frontlinse des Objektivs ver-

schmutzt. *Oder:* Falsche Deckglasdicke bei starken Trockenobjektiven.

5. Bei Präparaten mit schwach kontrastierten Objekten ist die Schärfenebene nicht zu finden.

Abhilfe: Zunächst auf den Deckglasrand scharf einstellen. Dann Kondensorblende schließen und Präparat verschieben, bis die Strukturen verschwommen zu sehen sind. Diese mit dem Feintrieb scharf einstellen.

6. Bei schwachen Objektiven (2,5:1 bis 6,3:1) ist nur der mittlere Teil des Gesichtsfeldes hell, die äußere Zone dagegen dunkel.

Abhilfe: Frontlinse des Kondensors entfernen.

Köhlersche Beleuchtung

1. Lampenwendel auf die zugezogene Kondensorblende durch Verstellen der Linse an der Niedervoltlampe scharf abbilden (dieser Punkt entfällt bei Mikroskopen mit eingebauter Beleuchtung).

2. Präparat zunächst ohne Rücksichtnahme auf die Qualität der Beleuchtung mit einem Objektiv 16:1 oder stärker scharf einstellen (Abb. **136a**).

3. Leuchtfeldblende schließen.

Abb. **136**   Einstellung der Köhlerschen Beleuchtung. **a:** Scharfeinstellen des Präparats mit einem Objekt von mindestens 16:1.

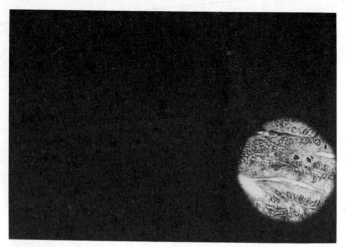

Abb. **136b**   Lichtfleck durch Kondensorbewegung scharf umgrenzen.

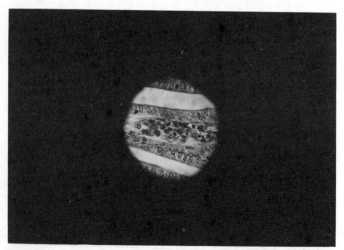

Abb. **136c**   Lichtfleck durch Kondensorzentrierung in die Mitte bringen.

4. Kondensor heben und senken, bis der Lichtfleck im sonst dunklen Gesichtsfeld scharf umgrenzt ist. Das tritt gewöhnlich dann ein, wenn der Kondensor ziemlich hoch steht (Abb. **136b**).
5. Lichtfleck durch Zentrieren des Kondensors in die Mitte des Gesichtsfeldes bringen (Abb. **136 c**).

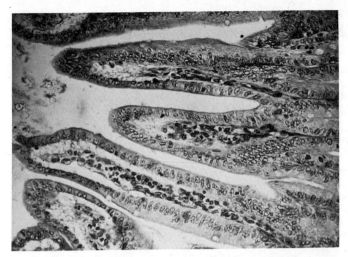

Abb. **136d**   Öffnen der Leuchtfeldblende.

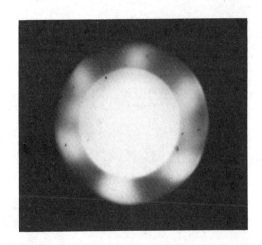

Abb. **136e**   Blick auf die
Objektivhinterlinse nach
Entfernung des Okulars
aus dem Tubus. Konden-
sorblende soweit ge-
schlossen, daß der
Durchmesser der Objek-
tivhinterlinse nur zu ⅔
ausgeleuchtet ist.

6. Leuchtfeldblende soweit öffnen, bis die Blendenlamellen gerade am
   Rande des Gesichtsfeldes verschwinden (Abb. **136d**).
7. Okular aus dem Tubus nehmen und Kondensorblende soweit schließen, bis nur noch ⅔ des Durchmessers der Objektivhinterlinse ausgeleuchtet ist (Abb. **136e**).

Einstellen des Dunkelfeldes mit einem Trockendunkelfeldkondensor

Abb. **137** Einstellen des Dunkelfeldes mit einem Trockendunkelkondensor.
a: Siehe Text.

Abb. **137b** Siehe Text.

Abb. **137c**   Siehe Text.

1. Schwaches Objektiv einschalten (5:1 oder 10:1) und Präparat ohne Rücksicht auf die Qualität der Beleuchtung scharf einstellen (Abb. **137a**).
2. Dunkelfeldkondensor in der Höhe verstellen, bis ein kleiner heller Fleck im sonst dunklen Feld erscheint. Wenn zu wenig Partikel im Präparat vorhanden sind, die das Licht streuen, ist der Lichtfleck sehr undeutlich (Abb. **137b**).
3. Kondensor zentrieren, bis sich der Lichtfleck in der Mitte des Gesichtsfeldes befindet (Abb. **137c**).
4. Stärkeres Objektiv einschalten. Höhenverstellung und Zentrierung des Kondensors u. U. noch etwas korrigieren (Abb. **137d**).

Einstellen des Dunkelfeldes mit einem Immersionsdunkelfeldkondensor

Objektiv mit Irisblende versehen

1.–3. wie beim Trockendunkelfeldkondensor.
4. Ölimmersion einschalten. Das Gesichtsfeld ist bei geöffneter Objektivblende aufgehellt und von den Objekten kann man nur schlecht etwas sehen.
5. Objektivblende soweit zuziehen, bis das Gesichtsfeld eben dunkel ist.
6. U. U. Höheneinstellung des Kondensors leicht korrigieren.

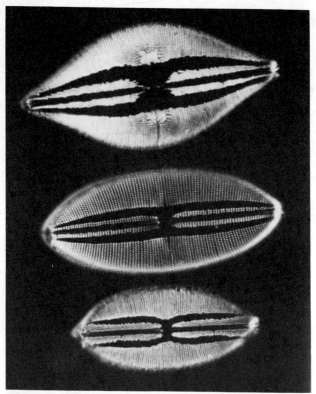

Abb. **137d**   Siehe Text.

Objektiv mit Trichterblende

Vor dem Anschrauben des Objektivs Trichterblende einlegen. Weiter
wie bei Objektiven mit Irisblende, nur Punkt 5 entfällt.

Einstellen eines Phasenkontrastmikroskops

1. Präparat im Hellfeld scharf einstellen (Abb. **138a**).
2. Am Kondensor die zum Objektiv passende Ringblende einschalten.
3. Okular gegen das Einstellfernrohr austauschen und hintere Brennebene des Objektivs beobachten (Abb. **138b**).

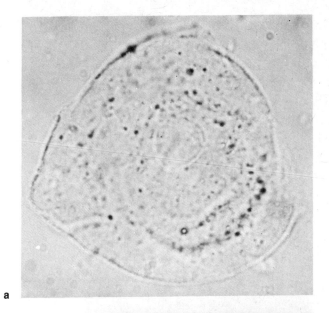

a

b

Abb. **138**   Einstellen des Phasenkontrastmikroskops. **a, b:** Siehe Text.

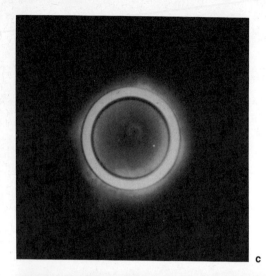

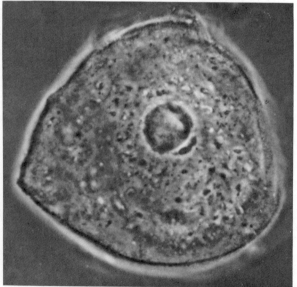

Abb. **138c, d**   Siehe Text.

4. Ringblende im Kondensor solange zentrieren, bis das helle Ringbild vom dunklen Phasenring bedeckt ist. Der Kondensor muß manchmal etwas in der Höhe verstellt werden, damit der helle Ring ebenso groß wie der dunkle wird (Abb. **138c**).

5. Einstellfernrohr gegen das Okular austauschen (Abb. **138d**).

Schwierigkeiten beim Phasenkontrast

1. Nach dem Einschalten der Ringblende wird das Gesichtsfeld völlig dunkel.

Grund: Unter der Ringblende befindet sich noch eine Irisblende, die zu eng geschlossen ist.

2. Der helle Ring ist größer oder kleiner als der Phasenring in der hinteren Objektivbrennebene.

Grund: Falsche Ringblende eingestellt. *Oder:* Höheneinstellung des Kondensors muß etwas verändert werden.

3. Der helle Ring ist nicht gleichmäßig ausgeleuchtet.

Abhilfe: Der gesamte Kondensor muß nachzentriert werden.

4. Im Einstellfernrohr ist kein heller Ring zu sehen, sondern die hintere Brennebene des Objektivs ist mehr oder weniger einheitlich aufgehellt.

Grund: Präparat zu dick, für die Phasenkontrastmikroskopie ungeeignet. Es muß ein anderes lichtmikroskopisches Untersuchungsverfahren benutzt werden (z.B. normales Hellfeld oder Interferenzkontrast).

Literatur

Lichtmikroskop, allgemein

Adam, H., G. Czihak: Arbeitsmethoden der makroskopischen und mikroskopischen Anatomie, Fischer, Stuttgart 1964

Allen, R. D., N. Stromgren Allen: Video-enhanced microscopy with a computer frame memory. J. Microscopy 129 (1983) 3

Ambronn, H., H. Siedentopf: Übungen zur wissenschaftlichen Mikroskopie, Heft 2: Zur Theorie der mikroskopischen Bilderzeugung nach Abbe. Hirzel, Leipzig 1913

Appelt, H.: Einführung in die mikroskopischen Untersuchungsmethoden, 3. Aufl. Akademische Verlagsgesellschaft, Leipzig 1955

Barron, A. L. E.: Using the Microscope, Chapman & Hall, London 1965

Beier, W., E. Dörner: Die Physik und ihre Anwendung in Medizin und Biologie, Bd. II: Elektrik, Optik und Atomphysik. Edition, Leipzig 1964

Berek, M.: Grundlagen der praktischen Optik. De Gruyter, Berlin 1930

Beyer, H.: Handbuch der Mikroskopie. Technik, Berlin 1973

Claussen, H. C.: Mikroskope, In Flügge, S.: Handbuch der Physik, Bd. XXIX: Optische Instrumente. Springer, Berlin 1967

Czapski, S., O. Eppenstein, H. Erfle, H. Boegehold: Grundzüge der Theorie der optischen Instrumente nach Abbe, 3. Aufl. Barth, Leipzig 1924

Determann, H., F. Lepusch: Das Mikroskop und seine Anwendung. Leitz, Wetzlar 1973 (Werksschrift)

Dippel, L: Das Mikroskop und seine Anwendung. Vieweg, Braunschweig 1. Aufl. 1867, 2. Aufl. 1882

Dippel, L.: Grundzüge der Allgemeinen Mikroskopie. Vieweg, Braunschweig 1885

Ehringhaus, A., L. Trapp: Das Mikroskop, 5. Aufl. Teubner, Stuttgart 1958

Flügge, J.: Geometrische Optik des Mikroskops. Zeiss Inf. 55 (1965) 3

Françon, M.: Einführung in die neueren Methoden der Lichtmikroskopie. Braun, Karlsruhe 1967

Françon, M.: Moderne Anwendungen der physikalischen Optik. Akademie-Verlag, Berlin 1971

Franke, H.: dtv-Lexikon der Physik. Deutscher Taschenbuch-Verlag, München 1969

Fürst, F.: Die 14 »Schwarzen Punkte« beim Mikroskopieren. Mikroskopie 18 (1963) 25

Gander, R.: Hilfs- und Testpräparate in der Mikroskopie. Mikroskopie 20 (1965) 117

Gerlach, D.: Radialschnitte durch Coniferenhölzer zur Demonstration der Beugungserscheinungen bei der mikroskopischen Abbildung. Z. wiss. Mikr. 70 (1970) 189

Gerlach, D.: Wir messen die numerische Apertur von Mikroskopobjektiven. Mikrokosmos 60 (1971) 187

Gobrecht, H.: Bergmann, Schaefer: Lehrbuch der Experimentalphysik, 6. Aufl., Bd. III: Optik. De Gruyter, Berlin 1974

Grehn, J.: Mikroskopische Instrumente und Hilfsgeräte. In Freund, H.: Handbuch der Mikroskopie in der Technik, Bd. I/1. Umschau, Frankfurt 1957

Harting, P.: Das Mikroskop. Vieweg, Braunschweig 1859

Herzog, F.: Einführung in die Optik und in die Theorie des Mikroskops. Reichert, Wien 1968 (Werksschrift)

Husted, F.: Das Studium der Testdiatomeen als Einführung in die mikroskopische Praxis. Mikrokosmos 38 (1948/49) 265.

Köhler, A.: Das Mikroskop und seine Anwendung. In Abderhalden, E.: Handbuch der biologischen Arbeitsmethoden, Abt. II/1. Urban & Schwarzenberg, Wien 1923

Köhler, A.: Allgemeine mikroskopische Optik. In Peterfi, T.: Methodik der wissenschaftlichen Biologie, Bd. I. Springer, Berlin 1928

Leitz: Abbildende und beleuchtende Optik des Mikroskops. Leitz, Wetzlar 1973 (Werksschrift)

Lovas, B.: Mikroszkop-Mikrokòzmosz. Gondolat, Budapest 1984

Metzner, P.: Das Mikroskop. Deuticke, Leipzig 1928

Michel, K.: Die Grundlagen der Theorie des Mikroskops, 3. Aufl. Wissenschaftliche Verlagsgesellschaft, Stuttgart 1981

Möllring, F. K.: Mikroskopieren von Anfang an. Zeiss, Oberkochen 1971 (Werksschrift)

Mütze, K. u. Mitarb.: ABC der Optik. Dausien, Hanau 1960

Nägeli, C., S. Schwendener: Das Mikroskop. Engelmann, Leipzig 1867

Otto, L.: Durchlichtmikroskopie. Technik, Berlin 1959

Pforte, H.: Feinoptiker, Teil II: Theoretische Optik für Fein-, Augen- und Brillenoptiker. Technik, Berlin 1975

Pohl, R. W.: Optik und Atomphysik, 12. Aufl. Springer, Berlin 1967

Pollister, A.: Physical Techniques in Biological Research, vol. III/A. Academic Press, New York 1966

Recknagel, A.: Physik: Optik, 3. Aufl. Technik, Berlin 1962

Rienitz, J.: Über die Kohärenzverhältnisse bei der Abbildung im Mikroskop. Microscopica Acta 73 (1973) 217

rororo Techniklexikon: Feinwerktechnik, hrsg. von A. Kuhlenkamp. Rowohlt, Reinbeck 1972

Ruthmann, A.: Methoden der Zellforschung. Franckh, Stuttgart 1966

Schade, H.: Technische Optik, Vieweg, Braunschweig 1969

Schallreuter: Grimsehl, Lehrbuch der Physik, Optik, 15. Aufl. Teubner, Leipzig 1969

Slayter, E. M.: Optical Methods in Biology. Wiley, New York 1970

Suter, P.: Einführung in die geometrische Optik. Blaue TR-Reihe, Heft 35. Hallweg, Bern 1974

Uhlig, M.: Prüfung der einzelnen Abbildungsfehler von Mikroobjektiven an verschiedenen Testplatten. Mikroskopie 17 (1962) 273

Volkmann, W.: Praxis der Linsenoptik in einfachen Versuchen zur Erläuterung und Prüfung optischer Instrumente. Borntraeger, Berlin 1929

Wied, G. L.: Introduction to Quantitative Cytochemistry. Academic Press, New York 1966

Wied, G. L.: Introduction to Quantitative Cytochemistry, vol. II. Academic Press, New York 1970

Zeiss: Optik für Mikroskope. Zeiss, Oberkochen, 1967 (Werksschrift)

Dunkelfeld und Phasenkontrast

Beyer, H.: Theorie und Praxis des Phasenkontrastverfahrens. Akademische Verlagsgesellschaft, Frankfurt 1965

Beyer, H., G. Schöppe: Die Anwendung der Farbimmersionsmethode im Phasenkontrast und Dunkelfeld bei der Untersuchung von Mineralstäuben. In: Jenaer Jahrbuch, hrsg. von Jena-Optik, Jena 1965

Gabler, F.: Positiver oder negativer Phasenkontrast? Mikroskopie 10 (1955) 119

Haselmann, H.: 20 Jahre Phasenkontrast-Mikroskopie. Historischer Rückblick und aktuelle Sonderfragen. Z.wiss.Mikr. 63 (1957) 140

Hoffmann, R.: The modulation contrast microscope: principles and performance. J. Microscopy 110 (1977) 205

Jentzsch-Graefe, F.: Über Dunkelfeld- und Ultramikroskopie. In Kraus, R., P. Uhlenhuth: Handbuch der mikrobiologischen Technik, Bd. I. Urban & Schwarzenberg, Wien 1923

Köhler, A., W. Loos: Das Phasenkontrastverfahren und seine Anwendungen in der Mikroskopie. Naturwissenschaften 29 (1941) 49

Menzel, E.: Das Phasenkontrastverfahren. In Freund, H.: Handbuch der Mikroskopie in der Technik, Bd. I/1. Umschau, Frankfurt 1957

Michel, K.: Phasenkontrast. In: Jahrbuch für Optik und Feinmechanik 1955. Pegasus, Wetzlar 1955

Pluta, M.: A phase contrast device with positive and negative image contrast. J. Microscopy 89 (1969) 205

Reinert, G. G.: Dunkelfeld- und Ultramikroskopie. Frankh, Stuttgart 1942

Ross, K. F. A.: Phase Contrast and Interference Microscopy for Cell-Biologists. Arnold, London 1967

Schiemann, M. A.: Ultramikroskopie. In:

Abderhalden, E.: Handbuch der biologischen Arbeitsmethoden, Abt. II/2. Urban & Schwarzenberg, Wien 1926

Siedentopf, H.: Übungen zur wissenschaftlichen Mikroskopie, Heft 1: Übungen zur Dunkelfeldbeleuchtung. Hirzel, Leipzig 1912

Thaer, A.: Die Farbimmersionsmethode in der Dunkelfeld- und Phasenkontrastmikroskopie. In Freund, H.: Handbuch der Mikroskopie in der Technik, Bd. IV/3. Umschau, Frankfurt 1965

Wilska, A.: A new method of light microscopy. Nature 171 (1953) 353

Wolf, R.: Durchlicht-Phasenkontrast bei sehr schwacher Vergrößerung im zusammengesetzten Mikroskop. Microscopica Acta 71 (1971) 34

Wolter, H.: Schlieren-, Phasenkontrast- und Lichtschnittverfahren. In Flügge, S.: Handbuch der Physik, Bd. XXIV. Springer, Berlin 1956

Zocher, H.: Ultramikroskopie (Dunkelfeldmikroskopie der Kolloide). In Peterfi, T.: Methodik der wissenschaftlichen Biologie, Bd. I. Springer, Berlin 1928

Polarisationsmikroskopie

Ambronn, H., A. Frey: Das Polarisationsmikroskop. Akademische Verlagsgesellschaft. Leipzig 1926

Buchwald, E.: Einführung in die Kristalloptik. Sammlung Göschen, Bd. 619/619a. De Gruyter, Berlin 1963

Burri, C.: Das Polarisationsmikroskop. Birkhäuser, Basel 1950

Czaja, A. T.: Einführung in die praktische Polarisationsmikroskopie. Fischer, Stuttgart 1974

Dvorak, J. A., T. R. Chem, W. F. Stetler: The design and construction of a computer-compatible system to measure and record optical retardartion with a polarising or interference microscope. J. Microscopy 96 (1972) 109

Freytag, K.: Molekül und Welle. Untersuchung biologischer Objekte mit dem Polarisationsmikroskop. Salle, Frankfurt 1962

Frey-Wyssling, A.: Ultrastructure research in biology before the introduction of the electron microscope. J. Microscopy 100 (1974) 21

Gahm, J.: Einführendes polarisationsoptisches Praktikum. Zeiss, Oberkochen o.J. (Werksschrift)

Gahm, J.: Die Interferenzfarbtafel nach Michel-Levy. Zeiss Werkzeitschrift 46 (1962) 118

Gahm, J.: Quantitative polarisationsoptische Messungen mit Kompensatoren. Zeiss Mitt. 3 (1964) 152

Gander, R., A. Schaefer: Einführung in die Polarisationsoptik. Microskopion 15 (1968) 2

Goldstein, D. J.: Analysis of polarized light with two quarter wave plates. J. Microscopy 91 (1970) 152

Hartshorne, N. H., A. Stuart: Crystals and the Polarizing Microscope, 3. Aufl. Arnold, London 1960

Jirgensons, B.: Optical activity of proteins and other macromolecules. Springer, Berlin 1973

Köhler, A.: Die Verwendung des Polarisationsmikroskops für biologische Untersuchungen. In Abderhalden, E.: Handbuch der biologischen Arbeitsmethoden, Abt. II/2. Urban & Schwarzenberg, Wien 1926

Laves, F., T. Ernst: Die Sichtbarmachung des Charakters (+ bzw. -) äußerst schwacher Doppelbrechungseffekte. Naturwissenschaften 31 (1943) 68

Müller, G., M. Raith: Methoden der Dünnschliffmikroskopie, 2. Aufl. Clausthaler Tektonische Hefte 14. Pilger, Clausthal-Zellerfeld 1976

Patzelt, W. J.: Polarisationsmikroskopie. Grundlagen, Instrumente, Anwendungen. Leitz, Wetzlar 1974 (Werksschrift)

Pfeiffer, H. H.: Das Polarisationsmikroskop als Meßinstrument in Biologie und Medizin. Vieweg, Braunschweig 1949

Scheuner, G., J. Hutschenreiter: Polarisationsmikroskopie in der Histophysik. VEB Thieme, Leipzig 1972

Schmidt, W. J.: Polarisationsmikroskopie. In Peterfi, T.: Methodik der wissenschaftlichen Biologie, Bd. I. Springer, Berlin 1928

Schmidt, W. J.: Dichroitische Färbung tierischer und pflanzlicher Gewebe. In Abderhalden, E.: Handbuch der biologischen Arbeitsmethoden, Abt. V/2. Urban & Schwarzenberg, Wien 1931

Schmidt, W. J.: Polarisationsmikroskopische Analyse des submikroskopischen Baues von Zellen und Geweben. In Abderhalden, E.: Handbuch der biologischen Arbeitsmethoden, Abt. V/10. Urban & Schwarzenberg, Wien 1934

Schmidt, W. J.: Instrumente und Methoden zur submikroskopischen Untersuchung optischer anisotroper Materialien mit Ausschluß der Kristalle. In Freund, H.: Handbuch der Mikroskopie in der Technik, Bd. I/1. Umschau, Frankfurt 1957

Schmidt, W. J.: Diagonale und subparallele Gipsplatte Rot I und verwandte Hilfsmittel in der histologischen Polarisationsmikroskopie. Leitz Mitt. Wiss. Techn. 3 (1967) 234

Schumann, H., F. Kornder: Rinne, Berek: Anleitung zur allgemeinen und Polarisations-Mikroskopie der Festkörper im Durchlicht, 3. Aufl. Schweizerbart, Stuttgart 1973

Valentin, G.: Die Untersuchung der Pflanzen- und der Tiergewebe im polarisierten Lichte. Engelmann, Leipzig 1861

Watts, J. T.: Doppelbrechung – Anwendung und Bestimmung. Microskopion 21 (1972) 3

Weinschenk, E., J. Stiny: Das Polarisationsmikroskop, 5. u. 6. Aufl. Herder, Freiburg 1925

Interferenzmikroskopie

Allen, R. D., G. B. David, G. Nomarski: The Zeiss-Nomarski differential interference equipment for transmitted-light microscopy. Z.wiss. Mikr. 69 (1969) 193

Anonym: Interferenz-Polarisationsmikroskop Biolar. Polskie Zaklady Optyczne, Warszawa 1976 (Werksschrift)

Beyer, H.: Interferenzeinrichtung Interphaco für Durchlicht. Jenaoptik, Jena 1966 (Werksschrift)

Beyer, H.: Interference measurements on biological und technical specimens with the aid of a novel microscopical interference equipment. J. roy. micr. Soc. 87 (1967) 171

Beyer, H.: Interferenzmikroskopische Brechzahl- und Größenbestimmungen an kleinen Kornfraktionen und kleinen Flüssigkeitsmengen. Jenaer Rundsch. 18 (1973) 176

Beyer, H.: Theorie und Praxis der Interferenzmikroskopie. Akademische Verlagsgesellschaft, Leipzig 1974

David, G. B., B. S. Williamson: Amplitude contrast microscopy in histochemistry. Histochemie 27 (1971) 1

Gabler, F., F. Herzog: Eine neue Interferenzkontrasteinrichtung für Arbeiten im Durchlicht. Reichert, Wien 1966 (Werksschrift)

Galjaard, H., J. A. Szirmai: Determination of dry mass of tissue sections by interference microscopy. J. roy. micr. Soc. 84 (1965) 27

Grehn, J.: Einfluß der Kondensorapertur auf die Meßgenauigkeit bei Interferenzmikroskopen. Acta histochem. (Jena), Suppl. 6 (1965) 407

Jena: Interferenzmikroskopie. Prinzip und Anwendungen. Jena o. J. (Werksschrift)

Krug, W., J. Rienitz, G. Schulz: Beiträge zur Interferenzmikroskopie. Akademie-Verlag, Berlin 1961

Lampert, F., D. Hofmann, W. Sandritter: Interferenzmikroskopische Trockengewichtsbestimmungen an Kern, Cytoplasma und Nucleolus von Hela- und Amnionzellen der Gewebskultur. Histochemie 6 (1966) 370

Meyer-Arendt, J.: Schlierenoptische Bestimmung der Trockenmasse in Gewebezellen und Zellkernen. Zeis. Mitt. 1 (1958) 118

Pluta, M.: Die Messung der Doppelbrechung und der Brechzahlen von Mikrokristallen mittels eines Interferenz-Polarisationsmikroskops mit variabler Bildverdopplung. Microscopica Acta 71 (1971 a) 3

Pluta, M.: On the accuracy of microinterferometric measurements of optical-path differences by means of the half shade method. J. Microscopy 93 (1971 b) 83

Rienitz, J.: Der Bildcharakter beim differentiellen Interferenzkontrast. Mikroskopie 24 (1969) 206

Seeber, Ch., E. Klagge, H. Beyer: Interferenzmikroskopische Trockenmassenbestimmungen an primären Strumazellen in Gewebekultur. I. Methode. Z. allg. Mikrobiol. 12 (1972) 45

Seeber, Ch., H. Beyer: Interferenzmikroskopische Trockenmassenbestimmungen an primären Strumazellen in Gewebekultur. II. Messungen. Z. allg. Mikrobiol. 12 (1972) 53

Seeber, Ch., H. Beyer, H. J. Körting: Interferenzmikroskopische Trockenmassenbestimmungen in primären Strumazellen in Gewebekultur. III. Effekt der Infektion mit Adenovirus Typ 5. Z. allg. Mikrobiol. 13 (1973) 151

Seeber, Ch. H., Beyer: Interferenzmikroskopische Trockenmassenbestimmungen an Kern, Plasma und Nucleolus. Jenaer Rundsch. 18 (1973) 180

Sernetz, M., H. Schmidt: Interferenzmikroskopische Bestimmung des Brechungsindex des Inhalts von Nesselkapseln aus den Akontien von Aiptasia mutabilis. Microscopica Acta 73 (1973) 109

Taubert, G., H. Krug: Messungen mit dem Interferenzmikroskop Interphaco in Biologie und Medizin. Jenaer Rundsch. 17 (1972) 218

Vöhringer, A., W. Maurer: Messung der spezifischen optischen Streifenversetzung bei interferometrischen Massenbestimmungen von fixiertem Eiweiß und Nukleoprotein. Histochemie 25 (1971) 234

Auflichtmikroskopie

Bretthauer, R.: Anwendung der Reflexmikroskopie in der Histochemie. Z. Naturforsch. 23 b (1968) 394

Bretthauer, R., M. Hündgen: Darstellung der Reaktionsprodukte aufeinanderfolgender Enzymreaktionen mittels der Auflichtmikroskopie. Mikroskopie 24 (1970) 345

Cebulla, W.: Einführung in die Auflichtmikroskopie. 1. Qualitative Mikroskopie. Zeiss, Oberkochen 1977 (Werksschrift)

Ehrenberg, H.: Die Auflichtmikroskopie. In Freund, H.: Handbuch der Mikroskopie in der Technik, Bd. I/2. Umschau, Frankfurt 1960

Westphal, A.: Einführung in die Reflexmikroskopie und die physikalischen Grundlagen mikroskopischer Bildentstehung. Thieme. Stuttgart 1963

Fluoreszenzmikroskopie

Becker, E.: Fluoreszenzmikroskopie. Leitz, Wetzlar 1983 (Werksschrift)

Braun, K.: Fluoreszenzmikroskopie in der medizinischen Diagnostik und Forschung. Microskopion 8 u. 9 (1966) 21

Bräutigam, F., A. Grabner: Beiträge zur Fluoreszenzmikroskopie. Fromme, Wien 1949

De Lerma, B.: Die Anwendung von Fluoreszenzlicht in der Histochemie. In Graumann, W., K. Neumann: Handbuch der Histochemie, Bd. I/1. Fischer, Stuttgart 1958

Frey, H., K. Braun: Erfahrungen mit der Halogenlampe für die Fluoreszenzmikroskopie. Microskopion 22 (1973) 3

Gabler, F., F. Herzog: Über die Kombination des Phasenkontrastverfahrens mit der Fluoreszenzmikroskopie. Appl. Optics 4 (1965) 469

Gander, R.: Grundlagen der Immunofluoreszenz. Microskopion 8 u. 9 (1966) 1

Gander, R.: Wichtigkeit korrekter Filterwahl bei der Fluoreszenz-Mikroskopie. Microskopion 20 (1971) 3

Gottschewski, G. H. M.: Apparate und Einrichtungen für qualitative fluoreszenzmikroskopische Untersuchungen. In Graumann, W., K. Neumann: Handbuch der Histochemie, Bd. I/1. Fischer, Stuttgart 1958

Grehn, J.: Microscopia de fluorescencia. Leitz, Wetzlar 1969 (Werksschrift)

Gurr, E.: Synthetic Dyes in Biology and Chemistry. Academic Press, London, 1971

Haitinger, M.: Die Methoden der Fluoreszenzmikroskopie. In Abderhalden, E.: Handbuch der biologischen Arbeitsmethoden, Abt. II/3. Urban & Schwarzenberg, Wien 1934

Haitinger, M.: Fluoreszenzmikroskopie. Akademische Verlagsgesellschaft, Leipzig 1938

Haselmann, H., D. Wittekind: Phasenkontrast-Fluoreszenz-Mikroskopie. Z. wiss. Mikr. 63 (1957) 216

Holz, H. M.: Was man von der Fluoreszenz-Mikroskopie wissen sollte, 2. Aufl. Zeiss, Oberkochen 1976 (Werksschrift)

Koch, K.-F.: Lichtquellen für die Fluoreszenzmikroskopie. 1. FITC-Immunofluoreszenz. Leitz Mitt. Wiss. Techn. 5 (1971) 146

Koch, K.-F.: Lichtquellen für die Fluoreszenzmikroskopie. 2. Allgemeine Fluoreszenz. Leitz Mitt. Wiss. Techn. 5 (1972a) 206

Koch, K.-F.: Fluoreszenzmikroskopie. Leitz, Wetzlar 1972b (Werksschrift)

Kraft, W.: Ein neues FITC-Erregerfilter für die Routinefluoreszenz. Leitz Mitt. Wiss. Techn. 5 (1970) 41

Kraft, W.: Die Fluoreszenzmikroskopie und ihre gerätetechnischen Anforderungen. Leitz Mitt. Wiss. Techn. 5 (1972) 193

Kraft, W., K.-F. Koch: Ein neuer Mehrwellenlängen-Fluoreszenzilluminator für Forschung und Praxis. Microscopica Acta 75 (1974) 249

Mayersbach, H.: Immunohistologische Methoden der Histochemie, In Graumann, W., K. Neumann: Handbuch der Histochemie, Bd. I/1. Fischer, Stuttgart 1958

von der Ploeg, M., J. S. Ploem: Filter combination and light sources for fluorescence microscopy of quinacrine mustard or quinacrine stained chromosomes. Histochemie 33 (1973) 61

Olympus: The use of the Olympus fluorescence microscope. Olympus, Tokyo 1982 (Werksschrift)

Reichert: Fluoreszenz-Mikroskopie mit Fluorochromen. Rezepte und Tabellen, 3. Aufl. Reichert, Wien 1963 (Werksschrift)

Schaefer, A.: Die technische Ausrüstung zur Fluoreszenzmikroskopie. Microskopion 8 u. 9 (1966) 7

Thaer, A. A., M. Sernetz: Fluorescence techniques in cell biology. Springer, Berlin 1973

Walter, F.: Über die Fluoreszenzmikroskopie mit markierten Proteinen. Leitz Mitt. Wiss. Techn. 2 (1964) 207

Walter, F.: Fluoreszenzmikroskopie in Biologie und Medizin. Leitz Mitt. Wiss. Techn. 5 (1970) 33

Geometrische Messungen, Stereometrie, Automatische Bildanalyse

Aherne, W.: Quantitative methods in histology. J. med. Lab. Technol. 27 (1970) 160

Balzer, W.: Das Verfahren der Korngrößenbestimmung nach Snyder-Graff. Leitz Mitt. Wiss. Techn. 5 (1971) 153

Bartels, P. H., G. F. Bahr, M. Bibbo, G. L. Wied: Objective cell image analysis. J. Histochem. Cytochem. 20 (1972) 239

Beadle, C.: The Quantimet image analysis computer and its applications. In Barer, R., V. E. Cosselett: Advances in Optical and Electron Microscopy, Bd. IV. Academic Press, New York 1971

Blaschke, R.: Indirekte Volumen-, Oberflächen-, Größen- und Formfaktorbestimmungen mittels Zählfiguren in Schnittebenen mit dem Leitz-Zähllokular. Leitz Mitt. Wiss. Techn. 4 (1967) 44

Cole, M.: Instrument errors in quantitative image analysis. Microscope 19 (1971) 87

Cole, M., C. P.: Bond: Recent advances in automatic image analysis using a television system. J. Microscopy 96 (1972) 89

Delfnier, P.: A generalization of the concept of size. J. Microscopy 95 (1972) 203

Gahm, J.: Geräte und Aufgabenstellungen der Stereometrischen Analyse. Zeiss Mitt. 5 (1971) 249

Giger, H.: Rasterable pointsets. J. Microscopy 95 (1971) 197

Gundlach, H.: Die Anwendung des Leitz-Classimat in der Chromosomenautoradiographie. Leitz Mitt. Wiss. Techn., Suppl. 1 (1971) 91

Haug, H., A. Rast: Messung der Längen von Fasern in teilorientierten Strukturen (Untersuchungen am Nervus trigeminus als Beispiel). Microscopica Acta 72 (1972) 136

Heinrich, K.: Die Bestimmung von Formfaktoren mit Hilfe des Leitz-Classimat. Leitz Mitt. Wiss. Techn., Suppl. 1 (1972) 60

Henning, A., H. Elias: A rapid method for the visual determination of size distribution of spheres from the size distribution of their sections. J. Microscopy 93 (1970) 101

Hillebrand, W.: Die Verwendung des Leitz

Classimat zur Identifizierung und Vermessung menschlicher Chromosomen. Leitz Mitt. Wiss. Techn., Suppl. 1 (1972) 79

Hunziker, O., E. del Pozo, D. Wiesinger, W. Meier-Ruge: Die Anwendung des Leitz Classimat in der quantitativen Histomorphologie und in der experimentellen Pathologie. Leitz Mitt. Wiss. Techn. Suppl. 1 (1972) 51

Jesse, A.: Quantitative image analysis in microscopy – a review. Microscope 19 (1971) 21

Kamin, G., N. Kluge, W. Müller, J. Rzeznik: Leitz Classimat – Ein Instrument zur optischen Bilddatenerfassung. Leitz Mitt. Wiss. Techn. Sonderheft o. J. 1

Kisser, J., G. Halbwachs: Die quantitative Erfassung der Leitflächen und Zellwandanteile von Hölzern mit Hilfe des Leitz Classimat. Leitz Mitt. Wiss. Techn., Suppl. 1 (1972) 44

Leibnitz, L.: Das Punktzählverfahren als quantitative Methode in der Histochemie. Zugleich ein Beitrag zur Anwendung varianzstatistischer Prüfverfahren in der Histochemie. Histochemie 4 (1964) 123

Matheron, G.: Random sets theory and its applications to stereology. J. Microscopy 95 (1972) 15

Mayhew, T. M.: A comparison of several methods for stereological determination of the numbers of organelles per unit volume of cytoplasm. J. Microscopy 96 (1972) 37

Mayhew, T. M., M. A. Williams: A comparison of two sampling procedures for stereological analysis of cell pellets. J. Microscopy 94 (1971) 195

Meek, G. A., H. Y. Elder: Analytical and quantitative methods in microscopy. Cambridge University Press, Cambridge 1977 (enthält auch Kapitel über Mikrophotometrie und Interferenzmikroskopie)

Mertz, M.: Quantitative image analysis in medicine and biology. Microscope 19 (1971) 41

Miles, R. E.: Multi-dimensional perspectives on stereology. J. Microscopy 95 (1971) 181

Morton, A.: A microscope step-scanning apparatus to facilitate cell counting in tissue sections. Stain Techn. 44 (1967) 39

Moore, A. A.: Recent progress in automatic image analysis. J. Microscopy 95 (1972) 105

Moore, R. E. M.: Order-disorder phenomena in aggregations of particles of sizes and shapes which vary randomly within limits. J. Microscopy 95 (1971) 293

Müller, W.: Elektronische Bildauswerteverfahren. Microscopica Acta 71 (1972) 179

Müller, W.: Das Leitz Textur-Analyse-System (Leitz T. A. S.). Leitz Mitt. Wiss. Techn., Suppl. 1 (1973) 101

Neuer, H.: Mengenanalyse mit dem Mikroskop. Zeiss Inf. 60 (1966) 65

Pfeiffer, H. H.: Mikroskopisches Messen und Auszählen. In Freund, H.: Handbuch der Mikroskopie in der Technik, Bd. I/1. Umschau, Frankfurt 1957

Riede, U. N., U. Leibundgut, M. Mithasch: Automatisierte Strukturanalyse am Beispiel der Orotsäure-induzierten Spongiosaveränderungen. Microscopica Acta 75 (1974) 243

Rzeznik, J.: Leitz-Systeme für die quantitative Bildanalyse. Leitz Mitt. Wiss. Techn., Suppl. 1 (1972) 34

Schaefer, A.: Die rechnerischen Grundlagen der Stereologie. Microskopion 18 u. 19 (1970) 3

Schroeder, H. E., S. Münzel-Pedrazzoli: Application of stereologic methods to stratified gingival epithelia. J. Microscopy 92 (1970) 179

Serra, J.: Stereology and structuring elements. J. Microscopy 95 (1972) 93

Serra, J.: Theoretische Grundlagen des Leitz Textur-Analyse-Systems. Leitz Mitt. Wiss. Techn., Suppl. 1 (1973) 125

Serra, J., W. Müller: Das Problem der Auflösung und der durch Meßlogik bedingten Fehler im Rahmen der quantitativen Bildanalyse. Leitz Mitt. Wiss. Techn., Suppl. 1 (1973) 117

Underwood, E. E.: Stereology, or the quantitative evaluation of microstructures. J. Microscopy 89 (1969) 161

Weibel, R. E., H. Elias: Quantitative Methoden in der Morphologie. Springer, Berlin 1967

Weibel, E. R.: An automatic sampling stage microscope for stereology. J. Microscopy 91 (1970) 1

Weibel, E. R.: Möglichkeiten und Probleme der mikroskopischen Morphometrie. In: 50 Jahre Wild Heerbrugg, Festschrift Mikroskopie. Wild, Heerbrugg 1971

Weibel, E. R.: The value of stereology in analysing structure and function of cells and organs. J. Microscopy 95 (1972) 3

Weibel, E. R.: Stereological Methods, vol. I: Practical methods for biological morphometry, vol. II: Theoretical foundations. Academic Press, London, 1979, 1980

Weibel, E. R., G. S. Kistler, W. F. Scherle: Practical stereological methods for morphometric cytology. J. Cell Biol. 30 (1966) 23

Weibel, E. R., C. Fischer, J. Gahm, A. Schaefer: Current capabilities and limitations of available stereological techniques. J. Microscopy 95 (1972) 367

Mikrophotometrie und Mikrospektralphotometrie

Böhm, N., E. Sprenger, W. Sandritter: Fluoreszenz-Zytophotometrie. Eine Methode zur raschen Bestimmung des Feulgen-DNS-Gehalts von Zellkernen. Acta histochem. (Jena), Suppl. 9 (1971) 677

Dörmer, P.: Erfahrung mit der photometrischen Silberkornzählung in der Autoradiographie. Leitz Mitt. Wiss. Techn. 4 (1967) 74

Dörmer, P., W. Brinkmann: Silberkornzählung mit dem Auflicht-Mikroskopphotometer. Ein Beitrag zur quantitativen Autoradiographie. Acta histochem. (Jena), Suppl. 8 (1968) 163

Heinzel, W.: Modellversuch zur quantitativen Photometrie an Gewebeschnitten. Microscopica Acta 75 (1974) 346

Jenoptik: Mikroskop-Photometrie. Jenoptik, Jena 1976 (Werksschrift)

Jöngsma, A. P. M., W. Hijmans, J. S. Ploem: Quantitative immunofluorescence. Standardization and calibration in microfluorometry. Histochemie 25 (1971) 329

Klein, G.: Über das Zusammenwirken von Mikro- und Meßgeräten bei zytophotometrischen und mikrospektralphotometrischen Untersuchungen. Jenaer Rundsch. 16 (1971) 226

Körting, H.-J., G.-R. Voss: Fluoreszenz-Mikroskop-Photometrie mit Registrierung. Jenaer Rundsch. 16 (1971) 217

Krug, H.: Arbeitsbesprechung für Mikrophotometrie der Arbeitsgemeinschaft Morphologie in der DDR. Acta histochem. (Jena) 22 (1965) 179

Krug, H.: Histo- und Zytophotometrie. Fischer, Jena 1980

Lindström, B., B. Philipson: Microdensitometer system for microradiography. Histochemie 17 (1969a) 187

Lindström, B., B. Philipson: Densitometric evaluation at quantitative microradiography. Histochemie 17 (1969b) 194

Mansberg, H. P., J. Kusnetz: Quantitative fluorescence microscopy: Fluorescent antibody automatic scanning techniques. J. Histochem. Cytochem. 14 (1966)

von Mayersbach, H.: Quantitative Aussagemöglichkeiten der Immunofluoreszenz. Acta histochem. (Jena), Suppl. 12 (1972) 87

Mayhall, B. H., M. L. Mendelson: Desoxyribonucleic acid cytophotometry of stained human leucocytes. II. The mechanical scanner of Cydac, the theory of scanning photometry and the magnitude of residual errors. J. Histochem. Cytochem. 18 (1970) 383

Nairn, R. C., F. Herzog, H. A. Ward, W. G. R. M. Boer: Microfluorometry in immunofluorescence. Clin. exp. Immunol. 4 (1969) 697

Naora, H.: Microspectrophotometry in visible light range. In Graumann, W., K. Neumann: Handbuch der Histochemie, Bd. I/1. Fischer, Stuttgart 1958

Nitsch, B., J. D. Marsden, H.-J. Brück: Determining Feulgen-DNA of individual chromosomes by fluorescence cytophotometry with incident light. Histochemie 23 (1970) 254

Piller, H.: Microscope Photometry. Springer, Berlin 1977

Reule, A.: Fluoreszenz-Meßtechnik. Zeiss, Oberkochen o. J. (Werksschrift)

Ruch, F.: Ultraviolett-Mikrospektrographie. Leitz Mitt. Wiss. Techn. 1 (1961) 250

Sandritter, W.: Ultraviolettmikrospektrophotometrie. In Graumann, W., K. Neumann: Handbuch der Histochemie, Bd. I/1. Fischer, Stuttgart 1958

Scharf, H.-J., J. Höpfner, C. Ziemann: Bemerkungen zur Auswertung histophotometrischer Meßwerte. Acta histochem. (Jena) 30 (1968) 255

Schmidt-Weinmar, H. G.: Quantitative Auswertung von Fluoreszenz-Mikrophotographien mit dem Zeiss-Integrationsphotometer nach Zeitler und Bahr IPMZ. Z. wiss. Mikr. 69 (1968) 80

Sernetz, M., A. Thaer: A capillary fluorescence standard for microfluorometry. J. Microscopy 91 (1970) 43

Sprenger, E., N. Böhm: Eine Möglichkeit zur automatischen Meßwerterfassung in der Fluoreszenzzytophotometrie. Acta histochem. (Jena), Suppl. 10 (1971) 243

Stöhr, M., H. D. Gehring: Beitrag zur Korrektur von Randfehlern in der Scanning-Photometrie. Mikroskopie 29 (1973) 213

Swift, H.: Microphotometry in biologic research. J. Histochem. Cytochem. 14 (1966) 842

Vahs, W.: Zur Problematik der Feulgen-Cytophotometrie (DNS) an Schnittpräparaten. Microscopica Acta 74 (1973) 36

Walker, P. J., J. M. A. Watts: Permanent fluorescent test slides. J. Microscopy 92 (1970) 63

Mikrophotographie

Bergner, Gelbke, Mehlis: Einführung in die praktische Mikrophotographie. Fotokinoverlag, Halle 1961

Bernhard, A. J., J. Challet, V. Suter-Kopp: Umgehung des Schwarzschildeffektes bei farbigen Mikrophotographien fluoreszierender Präparate für serologische Untersuchungen. Microscopica Acta 71 (1971) 37

Bluth, H.: Nahaufnahmen – technisch gemeistert, In Karpf, N.: Angewandte Fotografie. Großbildtechnik, München 1960

Danesch, O., E. Danesch: Photographie mit Luminaren. Zeiss Inf. 52 (1966) 64

Delly, J. G.: Photography through the Microscope, 7th ed. Eastman Kodak Comp., Rochester/NY 1980

Dußler, H. W., F. Schmidt: Gehilfenprüfung im Fotografen Handwerk. Knapp, Düsseldorf o. J.

Flügge, J.: Schärfentiefe bei Übersichtsaufnahmen mit Zeiss-Luminaren. Zeiss. Inf. 58 (1966) 130

Frank, H.: Einige Probleme der automatischen Mikro-Photographie und ihre Lösung in der Mikro-Photoautomatik von Leitz. Leitz Mitt. Wiss. Techn. 1 (1961) 228

Freere, R. H.: Die Belichtungsmessung in der Mikrophotographie. Med. Lab. Techn. 19 (1966) 49

Gabler, F., K. Knapp: Photomicrography and its automation. In Barer, E., V. E. Cosselett: Advances in Optical and Electron Microscopy. Academic Press, London, 1971

Gander, R.: Rezepte zur Mikrophotographie für Mediziner und Biologen. Urban & Schwarzenberg, München 1968

Gander, R.: Mikrophotographie und Kontrast. Microskopion 17 (1969) 3

Gander, R.: Messung der Belichtungszeit in der Mikrophotographie. Microskopion 23 (1973) 8

Grehn, J.: Das Mikroskop als Leica-Objektiv. Leica-Fotografie (1957) 207

Grehn, J., H. Haselmann: Die mikrophotographischen Geräte und ihre Anwendung. In Freund, H.: Handbuch der Mikroskopie in der Technik, Bd. I/2. Umschau, Frankfurt 1960

Habermalz, F.: Spektrale Empfindlichkeit von Kleinbildfilmen für die Mikrophotographie und Anwendung an Lichtfiltern. Mikroskopie 22 (1967) 62

Habermalz, F.: Probleme der Belichtungsmessung in der Photographie und Mikrophotographie. Microscopica Acta 71 (1971) 23, 74

Haselmann, H.: Farb-Mikrophotographie, Grundlagen und Praxis. Zeiss Mitt. 2 (1961) 128

Heerd, E.: Zur Technik der Infrarot-Photographie mit dem Interferenzmikroskop. Z. wiss. Mikr. 68 (1967) 208

Heunert, H. H.: Praxis der Mikrophotographie. Springer, Berlin 1953

Heunert, H. H.: Die Nahaufnahme. Springer, Berlin 1954

Holz, H. M.: Der Gebrauch von Farbfiltern in der Mikrophotographie. Zeiss Werkzeitschrift 22 (1956) 106

Jenny, L.: Der Einfluß der Sensibilisierung von Farbfilmen auf die Wiedergabe von gefärbten Präparaten. In: 50 Jahre Wild Heerbrugg, Festschrift Mikroskopie, Heerbrugg 1971

Jenoptik: Mikrofotografie. Kurze Einführung in das Arbeiten mit mikrofotografischen Einrichtungen. Jenoptik, Jena 1975

Kisselbach, T.: Dunkelkammer-Handbuch. Heering, Seebruck 1971

Köhler, A.: Mikrophotographie. In Abderhalden, E.: Handbuch der biologischen Arbeitsmethoden, Abt. II/2. Urban & Schwarzenberg, Wien 1927

van Kooten, H., J. C. van de Kamer: Verwendung von schwachvergrößernden Luminaren für Übersichtsaufnahmen. Zeiss. Werkzeitschr. 38 (1966) 80

Kornmann, H., K. Steinbach: Das Polaroid-Verfahren in der Mikrophotographie. Leitz Mitt. Wiss. Techn. 3 (1964) 33

Lawson, D.: Photomicrography. Academic Press, London 1972

Ludwig, C.: Die Lupenphotographie. Leitz Mitt. Wiss. Techn. 2 (1962) 97

Ludwig, C.: Das Aufnahmematerial für die Schwarz-Weiß-Wiedergabe. Leitz Mitt. Wiss. Techn. 2 (1963) 168

McWhorter, F. P.: Contact photomicrography in the ultraviolet on high resolution plates. Science 152 (1966) 757

Michel, K.: Grundzüge der Mikrophotographie. Fischer, Jena 1940

Michel, K.: Die Mikrophotographie, 2. Aufl. Springer, Wien 1962

Mutter, E.: Kompendium der Photographie, 2. Aufl. Verlag für Radio-Foto-Kinotechnik, Berlin-Borsigwalde 1965–1969

Niklitschek, A.: Mikrophotographie für Jedermann. Franckh, Stuttgart 1939

Reichert, C.: Kleines Handbuch der Mikrophotographie. Reichert, Wien o.J. (Werksschrift)

Reinert, G. G.: Praktische Mikrophotographie. Knapp, Halle 1937

Schaefer, A.: Helligkeitsumfang und Belichtungsspielraum in der Mikrophotographie. Microskopion 17 (1969) 8

Schrepf, H.: Das Mikrophoto. Knapp, Düsseldorf 1957

Solf, K. D.: Fotografie. Fischer, Frankfurt 1971

Szabo, D.: Medical Colour Photography. Akademai Kiado, Budapest 1967

Teicher, G.: Handbuch der Fototechnik, 8. Aufl. Fotokinoverlag, Leipzig 1983

Tetenal: Richtig entwickeln. Tetenal Hamburg o.J. (Werksschrift)

Zeitschriften

Acta Histochemica. VEB Gustav Fischer Verlag, 69 Jena, Villengang 2, DDR

Acta Histochem. Cytochem. Japanese Society of Histochemistry and Cytochemistry. Kyoto University, Department of Cytochemistry 53 Shogoin-Kawahara-Cho, Sakgo-Ku, Kyoto, Japan

Annales d'Histochimie. Gauthier-Villars, 55 Quai des Grand-Augustins, 75005 Paris, Frankreich

Folia Histochem. Cytochem. Ars Polona-Ruch, Krakowskie Przediescie 7, POB 1001, 00-068 Warschau, Polen

Histochemical Journal. Chapman & Hall, 11 New Fetter Lane, London EC4, England

Histochemistry. Springer Verlag, 69 Heidelberg 1, Neuenheimer Landstraße 28–30

Journal of Histochemistry and Cytochemistry. Williams Wilkins Co., 428 E Preston St., Baltimore MD 21202, USA

Journal of Microscopy. Blackwell Scientific Publisher Ltd., Osney Mead, Oxford OX20EL, England

Journal du Microscopie. Soc. Francaise Microscopie Elect. ENS, Laboratoire de Botanique, 21 Rue Hamond, Paris 5 EME, Frankreich

The Microscope. Microscope Publications Ltd., 2 McCrone Mews, Belsize Lane, London NW 3 5 BG, England

Mikroskopie. Verlag Georg Fromme u. Co. A-1051 Wien, Spengergasse 39, Österreich

Mikrokosmos. Frankckh'sche Verlagshandlung, 7 Stuttgart 1, Pfizerstr. 5–7

Stain Technology. Williams & Wilkins 428 E Preston St., Baltimore MD 21202, USA

Transactions of the Americal Microscopical Society. c/o Allen Press, 1041 New Hampshire St., Lawrence/Kans. 66044, USA

Firmenzeitschriften

Jenaer Rundschau, Jenoptik GmbH, 69 Jena, Carl Zeiss Str. 1, DDR

Leitz Mitteilungen für Wissenschaft und Technik, Ernst Leitz GmbH, 633 Wetzlar/Lahn, Postfach 210

Microskopion. Wild Heerbrugg AG, CH-9435 Heerbrugg, Schweiz

Zeiss-Informationen. Carl Zeiss, 7082 Oberkochen /Württ.

Anschriften von Firmen

Agfa-Gevaert AG, 509 Leverkusen-Bayerwerk

American Optical Company, Instrument Division, Buffalo 15, New York, USA

Bausch and Lomb Scientific Instrument Division, Rochester, New York 14602, USA

E. Deutgen, 3102 Hermannsburg/Hannover, Lutterweg 20

R. Göke, 58 Hagen, Bahnhofstr. 27

Gossen GmbH, 852 Erlangen, Nägelsbachstr. 25

Grundig-Werke GmbH, 851 Fürth, Kurgartenstr. 37

Hertel und Reuss, 35 Kassel, Quellhofstr. 67

Jenoptik, 69 Jena, Carl Zeiss Str. 1, DDR

Jungner Instrument s. Microthek

Karl Kaps, Ringstr. 2, 6334 Aßlar-Wetzlar

Ernst Leitz GmbH, 633 Wetzlar/Lahn, Postfach 2020

J. Lieder, 714 Ludwigsburg, Solitudeallee 59

LOMO: Vertretung: Neotype Techmashexport GmbH, Auf der Kaule 23, 5060 Bergisch Gladbach 1

Meopta: Markenname von Produkten der ZPA-Werke, Kosire. Export durch: Merkuria, Praha, CSSR

E. Merck, 61 Darmstadt, Frankfurter Str. 250

L. Mercker, A.-1180 Wien, Leo-Slezak-Gasse 7, Österreich

Metals Research GmbH, 605 Offenbach, Schreberstr. 18

Microthek GmbH, Blücherstr. 11, 2000 Hamburg 50

Minolta-Fototechnik, 2 Hamburg 1, Spaldingstr. 1

Nachet, 106, Rue Captal, F-92306 Levallois-Perret, Frankreich

Nikon-Vertriebsgesellschaft mbH, 4 Düsseldorf 30, Uerdinger Str. 96–102

Olympus Optical Co. (Europa) GmbH, 2 Hamburg 1, Wendenstr. 14–18

PZO: Polskie Zaklady Optyczne, Warszzawa, ul. Grochowska 320, Polen

C. Reichert, A-1171 Wien, XVII, Hernalser Hauptstr. 219, Österreich

Rowi: Robert Widmer, 8858 Neuburg/Donau, Singstr. B 142 1/5

Schott: Schott und Genossen, 65 Mainz, Postfach 1327

Siemens-Aktiengesellschaft, Hauptwerbeabteilung, 75 Karlsruhe 21, Postfach 211080

Spindler und Hoyer KG, 34 Göttingen, Königsallee 23

Tetenal, 2 Norderstedt 1, Postfach 169

Vickers Instruments, Haxby Road, York YO 3 7 SD, England

Wild-Heerbrugg AG, CH-9435 Heerbrugg, Schweiz

Will Wetzlar GmbH, Wilhelm-Will-Straße 7, 6330 Wetzlar 21, Nauborn

Carl Zeiss, 7082 Oberkochen, Postfach 35/36

Sachverzeichnis